はじめての精密工学

Introduction to Precision Engineering

第1巻

公益社団法人 精密工学会 編

近代科学社 Digital

まえがき

　公益社団法人 精密工学会は，「精密加工」「精密計測」「設計・生産システム」「メカトロニクス・精密機器」「人・環境工学」「材料・表面プロセス」「バイオエンジニアリング」「マイクロ・ナノテクノロジー」から「新領域」に至るまで，幅広い研究分野とその研究者・技術者たちが参画する学会です．現在は世界共通の用語となっている「ナノテクノロジー：Nanotechnology」も，本会会員の研究者が新しい専門用語として最初に提唱しました．

　このような精密工学会や精密工学分野に参画する研究者・技術者たちが，日本のものづくりの発展と若手研究者・技術者への貢献を目的に執筆したのが，連載「はじめての精密工学」です．連載「はじめての精密工学」の歴史は長く，2003年9月からほぼ毎月のペースで精密工学会誌に掲載されています．

　会誌編集委員会では，「精密工学分野の第一人者，専門家によって専門外の方や学生向けに執筆された貴重な内容を書籍としてまとめて読みたい」という要望を受け，本会理事会へ出版を提案し，承認が得られたことにより本書「はじめての精密工学 書籍版」を出版することになりました．第1巻である本書は，2011年から2015年に掲載された「はじめての精密工学」を収めており，加工，計測，設計・解析，材料，機械要素，画像処理，制御・ロボットからデータサイエンスまでに至る内容で構成されております．精密工学分野の研究者，技術者によって初学者向けに執筆されており，精密工学会，および，精密工学分野の叡智が集まっております．本書のみならず，下記のウェブサイトにも有益な情報がありますので，併せて閲覧いただけますと幸いです．

　最後に，執筆・編集にご尽力いただいた執筆者ならびに会誌編集委員の皆様，本書の出版に至るまでにご支援いただいた学会の皆様，出版の構想段階から親身に対応いただいた三美印刷株式会社と株式会社近代科学社の方々に心から感謝申し上げます．

公益社団法人 精密工学会ホームページ
　https://www.jspe.or.jp/
The Japan Society for Precision Engineering（精密工学会 英文ページ）
　https://www.jspe.or.jp/wp_e/
公益社団法人 精密工学会「学会紹介」ページ
　https://www.jspe.or.jp/about_us/outline/jspe/
公益社団法人 精密工学会「はじめての精密工学」ページ
　https://www.jspe.or.jp/publication/kaishi_series/intro_pe/

2022年2月

公益社団法人 精密工学会 会誌編集委員会

委員長　吉田一朗

目次

はじめての 精密工学

エッチング技術の基礎

Fundamentals of Etching Technology/Fusao SHIMOKAWA

香川大学工学部知能機械システム工学科　下川房男

1. は じ め に

エッチングは，基板上に形成された薄膜材料の微細加工，厚膜材料の三次元加工や基板貫通加工のみならず，研磨や研削等の機械加工やドライプロセスによって発生したひずみ層や損傷層の除去，化学溶液やラジカルビームよる結晶表面の洗浄，転位等の欠陥を調べるためのピット形成等，広範囲に利用されている加工技術である．

エッチングは，(1) 酸，アルカリ等の化学溶液を用いるウエットエッチングと (2) プラズマ中の反応種（イオン，高速中性粒子，ラジカル（中性活性種），ガス）を用いるドライエッチングに大別される．前者は，化学反応のみを用いた方法であるが，等方性形状の他に結晶の面方位を巧みに利用して異方性形状を形成することができる．また後者は，エッチング装置や反応種の選択により，反応機構（化学反応，物理反応，化学/物理反応）を制御できる特徴をもち，イオン入射方向制御によって方向性エッチング形状を実現することができる．

エッチング技術は，半導体製造プロセスの歴史から眺めると，古くはウエットエッチングから開始されたが，パターン寸法の微細化，高精度化の要求に伴い，ドライエッチングがその中心的な役割を果たしてきた．一方，MEMSの分野では，必要となる寸法が数百 μm にも及ぶことから，ウエットエッチングが重要な役割を果たしているが，この分野でもミクロンオーダの寸法精度が必要となる領域では，ドライエッチングが必須なことは言うまでもない．また，従来ウエットエッチングの加工領域であった数百 μm 以上の三次元加工や Si の基板貫通構造が，高密度プラズマを用いたドライエッチングにより，比較的容易に実現されるようになってきており，二つのエッチング技術は，今後もより密接な関わりをもって進展していくものと思われる．

本稿では，このようなウエット，あるいはドライエッチングプロセスを行う上で重要となる表面の反応機構について，Si を例に取り上げ基礎的な現象を中心に解説する．

2. ウエットエッチング

2.1 等方性エッチングと異方性エッチング

ウエットエッチングは，エッチング形状から（エッチング速度の結晶面方位依存性から）等方性と異方性に大別さ

れる．等方性エッチングでは，被加工材料のマスク開口部において，エッチングが表面の法線方向と同時にマスク下部にも等方的に進むため，いわゆるサイドエッチング（アンダーカット）が見られる（**図1** (a)）．一方，このようなサイドエッチングを極力抑え，結晶異方性を利用して，特定の結晶面（（図1 (b) では Si の(111)）から成る三次元形状を実現するエッチング方法が異方性エッチング（結晶異方性エッチング）である．

エッチング形状やエッチング速度が等方性，あるいは異方性になるかは，基本的にはエッチング溶液と被加工材料との組み合わせによって決まる．例えば，Si をフッ酸・硝酸・酢酸の酸性混合液でエッチングした場合には等方性，KOH（水酸化カリウム），TMAH（水酸化テトラメチルアンモニウム），EDP（エチレンジアミン・ピロカテール）等のアルカリ性水溶液でエッチングした場合には異方性となる．

2.2 ウエットエッチングにおける反応機構

それでは，このような等方性/異方性は，なぜ生じるのであろうか？　結論からいえば，ウエットエッチングにおける一連の反応素過程（以下の①～④）において，どの現象がプロセスを律速しているかによって決まる．

① 反応種の表面への拡散・供給
② 反応種の表面への吸着
③ 反応生成物の生成（反応種と被加工材料との反応）
④ 反応生成物の表面からの脱離・拡散

すなわち，③の反応生成物の生成が，他の素過程（特に

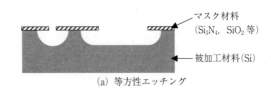

(a) 等方性エッチング

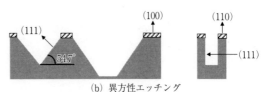

(b) 異方性エッチング

図1　ウエットエッチングにおける等方性エッチングと異方性エッチング

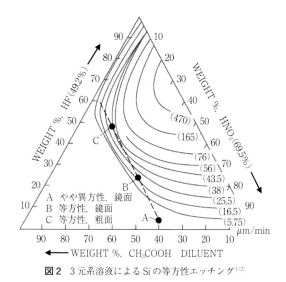

図2 3元系溶液による Si の等方性エッチング[1][2]

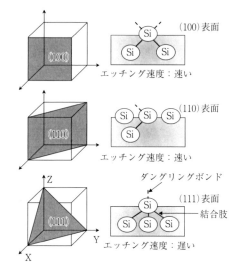

図3 Si の面方位と各面方位における Si 原子の結合状態[1]

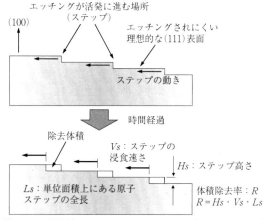

図4 Si の異方性エッチングにおけるステップ・テラスモデル[3]

①の反応種の拡散・供給）に比べ短時間で進行する「拡散律速」の場合には，等方性エッチングとなり，逆に相対的に反応生成物の生成に要する時間が長い「反応律速」の場合には，異方性エッチングとなる[1]．

これに関連してわれわれが身近に経験することには，フッ酸による Si エッチングでは，液の撹拌により反応種の表面への拡散が促進され，エッチング速度の増大が見られるが（拡散律速），KOH 等のアルカリ水溶液による Si のエッチングでは撹拌によりエッチング速度の増大がほとんど見られないこと（反応律速）が挙げられる．

次に，Si の等方性エッチングと異方性エッチングにおける実際の反応機構について見てみよう．まず，フッ酸（HF），硝酸（HNO$_3$），酢酸（CH$_3$COOH）から成る酸性混合液を用いた Si の等方性エッチングの反応機構は，以下のように示される[2]．酢酸は，反応式に記載していないが，反応速度を制御するバッファー的な役割を行う．

$$Si + HNO_3 + 6HF \rightarrow H_2SiF_6 + HNO_3 + H_2 + H_2O \quad (1)$$

この混合液によるエッチング特性（エッチング速度，Si 面の性状，等方性の度合い）の相互関係を，**図2**にまとめて示す[1][2]．溶液の混合比によって Si のエッチング速度が変化するだけでなく，等方性の度合いや面粗さが変化するため，混合液の組成制御の最適化が重要であり，これにより等方性形状（凹球面形状）で，かつ Si 鏡面エッチングが実現されている．

さらに，KOH，TMAH，EDP 等の各種アルカリ水溶液を用いた Si の異方性エッチングの反応機構は，いずれの場合も以下のように表すことができる[1]．すなわち，Si が水および水酸基と反応して，水酸化物を形成して水溶液に溶け出すとともに，水素を発生する．この溶解反応では，反応種である水と水酸物イオンが重要である．

$$Si + 2H_2O + 2OH^- \rightarrow SiO_2(OH)_2^{2-} + 2H_2 \uparrow \quad (2)$$

さて，Si の結晶異方性エッチングが実現できるのは，Si の結晶面方位によってエッチング速度が顕著に異なるためであるが（以下ではエッチング速度の異方性と呼ぶ），この現象について，最近までの研究成果を含め，以下に記載する．

図3は，従来，この現象の定性的な説明に用いられてきた模式図であり，Si の各結晶面方位とその面方位における Si 最表面での結合状態を示している[1]．Si(111)面のエッチング速度が遅い理由は，(100)面はダングリングが2本あるのに対し(111)面は1本であり，(2)式で述べた水酸化物イオンとの結合頻度が少ないためと説明されてきた．また，(110)面も1本であるが，Si と結合している3本のうち2本が表面近傍に存在するため，水酸化物イオンとの反応が，(111)面に比べると起こりやすいとされてきた．

一方，Si のエッチング速度を定量的に論じるには，上述の理想表面を対象とする静的モデルでは限界があるため（図5に示すように，(111)に対する(100)のエッチング速度比は100倍以上となるが，上述のダングリングボンド数

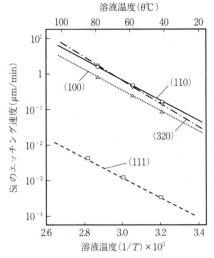

図5　Siの各面方位におけるエッチング速度の温度依存性[4]

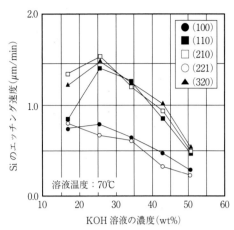

図6　Siの各面方位におけるエッチング速度の濃度依存性[5]

図7　任意の曲線パターンに従うSiの結晶異方性エッチング例[6]

だけでは説明できない），最近の研究では，Si結晶表面における原子オーダでの凹凸の時間変化を動的に扱う試みがなされ，新たな知見が得られている．

すなわち，実際のSi(111)表面は，**図4**に示すようにミクロに見ると転移や欠陥等に起因した原子層オーダの段差構造（ステップ）が，平滑なSi表面（テラス）の至る所に存在する．このような段差構造が，側方に移動してエッチングされる過程が，走査型トンネル顕微鏡（STM）を用いた溶液中でのin-situ観察から判明し，このことから，Siのエッチング速度の異方性は，このような段差構造でのエッチング速度によって決まることが明らかになった[3]．

2.3　Siの異方性エッチングの基本特性の例

ここでは，Siの異方性エッチング速度を決定する主要因である基板温度や溶液濃度依存性について簡単に述べるとともに，エッチング速度の異方性に最も影響を与える界面活性剤の添加効果について触れる．

図5は，Siの各面方位のエッチング速度の溶液（基板）温度依存性である[4]．Siの結晶異方性エッチングは，反応律速によるため，エッチング速度は温度に敏感となる．このことはエッチング槽内の厳密な温度管理が必要なことを意味している．また，面方位によって直線の傾き（アレニウスの式の活性化エネルギー）がわずかに異なっているが，これがエッチング時の寸法精度やエッチング形状に影響を及ぼす要因である．

次に，エッチング速度のKOH溶液濃度依存性を**図6**に示す[5]．いずれの面方位においても25 wt%付近にエッチング速度のピーク値が存在することがわかる．(2)式の反応機構の説明で，反応種（水と水酸化物イオン）の重要性を述べたが，低濃度側でのエッチング速度の低下は水酸化物イオン，高濃度側は水の減少が原因と考えられている．また，一般的には，高濃度溶液を用いるほど平滑なエッチング面が得られるが，エッチング速度との兼ね合いから，

KOHでは40 wt%，TMAHでは25 wt%が良く用いられる．

また，アルカリ溶液に界面活性剤やアルコール（KOHにはIPA（イソプロピルアルコール），TMAHにはNCW等の界面活性剤）をわずかに添加することでエッチング速度の異方性を大幅に変えられる．TMAHにNCWを添加した場合には，Si表面との親和性が強い添加剤分子がSi(100)面に選択的に吸着し，エッチングを抑制していることが確認されている[1]．これらの結果を基に，Si(100)基板上では，従来できなかった任意の曲線形状に従い，しかもアンダーカットのほとんどない異方性エッチングが実現可能となり（**図7**）[6]，また基板表面と45°の角度をなす高平滑な反射ミラーが形成できるとの報告がある[6]．

3.　ドライエッチング

3.1　等方性エッチングと方向性エッチング

ドライエッチングでは，加工形状によって等方性エッチングと方向性エッチングに大別される．前者は，プラズマ中で生成されたラジカルやガスによる化学的エッチングである．一方，後者は，基板に対して指向性をもって入射するイオンや高速中性粒子（熱エネルギー（常温，0.025 eV）で無擾乱運動をするガス（低速中性粒子）と区別するために，高速中性粒子と呼ぶ）とラジカルやガスとの組み合わせによって，物理的エッチングと化学的/物理的エッチングの二つの反応機構を取る．

等方性エッチングの代表的な装置は，ドライエッチングの初頭に登場したケミカルドライエッチング装置やレジストの酸素アッシング等に用いるバレル型プラズマエッチン

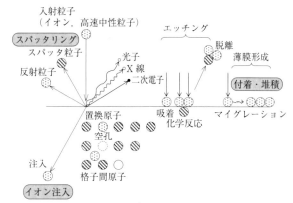

図8　イオン，高速中性粒子が固体に照射された場合に生じる固体
　　　表層，固体内での相互作用[8]

図9　イオン，高速中性粒子のもつ運動エネルギーの大きさとプロ
　　　セス現象[8)9)]

グ装置である．また方向性エッチングの代表的な装置として
は，平行平板型イオンエッチング装置（最も良く使用され
るのが反応性エッチングを行う RIE（Reactive Ion
Etching）である），さらに ECR（Electron Cyclotron
Resonance），ICP（Inductively Coupled Plasma）等の高
密度プラズマエッチング装置である．

3.2　ドライエッチングにおける反応機構

　ドライエッチングにおける反応機構を考える上では，
(1) 反応種（イオン，高速中性粒子，ラジカル，ガス）の
発生方法，(2) 反応種の輸送現象（拡散，衝突），(3) 反
応種と固体表面との相互作用に関する各過程の理解が必要
である．以下では，本稿の主題である (3) の反応機構を
中心に述べる．
　まず，反応種のうちイオンや高速中性粒子が，固体表面
に照射された場合に生じる現象について整理してみよ
う[7)8)]．図8 に示すように，固体表面では，これらの粒子
が反射したり，固体表面に吸着・付着したり（堆積），固
体構成原子を弾き飛ばしたり（スパッタリング），二次電
子，X 線，光子等を放出したりする．さらに，イオンや
高速中性粒子自身が，固体内に深く侵入する場合もある
（注入）．
　ここで，イオンや高速中性粒子の照射によって固体表面
や固体内で生じる現象とドライプロセスとの関係は，概ね
以下のように示される．いずれの現象が生じるかは，これ
らの粒子のもつ運動エネルギーの大きさによることが知ら
れている（図9）[9)]．
　① 堆積現象（薄膜形成）
　② スパッタリング現象（ドライエッチング，薄膜形成）

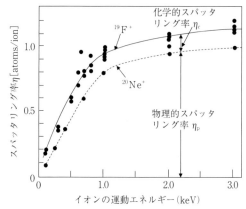

図10　Si の物理的スパッタリングと化学的スパッタリング[10)]

　③ イオン注入現象（ドーピング，表面改質）
　ドライエッチングの反応機構を考える上では，まずスパ
ッタリング現象の理解が必要である．スパッタリングは，
電界等で加速されたイオンを固体に照射した場合，イオン
のもつ運動量が固体構成原子に与えられ，カスケード衝突
を経て，固体構成原子の一部が真空中に弾き出される現象
である．スパッタリングは，通常，入射イオン（もしくは
入射高速中性粒子）1 個あたり放出される原子の数，スパ
ッタリング率 η によって定義される．不活性イオンが固
体表面に照射される物理的スパッタリングと，入射イオン
が固体構成原子と反応して揮発性の生成物を形成して脱離
する化学的スパッタリングに大別される．
　図10 は，上記の一例として，ほぼ同一の質量をもつイ
オン（F^+（活性イオン）と Ne^+（不活性イオン））を Si
基板に照射した場合のスパッタリング率 η を示した実験
結果である[10)]．図中の破線が物理的スパッタリング η_p，
実線と破線の差が化学反応に基づく化学的スパッタリング
η_c である．F^+ のような反応性イオンが Si に照射された
場合には，イオンのもつ運動エネルギーによって物理的な
スパッタリングが進行し，さらに化学的効果によってエッ
チング反応が促進していることがわかる．また，イオンの
運動エネルギーが小さくなるほど，η_c/η_p の割合が大きく
なる傾向にあり，イオンのもつ化学反応性が低エネルギー
イオンほど高くなるのは大変興味深い．
　上記の実験は，イオン（不活性，活性）のみが固体表面
に照射された場合であるが，実際のエッチングプロセスで
は，プラズマ中のガスやラジカルがイオンと同時に基板に
照射される場合が多い．そこで，イオンとガスを独立／
同時に固体表面に照射した実験例を基に，エッチングの反
応過程やエッチングにおけるイオンの役割について考察す
る．
　図11 は，イオン（Ar^+），ガス（F_2）を単独で Si 基板
に照射した場合，同時照射した場合（$Ar^+ + F$）のエッチ
ング速度を比較した実験結果である[11)]．同時照射した場合
のエッチング速度は，各々を単独に照射した場合のエッチ
ング速度の単純和に比べて遥かに大きく，イオン照射がエ

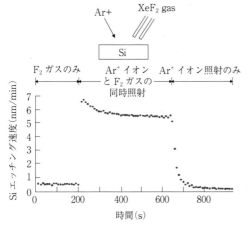

図 11 F₂ ガス/Ar⁺ イオン/Ar⁺ イオン + F₂ ガスを Si に照射した場合のエッチング速度の変化[11]

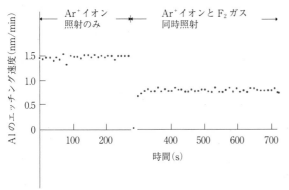

図 12 Ar⁺ イオン/Ar⁺ イオン + F₂ ガスを Al に照射した場合のエッチング速度の変化[11]

ッチング反応を促進していることがわかる.

これらの反応過程は,以下のように表される.

吸着・解離：F_2（ガス）→ F_2（吸着）→ 2F（吸着）

反応生成物形成：Si + 4F（吸着）→ SiF_4（吸着）

脱離：SiF_4（吸着）→ SiF_4（ガス）

F_2 は化学反応性が高く,上記の反応が室温でも容易に生じ,自発的脱離（Spontaneous desorption）を起こす.参考までに,F_2 ガス単体の場合のエッチング形状は,等方性形状となり,パターン側壁への反応を抑制して垂直エッチング形状を得るには,−130℃ 以下の低温が必要である.

次に,**図 12** は,F_2 を Si に照射する代わりに Al に照射した場合の実験結果を示したものである[11].この場合には,イオンの同時照射によって,逆に反応性（エッチング速度）が低下していることがわかる.これは,エッチング面に形成される不揮発性生成物（AlF_3）のスパッタリング率が,Al 単体に比べて小さいことが原因である.

このように,ドライエッチングでは,固体表面に照射されるガスやラジカルを選択して（一般的にはプラズマ発生装置に導入するガス種によって決まる）,エッチング表面に,いかに低沸点の揮発性生成物を形成するかが,極めて

重要なポイントである.この指標となるのは,生成される反応物の沸点や蒸気圧である.

さて,これらの反応生成物の脱離促進や基板構成原子のスパッタリングに最低必要なイオンの運動エネルギーの大きさは,どの程度であろうか？ 結論から言えば,必要なイオンの運動エネルギーは,原子間結合エネルギー（通常,数 eV〜5 eV 程度）の 3〜4 倍程度,すなわち数十 eV である.ただし,SiO_2 のように 100 eV 程度のイオン衝撃が必要な場合もある.

3.3 ドライエッチングにおけるイオンの役割

次に,ドライエッチングにおけるイオンの役割について,まとめてみよう.その一つは,図 12 で示したようなイオン-アシストによる表面反応の促進効果である.一例として,F や Cl 等のハロゲン系ガスとイオン照射が同時にある場合の Si や W 表面における反応機構[12]は,以下に示す①〜④の増速（enhanced）や誘起（induced）反応である.

①イオンの運動エネルギーが揮発性生成物を作る化学反応を直接促進（化学スパッタリング）,②イオン照射により反応生成物の脱離が促進（化学増速物理スパッタリング）,③イオン照射によって形成された表面損傷層の増加が反応を促進（損傷増速反応）,④イオン衝撃により非晶質層等の変成層が形成され,後続のイオン照射により初めて脱離が促進（イオン誘起脱離）

次に,このようなイオン-アシストによる表面反応の促進効果に加え,ドライエッチングにおけるイオンの重要な役割は,イオンのもつ指向性制御による方向性エッチング（directional etching）である.ガスやラジカルのみを用いた場合は,基本的には等方性形状となるが,イオンが同時照射された場合には,方向性形状が形成できる.この場合,前節で述べた反応性を考慮してガス種を選定し,マスク材料と被加工材料とのエッチング速度比である選択比を増大させることによって,より垂直性の良い加工形状が形成できる.

この方向性（垂直性）エッチングを実現する上で重要となるのが側壁保護膜である.側壁保護膜は,①エッチング過程で生成された不揮発性反応生成物,②レジスト（マスク）のスパッタ再付着膜,③エッチングガスの解離や再結合過程で生成したプラズマ重合膜（フロロカーボン膜）等であるが,これらの側壁保護膜が,ラジカルやイオンによるエッチング反応を阻止・抑制するために,結果的にエッチング形状の垂直性が向上する.

3.4 Si の深堀エッチングから高速中性粒子エッチング

上記の側壁保護膜を巧みに利用したエッチング方法が,独ボッシュ社の開発した Si の深溝エッチング技術（Deep Reactive Ion Etching）である[13].高密度プラズマの一つである ICP を用いていることから ICP-RIE とも呼ばれ,現在,Si 系 MEMS のドライエッチングには不可欠な方法である.

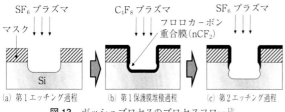

図13 ボッシュプロセスのプロセスフロー[13]

（a）第1エッチング過程　（b）第1保護膜堆積過程　（c）第2エッチング過程

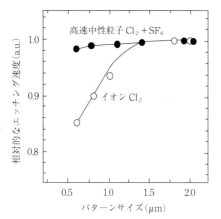

図14 イオン，高速中性粒子を用いたマイクローディング効果の比較[14]

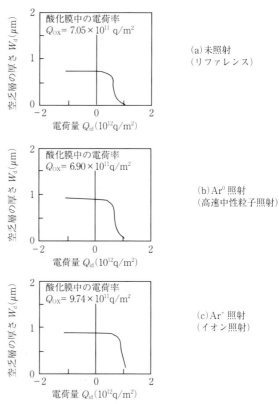

図15 イオン，高速中性粒子を酸化膜に照射した場合に誘起される電荷量の比較[16]

図13に，ボッシュプロセスのプロセスフローを示す．このエッチング法は，SF_6（エッチング用ガス）とC_4F_8（堆積用ガス）の2系統のガスを交互に切り替えて，エッチングと側壁保護膜堆積の工程を繰り返すTime Multiplex法である．従来のRIEに代表されるエッチングプロセスでは，エッチングと堆積が同時に生じるが，ボッシュプロセスでは，両者を時分割させて独立に制御する点が大きく異なっている．しかも高密度プラズマを用いているため，高速（最大$10\,\mu m/min$）で高アスペクト比を有する垂直形状加工を実現することができる．

さて，ウエットエッチングでは，溶液の攪拌により，エッチング速度やエッチングの均一性が向上することを述べたが，ドライエッチングでは，反応種が気相中を輸送（拡散）されるため，その場の真空度（平均自由工程の大小）が反応種の輸送の均一性を決定する．このため，反応種の輸送に関しては，RIEに比べ，より低圧下でプロセッシングが進行するECR，ICP等の高密度プラズマエッチングが有利である．この際，基板表面に到達したイオンや高速中性粒子は，最表面の微細構造パターンの疎密状態により入射頻度が大きく制限され，それによってエッチング速度の低下や加工形状に変化が生じる．これがマイクローディング効果である．

図14は，イオンと高速中性粒子を用いて，異なったL & S（Line & Space）を有するレジストマスクによりSiの微細トレンチを形成し，マイクローディング効果について比較した実験結果である[14]．イオンでは，$0.6\,\mu m$パターンにおいて20%程度のエッチング深さの低下が見られ

るが，高速中性粒子では，顕著な違いは見られず，マイクローディング効果の低減に有利なことがわかる．また，高速中性粒子は，基板表面電位の影響を全く受けないため，イオンで見られる入射方向の乱れによる異常形状の発生（斜め形状等）を抑制することができる．

さらに，高速中性粒子では，デバイス製作上，最も有用な点はMOSデバイス等で問題となっている電荷蓄積現象（チャージアップ）を回避できることである．

図15は，同一の運動エネルギー（1.5 keV）・同一の照射量（約$4\times10^{17}\,cm^{-2}$）のイオン（Ar^+）と高速中性粒子（Ar^0）を酸化膜に照射した場合に，酸化膜中に誘起される電荷量を光電圧測定容量法（Surface Photovoltage Measured Capacitance）[15]を用いて評価した結果である[16]．Ar（不活性ガス）を用いた理由は，酸化膜と反応して反応性生成物を形成したり，表面汚染の影響がないためで，真に電荷の有無による実験を行うためである．

高速中性粒子を照射した場合の酸化膜中の電荷量は，リファレンス（無照射）の場合とほぼ等しいのに対し，イオン照射を行った場合には，電荷量が明らかに増加し，かつ波形が正電荷方向にシフト（正にチャージアップ）している．このことから，高速中性粒子を用いたプロセッシングでは，酸化膜中に極力不要な電荷を導入することなく，エッチングプロセスを進行できることがわかる．ただし，上記の実験は，中性粒子のもつ運動エネルギーがやや高く，

二次電子放出があるため（数百 eV 以下の高速中性粒子では，二次電子放出も含め固体表層での電荷移動が全くなくなる[17]），厳密な意味で完全なチャージフリープロセスではないが，このような点を考慮した低エネルギー高速中性粒子の効率的な生成法が見いだされ[18]，現在，実用化に向けた研究開発が着実に進んできており，今後の進展を期待したい．

4. 終 わ り に

エッチングは，フォトリソグラフィ，薄膜形成とともに，マイクロ・ナノファブリケーションの中核をなす基盤技術であり，今後ますますその重要性が増していくと思われる．本稿で取り上げたエッチングの基礎現象（表面での反応機構）は，デバイス創成のためのプロセッシングを行う上で理解しておくべき基本的な内容である．本稿がこのような分野に携わる初心者の理解の一助となり，さらに「ものづくり学」への興味へとつながることを期待したい．

参 考 文 献

1) 武田光宏，佐藤一雄，田中浩：マイクロ・ナノデバイスのエッチング技術，シーエムシー出版，(2009) 第1章，第2章.

2) S. Wolf and R.N. Tauber：Silicon Processing for the VLSI Era Volume 1-Process Technology, Lattice Press, (1990) 531.

3) P. Allongue, V. Kosta-Kieling and H. Gerisher：J. Electrochem. Soc., **140**, 4 (1993) 1009, and **140**, 4 (1993) 1018.

4) 小出晃，佐藤一雄，田中伸司，加藤重雄：単結晶シリコンの異方向性エッチングにおけるエッチレーと分布の温度依存性，精密工学会誌，**61**, 4 (1995) 547.

5) M. Shikida, K. Sato, T. Tokoro and D. Uchikawa：Difference in Anisotropic Etching Properties of KOH and TMAH, Sensors and Acutuators A, **80**, 2 (2000) 179.

6) 佐藤一雄：MEMS に科学を：マイクロ・ナノ理工学の深化が産業を支える，日本機会学会 第2回マイクロ・ナノ工学シンポジウム 講演論文集，MNM-KN-1, (2010).

7) イオンと固体との相互作用の全般は，以下の著書が詳しい．石川順三：荷電粒子ビーム工学，コロナ社，(2001).

8) 下川房男：エネルギービームと固体との相互作用，精密工学会誌，**59**, 4 (1993) 555.

9) T. Takagi：Ion-surface Interaction during Thin Film Deposition, J. Vac. Sci. & Technol., **A2**, 2 (1984) 382.

10) S. Tachi, et al.：Chemical Sputtering by F^+, Cl^+, and Br^+ Ions：Reactive Spot Model for Reactive Ion Etching, J. Vac. Sci. & Technol., **B4** (1986) 459.

11) J.W. Coburn et al.：Ion-and Electron-assisted Gas Surface Chemistry—An Important Effect in Plasma Etching, J. Appl. Phys., **50** (1979) 3189.

12) 古川静二郎編：ULSI プロセスの基礎技術，第4章 ドライエッチング，丸善株式会社，(1991) 102.

13) F. Larmer and A. Schilp：German Patent (Robert Bosch GmbH) DE4241045, US5501893, US4855017, US4784720 and EP 6225285.

14) T. Tsuchizawa, Y. Jin and S. Matsuo：Generation of Electron Cyclotron Resonance Neutral Stream and Its Application to Si Etching, Jpn. J. Appl. Phys., **33** (1994) 2200.

15) E. Kamieniecki：Surface Photovoltage Measured Capacitance：Application to Semiconductor/Electrolyte System, J. Appl. Phys., 54811 (1983) 6481.

16) F. Shimokawa：High-Power Fast-Atom Beam Source and Its Application to Dry Etching, J. Vac. Sci. & Technol., **A10**, 4 (1992) 1352.

17) U.A. Arifov：Interaction of Atomic Particles with Solid Surface, Plenum Publishing Corporation, (1986) Chap. 8.

18) S. Samukawa, K. Sakamoto and K. Ichiki：Generating High-Efficiency Neutral Beams by Using Negative Ions in an Inductively Coupled Plasma Source, J. Vac. Sci. & Technol., **A20**, 5 (2002) 1566.

はじめての 精密工学

材料接合の原理と金属接合技術

Principle of Material Joining and Joining Technology for Metals/Kazuyoshi SAIDA

大阪大学大学院工学研究科マテリアル生産科学専攻　才田一幸

1. は じ め に

　材料接合技術は，電子機器から大型構造物に至るさまざまな製品を生産・製造するための工業技術の根幹をなす重要な基盤要素技術のひとつである．材料接合技術は，いくつかの学問的基盤の上に展開され，多くの材料学的現象が接合性や接合結果に複雑に関与するため，それらの適切な理解と高度な制御が必要不可欠である．特に，金属接合技術は，わが国の社会インフラや産業技術の充実・発展に重要な役割を果たしており，高性能で高信頼な金属接合をいかにして達成させるかが，持続的成長社会実現のための重要なポイントとして認識されている．近年の科学・技術の著しい進歩により，金属接合に関する基礎的学問基盤や応用・実用化技術もめざましい発展を遂げ，新材料対応の接合や新接合プロセスの開発・確立に大きく貢献している．新しい学問的体系化と高度な先進技術の融合により，今後，金属接合技術が一層進展するものと期待されている．

　そこで，本稿では，材料接合の基本原理を解説した後，金属接合技術としての溶接・接合技術とその材料学的特徴ならびに力学的特性について概説し，金属接合を理解するための基礎的知見を示すことを目的とする．

　材料（金属）の結合方法を大別すると，**図1**に示すように，機械的結合，材質的結合および化学的結合に分類される．機械的結合は，ボルトやリベット，焼きばめなどによる結合方法であり，継手として応力を伝達することは可能であるが，母材間は材料的には接合していない．このため，両者を容易に分離させることができる．化学的結合は，いわゆる"のり"を用いた接着や，蒸着，メッキに代表される結合方法であり，ファン・デル・ワールス力や水素結合などの弱い結合力により接合されている．このため，一般に結合強さはあまり高くないのが問題である．一方，材質的結合は，両母材間を材料的に結合する方法であり，材料を強固かつ高性能に結合できる方法であり，いわゆる"溶接・接合技術"がこれに相当する．材質的結合技術には，接合母材を積極的に溶融させる溶融接合（溶接）と，母材の溶融を伴わないか，あるいは，母材溶融を局部に限定した界面接合に大別される．以下では，この材質的結合を対象に，材料接合の基本的原理と溶接・接合技術の特徴について概説する．

2. 接合の原理と材料接合法の基本概念

2.1 接合の原理

　材質的結合では，原子間引力，すなわち，共有結合，イオン結合，金属結合などの強い結合力が材料接合の基本的メカニズムである．同種材料間の接合では，両原子間で電子が共有化される（2つの原子の電子軌道が重なり，新しい電子軌道を形成する）ことにより，自発的に原子配列を調整して接合が達成される．**図2**に原子間距離と両原子間に作用する力の関係を示す．原子間距離が十分大きいと，両原子間には引力も斥力も作用しない．原子間距離が小さくなるに伴い，両原子間には引力が作用し，その大きさは，原子間距離の減少に伴い大きくなる．しかしなが

図1　材料の結合方法の分類

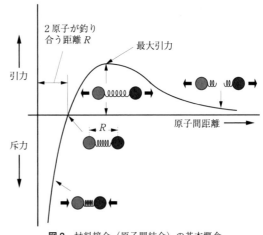

図2　材料接合（原子間結合）の基本概念

16

ら，原子間距離がさらに小さくなると，両原子間に働く引力は減少に転じ，ある一定の原子間距離を下回ると，原子間の作用力は斥力に転じる．原子間距離がさらに小さくなると，この原子間の斥力は急激に増加する．これらのことから，両原子間の距離を，互いに影響を及ぼしあう距離まで接近させることができれば，引力も斥力も作用しない距離（2原子が釣り合う距離）R において，両原子は安定的に存在することとなる．すなわち，両原子が2原子の釣り合う距離にまで自発的に接近して，この位置において安定化する．この状態が材料接合の達成である．このことを概念的に示したものが**図3**である．すなわち，理想的な状態（表面が活性な状態）の材料表面の原子は，互いに"結合の手"と称する手を有しており，相手原子の結合の手と結ばれると接合が達成できるものと理解される．

このように，材料接合の基本原理は非常に単純であるが，大気中にある実在の材料表面では，汚染物質や吸着ガスなどにより結合の手が十分に形成されていない，あるい

は，原子オーダでのきわめて大きな表面凹凸などのため，表面原子同士が接近できず，両材料は容易には接合されない状態にある．したがって，材料接合の達成は，材料接合を阻害するこれらの要因をいかに除去し，結合の手が結ばれる状態にするかに帰着される．

2.2 材料接合法の基本概念

図4および**図5**は，それぞれ原子オーダおよびメゾスコピック・オーダでの各種材料接合法の概念を模式的に示したものである．前述のように，実在の材料表面には大きな表面凹凸や結合の手に先んじて結合した異物が存在する．この状態から，接合を達成させるための代表的な方策として，大きく3つの様式が考えられる．第一は，これらの接合阻害要因を摩擦やスパッタリングなどにより除去し，活性な清浄面を形成させ，両材料を固相状態で接合させる固相接合である．この場合，表面凹凸などに起因して，接合界面に空隙（ボイド）が残存することがあるが，その後の両原子の相互拡散により，ボイドを消滅させることで接合界面全体が接合される．接合面のメゾスコピックな凹凸（面粗さオーダの凹凸）は，接合性を劣化させる要因となるため，固相接合では接合面の表面粗度は小さくする必要がある．第二は，接合阻害要因をフラックス（活性薬剤）で化学的に除去し（固相状態で），溶融金属（ろう材）を介して接合させるろう接である．この場合，フラックスは活性な清浄表面を形成させるとともに，溶融ろう材表面も清浄に保つ働きを有する．接合間隙に存在する溶融ろう材を凝固させて接合が達成される．ろう接過程では溶融ろう材により母材極表面がわずかに溶解する（過大な母材溶解はエロージョンと呼ばれ，ろう接不良を引き起こす）．このため，ろう接における接合面の表面粗度の影響は，固相接合ほど大きくないと見なされているが，溶融ろ

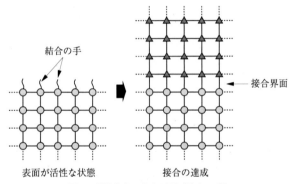

図3 材料接合の基本原理（結合の手）

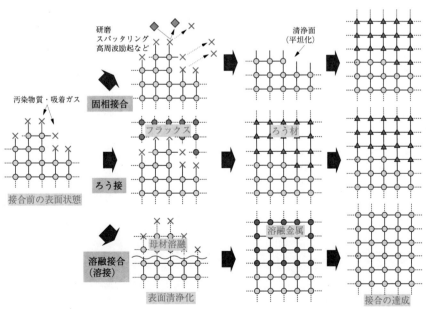

図4 代表的な溶接・接合方法の原子オーダでの接合機構

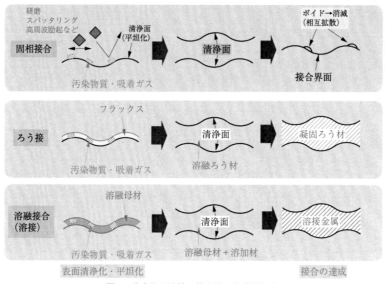

図5 代表的な溶接・接合法の基本的概念

う材のぬれ性・流動性やろう付欠陥の発生に影響することもあり，表面粗度が大きすぎる場合は問題となる．第三は，大気から適切に覆われた雰囲気下で，接合したい両母材を積極的に溶融させ，接合阻害要因を一気に除去し，相手の溶融金属と混合・一体化して接合させる溶融接合（溶接）である．母材を溶融させることにより，材料表面を非常に活性な状態とし，溶融金属の凝固により接合が達成される．この場合，母材溶融により表面凹凸が平滑化するため，接合面の表面粗度の影響は小さいといえる．

　以上のように，いずれの接合方法においても，接合材料の表面清浄化，平坦化および活性化（材料表面を活性状態に維持する方策も含む）が，材料接合達成のための必須要件であることがわかる．したがって，これらを理想的な状態で達成できれば，原理的に常温・無加圧状態においても接合が可能であるといえる．実際，常温接合として，超平滑化技術，超清浄化技術および超高真空化技術を駆使して，金属接合に挑戦した事例が紹介され，アルミニウム同士や銅-スズなどの組み合せにおいて，常温・無加圧接合が達成できたとの報告[1)2)]がなされていることは注目に値する．

3. 金属接合法の分類と特徴

3.1 金属接合法の分類

　前述以外にも，接合阻害要因を除去し接合を達成させるための具体的方策は種々に考案される．このため，接合阻害要因を除去し接合を達成できる状態にするための手法だけ，材料接合方法が存在するといっても過言ではない．現在までの開発された金属接合法を大別すると**図6**のようになる．溶融接合（溶接）法には，アーク，レーザ，電子ビームを用いる溶融溶接があり，抵抗発熱を利用した抵抗溶接，エレクトロスラグ溶接，フラッシュ溶接なども溶融

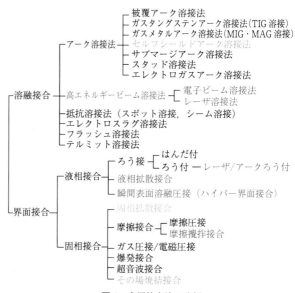

図6 金属接合法の分類

接合に分類される．一方，界面接合法は，母材を全く溶融させない固相接合と局所的に液相を用いる液相接合に大別され，前者には，固相拡散接合，摩擦接合，圧接などがあり，後者には，ろう接，液相拡散接合などがある．各溶接・接合方法の原理や詳細は，多くの資料[3)]に紹介されていることから割愛するが，溶接・接合法として具備すべき要件は，①溶融や加圧による接合を具現化するためのエネルギーの供給（熱源），②接合界面における接合阻害要因（吸着物，汚染層，酸化皮膜など）の除去メカニズム，③溶接・接合欠陥（割れ，ブローホール，未接合など）の防止メカニズム（溶接金属の制御），④溶接・継手特性の確保のための制御プロセス，などが挙げられる．いずれの金

属接合法でも，材質的結合を達成させるためにエネルギーが投入され，熱源と材料の相互作用により溶接・接合部や接合界面が形成されることから，材料接合プロセスはエネルギー加工とみなすことができる．

3.2 金属接合部の材料学的特徴

前述のように，材料接合プロセスはエネルギー加工の一種であることから，多くの場合，材料接合部には熱的影響を受けた領域が存在することになる．溶接・接合部における最大の材料学的特徴は，温度が室温→最高加熱温度→室温に至る位置および時間とともに急激に変化する溶接・接合熱サイクル過程で，さまざまな現象が生じる点といえる．溶接・接合熱サイクル過程で，溶接・接合部各領域の組織や特性を決定する支配因子は，各位置での最高加熱温度，保持時間，加熱速度および冷却速度などである．図7に溶接・接合部に生じる材料の組織変化およびそれに関連する欠陥発生と継手特性変化を模式的に示す．溶接・接合部の中で材料の融点以上に加熱される領域は溶融したのち凝固し，溶接金属や接合層を形成する．その結果，溶接金属や接合層は母材と異なる凝固組織を有する組織となる．同時に，溶接金属や接合層内では凝固過程で固-液間の元素分配に起因した元素の不均一分布，すなわち，凝固偏析が生じる．また，固液界面において界面反応（反応拡散）が生じることもある．溶接・接合熱影響部では溶接・接合

熱サイクル過程で結晶粒の粗大化が，また，熱サイクルの加熱過程では析出物の固溶や高温相への変態，冷却過程ではその逆変態や析出物の再析出などが生じる．加工硬化により強化された材料では再結晶温度以上に加熱された領域が回復や再結晶により，加工歪みが解放され材料が軟化する．

以上のような溶接・接合部における材料挙動は，いずれも比較的短時間の溶接・接合熱サイクル過程で生じることから，平衡状態に至らず中間段階にとどまる場合も多い．したがって，これらの溶接・接合部の組織や特性変化を把握するためには温度が変化する非等温過程・温度場で，かつ，現象の途中段階を知るための速度論的な解析が必要になる．

3.3 金属接合部の力学的特性

溶接・接合部における力学的特徴のひとつは，熱影響による熱応力（残留応力）および変形の発生である．図8は，外的拘束のない溶接部における残留応力状態を模式的に示したものである[3]．溶接線方向応力 σ_x は大きく，溶接部では母材の降伏応力程度の引張応力が残留する．溶接線直角方向応力 σ_y はあまり大きくないが，外的拘束を受ける溶接部では大きくなり，構造物の破壊の原因となる場合がある．さらに，異種材料間の溶接・接合部では，両材料の物性値の差異によって熱応力，特に接合界面端部近傍で非常に高い残留応力の発生が生じる．異材溶接・接合部に発生する残留応力は，主として，両材料の熱膨張係数や弾性率の差および溶接・接合時の温度差によって支配されることから，異材接合部における熱応力の緩和方策としては，熱膨張係数差を軽減する材料や軟質材料（中間層）の併用，低温接合プロセスの採用などが有効とされている．一方，溶接・接合部の残留応力状態に対応して，変形が生じる．実構造物の溶接・接合変形は，溶接・接合過程の過渡変形と冷却後の残留変形が重畳した非常に複雑な状態を呈するが，変形も残留応力と同じ要因の影響を受ける．さらに，溶接・接合過程の熱影響による材質変化，すなわち，微視的材質不均一および幾何学的不連続に起因する応力・ひずみ集中も無視しがたい．これらの不均質は，残留応力の存在と相まって強度的不連続を引き起こし，金属接合部の機械的特性（強度特性）に重大な影響を及ぼす要因

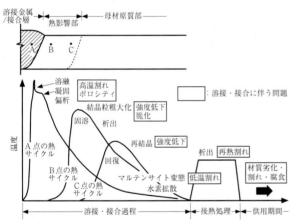

図7 材料接合部における材料挙動とそれに関連する欠陥発生と特性変化

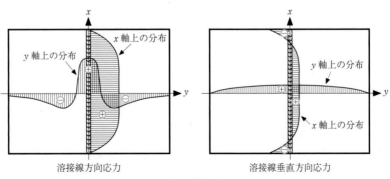

図8 残留応力

となる.

4. お わ り に

金属接合のみならず材料接合一般に求められる要件としては，①溶接・接合の施工健全性，②溶接・接合継手の組織的・機械的特性，③供用下における溶接・接合継手の長期信頼性，などが挙げられる．材料接合部において生じる材料挙動は，継手の組織特性や機械的特性ならびに欠陥，脆化，耐食性など溶接・接合に伴う諸問題を支配する重要な因子である．また，材料接合部における力学的特性も，接合継手の特性や破壊に密接に関与することから，溶接・接合継手の健全性や信頼性を担保するために極めて重要である．したがって，材料接合に求められる種々の要件を満足するためには，材料接合部における材料挙動や力学的特性を十分理解し，これらを適切に制御することが必要不可欠である．特に，金属の溶融・凝固および固相における冶金現象や材料の強度と破壊に関する基礎知識とともに，材料接合現象に特有の時間的，空間的に急激に変化する材料挙動や力学的特性に対する知識を持たなければならない．

接合界面の力学的特性や継手の破壊挙動は溶接・接合部の材料挙動と関連するが，材料接合部において生じる材料学的現象は非常に多岐にわたるのみならず，それらが同時に，かつ，複合（連成）して起こることから，一般にその取り扱いは簡単ではない．しかしながら，材料接合部の材料挙動を解明すべく，これまで多くの取り組みがなされており，特に，溶接・接合部に特有の非等温・温度場における材料挙動の取り扱いは，金属接合の理解に対しても非常に有用な知見をもたらす．これらの詳細に関しては他稿[1]を参照していただくこととし，本稿が金属接合の原理や特徴に対する基礎的理解の一助となれば幸いである．

参 考 文 献

1) 清宮紘一：超平滑化平面研磨技術，溶接学会誌，**64**, 4 (1995) 273-276.
2) 須賀唯知：常温接合の現状と課題，溶接学会誌，**64**, 4 (1995) 282-288.
3) 例えば，溶接学会編：溶接・接合工学の基礎，丸善，(1993).
4) 例えば，小林紘二郎，西本和俊，池内建二：材料接合工学の基礎，産報出版，(2000).

はじめての 精密工学

ツーリングの基礎と機械精度の管理

Basic Tooling Knowledge and Accuracy Control of Machine Tool/
Hiroshi KAERUKUSA

大昭和精機株式会社　**蝦草裕志**

1. はじめに

ツーリング（工具保持具）とは，「工作機械の主軸又は刃物台に取り付けられ，機械の加工目的を補助するために加工工具を所要の位置に保持する装置，またツーリングは加工工具を保持するだけでなく，それ自身駆動機構を持つもの，センサ，測定具を保持するもの，それらの組み込まれたもの，加工や測定等の補助手段となるもので，以上のための附属品類或いはこれを使用するために必要な機器類を含む」と定義されている[1]．具体的には，ドリルやエンドミル等の工具を掴みマシニングセンタや旋盤等の機械に取り付けるためのチャックや，穴加工を行うためのボーリングバー，ねじ立てを行うタッパ，センサを内蔵していて加工物の測定を行うアーバ等のことを「ツーリング」と称している．また，工具等を保持するためのスリーブやコレット等の附属品もツーリングに含まれる．

2. ツーリングの種類

ツーリングは以下の品目に分類される．また，**図2**は，平成21年4月～平成22年3月期の工作機器生産金額の内訳を示している[2]．

① 汎用ツーリング

汎用工作機械ならびにNC工作機械でATC（自動工具交換）装置を有しない機械に使用されるツーリング．

② NCツーリング

ATC装置を有するMC（マシニングセンタ）機など

（放電加工機，旋盤を除く）に使用するツーリングで，ライン中で専用機的に使用されるものを含む．

③ 旋盤用ツーリング

固定ならびに回転用ツーリングで，自動でATCするものとATCしないものを含む．

④ 専用機用ツーリング

ATCを要しない専用機に使用されるツーリングをいう．

⑤ その他の工具保持具

附属品類とは，スリーブ，ソケット，コレット，ドリルチャック，ボーリングユニット類等，テーパシャンクの付いていないもののことをいう．

3. テーパシャンクの歴史

フライス盤が発明されたのは1818年ごろといわれている（現存する最古のフライス盤は1827年に開発されたものと伝えられている）．現在のような工作機械とツーリングを分離することができるテーパシャンクが開発されたのは1860年代である．そして，ブラウン＆シャープテーパ，モールステーパと呼ばれるテーパシャンクが1922年にアメリカ規格として制定された．

これらのテーパシャンクはテーパ角度が緩いため，機械主軸に挿入するとクサビ効果で抜けなくなる．そこで，工具交換を容易にし，かつ，横送り加工にも耐えられるように現在のような7/24テーパシャンクが1939年にアメリカ

図1　NCツーリング

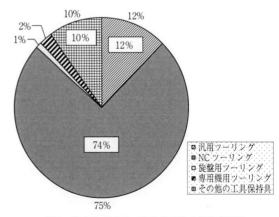

2%
1%
10%
12%
10%
12%
74%
75%

汎用ツーリング
NCツーリング
旋盤用ツーリング
専用機用ツーリング
その他の工具保持具

図2　平成21年4月～平成22年3月期生産内訳

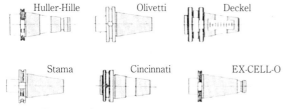

図3 1960年代のATC用シャンク例（アメリカ）

表1 テーパシャンクの歴史

年代	トピック	開発国
1818ごろ	フライス盤発明	
1860	ブラウン＆シャープテーパ（BS）の開発	アメリカ
1862	モールステーパ（MT）の開発	アメリカ
1922	BS, MTシャンクの規格化	アメリカ
1939	7/24テーパシャンクの開発	アメリカ
1952	NCフライス盤の開発	アメリカ
1958	マシニングセンタの開発	アメリカ
1969	日・7/24テーパシャンク（BT）の規格化（MAS規格）	日本
1978	米・7/24テーパシャンクの規格化（ANSI規格）	アメリカ
1979	独・7/24テーパシャンクの規格化（DIN規格）	ドイツ
1983	7/27テーパシャンクの規格化（ISO規格）	国際規格
1986	BTシャンクの規格化（JIS規格）	日本
1992～	BT型二面拘束シャンクの開発（メーカ規格）	日本
1993	HSKシャンクの規格化（DIN規格）	ドイツ
2001	HSKシャンクの規格化（ISO規格）	国際規格
2007	BTシャンクの規格化（ISO規格）	国際規格

で開発された.

ATCが可能なマシニングセンタは1958年にアメリカで開発され, 日本でも同じ1958年に国内1号機が製作され, 翌1959年には実用化された. 1969年には日本が世界に先駆けてATC用テーパシャンクの業界規格として「BTシャンク」規格を制定した（日本工作機械工業会規格：MAS規格）. 海外では, 1978年にアメリカ, 1979年にドイツ, そして1983年に国際規格のISO規格シャンクが制定された. 開発国であるアメリカが規格化に遅れたのは, 当時28種類ものメーカ規格が乱立していたため, 標準化が難しかったためである（図3）.

また, ヨーロッパでは固有のメカ技術が進んでいたため「NCだけが未来のすべてでない」といった考え方の影響で立ち遅れたようである.

業界規格の制定に早かった日本の「BTシャンク規格」は, 1986年に国家規格（JIS規格）として制定された. 世界各国で活躍しているBTシャンクではあったが, 国際規格であるISO規格には中々盛り込まれず, 2007年にようやくISO規格として制定された.

1992年, 機械主軸とツーリングの連結方式において, 世界中で標準となった7/24テーパシャンク規格を生かし, かつ, フランジ端面もお互いに接する二面拘束システムを日本のメーカが業界に先駆けてシステム化した. 二面拘束自体は古くからある技術ではあるが, 当時までは一品一様であり, 工作機械1台ごとの完全な特殊専用ツーリングとなっていたのである.

4. ツーリングの選定

一口にチャック, ボーリングバー, タッパ等と呼ばれているツーリングではあるが, それらの中にも用途に応じた数多くの種類がある. 以下に代表的なものを簡単に示す.

4.1 チャック類

① ロールロックチャック（図4）

最も把握力の高いチャック. 工具を保持するチャック部と締め付けるためのナットとの間にローラーが入っており, チャック本体の弾性変形を利用して工具を保持する. 主にエンドミル加工における重切削時に使用される.

② コレットチャック（図5）

汎用性に優れたチャック. コレット交換やコレット自身の縮み代によって多くのシャンク径に対応でき

図4 ロールロックチャック

図5 コレットチャック

図6 油圧チャック

図7 ボーリングバー

る. また, ロールロックチャックに比べて把握力は劣るが, 振れ精度のよい物が多い. ドリル加工やエンドミル加工等幅広く対応できる.

③ 油圧チャック（図6）

振れ精度が高く, 操作性に優れているチャック. 内部にはオイルが充填されており, 締め付けねじによりピストンを作動させることによって, チャック部を加圧し弾性変形させる. リーマ加工や工具研磨時によく使用される.

④ やきばめチャック

最もシンプルなチャック. 構成部品がないためバランス性能が高い. チャック部の外周を加熱し, チャック本体と工具の熱膨張率の差を利用して工具を着脱する. 専用の加熱装置が必要である.

4.2 ボーリング類

① 差し込みバイト式ボーリングバー

角シャンクや丸シャンクのバイトを取り付けることができるボーリングバー. 古くから使用されており最もシンプル. 径調整機構を備えていないため, 中仕上げ等公差が緩い穴加工に用いられる.

② マイクロユニット式ボーリングバー

径調整が可能なマイクロユニットが取り付いている

ボーリングバー．多段の穴加工用等として特殊設計時に使用されることが多い．

③ モジュラー式ボーリングバー（図7）
テーパシャンクとボーリングヘッドが分離しており，組み合わせによって多くの穴加工に対応でき柔軟性に富んでいる．

4.3 タッパ類

① トルクリミッタ付きタッパ
タップ加工時過負荷が生じた場合にトルクリミッタ機能（安全装置）が働いて空回りし，タップの破損を防ぐタッパ．ラジアルボール盤等で使用される．

② 定寸機構付きタッパ
機械主軸のドウエルタイムとタップの自己推進を利用し，ニュートラル機構を設けることによって加工深さを一定にするタッパ．量産品の加工に多く使用される．

③ リジット（シンクロ）タッパ
工作機械のリジット（同期制御）機能を利用したタッパ．近年の工作機械は主軸回転と送り速度の同期制御が高くなったため，タッパに設けられていた伸び縮みのフロート機構が不要となった．機械主軸の正逆回転切り替わり時等，極微量の同期誤差を吸収するタイプもある．

④ 自動逆転内臓タッパ
機械主軸は正回転のまま，送り方向の制御でタップの回転を反転させるタッパ．正回転のみのボール盤は元より，マシニングセンタでも機械主軸への負担軽減，加工時間の短縮，消費電力の抑制等の目的で使用されている．

5. ツーリング選定のポイント

前述ではツーリングの種類について簡単に説明してきた．加工物，加工内容に合ったツーリングを選定することは非常に重要なことである．しかしながら，実際には保有するツーリングの共通化を図り，例えば，必要以上に長いツーリングで揃えられているユーザも少なくはない．「長は短を兼ねない」これはツーリングを使用するに当たっての基本中の基本となる．剛性の基本として以下に示す「たわみ」の計算式がよく用いられる．

$$\delta = \frac{64FL^3}{3E\pi d^4} \qquad (1)$$

ここに，
δ：たわみ
F：遠心力
L：長さ
E：縦弾性係数
d：直径
である．

式(1)から，長さの3乗に比例してたわみが生じることは明らかである．たわみだけの問題ではなく，剛性が下が

るということは必然的に加工条件も下がることであり，しいては加工時間，加工精度にも影響を与える．

「適材適所」の言葉もある通り，トータル的に考慮してツーリングの選定を行うことが必要である．

6. 機械精度を管理するツーリング

高速・高能率・高精度加工に対応する工作機械や切削工具が実用化され，それらを安定して使いこなすことが重要なキーワードとなっているが，そのためには，おのおのの精度維持をしっかりとしなければならない．精度の劣化した機械や磨耗が大きい切削工具でいくら生産しても，安定した良品ができないし，場合によっては，大きな事故にもつながりかねない．

そこで安定した生産のために「管理」という観点から，マシニングセンタの精度を確認するツーリングを以下に紹介する．

6.1 引張力の測定

マシニングセンタは図8に示すように皿バネとコレットを用いてプルスタッドボルトを引っ張り，ツーリングを保持する機構を有するのが一般的である．長年の使用によって，この機械主軸内部の皿バネや増力機構のコレットの劣化などから引張力の低下が起こる．

このプルスタッドボルトの引張力を測定するツーリングとして図9に示す測定器がある．

図10は引張力に異常があった機械主軸内部の皿バネの実例である．このように目視では確認できない機械内部の劣化によって引張力が低下する場合もある．

また，図11は引張力を変化させた場合の静剛性を示している．

$$静剛性（N/\mu m） = \frac{荷重（N）}{タワミ（\mu m）}$$

このグラフからも明らかのように引張力が低下すると剛性も低下する．結果，加工精度や工具寿命の低下などの問題が発生することがある．

「引張力」の重要性をあまり意識されていないユーザも多いかもしれないが，最近では引張力が高いことを特長としているマシニングセンタも出てきているほど，加工に影響を与えることは明らかであり重要である．定期的に検査することで，引張力の低下を早期発見することができ，加工不良を未然に防ぐことが可能となる．

6.2 振れ精度の管理

機械精度を考える上で引張力のみならず振れ精度も重要な要素である．この振れ精度にはゆっくりと回転させたときの静的なものと，実際の切削回転中の動的なものの2種類があり，それぞれの振れ精度を管理するためのテストバーがある（図12）．静的精度用では機械主軸の静的な振れ・倒れなどを確認することができ，動的精度用では機械主軸の動的な振れ・アンバランス・Z軸方向の変位などを確認することができる．

これらもまた，問題が起こってからではなく，定期的に

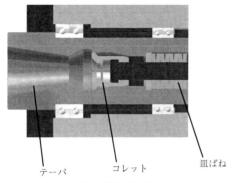

テーパ　コレット　皿ばね

図8　機械主軸断面

図9　引張力測定器（例）

図10　皿バネの劣化

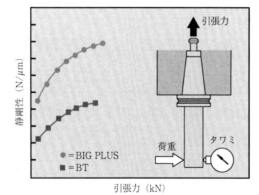

引張力

静剛性 (N/μm)

荷重　タワミ

● =BIG PLUS
■ =BT

引張力 (kN)

図11　引張力と静剛性の関係

検査することが必要である．

6.3　ATC アームの位置決め

　最後に紹介するのは，ATC アームの位置決め用ツーリングである（図13，図14）．マシニングセンタには必ずツーリングを自動交換するための ATC 装置が備わっている．

図12　テストバー（例）

図13　ATC アームの位置決め用ツーリング（例）

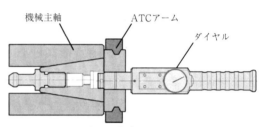

機械主軸　ATCアーム　ダイヤル

図14　芯ズレ量の測定

　一見，精度と無関係のように思われるが，ここにも重要なポイントがある．ATC アームのグリップ中心と機械主軸の中心がズレていると，ツーリングを装着する際主軸テーパ部に傷を付ける可能性がある．また，中心がズレた状態でクランプすると振れ精度を悪化させ，工具寿命はもちろんのこと，機械やツーリングの寿命も低下させる．

　アーム位置の調整方法は機械メーカへの確認が必要であるため，ユーザでの調整は難しいが，この点にも気を使わなければならない．ATC アームの位置決め用ツーリングは，この芯のズレ量をダイヤルで確認することができ，従来の「感覚」から「見える化」を重視している．

7. お わ り に

　振れ精度を気に掛けているユーザは比較的多いが，引張力や芯ズレ量を気に掛けているユーザはまだまだ少ない．

　今後もますます高速・高精度加工が進む中で，安定した加工精度維持のためにしっかりとした管理は必要不可欠である．今回紹介した引張力測定器をはじめ，テストバー，ATC アームの位置決め用ツーリングが，生産活動に役立つことができると確信している．

参 考 文 献

1）（社）日本工作機器工業会　工作機器の製品分類 P5．
2）（社）日本工作機器工業会　平成21年4月〜平成22年3月期工作機器生産動態集計表．

はじめての 精密工学

精密・超精密位置決め技術の基礎

Foundation of Precision and Ultraprecision Positioning/Jiro OTSUKA

静岡理工科大学　**大塚二郎**

1. は じ め に

　新幹線が駅にピタリと止まることは一種の「精密位置決め」といっていいでしょう．昨年「はやぶさ」という宇宙衛星が「イトカワ」という小惑星に着陸して，地球に戻ってきたことは一種の「超精密位置決め」でしょう．

　精密工学で「位置決め」というと，一般的にまず**図1**(a)[1]のようなモータとボールねじを組み合わせてテーブル（ステージということもあり）を望む位置（目標位置）へ移動させることをいいます．これは一軸の例ですが，図1 (b)[1]の場合は，XステージとYステージは，互いに90°移動方向が異なり，二次元で任意の動きができます．ここに示すのは，1980年代の半導体縮小露光装置の「ステッパ」と呼ばれるものです．自動車の生産工場や電子部品工場の生産ラインにはかなり多数の図1 (a) の位置決め装置が使われています．図1 (b) のようなXYステージ（テーブル）の上に垂直方向のZ軸を加えたり，回転

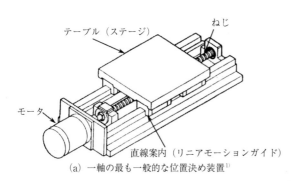

(a) 一軸の最も一般的な位置決め装置[1]

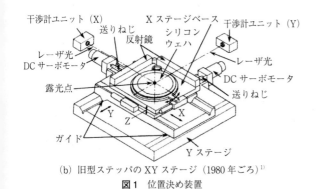

(b) 旧型ステッパのXYステージ（1980年ごろ）[1]
図1　位置決め装置

するロータリーテーブルをつけた産業用ロボットも位置決めの対象になります．

　ところで，「精密位置決め」と「超精密位置決め」はどう違うのでしょうか．本学会の超精密位置決め専門委員会では，精密工学会会員の方々を対象に位置決めに関して4年ごとにアンケートを行っています．その中に「現時点において一言で『精密位置決め』，『超精密位置決め』といった場合どの程度の位置決めをイメージしますか」という少々あいまいな質問があります．多くの人は，値として精度[*1]とか分解能[*2]をイメージして答えているようです．2006年，2010年のアンケート結果[2]を見ると，「精密位置決め」は1μm付近，「超精密」は0.01μm（10 nm）付近に集中しています．筆者は両者の境界値は0.1μm（100 nm）ぐらいと考えています．

2. 位置決めの方式

2.1　間欠位置決め方式（PTP方式）

　ステージを位置決めするのに，**図2**のようにステージが点Aを出発して，その途中の経路と時間を問わないで点B（目標位置，指令位置 X_r）に停止させる方式を間欠方式またはPoint-to-Point方式といい，略してPTP方式と呼びます．

2.2　連続方式（CP方式）

　PTP方式に対しステージが移動する最中の経路と時間を問うとき，これを「連続位置決め方式」とか「経路方式」とかいって，英語のContinuous Pathを略して「CP方式」といいます．図1(b)の例や，工作機械のXYテーブルを用いて2次元のCP方式を実行することになります．

3. 位置決め誤差と位置決め分解能

　「誤差[*1]」と「分解能[*2]」を混同している教員やエンジニアは非常に多いのが実情です．

　まず位置決め誤差[3]について説明します．ステージを移動させて図2のように，ステージを点Aから出発して目標位置の点Bで停止させたいのに，それより E_i だけ手前

---

*1　精度とは「誤差の小さい程度」（「日本機械工学便覧」による）．位置決め誤差については第3章を参照してください．
*2　分解能「出力に識別可能な変化を生じさせることのできる入力の変化量」（JIS Z8103）で，位置決めなら，出力としてのステージの位置Xの変化を読みとれる限界の値．

25

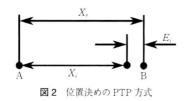

図2 位置決めのPTP方式

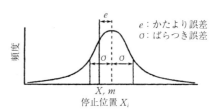

図3 位置決め誤差のヒストグラム

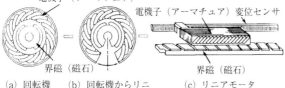

(a) 回転機　(b) 回転機からリニ　(c) リニアモータ
　　　　　　アモータへ展開
図4 回転機からリニアモータへの展開[5]

の距離 X_i で停止したとしましょう．ここで，

$$E_i = X_i - X_r \quad （E_i も「位置決め誤差」です）(1)$$

同じ条件で点Aから点Bへの移動を n 回くり返したとき，n 個の X_i が得られ，X_i の頻度分布が**図3**のようになったとしましょう．

$$m = \frac{1}{n}\sum_{i=1}^{n} X_i \quad （位置 X_i の平均値）(2)$$

$$e = m - X_r \quad （位置 X_i の平均値 m と目標位置$$
$$X_r との差→「かたより誤差」）(3)$$

$$\sigma = \sqrt{\frac{1}{n-1}\sum_{i=1}^{n}(X_i - m)^2}$$
$$（X_i の標準偏差→「ばらつき誤差」）(4)$$

上記の e を「かたより誤差」あるいは単に「かたより」，X_i の標準偏差 σ を「ばらつき誤差」あるいは単に「ばらつき」ともいいます．これは計測用語と同様です．3σ の値で「ばらつき」とすることもあります．

これらの誤差を小さくするには誤差の発生原因をつきとめる必要があります．熱や振動に起因するもの，メカニズムの問題，位置を計る変位センサの誤差に行きつくことが多いです．詳しいことは文献1)4)等を参照してください．

4. 構　　　成

位置決め装置を構成する要素として，力を出すためのアクチュエータ，移動体であるテーブルやステージ，それを支える案内（ガイド），アクチュエータに与える信号を制御するコントローラ等から成ります．

4.1 アクチュエータ

回転式電気モータ，リニアモータが現在の主力で，空気圧シリンダや，油圧式アクチュエータは，コンプレッサでの電気エネルギの消費が無視できないので減少しつつあります．ある種の結晶に電圧を与えると，電圧の大小により数十 μm 以下ナノメートルレベルの微小変位する圧電素子も最近よく用いられます[4]．

（1）回転型電気モータ　　モータとボールねじの組合せ

が全位置決め装置の約半分を占めます．これは，コントローラと組み合せてセットで売られています．モータは多くの方式がありますが，指令に従って回転するモータを「サーボモータ」と呼びます．1990年ごろまでは「直流モータ」がほとんどでしたが，IC を用いた電子回路の発達とともに今では「三相の交流モータ」がほとんどです．

（2）リニアモータ[4]　　　　回転型モータを**図4**[5]のように直線展開したのがリニアモータです．ボールねじと比較すると次のようになります[6]．

長所：①高速が可能，②コンタミの問題がない，③ボールねじを用いた場合より，メカニズムが簡単になり，剛性[*3]を大きくできる，④長距離移動が可能，⑤音が小さい等です．

短所：①リニアモータでは必ずステージの位置を検出する物差し（変位センサ）が必要ですから，その分高価になります．②図4で電機子と磁石の両者間に，水平方向の推力の他に，上下方向に3〜5倍の引力が働くので，しっかりと両者を分離支持しなくてはなりません．③リニアモータの電機子側，そして磁石も熱をもつので，高精度位置決めを要求するところでは液冷しなければなりません．④外乱，例えば工作機械ならテーブルに働く切削力の影響を受けやすく，制御がむずかしくなりますが，これはメーカが面倒みてくれます．

2004年ドイツの工作機械メーカが突然リニアモータの使用をやめてボールねじにしたことがありました．筆者は次年ドイツのハノーバーのEMOショーという工作機械展示会に行って，ヨーロッパの工作機械メーカ34社にリニアモータについてたずねたところ，「リニアモータは高速化，高精度化にはすぐれるが，ボールねじより高価になり，冷却のための電気エネルギが無視できない」という意見が大勢でした[7]．ただし，ドイツのメーカのうち，2社はリニアモータとボールねじを併用していました．ショートストロークの揺動運動するところや，長距離移動の所ではボールねじは苦手なのでリニアモータが使われています．

（3）ボールねじ

位置決めについて述べるに当って，回転式モータと組み

---

*3 装置に何らかの力がかかったとき，弾性変位が小さいとき「剛性」が大きいといいます．

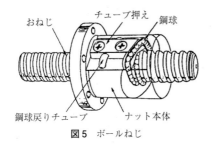

図5 ボールねじ

（おねじ、チューブ押え、鋼球、鋼球戻りチューブ、ナット本体）

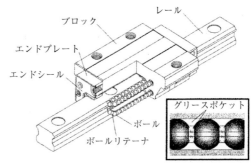

図6 リニアボールガイド〔THK(株)製「LM ガイド（ボールリテーナ入り）」〕[8]

（レール、ブロック、エンドプレート、エンドシール、ボール、ボールリテーナ、グリースポケット）

合わせて使うボールねじに触れないわけにはいきません．図5のように円弧溝のおねじとめねじのナットの間にボールを入れて回転するとボールが循環して，軽くねじ軸を回転させることができます．

ボールねじは，高速回転で騒音や微振動を出すのは大きな欠点です．ボールねじメーカも頑張って今ではリニアモータと互格の最高速2 m/sのものも現れています．なお，すべりねじも相変わらずある種の位置決め装置には昔から使われています[3]．

4.2 直線案内（リニアガイド）

ステージを支える直線案内のことを「リニアガイド」とか「リニアモーションガイド」ともいって，昔はすべり案内が主でしたが，今では図6[8]のようなボールを循環させるリニアボールガイドが普及しています．超精密を必要とする機器の案内として数十気圧の油（静圧油），数気圧での空気膜（静圧空気）の軸受・案内が用いられています．

4.3 コントローラ[9]

ここ20年間で一番進歩したのはモータを制御するコントローラ（制御器）です．半導体の普及とともにアナログからディジタルとなり，DSP（Digital Signal Processor）の進歩とソフトのおかげで，各種演算が楽になり，そしてむずかしい制御も高速で扱えるようになりました．

5. 制 御 方 式

図1のモータとボールねじを組み合わせた位置決め装置を見ながら説明しましょう．

5.1 オープンループ制御

例えば図1（a）でパルスモータを使用すると，パルス数に比例したステージの変位が得られます．

5.2 セミクローズド制御

図7[1]はセミクローズド制御を示します．ねじの回転角を検出できるロータリエンコーダあるいはモータに付属のロータリエンコーダでそれをコントローラにフィードバックして指令値どおりモータを回転させるものです．工作機械によく用いられる制御方式です．この場合，ねじにリード（ピッチ）誤差があったり，熱膨張したりすると，正確なステージの位置決めは行うことはできません．

5.3 閉ループ（フルクローズド制御）

図8[1]は閉ループ制御の場合で，テーブル変位を絶えず変位センサで計測し，目標位置と違っていたらただちに修正するというフィードバック制御を適用します．この方式は図7と比べて高精度位置決めが可能になりますが，変位センサは測定分解能が小さいほど高価になるので，装置全体も大変高価になります．

以上の5.2節，5.3節ではほとんどが古典制御であるPID制御が用いられています．

6. 超精密位置決め装置

1章で筆者は「精密位置決め」と「超精密位置決め」の境界値は位置決め誤差や位置決め分解能にして$0.1 \mu m$（$= 100$ nm）あたりであるといいました．位置決め誤差を$0.1 \mu m$以下にするには次の3つが重要になってきます．

6.1 変位センサ

5.3節で述べた閉ループ制御方式を採用しなくてはなりません．そして変位センサはまずそれ相当の小さい分解能をもち，ノイズも小さい必要があります．レーザ光型とリニアエンコーダ型がありますが，詳しいことは文献4)を参照して下さい．変位センサの取り付け位置も重要です．つまり，なるべくアッベの原理[3]に近づくように心がけて，アッベ誤差が小さくなるようにすべきです．

> アッベの原理：ドイツ人の物理学者が立てた原理で，計測系では被測定物の測定すべき部分を物差しとして用いる変位センサの延長上に置く．加工系では被加工物の加工すべき部分を物差しとして用いる変位センサの延長上に置く．

図1（b）ではウエハ上の露光点が，変位測定のレーザ光延長上にあり，完全にアッベの原理に従っていますが，工作機械や三次元測定機は無理ですから，それなりの対策が必要です．

6.2 メカニズム

位置決め装置をなるべく堅固につまり剛性高く造るべきです．剛性が小さいと振動が出やすく，精度も出ません．摺動面の平面度，X軸とY軸の直角度等を出すため，職人芸に頼らざるをえない部分が多くなります．

6.3 制御

通常はPID制御で十分ですが，同じPID制御でも種々のものがあります[10]．アンケート調査によると，その他に各種インテリジェント制御がさまざまな位置決め装置の30%に用いられています[2]．

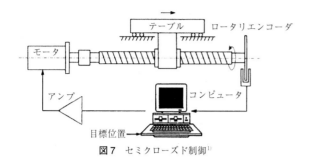

図7 セミクローズド制御[1]

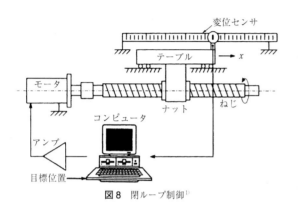

図8 閉ループ制御[1]

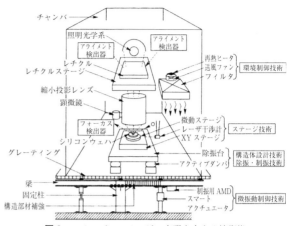

図9 ステッパのステージの実現を支える技術[11]

6.4 半導体縮小露光装置

超精密位置決め装置のチャンピオンは図9[11]の半導体縮小露光装置です.図1 (b) とは異なる方式のステージは加減速度3〜5 G,最高速度1 m/s 以上にもなり位置決め精度は1 nm 前後(ばらつき誤差)であり,考えられるありとあらゆる振動対策,熱対策がほどこされています.1台20トン 20〜50億円.IC を造るにはこれが何十台も必要です.

7. さ い ご に

高精度・高速の位置決め装置を造るには,振動や温度変化の小さい環境が必要なうえに,電気,材料,制御,ソフト等の十分な知識が必要です.電気系のノイズをとるには経験者にはかないません.一人でこれらを全部マスターすることはまず無理なので,それぞれの専門の人の協力をもとに行うことをおすすめします.

最後に,筆者が最近かかわった製品を紹介します.図10[12]はボールねじのみで20〜100 mm にわたり分解能1 nm を出すことのできる超精密位置決め装置で,産総研の長さ基準(長さクラブ)やSPring-8のX線集光装置,半導体検出装置等に用いられています.大変小型ですぐれたフィードバック用変位センサ[13]を一度見ていただきたいものです.

参 考 文 献

1) 大塚二郎,坂戸啓一郎:精密位置決め機構設計,工業調査会,(2003) 17-20,69,73,151-183.

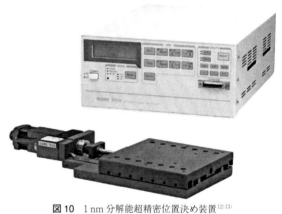

図10 1 nm 分解能超精密位置決め装置[12][13]
(www.sigma-tech.co.jp)

2) 大岩孝彰ほか:精密工学会超精密位置決め専門委員会アンケート報告書,(2011) 1.
3) 大塚二郎:超精密位置決め技術,養賢堂,(2010) 7-9,31-44,71,75,104.
4) 実用精密位置決め技術事典編集委員会:産業技術サービスセンター,(2008) 99,196-199,208.
5) 苅田充二:リニアモータにおける高性能技術,精密工学会誌,**61**,2 (1995) 347.
6) 精密工学会:高速・高精度位置決めにはボールねじか,リニアモータか 2000 年精密工学会シンポジウム,(2000).
7) 大塚二郎:EMO ショーにおけるリニアモータ vs ボールねじ報告,精密工学会超精密位置決め専門委員会前刷集,No.2005-5 (2005) 1-12.
8) 寺町彰博監修:リニアシステムの理論,日刊工業新聞社,(2001) 12.
9) 二見茂:精密・超精密位置決めのためのコントローラ概論,精密工学会超精密位置決め専門委員会前刷集(I),(2006-01) 1-7.
10) 須田信英代表著:PID 制御,朝倉書店,(1994).
11) 涌井伸二:ステッパにおける精密位置決めステージの現状と将来,精密工学,**67**,2 (2001) 201-205.
12) 大塚二郎,市川宗次,増田富雄:ボールねじ新駆動方式による1 nm 分解能の小型超精密位置決め装置,2006 年度精密工学会秋季大会論文集,(2009) 857-858.
13) 市川宗次:最新のレーザ応用スケール,光アライアンス,2 号 (1991) 26-29.

はじめての 精密工学

初歩から見直す機構学

Introduction to Mechanism and Kinematics/Toshio MORITA

慶應義塾大学理工学部　森田寿郎

1. はじめに

　機構学は，機械を動かす仕組みを扱う学問です．工学のなかでも最も歴史の古い分野ですが，それゆえに学生にとっては身近に感じられないようです．しかし，機械はいつの時代にも人間の生活に欠かせないものであり，われわれの身のまわりにある現代の機械も，もちろん機構学にのっとって動いています．

　本解説は，「何となく分かったつもりになっている」機械を動かす仕組みを，初歩から見直すきっかけになればと考えて書いてみました．それでは，さっそく次の問題を考えてみてください．機構に働く力や力のモーメントが見えるでしょうか．解答は本稿の付録に示してあります．このような問題が解けるようになるのが目標です．

問題（4輪の模型自動車）：

　図1は，水平で滑らかな床を一定速度 v で走行する4輪の模型自動車を表しています．歯車1と歯車3，歯車2と歯車4は同じものを用いており，歯車2と歯車3および歯車4と後輪はそれぞれ一体の部品になっています．歯車列のモジュールを m，歯車1と歯車4の軸間距離を a，模型自動車の質量を M，車輪の直径を d，モータの仕事率を P，床とタイヤの摩擦係数を μ，重力加速度を g として，次の設問に答えなさい．ただし，タイヤと床は転がり接触し，車の空気抵抗，歯車の損失，車体と前輪の摩擦抵抗は無視できるものとします．

(1) 歯車1〜4の歯数 z_1〜z_4 を角速度比 u で表しなさい．

(2) 車体の自由体図を描きなさい．ただし，前輪2つ分の垂直抗力を N_f，後輪2つ分の垂直抗力を N_r とします．

(3) 力のつりあい式と力のモーメントのつり合い式をたてて，N_f と N_r を求めなさい．

　いかがでしょうか．モジュール，角速度比などの用語を忘れてしまった読者もいると思います．それでは，次の章から機構学の見直しをはじめましょう．なお，本稿は読みやすさを優先しているため，厳密ではない記述になっている箇所もあります．ご容赦ください．

2. 回転運動（摩擦車）のメカニズム

2.1 転がり接触

　図2は，同一平面上にある滑らかな輪郭をもつ節1と節2が点Pで接触している様子を示しています．節1は点 O_1 まわりで角速度 ω_1，節2は点 O_2 まわりで角速度 ω_2 で，それぞれ回転しています．$\overline{O_1P}=r_1$，$\overline{O_2P}=r_2$ とすると，節1上の点Pの速度 v_1 と節2上の点Pの速度 v_2 は次式で表せます．

$$v_1=\overline{O_1P}\cdot\omega_1=r_1\omega_1, \quad v_1\perp\overline{O_1P}$$
$$v_2=\overline{O_2P}\cdot\omega_2=r_2\omega_2, \quad v_2\perp\overline{O_2P}$$

　このように2つの回転する節を直接接触させて動力を伝達する機構には，転がり接触を利用するもの（摩擦車やベルト伝動機構など）と滑り接触を利用するもの（歯車やカムなど）があります．

　転がり接触は，接触部で2つの節が滑らずに転がる場合のことです．転がり接触の条件を考えてみましょう．図2における点Pの付近を拡大したものを**図3**に示します．2

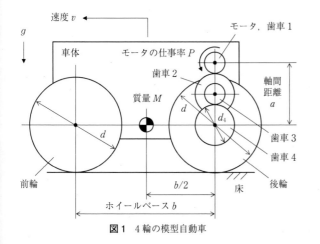

図1　4輪の模型自動車

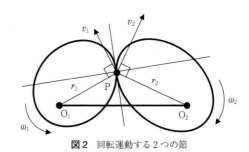

図2　回転運動する2つの節

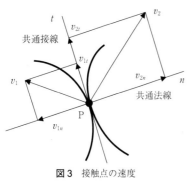

図3 接触点の速度

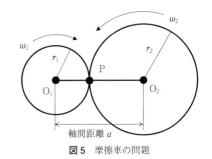

図5 摩擦車の問題

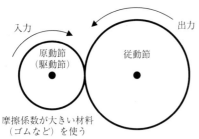

図4 摩擦車の入力と出力

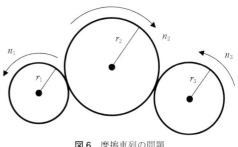

図6 摩擦車列の問題

つの節の点 P における共通接線を t,共通法線を n とすると,点 P の速度には次の関係があるはずです.

接触を保つ条件:$v_{1n}=v_{2n}$

滑らない条件:$v_{1t}=v_{2t}$

したがって,転がり接触の条件は速度ベクトルが等しいことになります.

$$\vec{v}_1=\vec{v}_2$$

なお,$\vec{v}_1 \neq \vec{v}_2$ の場合は,2つの節は分離するかめり込みます.$\vec{v}_1$ と $\vec{v}_2$ が,大きさとともに向きも等しいのは,点 P が点 O_1 と点 O_2 を結ぶ線上にあるときです.このとき,節 1 の角速度 ω_1 に対する節 2 の角速度 ω_2 の比 ω_2/ω_1 は,次のように求められます.

$$v_1=r_1\omega_1,\quad v_2=r_2\omega_2$$
$$v_1=v_2=v \text{ より},\quad r_1\omega_1=r_2\omega_2$$
$$\therefore \frac{\omega_2}{\omega_1}=\frac{r_1}{r_2}$$

得られた入力と出力の角速度の比率 ω_2/ω_1 を角速度比 u といいます.角速度比 u は,摩擦車の半径の比の逆数になります.

2.2 摩擦車の回転数と伝達力

摩擦車とは,図4に示すように2つの回転軸にそれぞれ車を取り付けて,その車を転がり接触させて摩擦力によって動力を伝達する機構です.このとき,入力を与える節を原動節,出力を得る節を従動節といいます.摩擦車の実例には,カセットデッキやプリンタ紙送り機構などがあります.

2つの摩擦車を使うときの代表的な問題を考えてみましょう.図5に示す軸が平行な摩擦車において,速度比 $u=\omega_2/\omega_1=const.$ と軸間距離 a が与えられたときに,半

径をどのように決めたら良いでしょうか.

摩擦車の半径と軸間距離には次式が成り立ちます.

$$r_1+r_2=a$$

角速度比 u は,2.1 節で示したとおりです.

$$u=\frac{\omega_2}{\omega_1}=\frac{r_1}{r_2}$$

したがって,2つの摩擦車の半径はそれぞれ次式で求められます.

$$\therefore r_1=\frac{ua}{1+u},\quad r_2=\frac{a}{1+u}$$

この問題では,2つの摩擦車は外接していましたが,内接している場合でも同じ方法で半径を求めることができます.

次に,図6に示した3つの摩擦車(摩擦車列)の角速度比を求めてみましょう.中間の摩擦車を遊び車(アイドラ)といいます.角速度比を変えずに回転方向を逆にするときに用いるものです.この問題では,摩擦車の回転する速度が角速度 ω(単位:rad/s)ではなく,毎分の回転数 n(単位:rpm = revolutions per minute)で与えられている場合にしてみましょう.

$$\text{角速度比 } u=\frac{\omega_2}{\omega_1}=\frac{n_2}{n_1}=\frac{r_1}{r_2}\qquad \text{ただし},\ \omega=\frac{2\pi}{60}n$$

$$\frac{n_2}{n_1}=\frac{r_1}{r_2},\ \frac{n_3}{n_2}=\frac{r_2}{r_3}$$

$$\therefore \frac{n_3}{n_1}=\frac{n_2}{n_1}\cdot\frac{n_3}{n_2}=\frac{r_1}{r_2}\cdot\frac{r_2}{r_3}=\frac{r_1}{r_3}\quad \cdots r_2 \text{によらない!}$$

この結果から,摩擦車列の回転数比(角速度比)は遊び車がない場合と同じになることが分かります.

2.3 伝達力

摩擦車において,摩擦力によって動力が伝わる様子を図

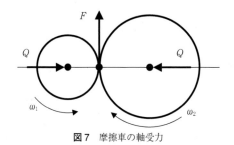

図7 摩擦車の軸受力

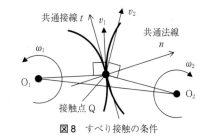

図8 すべり接触の条件

7に示します．このとき，摩擦車が軸から受ける力（圧縮力）を Q，摩擦車の間の摩擦係数を μ とすると，摩擦車による最大伝達力 F は次式で表せます．

$$F = \mu Q$$

F を大きくするには，μ が大きい材料を使うか Q を大きくするしかありません．このように，回転が滑らかなので静かである，製作が簡単なので安価である，などの利点をもつ摩擦車ですが，大きな伝達力は無理，角速度比が変動する，大きな軸受力が必要である，という欠点もあるのです．

3. 回転運動（歯車）のメカニズム

3.1 滑り接触による回転の伝達

2章は接触部で2節が滑らずに転がる場合でしたが，この章では滑りを許した場合を考えます．2つの節がすべり接触している様子を**図8**に示します．n 方向については，節1上の点 $\mathbf{Q}$ の速度 v_{1n} と節2上の点 $\mathbf{Q}$ の速度 v_{2n} が等しくないと，2つの節が分離するか，めり込みます．これは転がり接触と同じです．ところが，t 方向には滑って良いので，速度 v_{1t} と速度 v_{2t} に差があっても良いのです．

図8の $\triangle \mathrm{O_1 O_2 Q}$ を取り出して n 方向について詳細にしたのが**図9**です．ここで，点 P は2つの節の共通法線と $\overline{\mathrm{O_1 O_2}}$ の交点です．点 Q の速度を求めると次のようになります．

接触を保つ条件：$v_{1n} = v_{2n}$

法線方向の速度：$v_{1n} = r'_1 \omega_1,\quad v_{2n} = r'_2 \omega_2$

$$r'_1 = r_1 \cos\alpha,\quad r'_2 = r_2 \cos\alpha$$

$$\therefore v_{1n} = r_1 \omega_1 \cos\alpha,\quad v_{2n} = r_2 \omega_2 \cos\alpha$$

得られた結果を，接触を保つ条件に代入して角速度比 u を求めます．

$$u = \frac{\omega_2}{\omega_1} = \frac{r_1}{r_2} \quad \rightarrow 摩擦車と同じです．$$

さらに，角速度比 u と中心間距離 $a = r_1 + r_2$ を一定とすると，半径は次式で得られます．

$$r_1 = \frac{ua}{1+u} = const.,\quad r_2 = \frac{a}{1+u} = const.$$

つまり，接触点 Q は動きますが点 P は定点になるのです．この点 P をピッチ点，ピッチ点までの距離を半径とする円をピッチ円と呼びます．角速度比が一定で点 P が定点となる曲線（例えばインボリュート曲線）を歯に使ったものが歯車です．

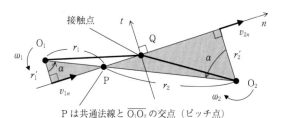

P は共通法線と $\overline{\mathrm{O_1 O_2}}$ の交点（ピッチ点）

図9 接触点とピッチ点

3.2 歯車の用語

歯車の歯の間隔は円ピッチ p と呼ばれます．2つの歯車を組み合わせたときの回転は，直径 d のピッチ円で表される摩擦車の回転と等しくなります．歯車の歯数を z とすると，円ピッチ $p = \pi d / z$ となります．これを歯の大きさの基本としたいのですが，無理数になってしまいます．そこで，d を [mm] で表したときの $m = d/z$ を基準として，これをモジュールと呼びます．かみ合う一組の歯車のモジュールは等しくなければなりません．

歯車の利点は，大きな伝達トルク，正確な回転数比，軸受負荷が小さいことですが，欠点にはガタの発生（バックラッシュ），騒音の発生，高価であることがあげられます．

3.3 歯車列の回転数と伝達力

モジュール m の一組の歯車について，角速度比 u，軸間距離 a となる歯数 z_1, z_2 を求めてみましょう．基本的には2.2節の摩擦車の場合と同じです．歯車のピッチ円直径を d_1, d_2 とします．

$$a = \frac{d_1}{2} + \frac{d_2}{2},\quad u = \frac{\omega_2}{\omega_1} = \frac{d_1}{d_2}$$

$$\therefore d_1 = \frac{2ua}{1+u},\quad d_2 = \frac{2a}{1+u}$$

歯車には $d = mz$ の関係がありますので，z_1 と z_2 は次式で求められます．

$$z_1 = \frac{d_1}{m} = \frac{1}{m} \cdot \frac{2ua}{1+u},\quad z_2 = \frac{d_2}{m} = \frac{1}{m} \cdot \frac{2a}{1+u}$$

さらに，角速度比とトルク比の関係を考えてみましょう．力の仕事を $F \cdot \delta x$，力のモーメントの仕事を $M \cdot \delta\theta$ とすると次式が成り立ちます．単位はジュールです．

$$F \cdot \delta x = F \cdot r \cdot \frac{\delta x}{r} = M \cdot \delta\theta$$

ここで，単位時間当たりの仕事（仕事率，工率）[J/s] ＝パワー [W] を考えると，次式が得られます．

$$F \cdot v = F \cdot r \cdot \frac{v}{r} = M \cdot \omega$$

力のモーメント M が軸まわりのトルク τ [Nm] で与えられたときのパワーは $\tau \cdot \omega$ [W] となります. 歯車の損失を無視すれば, 2つの歯車のパワーは等しいので, $\tau_1 \omega_1 = \tau_2 \omega_2$ となります. このとき, 角速度比＝減速比（出力/入力）を u, トルク比（出力/入力）を η とすると, それぞれ次式で表されます.

$$u = \frac{\omega_2}{\omega_1} \quad \therefore \omega_2 = u\omega_1$$

$$\eta = \frac{\tau_2}{\tau_1} = \frac{1}{u} \quad \therefore \tau_2 = \frac{1}{u}\tau_1 = \eta\tau_1$$

つまり, トルクは減速比の逆数で増幅されるのです.

4. お わ り に

読者に初学者を想定して, ある目的を達成するための機構と, それを動かすための力や力のモーメントの求め方を復習していただきました. 原稿のもとにしたのは, 慶應義塾大学理工学部機械工学科の2年生春学期専門必修科目「機械力学の基礎」の講義ノートです.

本稿は前半部分の2週分から一部を抜粋して手直ししたものですが, その後に巻き掛け伝動機構（ベルトとチェーン）, カム, クランク, リンクと続きます. 紙面の制約で, 詳細はほとんど紹介することができませんでしたが, 本稿で機構学を見直す取っ掛かりを得られた読者もいるかと思います. 参考文献をご覧いただくとともに, 慣性力が働いたときの機構の動きを考えてみてください. 例えば, 停止している車が急発進すると前輪が浮き上がる理由は, この問題では説明できません. 車が加速すると重心には後ろ向きの慣性力 Mv が働きます. このため, 床と後輪の接触点には時計まわりに慣性力のモーメントが生じるのです.

参 考 文 献

1) 鈴木健司, 森田寿郎：基礎から学ぶ機構学, オーム社, (2010).
2) 稲田重男, 森田均：大学課程 機構学, オーム社, (1966).

付録：問題1の解答

(1) 歯車1～4のピッチ円直径を d_1～d_4 とすると, 次の関係が成り立ちます.

$$\frac{1}{2}(d_1 + d_2 + d_3 + d_4) = a, \quad d_1 = d_3, \quad d_2 = d_4$$

ピッチ円直径, 歯数, モジュールには $d = mz$ の関係があるので, 次式を得ます.

$$\frac{m}{2}(z_1 + z_2 + z_3 + z_4) = a \quad \therefore z_1 + z_2 + z_3 + z_4 = 2\frac{a}{m}$$

$z_1 = z_3$, $z_2 = z_4$ より, z_3 と z_4 を消去します.

$$z_1 + z_2 = \frac{a}{m} \cdots ①$$

角速度比 u は, 次式で表せます.

$$u = \frac{\omega_2}{\omega_1} \cdot \frac{\omega_4}{\omega_3} = \frac{z_1}{z_2} \cdot \frac{z_3}{z_4}$$

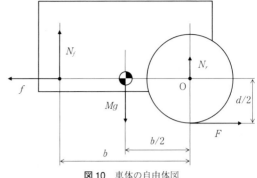

図10 車体の自由体図

したがって, 次式が成り立ちます.

$$u = \left(\frac{z_1}{z_2}\right)^2 \quad \therefore z_2 = z_1\sqrt{u} \cdots ②$$

式①と式②から, z_2 を消去して次式を得ます.

$$(1 + \sqrt{u})z_1 = \frac{a}{m}$$

$$\therefore z_1 = \frac{a}{m(1 + \sqrt{u})} = z_3$$

$$z_2 = \sqrt{u}\,z_1 = \frac{a\sqrt{u}}{m(1 + \sqrt{u})} = z_4$$

(2) 車体の自由体図を**図10**に示します. ただし, 後輪2つ分の推進力を F とします.

(3) 重心まわりの力のモーメントのつり合い式は次式となります. ただし, 反時計まわりを正としました.

$$\frac{Fd}{2} + \frac{N_r b}{2} - \frac{N_f b}{2} = 0$$

$$\therefore N_f b - N_r b - Fd = 0 \cdots ③$$

重心の上下方向の力のつり合い式は次式となります（左右方向の式は使いません）.

$$N_f + N_r - Mg = 0 \cdots ④$$

式③と式④から N_f を求めると次式となります.

$$2N_f b - Fd - Mgb = 0$$

$$\therefore N_f = \frac{Mgb + Fd}{2b}$$

また, N_r は次式で得られます.

$$N_r = Mg - N_f = Mg - \frac{Fd + Mgb}{2b} = \frac{Mgb - Fd}{2b}$$

ここで, モータと車体の仕事率（パワー）は等しいので, 次式が得られます.

$$P = \tau_1 \omega_1 = Fv \quad \therefore F = \frac{P}{v}$$

ゆえに, 前輪2つ分の垂直抗力 N_f, 後輪2つ分の垂直抗力 N_r は次式となります.

$$N_f = \frac{Mgb + dP/v}{2b}, \quad N_r = \frac{Mgb - dP/v}{2b}$$

得られた結果から, モータのパワー $P = 0$ の場合は $N_f = N_r = Mg/2$, モータのパワー $P > 0$ の場合は $N_f > N_r$ となることが分かります. つまり, 前輪が受ける力はモータを回転すると強くなるのです.

はじめての 精密工学

FEM における構造モデリング—ソリッド要素と構造要素（はり，シェル）の選択—

On Modeling of Structures in the Finite Element Method—Difference in Usage between Solid and Structural（Beam and Shell）Elements—/Takahiro YAMADA

横浜国立大学　山田貴博

1. は じ め に

応力解析のため有限要素法（Finite Element Method, FEM）は，数値シミュレーションにより研究開発や設計を高度化する CAE（Computer Aided Engineering）における基幹技術と位置づけられる．

有限要素法による応力解析の対象が一般的な複雑形状の連続体であるとき，問題が2次元で記述されていれば，対象領域を三角形や四辺形に分割し，3次元の場合には四面体や六面体に分割してモデル化を行ういわゆるソリッド要素が使われる．一方，曲げ変形が主体となる細長い棒状の構造物あるいはその組み合わせであるラーメン構造の応力解析では，はりを1つの要素とするはり要素が古くから使われている．また，薄い板あるいはタンクや自動車のボディのような薄板を成形した曲面からなるいわゆるシェル構造では，曲面の一部を表すシェル要素が用いられる．これらのはり要素やシェル要素は，構造物を構成する一部を直接表現するものとして構造要素と呼ばれている．

コンピュータの性能の飛躍的な進歩により，非常に大規模な連続体の数値シミュレーションが可能となっている現状では，はり要素やシェル要素によってモデル化されてきた対象を，連続体としてソリッド要素によってモデル化し，大規模問題として複雑な構造物の応力解析を行うことが可能となっている．しかしながら，工学的観点で計算の精度や効率を考えたとき，すべてをソリッド要素でモデル化することは，必ずしも適切ではない．

本稿では，ソリッド要素とはりやシェルのような構造要素の特徴と，利用に当たっての選択について，有限要素法の理論の立場から考えたい．

2. はりとシェルの力学挙動

材料力学で学ぶように，はりの力学は古典的なはり理論で扱うことができる．その基礎となるのは，オイラー–ベルヌーイの仮定
　・変形前の中立軸に垂直な断面は，変形後も中立軸に垂直である
である．オイラー–ベルヌーイの仮定は物理的に妥当な仮定であると認識されているが，ここでは有限要素法による応力解析により確認する．例えば，**図1**の片持ちはりの問題を，2次元平面応力の弾性体の問題として計算すると

図2のような変形状態が得られる．また，はりの中央部における断面内の位置と軸方向変位の関係を**図3**に示す，これらの結果から，連続体の挙動としてはりの仮定が成り立っていることが分かる．このはりに対するオイラー–ベルヌーイの仮定のように結果として成り立っていることが示される事項は，anzats と呼ばれ，通常の仮定とは区別されている．すなわち，形状が高さに比べて軸方向に長い場合において，曲げ変形が卓越し，基本的な挙動がオイラー–ベルヌーイの仮定が成立するはりの理論に沿うものとなる．

オイラー–ベルヌーイの仮定では，変形後も断面が中立軸に対して垂直であることから，たわみの微分と断面の回転を一致させたこととなる．これは，せん断変形は生じないことを意味している．

板とシェルについては，はりにおけるオイラー–ベルヌーイの仮定に対応するキルヒホッフ–ラブの仮定

図1 片持ちはりの問題

図2 片持ちはりの変形

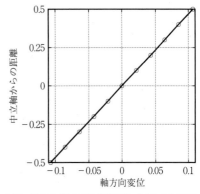

図3 はりの断面の軸方向変位（はりの中央部）

- 変形前の中央面に垂直な線素は，変形後も中央面に垂直である

を考える．これも連続体において成立する anzats である．さらに，現在の応用数学における漸近解析と呼ばれる理論的手法により，板やシェルのような形状の連続体の板厚を薄くした極限としてキルヒホッフ－ラブの仮定が成立することが証明されている[1]．解析解を構成する力学理論としては，はりの方が板やシェルより単純であるが，3次元連続体から数学的に形状を縮退する漸近解析では，板とシェルの方が理論解析が進んでいる．これは，特に3次元のはりを考えた場合，曲げに加えてねじりも加わり，さらにねじりではそり等を含む複雑な挙動を考慮しなければならないことが原因である．

以上から，はりや板，シェルの理論は，仮定の下で導かれた力学的な近似により得られたものではなく，形状が細長いあるいは板厚が薄い状況で現れる挙動を取り込んだ高次の力学モデルとして理解すべきであることが分かる．

3. は り 要 素

はりをモデル化するはり要素については，よく知られているように有限要素法が開発される以前のマトリックス構造解析法において確立している．基本的なはり要素では，図4のように両端のたわみと回転角を未知数として，要素が作られている．はり要素の導出には，古典的にははり理論に基づき，両端のたわみと回転角を境界条件として与えたときの解を用いている．有限要素法の枠組みにおいては，オイラー－ベルヌーイの仮定の下での仮想仕事の原理に対して，たわみの1階微分まで連続な（C^1連続性を有する）補間関数を用いて導かれているが，導かれる要素は境界条件を与えたはりの解から導いたものと一致する．このようなオイラー－ベルヌーイの仮定に基づくはり要素は，オイラーはり要素と呼ばれている．オイラーはり要素では，せん断変形は考慮されていないが，別途せん断変形分

を重ね合わせることで，せん断変形を考慮した要素を導くことができる．

一方，はりの高さが長さに比べ比較的大きく，せん断変形が無視できない場合には，せん断変形を考慮したティモシェンコはり要素が一般的に用いられている．ティモシェンコはり要素では，たわみと回転角を独立変数とする定式化が用いられている．両端のみに節点をもつ1次ティモシェンコはり要素は，図5のようにξ方向，ζ方向にそれぞれ1次の補間を行った4節点の双1次四辺形要素に対して，両端の2つの節点変位をたわみと回転角を表す自由度と置き換え，形状を1次元に縮退して導かれたものと考えることができる．

1次ティモシェンコはり要素では，後述する4辺形ソリッド要素と基本的な挙動が同じであり，曲げ変形が卓越するとき変位が小さく見積もられてしまうロッキング現象と呼ばれる挙動が現れることから，積分点を要素中央1点とする次数低減積分という手法が用いられている[2]．

4. シ ェ ル 要 素

板やシェルをモデル化する板曲げ要素，シェル要素については，キルヒホッフ－ラブの仮定に基づく古典理論に従って要素を導くことが有限要素法黎明期には試みられた．しかしながら，曲げ変形のモードを力学的に妥当な形として低次の多項式で表現することは困難であり，試みが成功することはなかった．そこで，現在では，キルヒホッフ－ラブの仮定を緩和して得られた離散キルヒホッフ要素（discrete Kirchhoff element）とはりの場合のティモシェンコはり要素に相当する退化シェル要素（degenerated shell element）が用いられている．

離散キルヒホッフ要素は，キルヒホッフ－ラブの仮定に基づくものであり，シェルの面外方向へのせん断変形は考慮されない．したがって，面外変形として，板厚が薄く曲げ変形が卓越する場合に適用範囲が限られる．

一方，退化シェル要素は，ティモシェンコはり要素と同様に節点変位と回転角を独立変数として定式化されている．また，図6のようにソリッド要素において上面と下面に配置された2つの節点の自由度を，中央面の並進変位と回転角に置き換え，ソリッド要素をシェルの形状に縮退したものと考えることもできる．退化シェル要素では，面外方向のせん断変形が考慮されていることから，ある程度板厚が大きい場合まで適用可能である．

退化シェル要素においてもティモシェンコはり要素の場合と同様にロッキング現象を回避することが必要であり，次数低減積分法やひずみ仮定法と呼ばれる工夫が必要となる[2]．

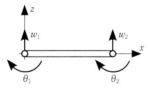

図4 はり要素

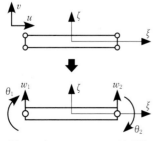

図5 1次ティモシェンコはり要素

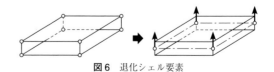

図6 退化シェル要素

5. 曲げ問題に対するソリッド要素の性能

曲げ問題をここまでで述べた構造要素ではなくソリッド要素で取り扱う場合を数値計算例により考察する．いま，**図7**の一定断面の片持ちはりの問題を考える．はりとしては，端部に集中荷重が作用する問題であるが，連続体として扱うことから，端面全体にせん断力に対応する等分布荷重が作用するものと設定する．

はりの長さ $L=10$ について，ソリッド要素により計算された荷重端のたわみの数値解を**表1**に示す．解は，詳細な分割（ここでは 1000×200）による結果を参照解として正規化を行っている．また，要素分割は「（軸方向分割数）×（高さ方向分割数）」により示している．

表1より，三角形要素を用いてはりを解く場合，1次要素の精度が悪いことが分かる．三角形1次要素の場合，要素内部の応力は一定であることから，**図8**のように内部の応力分布が階段状となり，メッシュを細かくしたことに対する近似解の厳密解への収束は遅いものとなる．一方，三角形2次要素を用いた場合，要素内部に1次関数として分布する応力が表現可能となることから少ない要素でも曲げ変形を表現可能である．

双1次四辺形要素については，通常の変位関数を用いて，標準的な仮想仕事の原理に基づく定式化を行って得られた変位型要素[3]では，表1のように粗い要素分割で変位がかなり小さく出ており，比較的細かい分割においても十分な精度が得られていない．これはロッキングといわれる現象で，**図9**のように曲げに対して，力学的にはせん断

変形が生じない変形モードが，双1次補間関数では，補間関数の特性から，せん断ひずみが生じてしまう形で表現されてしまうことに起因する．このような要素の特性は古くから知られており，ほとんどの有限要素法汎用コードでは，この現象を回避する工夫がされている．このような工夫された要素は，改良型要素あるいは高性能要素と呼ばれている．工夫の方法としては

- ・ 非適合モードの追加
- ・ 次数低減積分
- ・ ひずみ仮定法
- ・ 拡張ひずみ仮定法（強化ひずみ法）

などが挙げられる[2]．汎用コードを用いて，曲げが卓越する問題の計算をソリッド要素で行う場合には，このような改良型要素を用いることが重要である．

一方，同じ問題をはり要素で計算した結果を**表2**に示す．オイラーはり要素では，この問題に対して分割によらず理論解を与えるものとなる．はり要素では，ソリッド要素を用いる場合より大幅に少ない自由度数で同程度の結果が得られることが分かる．また，1：10という中程度の細長さのはりにおいても，せん断変形を考慮すべきであることも読み取れる．

6. ソリッド要素と構造要素の選択

前章では，容易にはりとしてモデル化が分かる問題を考えたが，一般には判断に迷う場合も多い．そこで，はりの問題において構造要素とソリッド要素の特性を検討し，構造要素の適用範囲とモデル化におけるソリッド要素と構造要素の選択について考えてみたい．

せん断変形の影響が現れる問題として，図7におけるはりの長さを $L=3,5$ とした比較的短いはりの場合の結果を**表3**に示す．この問題設定では，等分布荷重として載荷し，局所的な応力集中もないため，せん断変形を考慮したティモシェンコはり要素においても，良好な結果が得られている．したがって，曲げとほぼ一様なせん断変形が支配

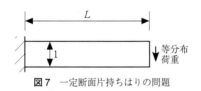

図7 一定断面片持ちはりの問題

表1 一定断面片持ちはりに対するソリッド要素のたわみ

要素分割	三角形要素		双1次四辺形要素	
	1次要素	2次要素	変位型	改良型
10×2	0.369	0.983	0.707	0.992
20×4	0.645	0.996	0.905	0.997
40×8	0.901	0.999	0.974	0.999

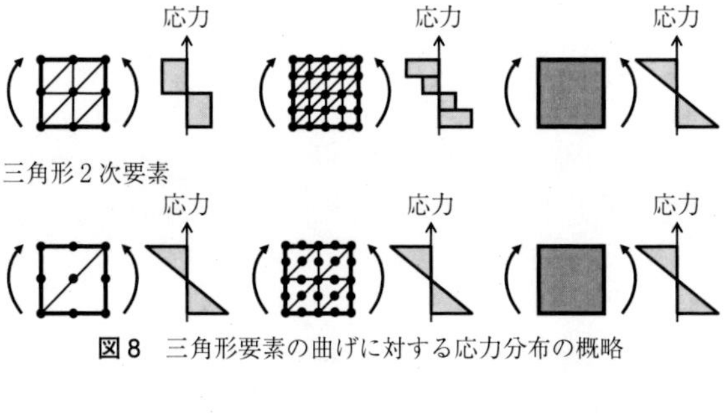

三角形1次要素

三角形2次要素

図8 三角形要素の曲げに対する応力分布の概略

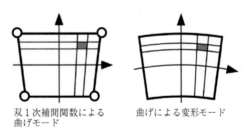

双1次補間関数による　　　曲げによる変形モード
曲げモード

図9 4辺形1次要素における曲げモード

表2 一定断面片持ちはりに対するはり要素のたわみ

オイラーはり要素		ティモシェンコはり要素	
せん断変形を無視	せん断変形を考慮	分割	たわみ
		5	0.992
0.994	1.002	10	0.999
		20	1.001

表3　短い片持ちはりに対するたわみ

L	双1次四辺形要素			ティモシェンコはり要素	
	分割	変位型	改良型	分割	1次要素
3	3×2	0.697	0.952	5	0.995
	6×4	0.898	0.984	10	1.002
	12×8	0.971	0.995	20	1.004
5	5×2	0.703	0.978	5	0.993
	10×4	0.902	0.992	10	1.000
	20×8	0.973	0.997	20	1.002

表4　テーパー付き片持ちはりのたわみ

問題	改良型双1次四辺形要素		1次ティモシェンコはり要素	
	分割	たわみ	分割	たわみ
a=3 対称形	10×4	0.991	5	1.013
	20×8	0.998	10	1.012
a=5 対称形	10×4	0.986	5	1.029
	20×8	0.997	10	1.022
a=3 非対称形	10×4	0.991	5	0.995
	20×8	0.998	10	0.993
a=5 非対称形	10×4	0.986	5	0.961
	20×8	0.996	10	0.955

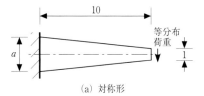

（a）対称形

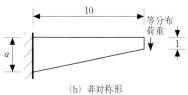

（b）非対称形
図10　テーパー付き片持ちはりの問題

するこの問題のような状況においては，はりの高さと長さの比が1：3程度であってもはり要素が適用可能であることが分かる．

次に，単純なはりとしての挙動から連続体としての挙動に近づく問題として，図10の断面が連続的に変化するテーパー付きのはりを考える．はり要素では，断面2次モーメントの変化のみを考え，中立軸の位置は一定で断面との垂直を保つものとモデル化される．この状況は，図10（a）の中立軸が水平で上下対称となる形状が対応する．一方，中立軸の位置も変化する問題として，図10（b）の上面が水平で下面が傾いた非対称の問題も考える．

表4に改良型双1次四辺形要素と1次ティモシェンコはり要素による荷重端たわみを示す．はり要素を用いる場合，実際にはテーパーではなく，要素分割に応じた段付きのはりとしてモデル化されているものとなる．したがって，テーパーを表すためにはある程度細かい要素分割が必要となる．

a＝3の場合には，ティモシェンコはり要素の結果は5要素に分割した場合においても高い精度の近似解となっており，はりとしての近似も妥当であると考えられる．

一方，a＝5の場合は，形状からはりとしての挙動を示すかどうかをすぐに認識できるものではない．したがって，はり要素の適用範囲との判断に迷うところであるが，

表4の計算結果からは，対称形であれば，ティモシェンコはり要素が適用可能であることがわかる．これは，ここで考えている問題設定では，局所的な応力集中等が生じない状況であり，曲げ挙動が卓越しているためである．これに対して，図10（b）のような非対称形状では，中立軸が傾いているものと見なせることから，それを考慮せずはり要素でモデル化した表4の結果では誤差が大きくなっている．

ここで考えた問題では，構造が全体として曲げ挙動を示すものであることから，はりによるモデル化が有効であったが，局所的な応力集中等が生じる場合には，連続体としてソリッド要素を使う必要が生じる．一方，ソリッド要素によりはりをモデル化する場合には，形状が単純であってもある程度詳細な要素分割が必要となる．

以上では，はりにより議論を進めてきたが，シェル構造においても基本的には同様である．

7.　ま　と　め

本稿では，はり要素とシェル要素に理論的背景とその適用範囲について考えた．一般に構造要素が適用可能な場合は，連続体としてソリッド要素によりモデル化するよりも効率的で精度の高いシミュレーションが可能となる．

はりやシェルによってモデル化することは，力学的挙動を明確にすることにもつながり，応力解析の妥当性の検証においても有効である．CAEおよび有限要素法による応力解析は，開発者・設計者の対象としている力学現象に対する工学的理解や判断を支援するものであって，このような観点からも，構造要素によるモデル化は，高性能な計算機による3次元のソリッド要素による解析によって必要性が失われるものではないと考える．

参 考 文 献

1) P.G. Ciarlet：Mathematical Elasticity, Vol. 2：Theory of Plates, Elsevier, (1997).
2) 山田貴博：高性能有限要素法，丸善，(2007).
3) J. Fish and T. Belytschko：A First Course in Finite Elements, Wiley, (2007)（山田貴博監訳，永井学志，松井和己訳：有限要素法，丸善，2008).

はじめての 精密工学

非球面研削加工の基礎

Fundamental of Aspherical Grinding/Tsunemoto KURIYAGAWA

東北大学　大学院工学研究科　厨川常元

1. はじめに

古くから平面と球面，あるいは球面と球面で構成された球面レンズが用いられてきた．しかし球面レンズには，図1 (a) に示すような球面収差のため，任意の1点を通過した光が1点に集光しないという致命的な欠点がある．そのためレンズ周辺部においては，図中に示すように像が歪んで見える．これを補正するためには，凹レンズと凸レンズを複数枚組み合わせる必要がある．

一方で，このような組みレンズではなく，1枚のレンズで球面収差をなくすようにしたレンズが非球面レンズである．この場合，レンズの断面形状は図1 (b) に示すように球面ではなくなり，いわゆる"非"球面となる．非球面レンズにおいてはレンズを通過した光は1点に集光し，レンズ全体にわたって歪みの少ない像が得られる．

このような非球面光学レンズは，デジタルカメラ，デジタルビデオに代表される光デジタル機器や光デジタル情報通信技術のキーパーツとして需要がますます高くなってきている．例えば，デジタルカメラにおいては今や普及機でさえその画素数は1000万画素以上，ハイエンド機では2500万画素のものも開発されている．このようなデジタルカメラ用レンズには，高精度で高精細なガラス製非球面

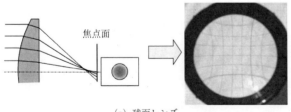

(a) 球面レンズ

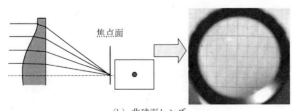

(b) 非球面レンズ

図1 球面レンズと非球面レンズの光路図，画像の比較

レンズが必要不可欠となっている．その他，自動車における安全対策デバイスや防犯対策デバイス用，家電分野ではブルーレイディスク等の新世代光ディスク装置，内視鏡などの医療用機器のキーパーツとして需要が伸びている．

現在，非球面レンズはプラスチック製とガラス製に大別される．前者は，一般にマルテンサイト系ステンレス鋼材に無電解 NiP メッキした金型によるプラスチック成型により製造される．この場合，金型製造は単結晶ダイヤモンドバイトによる超精密切削により，容易に可能である．一方，後者のガラスレンズは，超硬合金金型などを用いたガラスプレス（ガラスモールド）法と，研削・研磨による直接加工法のどちらかで製造される．一般的には小径のレンズにはガラスプレス法が，大口径レンズには直接加工法が採用される．いずれの場合も研削加工が重要な技術となる．

非球面研削加工を行う場合，形状精度と仕上面粗さが重要な評価指標となる．工具としての砥石の運動軌跡の精密な転写[1]を可能とする加工方法，装置開発はもちろんのこと，砥石のツルーイング・ドレッシング技術[2]〜[4]，工作物内の欠陥を少なくする材料技術などが製品の性能を左右する重要な基盤技術となる．本報では，新しい非球面研削法として筆者が開発した"パラレル研削法"，"円弧包絡研削法"ならびに"超安定非球面研削法"の3つの研削法について紹介する．そしてこれら3つの研削法を同時に実現できる非球面加工システムを用いた超硬合金製非球面金型や非球面ガラスレンズの加工事例についても紹介する．

2. 従来の非球面研削法

現在行われている軸対称非球面の代表的な研削法を図2 (a) に示す．この場合，砥石軸と工作物軸とが直交する縦型構成で，xy 軸の2軸同時制御によって加工が行われる[5]．この方式では，研削点において工作物の回転方向と砥石の周速ベクトルが直交（クロス）するのが特徴で，図2 (b) に示すように工作物半径方向の研削条痕が形成される．そこでこの研削方式をクロス研削と名付ける．

多くの場合，クロス研削では作業面をV字型に成形した算盤玉状砥石のエッジが使用される．非球面形状は砥石円周形状の包絡で創成研削されるため，基本的には砥石断面の形状誤差が形状加工精度に影響を及ぼすことはない．しかし研削方向に垂直な砥石断面上の1点で研削が行われ

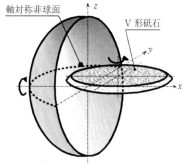

(a) クロス研削による非球面研削

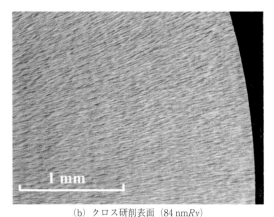

(b) クロス研削表面 (84 nmRy)

図2　従来の非球面研削法と研削表面のノマルスキー顕微鏡写真

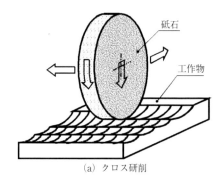

(a) クロス研削

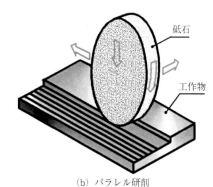

(b) パラレル研削

図3　平面研削時のクロス研削, パラレル研削の比較

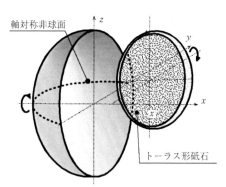

(a) パラレル研削による非球面研削

るため, 砥石の摩耗や砥粒の目つぶれが一カ所に集中するという欠点があり, 工作物が難削である場合や, 大型である場合には効率的に研削することは事実上不可能となる.

3. 高精度化を目指した新しい非球面研削法

3.1 仕上面粗さをよくするパラレル研削法

　従来の非球面研削法では, 前述したように研削点において工作物の回転方向と砥石の周速ベクトルが直交している. これを平面研削に置き換えれば図3 (a) のように表せる. しかし通常は仕上面粗さが悪くなるため, このような送り方法はとらない. 横軸平面研削では, 図3 (b) に示すようにテーブルは砥石の周速ベクトルに平行に送るのが普通である. いまこれをクロス研削に対しパラレル研削と名付ける.

　しかしなぜ非球面研削時だけクロス研削法を採用していたのか不思議である. そこで非球面研削の送り方法をパラレル研削になるように置き換えれば, 図4 (a) のようになる. この場合, 工作物との干渉を避けるために砥石軸をxy平面内で交差角αだけ傾けても同じ効果が期待できる. いまこれを非球面のパラレル研削法と名付けることにする.

　次に, クロス研削法とパラレル研削法で研削した場合の仕上面粗さについて考える. 統計的研削理論[6]を用いて仕

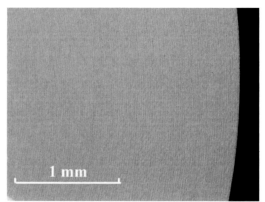

(b) パラレル研削表面 (44 nmRy)

図4　新しい非球面研削法と研削表面のノマルスキー顕微鏡写真

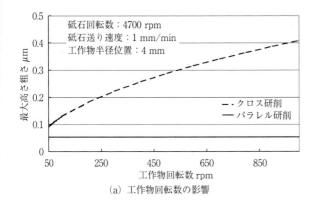

（a）工作物回転数の影響

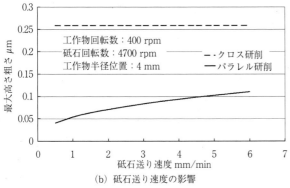

（b）砥石送り速度の影響

図5 統計的研削理論による研削仕上面粗さの比較

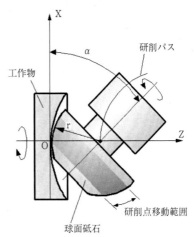

図6 円弧包絡研削法

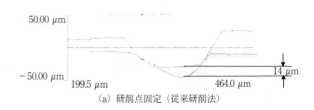

（a）研削点固定（従来研削法）

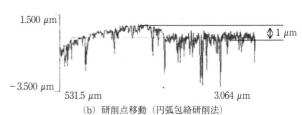

（b）研削点移動（円弧包絡研削法）

図7 研削点移動による砥石摩耗量の低減効果

上面粗さを計算した結果を**図5**に示す．図5（a）は工作物の回転数が仕上面粗さに及ぼす影響，図5（b）は砥石の送り速度が仕上面粗さに及ぼす影響をクロス研削とパラレル研削で比較した結果である．研削条件は全て同じで比較してある．図より，全ての研削条件においてクロス研削より，パラレル研削のほうが仕上面粗さは小さくなることがわかる[7]．これは，クロス研削よりパラレル研削のほうが有効切れ刃数が増大するためである．また図4（b）は実際に超硬金型を研削した表面のノマルスキー顕微鏡写真である．図2（b）に示したクロス研削の場合と比較すると明らかなように，全く同じ砥石，研削条件であるにもかかわらず，パラレル研削による仕上面粗さのほうが約1/2と小さいことが分かる．このように仕上面粗さをよくする研削法がパラレル研削である．

3.2 形状精度を向上させる円弧包絡研削法

2章で述べたように従来の研削方法では砥石断面上の研削点が変化せず，その1点でのみ研削が行われるため，そこに摩耗が集中する．そのためドレッシング間寿命が短くなり，大きな工作物の場合には能率よく研削することは事実上不可能となる．さらに非球面の形状精度の劣化を引き起こす．この問題点を解決するには，1点に固定されていた研削点を砥石幅方向に移動させればよい．そのためには**図6**に示すように円弧断面を有する砥石を使用し，その

円弧断面の包絡により非球面形状を創成研削すればよい[8]．この場合，図中に示すように有効研削幅が増大し砥石摩耗が分散する．この研削法を円弧包絡研削法と名付ける．

図7は研削点の移動による砥石摩耗の低減の効果を比較したものである．図7（a）はクロス研削で研削点が1点に固定された場合，図7（b）は円弧包絡研削法で研削点が移動した場合の砥石断面形状の変化を比較したものである．研削点が移動しない場合は砥石半径減耗量が$14\,\mu m$と大きいのに対し，研削点が移動する円弧包絡研削法では$1\,\mu m$以下と大幅に減少することが明らかになった．これは研削点移動により，砥石断面方向に砥石摩耗が分散した当然の結果である．このように円弧包絡研削法は砥石摩耗の大幅な低減を図ることにより，非球面研削における形状精度の大幅な改善を可能にする方法である．

3.3 パラレル研削装置の開発と研削結果

これまでに3.1節において仕上面粗さを向上させるパラ

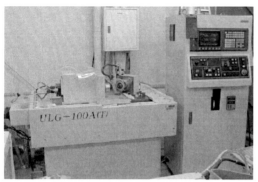

(a) マイクロ非球面パラレル研削装置

(b) 大型非球面パラレル研削装置

図8 パラレル研削装置の開発

表1 研削条件

砥石	SD3000B，球状砥石，$d=10\ mm$
回転数	30000 rpm
砥石半径切込量	$0.5\ \mu m/pass$
送り速度	1 mm/min
工作物	WC $\phi10\ mm$
回転数	500 rpm
研削液	ソリューションタイプ

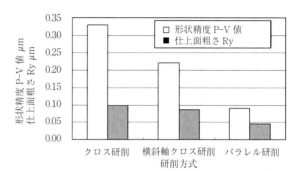

図9 非球面金型の研削仕上げ面粗さと形状精度（P−V値）の比較

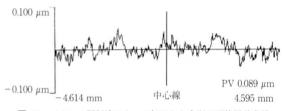

図10 パラレル研削法によって加工した金型の形状誤差曲線

レル研削法と，3.2節で形状精度を向上させる円弧包絡研削法を紹介した．そこでこれらの二つの研削法を同時に実現するために，球状砥石を使用した水平（横型）斜軸構成の非球面研削装置を開発した．図8にその研削装置の写真を示す．図8（a）は比較的小型の非球面金型やレンズを研削する2軸同時制御の装置で，砥石軸と工作物軸は水平平面内に斜めに設置してある．図8（b）は最大600mm直径の大型非球面を研削する2軸同時制御の装置である．砥石軸，工作物軸は油静圧軸受け，テーブルも油静圧保持構造を有する1nm制御分解能の高剛性・高精度の加工機である．

　超硬合金製の素材をレジンボンドダイヤモンド砥石

SD600Bで粗研削を行った後，SD3000Bを使用して仕上げ研削を行った．研削加工後，オフラインで加工形状を測定し，その形状誤差曲線を基準にしてNCデータを修正し補正研削を行った．いずれの場合も，補正研削を2回繰り返した．仕上げ研削条件を表1に示す．

　図9はそれぞれの研削方式で加工した非球面金型の半径方向の研削仕上げ面粗さと形状精度（P−V値）を比較したものである．仕上面粗さは，パラレル研削では研削点における砥石の周速ベクトルに垂直方向の粗さであるのに対してクロス研削方式の場合は平行な方向の粗さとなる．したがって本来は，クロス研削の方が粗さは小さくなるはずであるが，図から明らかなようにパラレル研削の方が格段に良い結果が得られている．特にパラレル研削方式において形状精度が良くなっているのは，円弧包絡研削法の併用による砥石摩耗の低減の効果のためである．

　図10に，パラレル研削法によって加工した金型の形状誤差曲線を示す．パラレル研削では，工作物中心に凹あるいは凸部（いわゆる"へそ"）がほとんど形成されていない．これはパラレル研削の適用による有効切れ刃数の増加と，球面砥石を使用することによる工作物・砥石間相対曲率の減少による効果である．

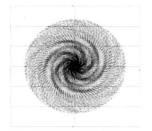
(a) 渦巻き状形状誤差パターン

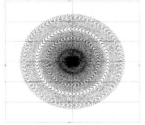
(b) 輪帯状形状誤差パターン

図11 軸対称非球面の研削表面に残留する誤差形状パターン

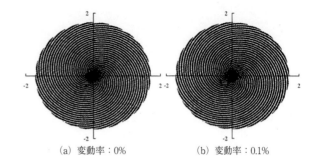
(a) 変動率：0%　　　　　(b) 変動率：0.1%

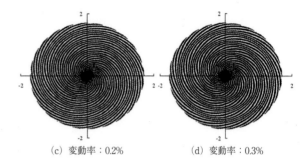
(c) 変動率：0.2%　　　　(d) 変動率：0.3%

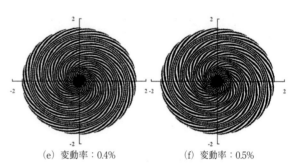
(e) 変動率：0.4%　　　　(f) 変動率：0.5%

図12 変動率の違いによる形状誤差パターンの変化

3.4 均一な加工面を得るための超安定研削法

　非球面研削加工の難しさは，ナノオーダーの仕上面粗さと形状精度が同時に要求される点である．これらの問題に対しては，前章のパラレル研削法と円弧包絡研削法の併用により，大きな効果が挙がることを示した．その結果，形状精度50〜100 nm，表面粗さ10〜30 nmRy が達成されている．しかしより鮮明で精細な光学像を得るために，非球面レンズに要求される精度は年々高くなってきている．そして，形状精度25 nm 以下，表面粗さ数 nm が要求されるようになってきた．このような高精度研削加工を達成するためには，従来から行われてきたような加工機の高精度化対策だけでは不十分になってきている．例えば加工機の制御分解能は今や1 nm となり，限界に近づいているのはその一例である．その結果，別の視点から加工面の精度向上について検討する必要性がでてきた．

　現在の非球面研削加工での残された問題点は，レンズ加工表面に発生するうねりの3次元形状（形状誤差パターン）に再現性がないことである．例えば，あるときは**図11**（a）に示すような渦巻き状の形状誤差が，あるときは図11（b）に示すような輪帯状の形状誤差が残ったりで，その再現性がないことが経験される．誤差形状パターンが図11（a）に示すような非軸対称であった場合には，後工程による形状補正加工が原理的に不可能になる．そこで筆者は，超精密研削表面のナノトポグラフィー創成機構に関する基礎的研究により，この形状誤差パターンの揺らぎは，砥石軸と工作物軸の回転むらと，砥石のアンバランスに大きく起因していることを見いだした[9]．そして加工機械が有するこのような不安定さ（むら）のために，形状精度25 nm を達成することは，現在市販されているどの超精密非球面研削装置を使用しても不可能であることを見いだした．さらにその影響が顕著に表れる回転数が離散的に存在することもわかった．この問題を解決するためには，加工表面の形状誤差パターンが均一になるように，加工結果に影響を与えるすべてのパラメータを所定の値に完全に制御して，一切変動がない，ばらつきがない，揺らがない加工，すなわち超安定加工（fluctuation-free machining）を実現する必要がある．

3.5 超安定・超精密非球面研削加工システムの開発

　ナノトポグラフィー創成機構に関する基礎的研究の結果，**図12**に示すように，工作物と砥石軸の回転数変動が0.1% 以下になれば誤差形状パターンは目立たなくなることが明らかになった．そこで，回転変動率を0.1% 以下とする超安定・超精密非球面研削加工システムを新たに開発した．XYZB 軸4軸制御，各移動軸は油静圧保持でリニアモータ駆動とし，また砥石軸，ならびに工作物軸を空気静圧軸受けの特別仕様とすることにより，回転変動率0.1% 以下とすることができた．

　この研削装置で内視鏡（硬性鏡）用非球面ガラスレンズ（直径4 mm）を研削加工した．その結果，形状精度は±25.5 nm，表面粗さは21 nmRy となり，従来製品に比べ形状精度で約1/5，表面粗さで2/3の良好な加工面が得られた．また**図13**に示すように形状誤差パターンも従来品に比べ格段に減少した．

　また高精細デジタルカメラ用非球面ガラスレンズを成型するための超硬合金製凹型非球面金型（金型直径25.0 mm，レンズ口径24.4 mm）を研削加工した．その結果，形状精度 ±25.5 nm，表面粗さ18 nmRy を得た．またそ

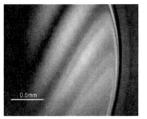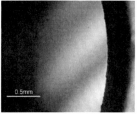

ノマルスキー顕微鏡写真

±132 nm

±25.5 nm

形状誤差曲線

（a）従来研削法　　　（b）超安定研削法

図 13　ガラス製非球面レンズ加工結果一例

の加工表面に形状誤差パターンがないことが確認できた.

4. お わ り に

本稿では，これまでの非球面研削加工法の高精度化のために新たに開発したパラレル研削法，円弧包絡研削法，超安定研削法について紹介した．これらの加工法を併用することにより，これまでの非球面の評価指標として使われてきた"表面粗さ"と"形状精度"の二つに加え，"加工面の均一性（uniformity）"という第 3 の評価指標を満足することができ，光学素子の大幅な高精度化に成功した.

参 考 文 献

1) 内藤和夫：カメラ生産における超精密技術—高精度非球面レンズの量産技術—，日本機械学会誌，**87**，791（1984）1152.

2) T. Kuriyagawa, K. Syoji and L. Zhou : Precision Form Truing and Dressing for Aspheric Ceramic Mirror Grinding Machining of Advanced Materials, NIST Special Publication, **847**, 6（1993）325-331.

3) T. Kuriyagawa, M.S. Sepasy and K. Syoji : A New Grinding Method for Aspheric Ceramic Mirrors, Journal of Materials Processing Technology, **62**（1996）387-392.

4) M.S. Sepasy, T. Kuriyagawa, K. Syoji and T. Tachibana : Ultra-Precision Arc Truing and Dressing of Diamond Wheels for Aspheric Mirror Grinding, International Journal of Japan Society Precision Engineering, **31**, 4（1997）263-268.

5) 鈴木浩文，小寺直，前川茂樹，森田訓子，桜木英一，田中克敏，前田弘，厨川常元，庄司克雄，マイクロ非球面の超精密研削に関する研究（斜軸研削法によるマイクロ非球面の鏡面研削の可能性検証），精密工学会誌，**64**，4（1998）619-623.

6) S. Matsui and K. Syoji : On the Maximum Height Roughness of Ground Surface, Technology Reports, Tohoku Univ., **38**, 2（1973）615-626.

7) 佐伯優，厨川常元，庄司克雄，パラレル研削法による非球面金型加工に関する研究，精密工学会誌，**68**，8（2002）1067-1071.

8) 厨川常元，庄司克雄，森由喜男，円弧包絡研削法による非軸対称非球面セラミックスミラーの加工，日本機械学会論文集（C 編），**63**，611（1997）2532-2537.

9) 吉原信人，庄司克雄，厨川常元，佐伯優，軸対称非球面研削における研削模様について，精密工学会誌，**70**，7（2004）972-976.

走査電子顕微鏡の原理と応用（観察，分析）

Principle and Application of Scanning Electron Microscope/Syunya WATANABE

日立ハイテク　**渡邉俊哉**

1. はじめに

　走査電子顕微鏡（Scanning Electron Microscope：SEM）はナノテクノロジーからバイオテクノロジーまで幅広い分野で活用されている．これは，サブナノメータに迫る分解能が実現されたことに加え，測定ニーズの多様化に対応してさまざまな信号を利用した観察手法が確立されつつあることによる．本稿では，SEM の原理，SEM 観察の注意点と最近の SEM を用いた応用例を紹介する．

2. 走査電子顕微鏡の原理と構造

2.1 SEM の原理

　SEM は，電子源から発生した電子線を試料上に二次元走査して，そこから発生した信号を結像して画像を取得する（**図1**）．このとき，試料からは二次電子（Secondary Electron：SE），後方散乱電子（Backscattered Electron：BSE），X 線，蛍光，吸収電子などの信号が発生する（**図2**）．SEM では主に表面情報を有する SE や組成情報を有する BSE を像情報形成に用いる．

　SE は入射電子によって試料内部の電子が励起されたものであり，その保有エネルギーは入射電子のエネルギーに関係なく数十 eV 以下と低い．そのため SE の発生深さは 10 nm 程度と浅く，したがって SE は試料表面情報をもたらす．さらに**図3**に示すように SE 放出効率は試料の傾斜角度に依存するため，試料の表面凹凸が SE 像のコントラストを決める主な要因となる．

　BSE は，入射電子が試料内部で相互作用を起したあとに後方散乱して真空中に放出された電子であり，主に組成情報を有する．その保有エネルギーおよび放出領域は入射電子エネルギーに比例し，高加速電圧ほどより深い領域の情報を有する．従来は検出器の特性からある程度高い加速電圧（数 kV 以上）が必要であったため，SE に比べて表面情報を得ることは困難であった．しかし，近年では新し

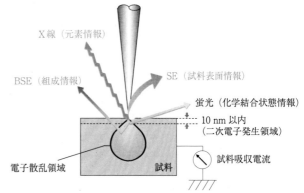

図2　電子線照射により試料から発生する信号

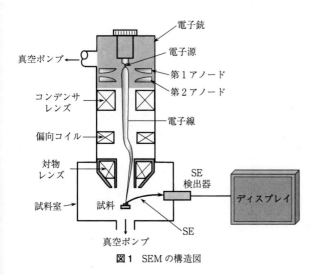

図1　SEM の構造図

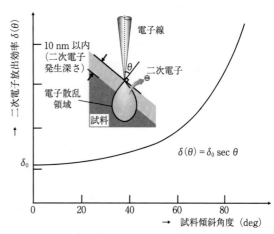

図3　電子線の入射角度と二次電子放出効率

(a) SE 像

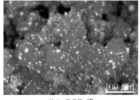
(b) BSE 像

図4　各種信号による観察（試料：白金触媒粒子，加速電圧：2 kV，測定倍率：×250000）

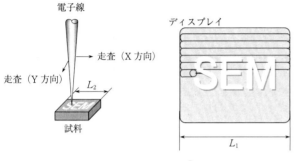

$$M = \frac{L_1}{L_2}$$

SEM の倍率：$M = \dfrac{L_1}{L_2}$

図5　電子線の走査幅と倍率

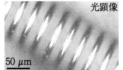
光顕像

SEM 像

試料：白熱電球のフィラメント　　試料：白熱電球のフィラメント

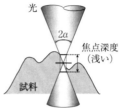

光学顕微鏡（照射角度：$2\alpha \fallingdotseq 1\,\mathrm{rad}$）　　SME（照射角度：$2\alpha = 10^{-2} \sim 10^{-3}\,\mathrm{rad}$）

図6　光学顕微鏡と SEM の焦点深度の違い

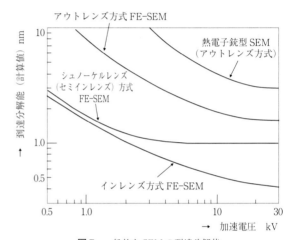

図7　一般的な SEM の到達分解能

い検出方式が開発されてより低加速電圧での BSE 像観察が実現し，試料表面の組成情報が得られるようになった[1]．図4は，自動車排気ガスの浄化装置や燃料電池の触媒材料として利用されている白金触媒粒子を加速電圧 2 kV にて SE と BSE で観察した例である．(a) SE 像では，保持材となる数十 nm の炭素粒子の形態とその上に分散している数 nm 以下の白金粒子が確認されている．(b) BSE 像では組成情報が強調されるため，炭素より原子番号の大きい白金粒子がより鮮明に観察できており，分散状態の把握も可能である．

　SEM 像の倍率 M は，試料表面での電子線走査幅を L_2，表示ディスプレイ上の幅を L_1 とすると L_1/L_2 となる（図5）．よって SEM の分解能は，試料表面の走査幅を小さくするためにどれだけ細い電子線をつくれるかに依存する[1]．さらに，この細く絞った電子線は，試料照射時の照射角度が非常に小さく，光学顕微鏡に較べ深い焦点深度をもつ（図6）．

　SEM の到達分解能は，電子銃と対物レンズの組み合わせによって異なる（電子銃とレンズについては後述）．この分解能は，値が小さいほど高分解能で高倍率の測定が可能となる．図7は主な SEM についてその到達分解能の算出例である．熱電子放出型電子銃はアウトレンズ方式の対物レンズと組み合わされて熱電子銃型 SEM と呼ばれ，アウトレンズ方式 FE-SEM とともにミクロンオーダの試料観察に用いられる．一方，サブミクロンオーダ以下の観察にはシュノーケルレンズ方式 FE-SEM やインレンズ方式

FE-SEM が適している．ここで，各方式の到達分解能に対応する観察倍率で表すと，熱電子放出型 SEM は数万倍程度まで，アウトレンズ方式 FE-SEM は 10 万倍程度まで，シュノーケルレンズ方式 FE-SEM は 30 万倍程度まで，インレンズ方式 FE-SEM は 50 万倍程度まで観察可能である．

2.2　SEM の構造

　一般的な SEM の構造は図1に示したとおりである．装置内部は，電子線の通過を妨げないように，全体を真空ポンプにより排気され，高真空に保たれている．電子銃と対物レンズは SEM の分解能を決定する重要な構成要素であり，製品化以来さまざまな改良が加えられてきた[2]~[5]．次章でこれらの技術的な内容を述べる．

　① 電子銃

　電子線は電子銃によりつくられる．SEM の電子銃は，熱電子放出型と電界放出（Field Emission：FE）型に大別される．その比較を表1に示す．熱電子放出型電子銃は，フィラメントに通電，加熱することにより，先端部から熱電子を放出するタイプの電子銃である．コストパフォーマ

ンスに優れており，かつ大きなプローブ電流を得られることから主として汎用形の SEM で利用されている．一方，FE 電子銃は，細く尖らせたチップの先端に強い電界を作用させて，トンネル効果により電子を放出させる．この FE 電子銃は電子源の大きさが小さく，かつ高輝度でエネルギー幅も小さいことから高分解能観察に適している．この他にも FE 電子銃と熱電子銃の中間的な特徴をもつ Schottky Emission 型電子銃があり，組成や結晶方位解析などの分析を主目的とする SEM に利用されている．

② レンズ系

電子顕微鏡に用いられるレンズには，通常の光学レンズと異なり，電子線に対してレンズの作用をする，いわゆる電子レンズが用いられている．一般的には磁界を用いたものが主流で，コイルに電流を流してその磁場を集中させレンズ作用を発生させるものである．SEM では，このレンズを複数用いており，特に対物レンズは電子線を試料上に収束させる最終レンズとして重要な役割を担っている．代表的な SEM の対物レンズを図8に示す．図中の仮想レンズとは，磁場が集中したレンズ作用をする領域である．

（a）は最も一般的な対物レンズでアウトレンズ方式と呼ばれる．試料はレンズの下方に置かれ，SE はレンズ下面と試料の間にある検出器で捕集される．このレンズは大形試料や磁性をもつ試料の観察に適する．（b）に示すインレンズ方式はインレンズ SEM[6] に用いられる強励磁対物レンズである．このレンズは試料サイズが数 mm 角に制約を受ける反面，高分解能観察に用いられる．また SE はレンズ磁場により巻き上げられ，レンズ上方に配置した SE 検出器で捕集される．（c）はシュノーケルレンズ（セミインレンズ）方式[7]で，仮想レンズを試料側に近づけることにより，インレンズ並みの高分解能化とアウトレンズ並みの大形試料観察を両立させたものである．また，ここで取り上げた対物レンズ方式以外にも，静電界レンズと磁界レンズを組み合わせた静電界磁界複合方式なども存在する．

3. SEM 観察における注意点

3.1 観察試料ついて

SEM では，さまざまな試料の表面観察が可能だが，試料状況に応じて観察装置/観察条件/前処理などの選択が必要となる．ここでは配慮を要する試料に対する必要条件や注意点について述べる．

① 絶縁性試料

絶縁性試料を SEM で観察すると，試料表面への帯電による異常コントラストや画像の乱れを生じる帯電現象が発生する．特に SE 像は帯電の影響を受けやすい．図9に帯電現象の発生メカニズムを示す．導電性試料の場合，試料に入る電流（I_{in}）と試料から出る電流（I_{out}）は同じであり帯電現象は生じない．これは，SE 電流（I_{se}）と BSE 電流（I_{bse}）の電流量の過不足を吸収電流（I_{ab}）が導電性試料を通じて平衡となるよう調整できるためである．

一方，絶縁性試料においては，I_{ab} が流れないため，I_{in} と I_{out} の平衡が崩れて帯電現象を生じる．その低減法として低加速電圧観察，低真空観察，試料表面の金属コーティングなどが挙げられる．

表1 電子銃の比較

電子銃の種類	熱電子放出型	電界放出型
構造	（図）	（図）
電子源の大きさ	30 μm	5 nm
輝度（A/cm³・sr）	10^6	10^9
エネルギー幅（eV）	2	0.3
陰極温度（℃）	2500	室温
使用圧力（Pa）	10^{-4}	10^{-7} 以下
寿命	50 hr	1年以上

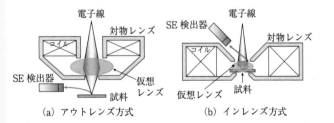

（a）アウトレンズ方式　　（b）インレンズ方式

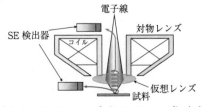

（c）シュノーケルレンズ（セミインレンズ）方式

図8 SEM の代表的な対物レンズ

I_{in}：試料に入ってくる電流 $= I_p$
I_{out}：試料から出ていく電流 $= I_{se} + I_{bse} + I_{ab}$

導電性試料のとき：$I_{in} = I_{out}$（$= I_{se} + I_{bse} + I_{ab}$）
絶縁性試料のとき：$I_{in} \neq I_{out}$（$= I_{se} + I_{bse}$）⇒ 帯電発生

プローブ電流（I_p）
BSE 電流（I_{bse}）　　SE 電流（I_{se}）
吸収電子流（I_{ab}）（導電性試料のときのみ流れる）　試料

図9 帯電現象の発生メカニズム

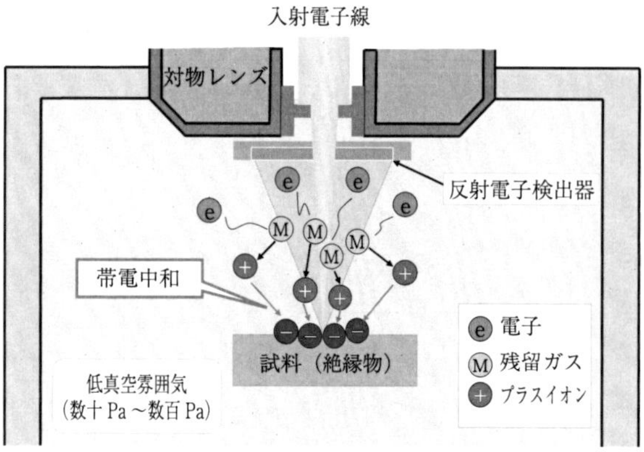

入射電子線

対物レンズ

反射電子検出器

帯電中和

試料（絶縁物）

低真空雰囲気
（数十 Pa～数百 Pa）

e 電子
M 残留ガス
+ プラスイオン

図 10　低真空観察による帯電軽減効果

（1）低加速電圧観察

一般的な試料の観察では，$I_{in} > I_{out}$ となる．さらに $I_{se} > I_{bse}$ であることから，I_{se} が増加することで I_{in} と I_{out} の平衡を保ち，帯電現象を軽減する結果となる．SE の発生効率は低加速電圧（1 kV 付近）にピークをもつ試料が多く，そのために，低加速電圧観察することで SE 発生量（$= I_{se}$）が増加し，帯電の軽減が可能となる．

（2）低真空観察

通常，SEM の試料室は 10^{-3}～10^{-4} Pa の高真空状態であるが，これを数十～数百 Pa の低真空状態にすることで帯電を軽減することができる．**図 10** は，低真空観察による帯電軽減効果の模式図である．低真空とは，残留ガス分子が多く存在する状態であり，図のように入射電子や反射電子がガス分子に衝突することでイオン化してプラスイオンと電子を発生させる．このとき，試料表面が負に帯電（$I_{in} > I_{out}$）であれば，プラスイオンが帯電部に引き付けられ，中和することができ，逆に，正に帯電（$I_{in} < I_{out}$）であれば，電子が引き付けられ，中和することができる．また，低真空観察では残留ガスの影響を受けにくい BSE 信号を使用するのが一般的である．この機能は，一部の SEM で実現可能であり，高真空と低真空を使い分けた測定が可能である．

（3）金属コーティング

金属コーティングは，試料表面に金属被膜を形成して導電性を保持させ，帯電を防止するもので，最も一般的である．過度のコーティングは試料表面を覆い，構造を消失させてしまうことになるので注意が必要である．また，適度な膜厚（1 nm～数 nm）コーティングを実施した場合でも，金コーティングなら 2～3 万倍，白金コーティングなら 10 万倍を超えるとコーティング粒子が確認されるため，表面構造解析では注意する必要がある．

② 含水試料

含水（油分含む）試料の観察は，高真空下で観察を行う SEM において水分蒸発による試料変形や真空度の低下を伴うため観察が困難であるが，低真空下では，水分の蒸発を抑えることができ SEM 観察が可能である．油分を含ん

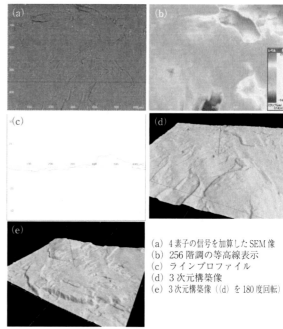

(a) 4 素子の信号を加算した SEM 像
(b) 256 階調の等高線表示
(c) ラインプロファイル
(d) 3 次元構築像
(e) 3 次元構築像（d）を 180 度回転

図 11　3 次元計測例（試料：ポリスチレン破面，加速電圧：10 kV，測定倍率：×200，試料室圧力：30 Pa）

だ切削金属くずのような試料は，ろ紙上に保持してそのまま観察や分析が可能である．生物試料の場合は，低真空でも観察するための前処理が必要であるが，最近は簡易卓上 SEM も活用されている．

③ 磁性試料

磁性試料の観察は，磁界レンズを用いる SEM では注意が必要である．磁性試料が磁界強度の強い仮想レンズ部（図 8 参照）に近いほど，試料が磁化され電子線の調整が困難になる．また磁界の影響を受けやすいサイズの大きい試料では，試料台から外れてレンズ部に吸い付いてしまう可能性も生じる．これらを回避するためには，仮想レンズ部と試料間の距離を遠ざける必要がある．それには，仮想レンズの位置がもともと離れているアウトレンズ方式の SEM を用いるか，シュノーケルレンズ方式の SEM で作動距離（WD/ワーキングディスタンス，レンズ下面と試料表面との距離）を，試料交換位置かそれより長い状態で使用すれば対応可能である．また，試料台から外れないよう固定を強固にするために，機械的なねじ止めや瞬間接着剤による固定なども必要である．

4. 応 用 例

4.1　3 次元計測

3 次元計測は，試料表面の凹凸を立体的に把握する手法で，4 分割型半導体 BSE 検出器を用いて行われている．この方法は，4 分割されたリング状の各素子で得られた信号強度を計算や画像処理により 3 次元形状を構築するもので，試料を傾斜させずに凹凸などの立体情報を取得できる．**図 11** は，ポリスチレンの破面を低真空 SEM で 3 次

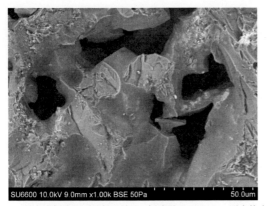

図12 低真空観察例（試料：砥石，加速電圧：10 kV，測定倍率：×1000，試料室圧力：50 Pa，低真空 BSE 像）

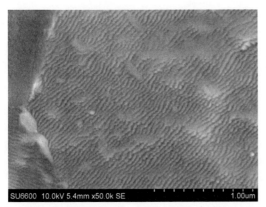

図13 磁性材料の観察例（試料：鉄系金属鋼材，加速電圧：10 kV，測定倍率：×50000，高真空 SE 像，イオンエッチング加工面）

元計測した結果である．（a）は，4素子の信号を加算した画像，（b）は観察視野中の高さ情報を256階調の等高線形式で表示した画像で，高さの情報分布を視覚的に把握できる．（c）は，（a）の画像の任意位置でのラインプロファイルで，試料表面の凹凸形状を反映しており，Z方向の計測も可能である．（d）は，3次元構築した画像で，（e）は（d）を180度回転させた方向から見た3次元構築画像である．このように3次元計測を行うことで，任意方向から試料の立体形状を把握することができる．

4.2 低真空観察および磁性材料の観察

図12 は，砥石の観察例で，帯電軽減のために低真空観察を行っている．図より，表面には数十 μm の粒子が存在し，さらにその上に1 μm 以下の微細な構造が存在しているのがわかる．

図13 は，鉄系金属鋼材のアウトレンズ FE-SEM による観察例である．これは，機械研磨後にイオンエッチングにより処理を行った試料で，表面にはエッチングによって

表2 SEM に装着される主な分析装置

主な検出器の種類	特長
エネルギー分散形X線検出器（EDS）	発生した種々のX線を検出素子でパルス信号に変換し，エネルギーごとの発生回数を測定することで，多元素同時分析ができる．^{5}B〜^{92}U までの分析が可能である．分析速度が速く感度が高い．
波長分散型X線検出器（WDS）	X線の波長による回折条件の差を利用し，回折格子を用いて目的のX線を検出し，元素分析を行う．^{4}Be〜^{92}U までの分析が可能である．エネルギー分解能が高く，微量元素の検出限界が高い．
後方散乱電子回折パターン（EBSP）検出器	結晶面と回折を起こして散乱する電子を検出し，結晶方位を同定する．
カソードルミネッセンス(CL)検出器	発生した陰極光を検出する．物質の化学的な結合状態や結晶欠陥，不純物などを把握できる．

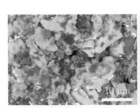

(a) 低真空 BSE 像

(b) カーボン

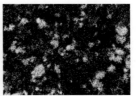

(c) 酸素

(d) アルミニウム

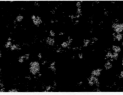

(e) シリコン

(f) 鉄

図14 複合材料の EDS マッピング分析例（試料：樹脂，無機粒子複合材料，加速電圧：5 kV，測定倍率：×3000，試料室圧力：10 Pa）

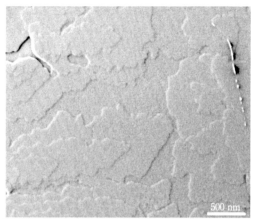

試料ご提供：日立製作所 基礎研究所 平家誠嗣 橋詰富博 両氏

試料断面模式図

図15 極表面構造の観察例（試料：Si基板上のペンタセン，加速電圧：100 V，測定倍率：×30000）

現れた波状のラメラ構造が観察されている．この試料はほぼ純鉄に近い組成であるが，アウトレンズ方式を用いているため磁性の影響を受けずに数万倍レベルの観察が容易にできている．

4.3 複合材料のEDS分析

SEMに装着する主な分析装置の種類と特長を**表2**に示す．一般的な像観察では，加速電圧は1～15 kV程度が利用されるが，表の分析では特性信号の発生効率を上げるために，数kVから25 kV程度の高めの加速電圧が必要となる．ここではEDSの分析例を紹介する．**図14**は，樹脂，無機粒子複合材料のEDSマッピング例で帯電軽減のために低真空観察を行っている．図のようにマッピングでは各元素の分布を可視化することができ，BSE像で見えたコントラストの差がアルミやカーボン，酸化シリコンや鉄に由来していたことがわかり，その分布も把握することがで

きる．

5. 極表面構造観察例

最近のSEMでは，減速電界法（リターディング法）やブースティング法などの手法を用いて今まで困難であった加速電圧100～300 Vの極低加速電圧観察が可能となっている．この手法を用いて，10 nm以下の微細な表面凹凸も容易に観察できる．**図15**は，有機薄膜トランジスタへの応用が期待されているペンタセン薄膜の極低加速電圧SEM像である．下地の層はSi基板であり，そこから3～6層のペンタセンのステップ構造が明瞭に観察できている．この段差は，それぞれ1.5 nm程度であり，非常に微小なステップが極低加速電圧観察にて確認できているのがわかる．

6. お わ り に

本稿では，SEMの原理から観察上の注意点や応用例などについて紹介した．SEMは，ミリメートルからナノメートルオーダでの観察や分析が可能であり，表面形態の評価ツールとして広く応用されている．最近では，観察目的や対象材料に応じた新たな解析手法も検討されており，今後，ますます活用範囲の拡大が期待できる．

参 考 文 献

1) 澤畠他：LSIテスティングシンポジウム/2000資料，pp.157-162.
2) T.E. Everhtart and R.F.M. Thornley：J. Sci. Instru., **37**, 246 (1960).
3) A.V. Crewe：Rev. Sci. Instr., **39**, 576 (1968).
4) O.C. Wells：SEM/1974 (O.M. Johari ed.) IITRI, **1**, (1974).
5) H. Tamura and H. Kimura：J. Electron Microsc., **17** 106 (1968).
6) T. Nagatani, S. Saito, M. Sato and M. Yamada：Scanning Microsc., **1**, 901 (1987).
7) T. Murvey：Scanning Electron Microsc., **1**, 43 (1974).

走査顕微鏡の参考文献（入門書籍）

・日本顕微鏡学会関東支部編：新・走査顕微鏡，共立出版 (2011)

はじめての精密工学

環境対応，高能率なセミドライ（MQL）加工の実際

From Machining Site by MQL Which Is Environment Frendly and High Efficient/
Akio OTA

フジ BC 技研㈱セミドライチーム技術　**太田昭夫**

1. は じ め に

　筆者は 1970 年工作機械メーカーに入社した．社内研修の後，機械課に 10 年，各種汎用機，NC 旋盤，立・横マシニングセンタ，治具・工程設計を経て，組立課 5 年，営業 5 年，1990 年から研究・開発に所属した．この時期，超高速切削加工，ファインセラミックス研削，軸芯冷却主軸・姿勢制御の開発などとともにセミドライ（MQL）加工の基礎研究に従事した．最初のセミドライ評価試験は 1990 年に実施しており，フジ交易（現在 フジ BC 技研）より販売されていた外部ノズル給油装置を使用して各種冷却媒体による性能比較試験を行い，潤滑性の高さを確認している．

　試験内容はアルミ材を超硬エンドミルにより底面を含む側面の段付加工を行い，主軸モーターの入力値と底面のカッターマーク（クロスハッチ）を顕微鏡観察により評価した．被削材，切削速度，送り速度，軸方向切り込み量は一定として，径方向切り込み量を 2/4/6 mm と可変の加工条件とした．各種潤滑媒体はセミドライの他ドライ，白灯油ミスト，水溶性研削油剤 中圧，高圧，水溶性切削油剤 低圧と変化させ効果を確認した．潤滑媒体の供給は専用パイプノズルにより加工点直近にセットしている．

　工具摩耗による外乱を判断できるように，結果は加工順に記載している．

　表 1 に示すようにセミドライは入力値は低く，加工面も良好で高い潤滑性は確認できたが，外部からのノズルで

は自動工具交換（ATC）ごとに工具径，長さが異なり加工点に的確に油剤供給が困難で単能盤，クシ刃 NC 旋盤，専用機などへの採用は可能であるがタレット型 NC 旋盤やマシニングセンタへの採用はできないと判断した．

　1994～1996 年，ドイツにて環境問題から産学官のドライ・セミドライ切削加工の研究が行われ，日本でも工作機械メーカーや大学などの研究機関で基礎研究が開始されている．

　1997 年フジ交易により主軸スルーや複雑な供給回路からの吐出が可能な内部給油装置 EB 型「エコブースタ」が開発販売され，再度評価試験を実施した（**図 1**）．

　NC 旋盤，マシニングセンタにより被削材は鋼材，鋳物，アルミを用いて外径旋削，穴明け，タップ，正面・側面ミーリング加工を行い新セミドライ給油装置の特性，工作機械への適用について研究した．この結論として 1998 年の第 19 回国際工作機械見本市（JIMTOF）において「エコブースタ」を搭載した逆立ち旋盤を企画開発，展示し，鋼材に直径 20 mm 深さ 40 mm のセミドライ高能率穴明けデモ加工を行っている．この機械は機内の温度管理のためミストコレクターと鋳肌には熱遮断ステンレスカバー，高温の切りくずの瞬時排出の高速チップコンベアなどを設け，各部カバーは切りくずの堆積を防止するために45 度以上の傾斜をつけ材種は最も切りくずすべりの良いステンレスのヘアライン加工板を使用している．

　各工作機械メーカーではこのセミドライ加工技術は一過性のものとなったが，切削工具メーカーでは今後の加工技

表 1　アルミ材の各種潤滑媒体による加工特性
　　　固定条件：被削材，切削速度，送り速度，軸方向切り込み量

| 加工順 | 潤滑媒体 | 径方向切り込み量 mm | | | 加工面評価 底面 |
| | | 2.0 | 4.0 | 6.0 | |
		主軸入力 kW			
1	ドライ	1.58	2.63	3.51	△
2	セミドライ	1.55	2.45	3.46	◎
3	水溶性研削油剤　中圧	1.70	2.76	3.79	△
4	水溶性研削油剤　高圧	1.74	3.03	4.05	△
5	セミドライ	1.47	2.40	3.41	◎
6	白灯油ミスト	1.53	2.63	3.57	○
7	ドライ	1.61	2.68	3.70	△
8	セミドライ	1.57	2.49	3.33	◎
9	水溶性切削油剤	1.44	2.52	3.55	○

図 1　内部給油装置「エコブースタ」

表2 ウェット/セミドライの特性比較

	ウェット	セミドライ
吐出単位	L/min	mL/h
供給方法	循環使用	新油供給
消費電力	クーラントポンプ	圧縮エア
廃油・廃液	有り	無し
切りくず	濡れている	乾いている
作業環境	悪い	良い

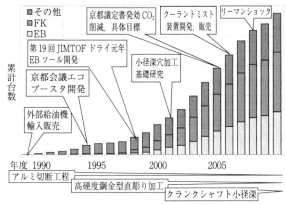

図2 セミドライ給油装置 累計生産台数

図3 愛知環境賞

術の方向性を指し示すものとしてセミドライに対応できる工具の開発検討となり，結果的に現在のセミドライ普及の大きな基礎となっている．

1999年には「エコノミーとエコロジー」をテーマとする展示会を千葉県我孫子本社にて開催，セミドライ加工の実演と講演も行われている．

2002年工作機械メーカーの倒産により退社．

2003年より現職であるフジBC技研に入社した．入社後は各社から依頼のセミドライ試験加工，新給油装置の開発設計・評価試験，独自ルートの販売，全国営業のサポート，学会発表・講演・執筆の業務を行っている．

2. セミドライ加工とは

学会でもセミドライ加工の明確な定義はないが，当社としては植物油など生分解性があり環境に優しい高潤滑性油剤などを1時間あたりmL（mL/h）の吐出量で加工点に的確に供給する加工技術としている．加工条件に見合う最適な油剤供給量で切りくずは乾燥状態で排出される．従来の水溶性切削油剤を供給するウェットとセミドライの特性比較を表2に，セミドライ給油装置の累積生産台数を図2に示す．

当社では1989年からアメリカの航空産業の部品加工で使用されていたセミドライ給油装置の輸入，販売を行っている．アメリカではこの加工技術をニアドライマシニングと呼んでいたが当社で独自にセミドライ加工の称呼をつけ，商標「ブルーベ」として販売した．その後，国内の大

学などで同様の加工技術の検証が始まり，MQL（Minimum Quantity Lubrication）と名付けられた．セミドライとMQLは同意語である．MQLも和製英語であったが日本における研究結果の広範な普及により世界的に通用するようになってきた．

当社は昨2010年，20余年のセミドライ加工技術の普及，営業活動が認められ「金属産業での生産性向上と環境対策を両立するセミドライ加工法」として愛知環境賞・銅賞を受賞した．愛知環境賞とは2005年の「愛・地球博」を契機に設立された顕彰制度で環境に優しいものつくりを行う企業に与えられる（図3）．

3. セミドライ給油装置

セミドライ給油装置には供給方法で外部給油装置と内部給油装置がある．FK型に代表される外部給油装置はパイプや専用ノズルにより外部から油剤とエアを供給する方法で，切断機や専用機，くし歯型旋盤，小型機械に広く採用されている．

商品名「エコブースタ」のEB型内部給油装置はミスト室内部で搬送性の高い$1 \sim 2\,\mu m$の微細なミストを生成し吐出部の工具などに設けられたオイルホール（油穴）などで$4\,\mu m$以上の付着性の高い油剤粒径に変換し加工点に供給する．マシニングセンタなどの回転主軸内部からの供給を可能としたもので，供給回路の複雑なタレット型NC旋盤などでも採用されている．

4. セミドライ加工導入の歴史

4.1 アルミの切断工程

販売当初はアルミの切断工程において多用されてきた．シャーリングによるビレット切断（鍛造材料の素材），チップソー（超硬丸鋸）によるアルミ鋳物・ダイカストの湯口・アルミサッシの切断工程に普及が進んだ．アルミの各種切断工程のセミドライ化によりシャー刃・チップソー工具寿命の大幅延長，切りくず清掃の効率化，洗浄・乾燥レスで切りくずの再溶解が可能，作業環境の改善などの大きなコストダウンとなった．

4.2 高硬度鋼の直彫り金型加工

1994年ごろからは工作機械や切削工具の進化により金型加工技術が大きな変化を示した．従来の生材を切削加工し，焼き入れ，磨き工程からあらかじめ焼き入れ済みの高硬度鋼を直彫りする新金型加工技術が普及してきた．金型加工に特化した工作機械メーカーである安田工業や牧野フ

図4　クランクシャフト小径深穴加工油剤吐出はイメージ

ライスなどから HRc50 程度の鍛造型などの高能率・高品位加工技術として金型産業に普及してきた．セミドライにより工具寿命が倍以上の事例もあり，この新加工技術は金型製造の短納期対応やコストダウンに大きく寄与している．

4.3　クランクシャフトの小径斜め深穴の高能率加工

当社では 2001 年から自動車・工具メーカーと共同で小径深穴のセミドライ加工研究を開始している（**図5**）．

自動車エンジンの中心部にはピストンを連結するクランクシャフトが組み込まれている．このクランクシャフトには中心部にジャーナル，ピストンの組みつけられる偏芯部にピンと呼ばれる回転部があり，それぞれメタルベアリングにより保持されている．このメタルベアリングを潤滑するために直径 5〜6 mm，100〜150 mm 深さの斜め小径深穴が加工されている．

従来はガンドリルによる加工が一般的であった．したがって高価なガンドリル専用機を導入しドリル形状から1回転送り 0.03〜4 mm/rev の遅い送り量の加工条件であった．

セミドライによる新加工技術では機械は機能を絞ったクランクシャフトに特化したマシニングセンタで導入費用の大幅削減となり，加工能率はセミドライと油穴付き超硬ツイストロングドリルの併用により従来技術の5倍以上，したがって設備台数は 1/5 以下のさらなるコストダウンとなっている．また高圧クーラントを使用の従来機から比較して電力量も大幅削減が可能となり，切削油剤の腐敗による交換もなく，廃液もないことから産業廃棄物の処理費用の発生もない．これらからランニングコストは従来のウェット加工の半分以下との事例もある．高能率で省電力，廃液レスのセミドライ穴明け加工はさまざまな自動車産業で当たり前のように普及しており，現在送り量の最大値では 0.35 mm/rev が報告されている．

5.　小径深穴加工へのセミドライの効果

小径深穴加工は細くて長い油穴付きツイストドリルを使用する．この油穴の圧力損失は高く，ウエット加工と比較してセミドライ加工では油剤の搬送キャリアが圧縮エアであり同じ圧力損失であれば気体が有利である．また気体は圧縮体であり加工点で大気開放され一気に膨張し切りくずの排出エネルギーとなる．さらに加工点はエアの断熱膨張により適度に冷却され，適温の加工点で分断・排出性に優れたコンパクトな切りくずが生成されている．

小径深穴ドリルは 1998 年 JIMTOF 以降，各工具メーカーでセミドライに適正な刃先形状や超硬母材，コーティングなどの研究開発が行われ，現在では経済性も高く非常に安定した性能をもつ工具となっている．

6.　クランクシャフト専用マシニングセンタ

不二越製のマシニングセンタ「DH524」はクランクシャフトに特化した機械である．省スペースでありながら直線軸 X・Y・Z，回転軸 A・B 軸をもちクランクシャフトの全ての穴明けを可能とした機械で「エコブースタ」が標準搭載されている．

中，小型エンジンのクランクシャフトはこの機械仕様でほとんど加工が可能であるが，オーバースペックを望むときは他の工作機械メーカーの機械に「エコブースタ」が搭載されることがある．

省電力，省スペース，高能率加工が実現できるこの機械は 2003 年以降急速に自動車産業に普及している．

国内のクランクシャフト小径深穴明け工程は全てセミドライ穴明け加工機に置き換わり，現在では国内メーカーの海外工場向け，海外自動車メーカーの採用が進んでいる．

7.　植物性純正油剤の特徴

当社で販売のセミドライ油剤は人体に安全で生分解性の高い植物油剤をベースとしている．

植物油剤は引火点も高く，一部純正油剤で消防法 第4類 第3・4石油類の適用油剤もあるが，代表的な純正油剤「LB-1」は引火点が 320 度と消防法の適用外で非危険物とされている．

過去，旋盤職人がナタネ油をハケ塗りしながら加工していたように，植物油剤は添加物なしで生来の潤滑性の高さがある．これに対して鉱物油は化学的吸着性に劣るが，ベースオイルとして各種添加剤を受け入れやすい性状があり広く切削油剤として使用されている．

人類が使用するエネルギーは埋蔵量から諸説はあるが，天然ガス 100 年，重油 65 年，ウラン 50 年で枯渇するといわれている．植物油剤は短期間で再生する再生可能資源である．また，植物により発生した二酸化炭素は再生の過程で植物に吸収されることから「カーボンニュートラル」の言葉が示すように植物由来の燃料，油剤などは最終の焼却処理をしても二酸化炭素の排出がないとされている．重油

表3 鋼材の高能率穴明け加工　φ20 止まり穴　100穴連続

被削材	S50C	SS400
工具	φ20 スロアウェイドリル	
加工深さ　mm	60	40
切削速度　m/min	250	400
回転速度　min⁻¹	4000	6370
送り量　mm/rev	0.18	0.05
送り速度　mm/in	720	320
加工時間　ec	5	7.5
セミドライ給油機	クーラントミスト	

表4　NAK80 φ1.5×28 深さ
止まり穴　340穴連続　ノンステップ加工

工具	超硬油穴付きドリル
切削速度　m/min	47
回転速度　min⁻¹	10000
送り量　mm/rev	0.02
セミドライ給油機	EB7

表5　SUS410　30度傾斜面　5時間連続加工

工具	R6 超硬ボールエンドミル　2刃
切削速度　m/min	200（30度加工点）
送り量　mm/刃	0.1
軸方向切り込み量　mm	1
ピックフィード　mm	1
比較冷却条件	セミドライ/水溶性ウェット

や石炭などの化石燃料は数億年の長い期間で生成された炭素と水素の化合物であり燃焼により水と二酸化炭素が発生する．一つの炭素に2個の酸素が結合し，炭素と酸素はほぼ同じ重量であることから化石燃料の燃焼により約3倍の重量の二酸化炭素が発生する．各産業では将来，二酸化炭素排出権によるコストアップの懸念があり，二酸化炭素の削減は急務である．鉱物油剤は1トンの油剤を購入すれば3トンの二酸化炭素発生となり「カーボンニュートラル」二酸化炭素レスの植物油剤への期待は大きくなってきている．

8. 最近の加工事例

8.1　スロアウェイドリルによる鋼材の高能率加工

　近年，コストダウンの鍵として穴明けの高能率化が求められている．小径穴では前述のようにセミドライと油穴付超硬ドリルにより高能率化は実現している．中径穴ではスロアウェイドリルによる加工が一般的であるが単位時間あたりの切りくず排出量が多くセミドライでは冷却性に問題がある．当社では油剤と圧縮エアによるセミドライ加工の冷却性を補完するために水溶性切削油剤（クーラント）を同時に供給する「クーラントミスト装置」を販売している．

　直径20 mmのスロアウェイドリルと「クーラントミスト装置」による鋼材の高能率穴明け加工の事例を表3に示す．穴明けは100穴の連続加工，切りくずが比較的切れにくい一般構造用圧延鋼材SS400では高い切削速度と低送りで薄い切りくずを生成して遠心力で分断している．切りくず処理性のよい機械構造用炭素鋼S50Cではウェットの条件を基準に直径20 mm×60 mm深さを1穴5秒の高速加工としている．S50Cにて100穴加工時の外周切れ刃の逃げ面摩耗量は150 µmであった（表3）．

　（添付DVDに「スローアウェイドリルによるセミドライ高能率切削加工」のムービーが収録されています）

8.2　NAK80 φ1.5 極小径深穴明け

　鏡面性の高い樹脂金型鋼のNAK80にノックピン穴を模して「エコブースタ」を使用し，直径1.5 mm×28 mm深さの穴をノンステップ高能率加工した事例である．加工時間は1穴8.5秒で連続340穴の加工ができた（表4）．

8.3　SUS410 R6 ボールエンドミル 3次元加工

　タービンなどに使用される耐熱ステンレス鋼SUS410を

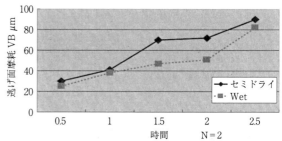

図5　SUS410 R6 超硬ボールエンドミル加工
V200 fz0.1 pf1.0 ad1.0 傾斜角30度

図6　加工面拡大

2刃超硬コーテッドボールエンドミルにより30度傾斜面の5時間連続加工を行った．セミドライと水溶性ウェットを比較し，加工後の刃先逃げ面摩耗はほぼ同等の80 µmであった．

　顕微鏡による加工面の観察から1刃送りにより形成されるカッターマークのライン（水平方向）はセミドライでは直線であるがウェットでは鋸歯状となっている．セミドライによる面品位向上の効果が認められる（表5, 図5, 6）．

9. お わ り に

　3月の東日本大震災，福島の原子力発電所の被災，原子力政策の見直しから，今年の夏は各界において節電が求められた．また，欧米の財政不安からさらなる円高が続いている．この状況を背景に省電力，高能率，二酸化炭素・廃液レスのセミドライ加工は金属加工業界から注目を集めている．さらに広くセミドライ加工の普及に向け研鑽を進めていく．

はじめての 精密工学

光CD計測の計測原理と関連技術

Optical CD Measurements and Related Technologies/Hirokimi SHIRASAKI

玉川大学　**白﨑博公**

1. はじめに

　表面形状は，表面加工や処理により変化するので，表面処理のプロセス状況を調べることは重要である．そのため，ISO25178-6「製品の幾何特性仕様—表面性状測定方法の分類」(2010)で，表面形状を測定する方法が規格化されている[1]．特に形状が，結晶の格子間隔に近づくナノメータ $(10^{-9}\,\mathrm{m})$ のオーダになると，光の波長よりはるかに小さいので，一般的な光学顕微鏡で表面を観察することはできなくなる．ナノスケールでの表面形状測定方法として，微分干渉顕微鏡，白色光共焦点顕微鏡，白色光干渉粗さ計，AFM (Atomic Force Microscopy：原子間力顕微鏡)，STM (Scanning Tunneling Microscope：走査型トンネル顕微鏡)，TEM (Transmission Electron Microscope：透過型電子顕微鏡)，SEM (Scanning Electron Microscope：走査型電子顕微鏡) などが用いられている．また，表面粗さや表面の欠陥を測定するために，光散乱を利用した角度分解散乱 (Angle Resolved Scatter) や全積分散乱 (Total Integrated Scatter) を用いたものがある．これらの手法の中から，最適な測定方法を選ぶ条件として，(1) 表面材料の硬度や光学特性，(2) 測定時間，(3) 測定する範囲の広さ，(4) 表面粗さや欠陥測定，もしくは構造や形状寸法まで測定するのか，などを考慮する必要がある．

　半導体製造でのリソグラフィ (Lithography) 工程では，ナノスケールの回路パターンの限界寸法 (CD：Critical Dimension) 計測を行うことが必須になっており，測長SEM (CD-SEM：Critical Dimension SEM) や AFM などが用いられる．しかし，より迅速にプロセスへのフィードバックを行うためは，in-situ (インサイチュ：原位置での) 計測が望まれる．このために，非破壊，非接触，そしてリアルタイムで，光波を用いて限界寸法を計測する方法として，OCD (Optical Critical Dimensin) 計測がある．これは，スキャトロメトリ (Scatterometory：光波散乱計測) とも呼ばれ，筆者が長年研究を続けている計測手法である[2]．

　本稿では，まず半導体リソグラフィの微細化の進歩に応じた CD 計測での要求性能とスキャトロメトリとの関係について述べる．そして，スキャトロメトリの歴史や原理，実用例などについて述べる．最後に，筆者が開発したスキ

ャトロメトリ・シミュレータを用いた数値解析結果について，考察を行う．

2. 半導体リソグラフィ技術

　ここでは，半導体リソグラフィでの限界寸法計測への要求特性について述べる．

2.1 ムーアの法則

　IC (Integrated Circuit) の誕生以来，集積度向上の技術開発が絶えず続けられてきた．ゴードン・ムーアは，半導体の性能と集積は，18カ月ごとに2倍になる」という法則を1965年に唱えたが，このムーアの法則 (Moore's law) は現在もなお続いている．最近では，微細化の極限を追求する More Moore や半導体デバイス上に異種機能素子 (例：MEMS，センサ等) を融合集積化する More than Moore という用語も用いられている．この高集積化を可能にしてきたのは，半導体リソグラフィ技術の進歩である．この技術では，デバイス・パターンの解像性 (Resolution) のみならず，限界寸法やパターン配置の重ね合わせ (OL：Overlay) もデバイス特性からの要求で重視される．

2.2 ITRS ロードマップ

　ITRS (The International Technology Roadmap for Semiconductors)[3] は，欧州の ESIA (European Semiconductor Industry Association)，日本の JEITA (Japan Electronics and Information Technology Industries Association)，韓国の KSIA (Korea Semiconductor Industry Association)，台湾の TSIA (Taiwan Semiconductor Industry Association)，米国の SIA (Semiconductor Industry Association) によって共同で支援されており，今後，15年間にわたる半導体技術ロードマップを取り扱い，研究機関および業界では信頼性ある指針として利用されている．この ITRS による 2010 年度版半導体プロセス技術の予測によると，DRAM1/2 ピッチは，2012 年に 36 nm，2014 年に 28 nm，2019 年に 15.9 nm，2024 年に 8.9 nm となっている．

　さらに，多数の位置ずらし計測をすることによる計測時間の要求項目として，計測から次の計測までの繰り返し時間を示す，MAM 時間 (Move Acquire Measure Time) がある．位置ずらし計測では，計測–移動 (移動時間中に計測演算)–計測を繰り返すが，この1周期が MAM 時間

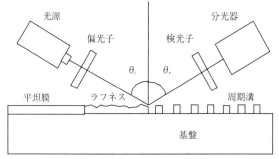

図1 反射散乱光を利用した測定器の構成

である．これは，現在の1秒から，2020年では0.5秒が要求されている．

3. 反射散乱光を利用した測定技術

反射型測定器の構成図を，**図1**に示す．平坦膜の測定を行う測定器には，レフレクトメータ（Reflectometer），エリプソメータ（Ellipsometer），ポラリメータ（Polarimeter）がある．さらに，周期構造をもった表面溝パターンの測定を行うスキャトロメータ（Scatterometer）がある．反射測定が広帯域でなされるときは，分光（Spectroscopic）を名前の前に付ける．すなわち，それぞれの測定法は，分光レフレクトメトリ（SR：Spectroscopic Reflectometry），分光エリプソメトリ（SE：Spectroscopic Ellipsometry），分光ポラリメトリ（SP：Spectroscopic Polarimetry），分光スキャトロメトリ（SS：Spectroscopic Scatterometry）と呼ばれる．

レフレクトメトリでは，反射率を測定する．p偏光の複素反射係数をr_pとすると，反射率$R_p = |r_p|^2$と表される．s偏光の複素反射係数をr_sとすると反射率$R_s = |r_s|^2$と表される．図1での入射角θ_iは，垂直と斜めの場合を考慮する．平坦な膜の場合，垂直入射のp偏光とs偏光の複素反射係数r_nは同じになり，反射率$R_n = |r_n|^2$となる．図1に示す表面の粗さ（ラフネス）があると，絶対反射強度を求めるのが難しくなるのが欠点である．

エリプソメトリでは，偏光状態を考慮し，反射強度の絶対値は測定せず，s偏光とp偏光の反射係数の比を用いる．入射角は，ブリュースタ角（図1でθ_iが70度付近）を用いる．斜め入射では，s偏光とp偏光で位相のずれと反射率の違いがあるため，この変化は次式で定義される．

$$\rho = \frac{r_p}{r_s} = \tan \Psi e^{i\Delta} \tag{1}$$

Δはs偏光とp偏光の複素反射係数の位相差，$\tan \Psi$はs偏光とp偏光の反射振幅比である．通常は（Ψ, Δ）として表され，この値を用いて，膜厚dや物質の光学定数（複素屈折率$N = n - ik$）を計算することができる．そして，最終的に各層の膜の屈折率nや消衰係数kが求められる．エリプソメトリでは，図1に示す表面の粗さ（ラフネス）がある場合でも，有効媒質近似（Effective Medium Approximation：EMA）を用いると解析できる．すなわち，ラフネスを均質膜に置き換えることにより，複素屈折率などを比較的簡単に解析できる．

ポラリメトリは，レフレクトメトリとエリプソメトリの両方の特徴をもち，反射強度と位相を調べる．よって，多くの情報を得ることができるが，エリプソメトリより装置が難しくなる．

スキャトロメトリは，レフレクトメトリやエリプソメトリの発展技術として開発されており，垂直測定方式と斜め測定方式がある．スキャトロメトリの測定原理については，次章で詳細に述べる．

4. スキャトロメトリ

4.1 歴史

最初に回折光を用いて半導体計測を行ったのは，KleinknechtとMeier（1978）[4]である．彼らは，SiO₂層の上にある，フォトレジスト溝のエッチング速度をモニタするのに用いた．しかし，スカラー回折理論を用いた解析のため，彼らの方法は特定の溝形状測定に限定された．周期溝に対するベクトル回折理論は，MoharamとGaylordによって，1980年代前半に確立された[5]．これは，RCWA（Rigorous Coupled Wave Analysis：厳密結合波解析）と呼ばれ，現在でも，回折に基づいた光波散乱計測に重要な役割を果たしている．

1991年に，ニューメキシコ大学のMcNeilとNaqvi等によって，スキャトロメトリという用語が使われた[6]．彼らの方法は，まず図1の入射角を固定して，レーザ光線を照射し，反射側の回折強度を測定する．そして，RCWA法によって得られるデータベースと，実測値を比較することで周期溝の形状を求めた（固定角スキャトロメトリ）．しかし，当時でも線路幅が狭く，回折次数はあまり現れないため，変動角スキャトロメトリ，すなわち，入射角の関数として回折効率を測定する変動角2-Θスキャトロメトリが提案された[7]．また，メモリーアレイやコンタクトホールなど，3次元空間での2D回折パターン構造を測定するドーム・スキャトロメトリが考えられた．この方法は，半球状のドームの真上からレーザ光を2次元の周期溝に照射して，ドーム状のスクリーンに回折光パターンを映し出し，これをCCDカメラで解析する．最初は，16 MBのDRAMアレーのトレンチ深さを測定するために使われた[8]．この方法は，高次回折光が存在するピッチの場合に適用される．

4.2 測定原理

表面形状を解析する方法は，レーザ光散乱（LLS：Laser Light Scattering）とスキャトロメトリに分けられる．レーザ光散乱は，図1の表面ラフネスのように，周期ピッチがなく表面が比較的滑らかな場合，すなわち深さが1Å程度（≪λ：λは波長）の表面粗さの形状を調べる場合に用いられる．スキャトロメトリは，周期構造で深さが1μm程度（～λ）の深さの形状を調べる場合に用いら

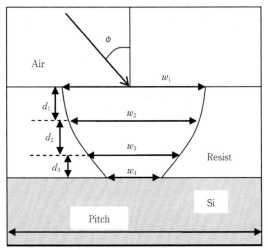

図2 周期レジスト溝解析モデル

れる.

ここでは,現状で用いられている,図1の入射角と出力角を固定した分光スキャトロメトリによる形状解析について述べる.この解析は,2つのステップで行われる.最初に,さまざまな溝パターンに対応する分光特性のライブラリを求めておく.表面パターンからの回折光強度分布は,RCWA法で数値計算できる.次に,分光特性の実測値と,あらかじめ求めておいたライブラリと比較を行う(ライブラリ方式).そして,一致する分光パターンが見つかれば形状が求められることになる.半導体製造ラインで用いる場合,ライブラリ方式はオフラインで大量の計算データを蓄えておく必要があるが,オンラインでは検索処理のみなので,高いスループットを実現できる.しかし,このライブラリ方式は,内部モデル形状の刻み幅でしか形状を測定できないため,分解能を上げるためには膨大な数の形状モデルと回折光強度分布の数値計算が必要となる.形状が複雑になると,さらに数値計算時間がかかり,データ量も増えるため,ライブラリを事前に準備する時間が増える欠点がある.この方式の代わりに,形状を変えながら実時間で数値計算を行って最適化により形状を探す方法がある.この方法では,事前にライブラリを用意しなくて良い利点がある.しかし,この方法には高速計算を行える計算機の必要性や,解が収束しない危険性がある.それで,ライブラリ方式と併用する方式も考えられている.

4.3 実用例

スキャトロメトリで実用的に用いられているのは,ライン&スペースの2次元形状計測である.測定できるのは,**図2**に示すように上部および底部の線幅,高さ,側壁のテーパ角などで,SEMで困難な多層膜ごとの線幅や高さ,そして逆テーパも測定できる.測定はウェーハ上に作成した周期構造のテストパターンで行うため,孤立ラインの測定には適さない.また,微細化に伴って,ライン・エッジ・ラフネス(LER:Line Edge Roughness)のトランジスタ特性への影響が問題になっている.スキャトロメトリでは,観測のビームスポット内での平均により,線幅測定を行うため,個別の線路でのLERの測定はできない.これらの制約はあるが,光波散乱特性を用いた計測は,小型化が可能で高速であり,非破壊,非接触で行えるため,すでにオンライン計測として用いられている.すなわち,半導体プロセスの処理前後でCDを測定し,プロセス条件の微調整を行っている.今後,in-situ計測への展開が期待されている.

トレンチホールや3次元構造の計測も可能である.しかし,3次元RCWA解析は,数値計算時間がかかり,また大きなメモリも必要とするので,ライブラリ作成に時間がかかることがネックとなる.

5. 最 適 化 手 法

結果から原因を求める問題は,逆問題といわれ,解の一意性や,存在が保証されない場合も多く,解を求めるのが困難である.スキャトロメトリも,光波散乱特性から,その結果をもたらす形状を可能な限り求める逆問題である.この場合,解の満足度をもたらす関数を設定して,それを最大化するような設計パラメータの値を制約条件に基づいて求める最適化問題を解く必要がある.最適化手法には,さまざまな手法があるが,ここでは,共役勾配法と遺伝的アルゴリズムについて説明する.

5.1 共役勾配法

最急勾配法(Steepest Gradient Method)は,関数の傾きから,関数の極大値や極小値を探索する勾配法の一つである.傾き,すなわち一階微分のみしか見ないので手法として簡便である.しかし,最適な点に向かって直線的に向かわず,ジグザグに向かうので収束が遅い.そこで,今まで進んできた方向も考慮して,最適な点に向かって進むように工夫している共役勾配法(CG法:Conjugate Gradient Method)がある.しかし,この方法も勾配法をベースとするため,初期地点によっては,評価の良い地点にたどり着いても,別の場所にもっと良い評価の地点がある場合がある.すなわち,局所的な最小値に捉まりやすいのが欠点で,大域的な最小値を求めるのは困難である.それを回避するために,複数の初期値から探索を行うなどの対策が必要である.

5.2 遺伝的アルゴリズム

遺伝的アルゴリズム(GA:Genetic Algorithm)は,生物の進化の過程をまねて作られたアルゴリズムで,解の候補データを遺伝子で表現した個体を複数用意し,環境への適応度の高い個体を優先的に選択して交叉や突然変異などの操作を繰り返しながら最適解を探索する方法である.GAによる探索は,初期集団から選択と交叉の組み合わせにより並列的に山登り探索をし,突然変異によりときどきランダムな変化を起こす.複数の解について並列的に調べていくため,最急勾配法のような局所解には陥りにくく,もし局所解に陥っても,突然変異によってそこから抜け出

すことができる．この方法は，離散的な関数や多峰性関数に適応可能な手法である．しかし，確率的な多点探索であるため多くの関数評価を必要とすること，局所解への初期収束，交差や突然変異の比率などいろいろなパラメータの調整などの問題が存在する．

6. スキャトロメトリ解析の実例[9) 10)]

6.1 解析モデル

図2には，3つの台形で近似した解析モデルを示した．シリコン基板上に，レジストの溝がある．入射角は，ϕ[度]である．高さは，上からd_1, d_2, d_3である．溝幅は，w_1, w_2, w_3, w_4で，3つの台形で近似する．実際の溝幅は，n乗コサイン形状で変化していると仮定する．以下では，正面入射（$\phi = 0°$）溝の高さ（$= d_1 + d_2 + d_3$）は400 nm，ピッチは200 nmとする．溝の入り口の幅w_1 = 100 nm，底面の幅$w_4 = 60$ nmとする．溝の形状を決める各パラメータは，GAとCG法によって最適化する．さらに，4つの台形で近似した数値解析例も示す．

6.2 3台形近似による溝の最適化

図3(c)で，実線で示されている2乗コサイン形の溝形状を，スキャトロメトリにより，3台形近似で解析する．解析をスタートする最初の台形の高さは，それぞれ，$d_1 = 50$ nm, $d_2 = 250$ nm, $d_3 = 100$ nmである．溝幅は，$w_1 = 100$ nm, $w_2 = 80$ nm, $w_3 = 70$ nm, $w_4 = 60$ nmである．スタート形状は，図3 (c)に○で示されている．また，スタート形状から得られたTE波とTM波の反射率は，図3 (a)に破線で示されている．5章で述べたように，CG法では，局所解に陥る場合があるが，細かい精度で値を求めることができる．GAは大域的に最適解を探すことができるが，遺伝子から求められる離散的な値でしか最適解を求めることができない．よってここでは，最初にGAで20世代探索し，その後CG法で20回探索することにし，遺伝子の長さは25，交叉比率cross = 0.15，突然変異率mutation = 0.02とする．高さと横幅の変数は，同時に最適化している．図3 (b)に，評価関数Sの収束の様子を示した．$S = 1$が，完全に形状一致の状態である．評価関数の収束の様子は，TE波とTM波で異なっている．最適化終了時の反射率は，図3 (a)の点線で示されている．形状は，図3 (c)で，TE波は△で，TM波は▽で示されている．この結果，TE波では，溝の入口と出口で，目的の形状に近づいている．しかし，TM波では，入口で溝幅のずれが大きい．このため，次節では，4台形近似で最適化を行うことにする．

6.3 4台形近似による溝の最適化

3台形近似では，溝の最適化に不十分な場合があるので，ここでは，4台形近似を用いて解析を行う．**図4**では，(a) ルート・コサイン形，(b) 2乗コサイン形の溝を調べている．深さは，$d_1 = 50$ nm, $d_2 = 150$ nm, $d_3 = 150$ nm, $d_4 = 50$ nm，溝幅は，$w_1 = 100$ nm, $w_2 = 90$ nm, $w_3 = 80$ nm, $w_4 = 70$ nm, $w_5 = 60$ nmから出発している．図

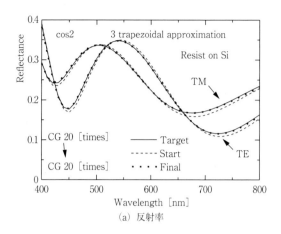

(a) 反射率

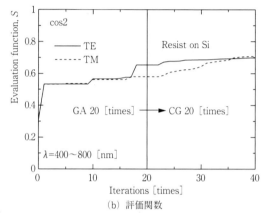

(b) 評価関数

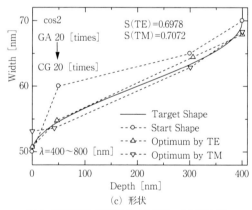

(c) 形状

図3 収束特性（2乗コサイン形状，3台形近似）

3と同様に探索を行った結果，ほとんどターゲットの形状に収束することが分かった．

スキャトロメトリは，光学顕微鏡のように実際の形状を見るわけではないので，形状が本当に求められているのかが確認できなくて不安になる場合がある．しかし，ここで示したスキャトロメトリ・シミュレータを用いることで，実際の形状がうまく求まるかどうかを事前に検証することができるので便利である．

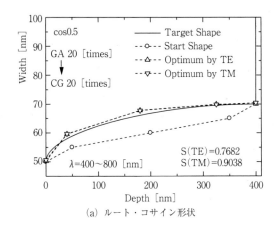

（a）ルート・コサイン形状

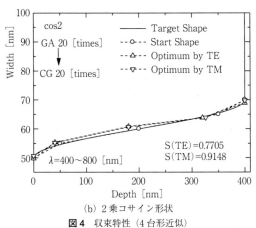

（b）2乗コサイン形状

図4 収束特性（4台形近似）

7. あ と が き

　本稿は，筆者が長年行ってきたOCD，すなわちスキャトロメトリについて，整理して解説したものであり，少しでも読者のお役に立てれば幸いである．また，執筆の際，内外の多数の文献を参考にさせていただいたので，ここでお礼を申し上げる．

　スキャトロメトリでは，測定値との比較を行うため，反射分光特性の計算や最適化の計算を速くすることが必要である．特に，3次元解析を，いかに速くするかも課題である．ここでは解説できなかったが，孤立溝やラインエッジラフネスなどの解析には，FDTD法を用いた解析[11][12]も必要である．しかし，FDTD法は，RCWA法に比べて計算時間がかかりすぎる欠点がある．現在，スキャトロメトリ・シミュレーションに用いられる数値解析手法全体の計算時間を速くするために，マルチコアCPUや，メニーコアGPUを用いた並列計算解析を行っており[9][10]，次の機会があればまた御報告させていただきたいと思っている．

参 考 文 献

1) http://www.iso.org/iso/home.htm
2) 白﨑博公：分光エリプソメーターによる形状計測，Oplus E，**27**，3（2005）294-299.
3) Semiconductor Industry Association : Metrology Roadmap 2010，(2010).
4) H.P. Kleinknecht, et al. : Optical Monitoring of Etching of SiO₂ and Si₃N₄ on Si by the Use of Grating Test Patterns, J. Electrochem. Soc. : Solid-State Sci. Tech., **125**, 5（1978）798-803.
5) M.G. Moharam, et al. : Rigorous Coupled-wave Analysis of Planer Grating Diffraction, J. Opt. Soc. Amer., **71**, 7（1981）811-818.
6) K.P. Bishop, et al. : Grating Line Shape Characterization Using Scatterometry, Proc. SPIE, **1545**（1991）64-73.
7) J.R. McNeil, et al. : Satterometry Applied to Microelectronic Processing, Microlithography World, **1**, 5（1992）2-16.
8) Z.R. Hatab, et al. : Sixteen-megabit Dynamic Random Access Memory Trench Depth Characterization Using Two-dimensional Diffraction Analysis, J. Vac. Sci., B, **13**, 2（1995）174-182.
9) H. Shirasaki : Scatterometry Simulator for Multi-core CPU, Proc. SPIE, **7638**（2010）76382V1-76382V6.
10) H. Shirasaki : Scatterometry Simulator Using GPU and Evolutionary Algorithm, Proc. SPIE, **7971**（2011）79711T1-79711T7.
11) H. Shirasaki : 3D Anisotropic Semiconductor Grooves Measurement Simulations (Scatterometry) Using FDTD Methods, Proc. SPIE, **6518**（2007）65184D1-65184D8.
12) H. Shirasaki : 3D Semiconductor Grooves Measurement Simulations (Scatterometry) Using Nonstandard FDTD Methods, Proc. SPIE, **6922**（2008）69223T1-69223T9.

はじめての
精密工学

ダイヤモンド
—性質・合成・加工・応用—

Diamond—Properties, Synthesis, Processing and Applications—/Hitoshi TOKURA

東京工業大学　大学院理工学研究科　戸倉　和

1. は じ め に

ダイヤモンドは地球からのプレゼントである.

古くはインドを中心として漂砂鉱床と呼ばれる河川の堆積物の中から見いだされていたが，1866 年南アフリカのオレンジ河原で大粒のダイヤモンドが見つかった．これを契機として，ダイヤモンドが地表から 250 km 程度の地球内部の高温高圧条件下で晶出し，地表に大きい速度で運ばれたことが明らかとなった.

美しさと希少価値から宝石の王様として君臨しているが，精密工学の分野でも触針や工具として重要な役割を果たしている.

本稿では，精密工学におけるダイヤモンドの役割を理解いただくことを目的に，その性質，合成，加工そして応用について述べる.

2. ダイヤモンドとは

ダイヤモンドの結晶構造の基本となる単位格子を**図 1**に示す．ダイヤモンドは，炭素原子（図中の白丸が炭素原子に対応）がダイヤモンド構造と呼ばれる三次元的な規則正しい配列をして共有結合した結晶である．ひとつの炭素原子を中心とした正四面体の各頂点に 4 個の炭素原子が位置して，三次元的に炭素原子の結合が広がっている．ダイヤモンドの単位格子は 3 本の等しい長さの稜をもち，3 つの軸角はすべて 90° の立方晶系に属する．その格子定数 a は 3.567 Å であり，単位格子中の炭素原子数 Z は 8 である．この結晶構造をもとにダイヤモンドの密度 D を算出すると，単位格子の質量，体積をそれぞれ M，V とし，炭素の原子量を M_C，アヴォガドロ数を N_A として，

$$D = M/V = (Z \cdot M_C/N_A)/a^3 = 3.52 \ [\text{g/cm}^3]$$

となる．この炭素原子間の結合状態は，圧力 1.5 GPa 以上で安定であり，常圧では準安定である.

この結晶構造に起因して，ダイヤモンドは特有の性質を示す．ダイヤモンドの特性を**表 1**にまとめる．ダイヤモンドは地球上に存在する物質のなかで最も硬く，銅の約 5 倍の高い熱伝導率を示し，高い屈折率を有する絶縁性の物質である.

このように，ダイヤモンドは特異な性質を合わせもつ有用な材料であるが，応用の点から注意しなければならない性質もある．それは，800℃ 程度以上の高温の鉄，ニッケ

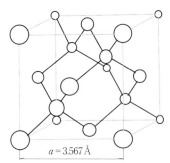

図 1　ダイヤモンドの結晶構造

$a = 3.567 \text{Å}$

表 1　ダイヤモンドの特性

密度	3.515 g/cm^3
熱伝導率	$2000 \sim 2300 \text{ W/m} \cdot \text{K}$
熱膨張率（25～200℃）	$0.8 \sim 1.2 \times 10^{-6}/\text{K}$
バンドギャップ	5.45 eV
電気抵抗率	$> 10^{14} \ \Omega\text{cm}$
ヤング率	1050 GPa
ビッカース硬さ	$7600 \sim 11500$
摩擦係数（空気中）	$0.05 \sim 0.15$
屈折率（波長 10 μm）	2.376

ル，コバルトと接触するとダイヤモンド表面の炭素原子が拡散して減耗すること，酸素の存在する高温雰囲気中では酸化されること，酸素がなくとも約 1400℃ 以上でグラファイト化すること，後述するへき開性を有する脆性材料であることなどである.

3. 工業材料としてのダイヤモンド

天然ダイヤモンドは，地下 150～300 km もの深いマグマの中で長時間かけてゆっくり成長してできる．その成長環境における炭素の過飽和度は低いため，{111} と呼ばれる結晶面で構成された正八面体結晶に成長する．そして，地下深部から地表へ運ばれる間に溶解作用を受けて隅や稜が丸みを帯びた六・八面体などへとしだいに変化し，実際に手にする結晶はさまざまな形や大きさになる.

一方，現在工業的に利用されているダイヤモンドの 90% 以上は合成品である．そのうち多くは天然ダイヤモンドの成長する環境と同じ高温高圧条件をつくりだす方法，すなわち時間的に生成条件が一定の静的高温高圧合成法で合成されている．**図 2**にこの方法で得られた工業用

図2 単結晶ダイヤモンドのいろいろ．右の2つの大型単結晶および中央の小さい粒は高圧合成ダイヤモンド．左の2つの大型結晶は天然ダイヤモンド．

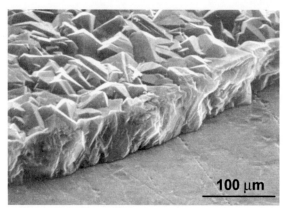

図3 シリコン基板上に気相合成されたダイヤモンドの電子顕微鏡観察写真

高圧合成ダイヤモンド，および天然ダイヤモンド単結晶を示す．静的高温高圧合成法では単結晶の粉・粒状のダイヤモンドが得られ，約1 cm角の大型単結晶も合成できる．

これに対して，時間的に非常に短い間，マイクロ秒程度の瞬間に高温高圧条件をつくってダイヤモンドを生成させる動的な方法がある．この方法のひとつは爆薬のエネルギーを利用して高速の飛翔体を原料グラファイトに衝突させて100 GPa以上の圧力を発生させることから，衝撃圧縮法と呼ばれ，ミクロンサイズの微粉が生産されている．また，爆薬自体を原料として爆発の条件を制御することにより，平均一次粒径が約5 nmのナノサイズのダイヤモンドクラスターが生産されていて，新たなナノカーボン材料のひとつとして注目されている．

工業材料として利用されているダイヤモンドの形態として重要なものに，ダイヤモンド粒・粉をコバルト，シリコンなどの結合材で焼結したダイヤモンド焼結体があり，PCD（Poly Crystalline Diamond）の呼称が広く用いられている．焼結はダイヤモンドにとって熱力学的安定な超高圧，焼結助剤金属の溶融温度を超える高温，すなわちダイヤモンド合成とほぼ等しい条件でなされ，ダイヤモンドの粒径，助剤の種類・添加割合，大きさ・形状の異なるさまざまな焼結体が市販されている．金属を助剤とするものには導電性があり，加工の点で優位で，切削工具，ダイス，耐摩耗部品などに広く用いられている．

これらに対し，ダイヤモンドの熱力学的に準安定な条件下で合成する化学気相合成法（Chemical Vapor Deposition, CVD法）がある．これはメタンなどの炭化水素ガスを原料とし，熱やプラズマにより分解，励起して，炭化水素ガス中の炭素を基材表面にダイヤモンドとして析出させる方法である．追試可能なダイヤモンドCVD法の報告が最初になされたのは1982年であり，当時の無機材質研究所の研究者らが熱フィラメントCVD法[1]と呼ばれる方法でメタンガスを原料としてダイヤモンドを大気圧より低い圧力中で合成した．この報告の後，再現性のあるダ

イヤモンドCVD技術がさらに数多く開発され，マイクロ波プラズマCVD法，直流プラズマCVD法，高周波プラズマCVD法，プラズマジェットCVD法，燃焼炎法などの方法が次々と日本から提案された．気相合成法では図3に示すように多結晶で膜状のダイヤモンドが基板表面にコーティングされるとともに，自立体が得られることから，天然や高圧合成ダイヤモンドでは作製が困難であった被覆工具，音響部品，放熱基板などへの挑戦がなされた．

4. ダイヤモンドの加工

先に述べたように，ダイヤモンドは地球上に存在する物質のなかで最も硬い．硬いダイヤモンドに形状を創り込み，機能をもたせることは容易ではない．それではどのようにしてダイヤモンド自体を磨いたり，切ったりする加工を施すことができるのだろうか．

4.1 ダイヤモンドはダイヤモンドで

へき開という現象をご存知と思う．雲母のへき開がよく知られている．結晶鉱物がある一定の方向に容易に割れて層状に剥離する性質をいう．このとき平滑な面が形成され，この面をへき開面といい，ダイヤモンドでは｛111｝がこれにあたる．すなわち，ダイヤモンドは｛111｝に沿って割れやすいので，この面に沿って力を加えればクラックが生じ，これを利用して磨いたり切ったりできるのである．もうひとつ重要なのは，ダイヤモンド結晶には図4に示すように摩耗の異方性があり，ある結晶面において擦られると摩耗しやすい方向とそうでない方向が存在する．

これらの現象に基づき，工業的なダイヤモンド研磨は小さいダイヤモンド砥粒を用いてダイヤモンド表面を擦ることでなされる．すなわち，研磨盤上の摩耗しにくい方向を向いたダイヤモンド砥粒で摩耗しやすい方向に向けた工作物ダイヤモンド表面を少しずつ除去していく．古くから宝石用ダイヤモンド単石はスカイフ研磨と呼ばれる方法で成形および表面平滑化がなされてきた．この方法はミクロンサイズのダイヤモンドを塗布した鋳鉄製円盤（スカイフ）を回転させ，工作物のダイヤモンドを押しつけて磨く手法

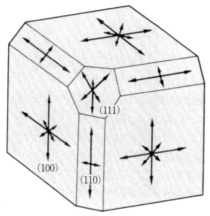

図4　ダイヤモンドの耐摩耗性の異方性[2].矢印が長いほど,その向きで摩耗が進展しやすいことを示す.

図5　ダイヤモンド指輪のテーブル面に見える研磨痕

である.この手法は静圧軸受の採用や研磨円盤の最適化がなされ,バイトをはじめとするダイヤモンドの研磨に現在でも広く使われている.

ダイヤモンドをダイヤモンド微粉で研磨した例としてダイヤモンド指輪のテーブル面の観察結果を図5に示す.輝くダイヤモンド指輪にも顕微鏡で視ると研磨痕が確認できる.

4.2　ダイヤモンドによらない方法

気相合成法により膜状のダイヤモンドが得られるようになり,ダイヤモンド砥粒による機械的手法以外のさまざまなダイヤモンド加工技術が開発された.それは,気相合成ダイヤモンドが結晶方位の異なる複数の単結晶からなる多結晶体であるため,へき開性や摩耗の異方性を利用することが困難になるからである.そのひとつがレーザ光やイオンビームの高エネルギービームを利用した加工法である.

レーザとしては波長 1.06 μm の YAG レーザが用いられることが多く,ダイヤモンドへの穴あけ,溝入れ,切断などに利用されている.本来,YAG レーザ光はダイヤモンドに対する透過率が高いが,パルス発振により尖頭値を高くして照射することにより,ダイヤモンド中の欠陥にエネ

図6　ダイヤモンドバイト(東京ダイヤモンド工具製作所のご厚意による)

ルギーが吸収されて照射部が高温となり,黒鉛化および酸化によってダイヤモンドが除去される.

一方,数〜数十 kV の電圧で加速されたイオンビームをダイヤモンドに照射するとスパッタリングによりダイヤモンド表面が除去される.この現象を利用してダイヤモンド膜表面の平滑化ができる.また,イオンを集束して照射することでダイヤモンドの微細加工にも適用できる.

同様に,高エネルギーの活性粒子を利用した方法にプラズマエッチングがある.バイアス電圧を印加しながらアルゴンや酸素,水素のプラズマ中にさらすことによりダイヤモンド表面がエッチングされ,マスクを施したりエッチングの異方性を利用したりすることで3次元形状の微細加工ができる.

そのほか,砥粒を使わない研磨法として鉄,チタン等の金属,SiO_2 などとの活性反応を利用した方法が提案されている.また,コバルトを結合剤としたダイヤモンド焼結体は導電性を有するため,放電加工の適用が可能である.

5.　ダイヤモンドの応用

ダイヤモンドの応用製品は切断・切削・研削・研磨・穿孔・耐摩など各種工具から,ヒートシンク,表面弾性波フィルタ,光学窓などに及ぶ.材料加工との関連では,非鉄金属,セラミックス,半導体材料,高分子材料,木材,石材,繊維強化プラスチックなど複合材料の多岐にわたる材料が加工対象材料となっている.そしてダイヤモンドは金型や,機械,電気電子機器・デバイス,半導体素子,光学機器,情報通信機器などにおける重要部品の生産に重要な役割を果たしている.ここでは精密工学,特に精密加工に関連の深いダイヤモンド応用製品を取り上げる.

5.1　切削工具

図6にダイヤモンドバイトの外観を示す.接合技術の進歩によりダイヤモンド結晶はシャンク上面にロー接して使われることが多い.1970年代からの超精密切削技術の発展に大きく貢献し,現在ではマイクロナノ形状加工の分野においてレンズ,ミラー,回折格子,プリズム状フィルム,液晶パネルバックライト用導光板や精密金型の作製に

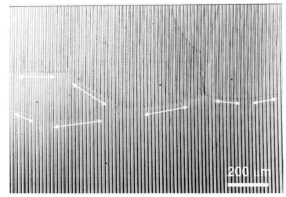

図7 鋭い切れ刃のダイヤモンドバイトで切削加工したアルミニウム合金. 横方向では矢印に沿って粒界が見える.

使われている.

単結晶の均質性, すなわち結晶粒界が存在しないという原子配列の連続性を生かして, 機械的研磨により切れ刃の丸み半径を数十 nm 以下の非常に鋭利な刃先を成形することができる. 図7はダイヤモンドバイトで切削加工されたアルミニウム合金の切削面の観察結果である. 20 μm と大きめの切込みを与えているが, 白い線で示したように, 切削面の粒界を認識できる. ダイヤモンドバイトの切れ味のよさの証である.

かつて天然ダイヤモンドが用いられていたが, 結晶方位や不純物有無の品質のばらつきがあって, チッピングの発生や寿命の点でバイトとしての性能が安定しない問題があった. 現在では, 先に紹介した静的高温高圧合成技術が進展し, 高品質の合成ダイヤモンドが得られることから合成品への置き換えが進んでいる.

そのほかに焼結体工具があり, バイト, フライス, エンドミル, リーマなどとしての利用が多い. また, 超硬合金工具の表面にダイヤモンドを被覆したダイヤモンドコーティング工具の開発が進んだ. バイトに限らず, エンドミル, ドリルなどの複雑形状工具表面に被覆できることに特徴があり, ダイヤモンドの耐摩耗性やアルミ合金などの被溶着性を生かした性能を発揮している. ごく最近では航空機の外板パネルに用いられるようになったカーボンファイバー強化プラスチック (CFRP) の加工にも利用されるようになり, その重要性を増している.

5.2 砥粒

砥粒には硬さ, 特に高温での機械的強さ, 化学的安定性, じん性, 耐摩耗性などが要求され, アルミナや炭化ケイ素砥粒より硬さや耐摩耗性に優れることからダイヤモンドは超砥粒と呼ばれてきた. ダイヤモンド砥粒の90%以上は合成品であり, 静的高温高圧法で合成される単結晶が

基本である. ダイヤモンド砥粒は主にサイズと形状によって分類され, それによって用途が決まってくる.

砥粒を基本要素として作製されている工具は多種あり, 砥石を代表にワイヤーソー, ブレード, カッター, やすり, 研磨布紙, ペースト・スラリー, ドレッサー, コンディショナーなどがある. このような工具では新しい材料の出現, 要求の変化などにより, 工具の形態が大きく変わることがある. かつて結晶材料のインゴットからうすいウェハに切り出すために内周刃と呼ばれる円盤状の工具が使われてきたが, 現在では直径 0.2 mm 以下の針金に置きかわり, サファイアの切断にはダイヤモンドを固定したワイヤーソーが活躍している.

5.3 その他

ダイヤモンドは機械的強さ以外にも優れた特性を有する. 高熱伝導性を生かして, 電子部品から発生する熱を吸収, 放散する役割をするヒートシンクが高温高圧合成単結晶ダイヤモンドおよび気相合成ダイヤモンドを使ってつくられている. また, 広範囲の波長域にわたって光透過率が高いことから赤外光から X 線まで光学窓として実用化されている. さらに, 最も高い弾性定数を有することを利用して弾性波表面フィルタデバイスに応用されている.

6. ま と め

精密工学においてダイヤモンドが重要な役割を果たしていることを理解していただけるように, その性質, 合成, 加工および応用についてまとめた. この分野に関しての成書[3][4], 雑誌[5]も出版されているので, 参考にされたい.

今から 40 年前, 卒業研究でダイヤモンド精密仕上げ砥石を作るために薬包紙にくるんだ天然ダイヤモンドの微粉をいただいた. 当時は天然品が主流であったが, 今日では粉も単結晶も合成品が主流になった. 信頼性の高い合成品に成長したことは大きな変化である. これにより, 適用範囲の拡大も視野に入る. 最近は黒鉛の直接変換によるナノ多結晶ダイヤモンドも合成されるようになった. 地球からのプレゼントは, たゆまぬ挑戦によりこれからも精密工学の分野で多様に貢献できるものと確信している.

参 考 文 献

1) S. Matsumoto, Y. Sto, M. Kamo and N. Setaka : Vapor Deposition of Diamond Particles from Methane, Jpn. J. Appl. Phys., **21**, 4 (1982) L183.
2) E.M. Wilks and J. Wilks : Ind. Dia. Review, **26**, 303 (1966) 52.
3) J.E. Field, ed. ; The Properties of Natural and Synthetic Diamond, Academic Press Ltd., (1992).
4) ダイヤモンド工業会編：ダイヤモンド技術総覧, NGT 出版, (2007).
5) ニューダイヤモンド, オーム社, (1985～).

はじめての 精密工学

表面粗さ —その測定方法と規格に関して—

Surface Roughness —The Industrial Standards and Tips on the Measuring Method—/Ichiro YOSHIDA

(株)小坂研究所　精密機器事業部　開発企画チーム　吉田一朗

1. は じ め に

　表面粗さの測定・評価は，他のさまざまな計測と同様に，測定対象の性質や状態，特性を把握するためには非常に重要な手段のひとつである．近年の工業技術，科学技術の高度化にともなって，その必要性とニーズはさらに増加している．測定機としては，触針式表面粗さ測定機が古くから広く活用され，光学式をはじめとする非接触式，SEM，空気式や面全体として捉える方式のものもある．現在は，世の中のニーズに対応するために，非常に多くの種類の光学式の表面性状測定機が普及している．そのため，ユーザーの利便性を向上させることを目的に，ISO/JIS規格において触針式以外の表面性状測定機の規格の制定，整備が行われている[1]．

　本稿では，触針式表面粗さ測定機による表面粗さの測定・評価の方法を中心に解説する．また，厳密さは欠けるかもしれないが，初心者のガイドとなるような説明，平易な説明もまじえたいと思う．

2. 表面粗さとは

　表面粗さとは，物体の表面にある幾何学的な微細凹凸のことである．そして，表面粗さの測定・評価を，最も平易な言葉で言い表せば，表面のでこぼこ，ざらざら，つるつる，ぴかぴかの程度を定量的に測定・評価することとなる．ISO/JIS規格では，表面の凹凸，きず，筋目などこれらを全て含んだ表面の幾何学的な状態を総称して，"表面性状（Surface texture）"と呼んでいる[2]．それら物体の表面性状は，その力学的特性や外観，物理特性などにかかわる重要な幾何学的な特徴である．工業的見地からいえば，表面性状は製品の幾何学的仕様に大きく関連するため，その定量的な品質管理が必要である．

　表面性状は，物体表面の別の相との界面，すなわち境界に存在する微細な凹凸という重要な要素である．そのため，トライボロジー特性，光学特性，外観品位や運動機能など，その機能と密接に関係している．その関係は，例えば図1のように分類されている[3]．図1ではまず，表面性状の機能は，接触のない単独部品の表面であるか，複数の部品が接触する部品の表面であるかに大きく分けている．

　単独表面での機能は，波動と化学作用に分けられる．波動とは，振動や電磁波などを含む物理的作用と考えられ，超音波，エレクトロマイグレーション，外観（光沢，見た目や質感など），手触り，光学特性などに関係すると考えられる．化学作用は，耐食性などの化学的特性に関係すると考えられている．また，他には流体摩擦，疲れ破壊強度，接着性，ぬれ性，剥離性なども考えられる．

　一方，二つの表面が接触する状態の表面性状の機能では，動的な状態での特性と静的な状態での特性とに分けられる．動的な状態の機能では，トライボロジーと深く関係する摩擦特性，摩耗特性，潤滑特性，転がり特性，作動音，振動などと関係すると考えられる．静的な状態の機能としては，接触，伝導性，接触面剛性，気密性，密着性，クリアランスなどに関係すると考察される．

3. 表面粗さの評価方法

　表面粗さの測定・評価は，他のさまざまな計測と同様に，統計的に十分な量かつ，経済的，時間的コストの面で合理的な方法で実施されることが必要である．表面粗さの工業上の共通の取り決めとしての評価方法は，ISO/JIS規格などさまざまな規格に定められている．現行のJIS規格の方法は，統計的に合理性があるかどうかの検証をした研究が複数あり[4][5]，測定・評価方法の一つの指針として参考となる．

　ISO/JIS規格において，表面粗さの評価は，大きく分けて次の3つの曲線：断面曲線，粗さ曲線，うねり曲線に分けて行われる[2]（紙面の関係から，モチーフパラメータやプラトー構造表面パラメータについては次の機会としたい）．

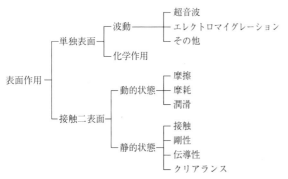

図1　表面性状の物理的機能

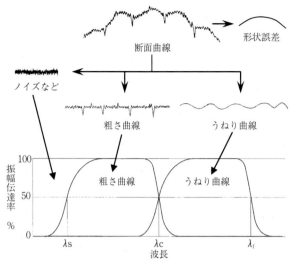

図2 断面曲線，粗さ曲線，うねり曲線の関係

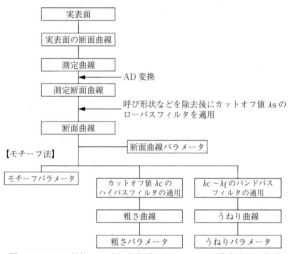

図3 ISO/JIS規格における実表面からパラメータ導出までの流れ

これらは，波長帯域によって示すと**図2**のようになり，形状誤差，うねり，粗さおよび量子化誤差やノイズなどの微細な成分に分離処理される．測定からパラメータ算出までのデータ処理の大まかな流れは，**図3**のようになっている[2]．断面曲線は，測定断面曲線から形状誤差および粗さ成分より短い波長成分，すなわち高周波成分を，カットオフ値λsのローパス特性をもつ輪郭曲線フィルタによって除去した曲線である．粗さ曲線は，断面曲線から粗さ成分よりも長い波長成分，すなわち低周波成分を，カットオフ値λcのハイパス特性をもつ輪郭曲線フィルタによって除去した曲線である．うねり曲線は，カットオフ値λcのローパス特性およびカットオフ値λ_fのハイパス特性の輪郭曲線フィルタによって帯域通過させた曲線である．

以上の処理により得られたそれぞれ三つの曲線から，表面性状パラメータを計算する．各曲線の表面性状パラメー

タの記号は，どの曲線のパラメータであるかを分かりやすく明確にするために，断面曲線の場合はP，粗さ曲線の場合はR，うねり曲線の場合はWから始まるパラメータとなっており，その次の記号がパラメータの幾何学的，統計的な意味を表している．例えば，Raのaはarithmeticalを表しており，計算は輪郭曲線の高さ方向の絶対値平均を行う．また，RSmのSmは輪郭曲線要素の平均長さを表しており，表面凹凸の平均波長を計算している．

4. 表面粗さの測定

本章では，表面粗さを測定する前の準備や測定条件について説明する．

4.1 被測定物の設置

表面粗さの測定に際しては，被測定物の表面の油や埃をしっかりと除去する．そして，測定対象面の表面凹凸の状態をよく観察し，凹凸の分布状態や凹凸の方向性の有無などを確認することが重要である．あらゆる測定にいえることであるが，計測で得られた情報は，その測定対象全体を現す断片，ほんの一部を抽出しただけのものである．そのため，観察と考察なしに無闇に測ったとしても，目的を達成する有益な情報を十分に得られるわけではない．

表面の凹凸に方向性があれば，その凹凸の特徴をよりよく捉えるために，変化の大きな方向へ触針が走査するように置く．これに関してISO/JIS規格では，機械加工部品に加工の筋目があれば，その直角方向，すなわち筋目を横切るように測ることを推奨している[6]．測定場所に関しては，測定対象面内において表面粗さが最悪の値になると考えられる場所を選択して測定する．また，測定対象物のレベリング（傾斜調整）に関しては，測定機の高さ方向の測定レンジ内に入っていれば測定可能ではあり，計算で補正が可能ではある．しかし，測定の信頼性を上げるためには，平面の場合には可能な限り水平に，曲面の場合には測定プロファイルが測定レンジ内にバランスよく入るように調整した方がよい．

4.2 測定条件の設定

触針式表面粗さ測定において，設定する必要性のある主要な測定条件としては，触針の形状，評価長さ，輪郭曲線フィルタのカットオフ値λs，λc，λ_f，サンプリング間隔，表面性状パラメータ，測定速度，測定力，z方向倍率などが挙げられる．以下に，これらの決定方法を解説する．

4.2.1 触針先端の形状

ISO/JIS規格では，触針先端の仕様は，先端半径2 μm，頂角60°の円錐型の単結晶ダイヤモンド製を標準としている．一般的な研削面の測定プロファイルの傾斜角度の最頻値は，10°前後から大きい値で15°程度である．そのため，ほとんどの場合において，頂角60°の触針で十分忠実に測定可能であると考えられる．ただし，触針先端半径よりも小さな砥粒や工具で精密加工した部品の凹凸を評価したい場合には，先端半径が0.5 μmや0.1 μmといった触針を選択する必要があると考えられる．

4.2.2　測定速度

測定速度は，ISO/JIS 規格では規定されておらず，測定対象に合わせた試行錯誤による決定が必要である．低い測定速度から徐々に速度を上げていき，パラメータやプロファイルの結果の変化が現れない速度まで上げる手順が良い．筆者の経験による独断的な感覚では，研究用は 0.1 mm/sec. 以下，工業用は 0.5 mm/sec. 前後が一つの目安と考えている．

4.2.3　サンプリング間隔の設定

サンプリング間隔は，1 ライン測定の輪郭曲線方式では，ISO/JIS 規格[7]において最大サンプリング間隔として**表 1**の値が示されている．ただし，三次元面領域計測においては，データ間隔の高密度化により測定時間やデータ容量が膨大になる場合があるため，注意が必要である．三次元面領域の粗さ測定において測定時間が長くなると，ドリフトなどの影響が無視できなくなる．そのため，測定の信頼性や被測定物の粗さ，測定室の環境安定性にもよるが，筆者の経験的な目安として，1 時間前後で測定が終了するように条件設定している．また，オプチカルフラットなどを用いて測定実験をすれば，ある程度の測定の安定性や信頼性を確かめることができる．

4.2.4　基準長さ，評価長さ，カットオフ値の決定

基準長さ，評価長さ，カットオフ値には密接な関係があり，ISO/JIS 規格では，基準長さが測定する長さを決定する際の基本の単位となっている．基準長さは，カットオフ値 λc, λ_f に等しく，断面曲線の場合は評価長さに等しい．この基準長さは，輪郭曲線の特性を求めるために用いる輪郭曲線の X 軸方向の長さである．表面凹凸の幾何特性などをあらわす統計量を信頼足るものにするために，これらの長さが推奨されているが，粗さ関係 JIS 原案作成委員会の前委員長の話によれば，古くからの経験によるところも大きく，いつ頃から使用され始めた長さであるかは定かではない．また，評価長さは 1 つ以上の基準長さを含む必要

表 1　カットオフ値，先端半径 r_{tip} とサンプリング間隔[7]

λc [mm]	λs [μm]	$\lambda c / \lambda s$	最大 r_{tip} [μm]	最大サンプリング間隔 [mm]
0.08	2.5	30	2	0.5
0.25	2.5	100	2	0.5
0.8	2.5	300	2	0.5
2.5	8	300	5	1.5
8	25	300	10	5

があり，特に粗さ曲線の評価長さは，カットオフ値の 5 倍とすることを規格内で標準としている．そのため，表面の粗さ測定に必要な測定長さは，基準長さの 6 倍以上となる．これは，フィルタのエンドエフェクトや測定開始時の駆動系の安定性も考慮して，評価長さとカットオフ値と予備長さなどを合算した長さが必要となるためである．ただし，あくまで標準であるため，この測定長さが確保できず，評価長さが標準よりも短くなる場合やより長く測定する場合には，図面や手順書，仕様書などに明記すればよい．

ISO/JIS 規格では，カットオフ値 λs の決定は特別に指示がなければ表 1 に従うこととなっている[7]．このカットオフ値 λs によるフィルタ処理は，測定データに含まれるノイズ成分や触針先端の形状の違いによる不確かさを除去することを目的としている．そのため，ISO/JIS 規格では，測定データに対してカットオフ値 λs のフィルタを必ず掛けることが前提となっている．また，粗さ曲線のためのカットオフ値 λc の決定は，次項で詳細に説明するが，特別な指示がなければ ISO/JIS 規格に記載されている**表 2**[6]の条件に従う．また，うねり曲線のためのカットオフ値 λc, λ_f の決定に関しては，標準的な方法は定められていない．これは，うねりの評価は共通性が低く，被測定物や分野・業界により評価対象とする波長が大きく異なるためと考えられる．

4.2.5　カットオフ値 λc の決定手順

カットオフ値 λc の決定の基本ルールおよび手順の簡単な流れは，目視観察などから仮のカットオフ値を設定して測定し，その結果と表 2 を見比べて，カットオフ値 λc を再設定する手順となる．詳細な決定方法は，次の a) から g) の手順となる[6]．

a) 未知の粗さパラメータである Ra, Rz, $Rz1max$ または RSm は，例えば，視覚検査，比較用表面粗さ標準片，測定断面曲線（JIS B 0651[7] 参照）の記録波形などから，適切と思われる手段を用いて推定する．

b) ステップ a) によって推定された Ra, Rz, $Rz1max$ または RSm を用いて，表 2 から基準長さを推定する．

c) 表面粗さ測定機によって，ステップ b) で推定した基準長さを用いて，Ra, Rz, $Rz1max$ または RSm の測定値を求める．

d) Ra, Rz, $Rz1max$ または RSm の測定値と，推定さ

表 2　粗さパラメータ Ra, Rz, $Rz1max$, RSm と基準長さ lr, 評価長さ ln の関係[6]

Ra [μm]	Rz, $Rz1max$ [μm]	RSm [mm]	粗さ曲線の基準長さ lr [mm]	粗さ曲線の評価長さ ln [mm]
$(0.006) < Ra \leq 0.02$	$(0.025) < Rz \leq 0.1$	$0.013 < RSm \leq 0.04$	0.08	0.4
$0.02 < Ra \leq 0.1$	$0.1 < Rz \leq 0.5$	$0.04 < RSm \leq 0.13$	0.25	1.25
$0.1 < Ra \leq 2$	$0.5 < Rz \leq 10$	$0.13 < RSm \leq 0.4$	0.8	4
$2 < Ra \leq 10$	$10 < Rz \leq 50$	$0.4 < RSm \leq 1.3$	2.5	12.5
$10 < Ra \leq 80$	$50 < Rz \leq 200$	$1.3 < RSm \leq 4$	8	40

表3 粗さパラメータとその分類

高さ方向のパラメータ	$Rp, Rv, Rz, Rc, Rt, Rz_{JIS}, Ra, Rq, Rsk, Rku$
横方向のパラメータ	RSm
複合パラメータ	$R\delta q$
負荷曲線に関連する	$Rmr(c), R\delta c, Rmr, Rk, Mr1, Mr2,$
機能性パラメータ	Rpk, Pvk, Rpq, Rvq, Rmq
モチーフパラメータ	AR, R, Rx

れた基準長さに該当する表2の Ra, Rz, $Rz1max$ または RSm の範囲とを比較する．もし測定値が推定された基準長さに該当するパラメータの範囲外であれば，測定値に合わせて測定機の基準長さを長い方または短い方に変更する．次に，変更した基準長さによって測定値を求め，再度表2の値とを比較する．この時点で，表2で推奨する測定値と基準長さとの組み合わせが満足されていなければならない．

e) ステップ d) において，短い方の基準長さが試されていなければ，短い方の基準長さによる Ra, Rz, $Rz1max$ または RSm の測定値を求める．得られた Ra, Rz, $Rz1max$ または RSm の測定値と基準長さとの組み合わせが表2の組み合わせになっているかどうかを確かめる．

f) ステップ d) における最終設定が表2に一致していれば，用いた基準長さおよび Ra, Rz, $Rz1max$ または RSm の測定値は正しいとする．もしステップ e) においても，表2に推奨されている組み合わせになった場合には，短い方の基準長さおよび Ra, Rz, $Rz1max$ または RSm の測定値が正しいとする．

g) ここまでのステップで推定された基準長さを用いて，要求されているパラメータの測定値を求める．

以上がカットオフ値 λc を決定するための厳密な手順である．筆者自身の加工経験による独断的な感覚では，一般的な機械加工部品の表面の場合はカットオフ値 $\lambda c = 0.8$ mm に対応する粗さが多く，鏡面部品であれば，$\lambda c = 0.08$ mm に対応するものが多いと感じる．また，$\lambda c = 8$ mm などは，部品加工の材料取りの際のノコ盤による粗加工程度の表面粗さに対応することが多いため，これらも目安に仮のカットオフ値を決定している．

5. 表面粗さパラメータ

ISO/JIS 規格における表面性状パラメータは，**表3**に示すようなものがある．一般にかなり広範囲に使われているパラメータとしては Ra, Rz があげられ，部品の表面凹凸の単純な大小を表現するには十分な機能を果たす．ただし，表面性状によって気密性やトライボロジー特性，化学反応などの向上，特殊な機能性をもたせたいなどの要求がある表面の評価には，表3中にある他の表面性状パラメー

タを活用したり，組み合わせる必要がある．例えば，Rsk, Rku や負荷曲線パラメータ Rk, Rpq, Rvq, Rmq などがあげられる．また，現在，JIS 化の準備段階に入っている三次元面領域の表面性状パラメータなどを活用した方が良い表面もある．

6. お わ り に

本稿では，触針式表面粗さ測定機による表面粗さの測定方法について解説した．

時折，ISO/JIS 規格の方法に必ず従わなければいけないのか，という質問を受けるが，これらは，工業上の取引をスムーズにするための共通の取り決めであって，絶対に従わなければいけないというわけではない．産業分野では取引きを行う両者間で評価方法の明確化と同意をとり，仕様書および測定の手順書や図面への記載をすること，研究分野では論文内などで評価方法の手順などの明記を行えば規格からそれた方法で評価しても構わないし，そのほうが良い場合もある．例えば，不具合原因の調査や研究用途などで，λs を掛けない方が良いこともある．それは，λs を掛けることで測定プロファイルの短波長成分の凹凸が平滑化されるために，短波長成分の凹凸に起因する不具合原因や真理の探求の障害になる場合があるためである．ただし，測定条件の設定や規格の条件の選択は，特許の係争に発展する場合があるため，注意が必要である．

紙面の関係上，紹介できなかったが，世の中のニーズに合わせさまざまな原理の表面性状測定機が登場している．このような流れに対応するために，JIS 規格の委員会も規格の整備を急いでいる．本稿を含め，産業界，研究分野，教育分野におけるユーザー，ひいては日本のものづくりの一助となれば幸いである．

参 考 文 献

1) 柳和久, 小林義和, 吉田一朗：表面性状の標準規格動向とトライボロジーとの関わり, トライボロジスト, **53**, 8 (2008) 495-498.
2) JIS B 0601：2001 製品の幾何特性仕様 (GPS) —表面性状：輪郭曲線方式—用語, 定義及び表面性状パラメータ (ISO 4287：1997), 財団法人 日本規格協会.
3) D.J. Whitehouse：Handbook of Surface Metrology, Institute of Physics Publishing, (1994) 751.
4) 原精一郎, 塚田忠夫：粗さ曲線のための位相補償ディジタルフィルタ適用に関する研究, 精密工学会誌, **62**, 4 (1996) 594-598.
5) 原精一郎, 塚田忠夫：粗さ曲線のためのインラインディジタルフィルタリングに関する研究, 精密工学会誌, **62**, 7 (1996) 953-957.
6) JIS B 0633：2001 製品の幾何特性仕様 (GPS) —表面性状：輪郭曲線方式—表面性状評価の方法及び手順 (ISO 4288：1996), 財団法人 日本規格協会.
7) JIS B 0651：2001 製品の幾何特性仕様—表面性状：輪郭曲線方式—触針式表面粗さ測定機の特性 (ISO 3274：1996), 財団法人 日本規格協会.

はじめての
精密工学

W-Eco(Ecological & Economical)を特長とする高周波熱処理とその話題

High Frequency Induction Heat-treatment and Topic to Be Good at W-Eco (Ecological & Economical)/Kazuhiro KAWASAKI, Yoshitaka MISAKA, Yutaka KIYOSAWA and Fumiaki IKUTA

高周波熱錬(株)(ネツレン)　川嵜一博，三阪佳孝，清澤　裕，生田文昭

1. はじめに

　"熱処理"は，金属製品熱処理用語（JIS B 6905）によると，「金属製品に要求される所要の性質を付与する目的で，雰囲気，加熱，冷却，圧力，電磁気などの組合わせによって行う処理」と定義されている．鉄鋼材料では硬くも軟かくもすることが可能で，熱処理手段や加熱・冷却条件を変えることにより，焼入れ，焼戻し，焼鈍，焼準，表面硬化・改質等に分類され，その条件設定によって，さらに多種多様な組織変化，機械的性質をもたらすことができる．

　上記定義の中の「電磁気」を活用する表面硬化法が"高周波誘導加熱熱処理（主に焼入れ，焼戻し）"で，本稿では，高周波電力による直接加熱を特徴とする誘導加熱（IH：Induction Heating）を用いた高周波熱処理に関する基礎と最近の話題について概説する．

2. 高周波誘導加熱熱処理の基礎[1)]

　図1は，高周波誘導加熱の原理を示したもので，被加熱物（ワーク）の周囲に配置された銅製の加熱コイルに高周波電流を流して交番磁束を発生させると，ワーク表面に，周波数が高くなると表面電流密度も高くなる表皮効果によるうず電流が誘起され，ワークに抵抗があるとジュール熱で発熱し，非接触ながらワークを直接加熱できるため急速加熱が可能となる．このような原理は，出力が大きく

交番磁束
AC magnetic flux

うず電流
Eddy current

加熱コイル
Heating coil

高周波電源
High-frequency power supply

被加熱物
Object to be heated

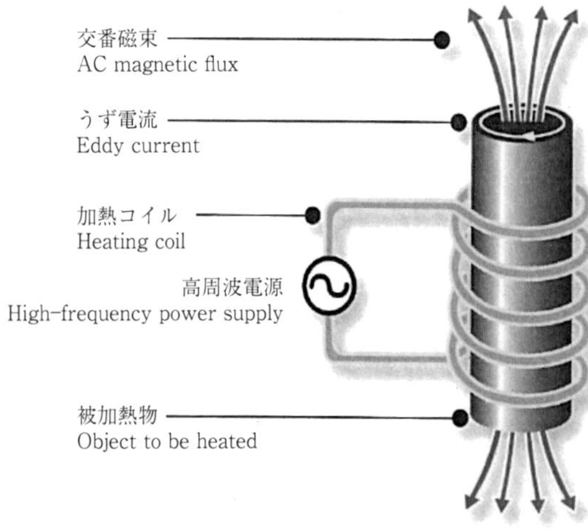

図1 高周波誘導加熱の原理

違うものの，家庭用に使用されるIH調理器や炊飯器と同様である．

　図2は高周波熱処理と材質面の特徴を示したもので，高周波誘導加熱の基本的特徴である

（1）直接のジュール熱発熱による急速短時間加熱

（2）表皮効果を利用した表面加熱

（3）加熱コイルを活用した部分加熱

は共通であるが，弊社では，左の列の「加熱後，すぐに急冷・焼入れする"表面硬化法"」と，右の列の「加熱後，熱伝導による放冷・均熱時間を置いてから急冷・焼入れおよび焼戻しする"全体（ズブ）加熱焼入れ焼戻し法"」の二つの方法で高周波熱処理を行っている[2)]．

　表面焼入れの場合は，高硬さ，大きな圧縮残留応力による高疲労強度，高耐摩耗性や，組織微細化による高強度高靭性が得られ，自動車，建設機械，工作機械等の鉄鋼部品に広く適用され，小型化・軽量化に役立っている．

　全体焼入れ焼戻しは，弊社が開発した独自の高周波熱処理方法で，後述のコンクリート構造物補強用のPC（Prestressed Concrete）鋼棒や冷間成形コイルばね用高強度鋼線ITW[®]を製造し，高強度と高延性高靭性・高耐遅れ破壊性を両立させている．ITWでは，ともに短時間加熱熱処理である焼入れでの結晶粒微細化と，焼戻しでの炭化物の微細分散析出に関する材料学的研究を行い，短時間加熱熱処理による高強靭化効果と機構を明らかにしている[3)]．

　図3は高周波熱処理の加熱面での特徴で，直接加熱ゆえの優れた加熱効率，高い熱サイクル設定の自由度，迅速な起動停止等が可能である．また，電気エネルギーを使用した直接加熱ゆえに熱処理工程でのCO_2直接排出がないに等しく，図4に示すように，一般的な燃焼式加熱炉を用いる各種表面改質よりCO_2排出量が少ない．また，焼入れ焼戻しの連続処理が可能で，インライン処理が安定条件で実施できることもあり，図5に示すような"W―テイ[®]（定・低）変形"[6)]が実現しやすく，後の仕上加工での工数削減が可能になる．

　近年，熱処理関連業界も含めて，モノ造り産業界では，地球環境への優しさが強く求められさまざまな努力がなされており，高周波熱処理は環境に優しくかつ省エネ・省資源を実現可能な"W-Eco[®]（Ecological & Economical）熱処理"としても注目されている．

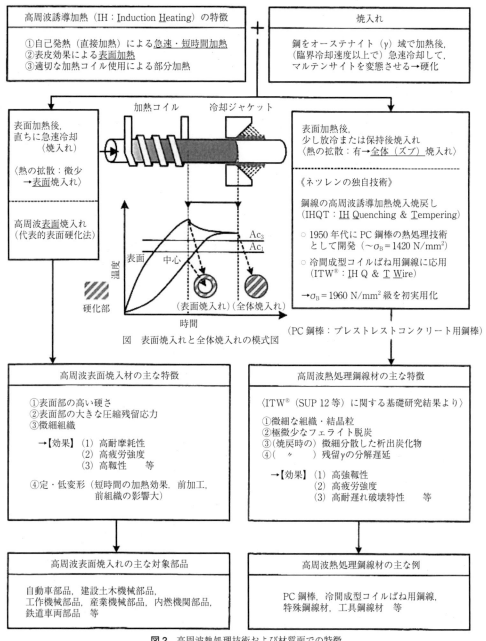

<table>
</table>

高周波誘導加熱 (IH：Induction Heating) の特徴

①自己発熱（直接加熱）による急速・短時間加熱
②表皮効果による表面加熱
③適切な加熱コイル使用による部分加熱

＋

焼入れ

鋼をオーステナイト（γ）域で加熱後，（臨界冷却速度以上で）急速冷却して，マルテンサイトを変態させる→硬化

加熱コイル　冷却ジャケット

表面加熱後，直ちに急速冷却（焼入れ）

〈熱の拡散：微少→表面焼入れ〉

高周波表面焼入れ（代表的表面硬化法）

表面加熱後，少し放冷または保持後焼入れ
〈熱の拡散：有→全体（ズブ）焼入れ〉

《ネツレンの独自技術》

鋼線の高周波誘導加熱焼入焼戻し（IHQT：IH Quenching & Tempering）

○ 1950 年代に PC 鋼棒の熱処理技術として開発（～σ_B = 1420 N/mm²）
○ 冷間成型コイルばね用鋼線に応用（ITW®：IH Q & T Wire）
→σ_B = 1960 N/mm² 級を初実用化

Ac₃
Ac₁

温度

表面　中心

硬化部

（表面焼入れ）（全体焼入れ）

時間

図　表面焼入れと全体焼入れの模式図

（PC 鋼棒：プレストレストコンクリート用鋼棒）

高周波表面焼入材の主な特徴

①表面部の高い硬さ
②表面部の大きな圧縮残留応力
③微細組織
→【効果】(1) 高耐摩耗性
　　　　　(2) 高疲労強度
　　　　　(3) 高靱性　等
④定・低変形（短時間の加熱効果．前加工，前組織の影響大）

高周波熱処理鋼線材の主な特徴

〈ITW®（SUP 12 等）に関する基礎研究結果より〉

①微細な組織・結晶粒
②極微少なフェライト脱炭
③（焼戻時の）微細分散した析出炭化物
④（〃）残留γの分解遅延
→【効果】(1) 高強靱性
　　　　　(2) 高疲労強度
　　　　　(3) 高耐遅れ破壊特性　等

高周波表面焼入れの主な対象部品

自動車部品，建設土木機械部品，工作機械部品，産業機械部品，内燃機関部品，鉄道車両部品　等

高周波熱処理鋼線材の主な例

PC 鋼棒，冷間成型コイルばね用鋼線，特殊鋼線材，工具鋼線材　等

図2 高周波熱処理技術および材質面での特徴

長所	主なポイント
①優れた熱効率	自己発熱，秒単位で 1000℃ までの表面急速加熱
②大きな熱サイクル設定の自由度	周波数，出力，加熱コイル，冷却システムの組合せ＝種々の加熱・冷却条件設定が可能
③清潔な環境（CO₂ 排出量少）	電気を用いた直接加熱
④迅速な運転・停止	電気を用いた直接加熱
⑤容易な自動化	コンピュータ制御の導入・インライン化
⑥小さいスペース	高効率なトランジスタ式発振器の発達

短所	主な課題
①難所な加熱コイル	汎用設計政策が容易でない，経験の蓄積必要
②必要な厳しい管理	加熱・冷却とも短時間ゆえ，少しの誤差の影響大

図3 高周波熱処理の加熱面での特徴

3. 高周波熱処理の話題[2)4)]

3.1 表面加熱高周波熱処理

高周波表面熱処理は，浸炭，窒化同様に代表的な表面硬化法として知られ，JIS B 6912「鉄鋼の高周波焼入れ焼戻し加工」に準拠して熱処理加工し，機械部品の性能向上に役立っている．

図6 は自動車部品の例で，足回り部品の駆動軸，ハブ軸受，エンジン部品のカムシャフト・ギヤスプロケット・クランクシャフト等，ミッション部品，ステアリング部品等を多様な鋼種，寸法形状，硬化パターンで高周波焼入れ

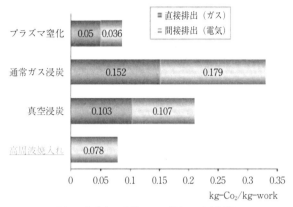

図4 各種表面改質のCO_2排出量（計算値）

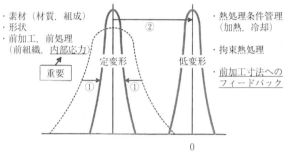

・素材（材質，組成）
・形状
・前加工，前処理
　（前組織，内部応力）

[重要]

・熱処理条件管理
　（加熱，冷却）
・拘束熱処理
・前加工寸法への
　フィードバック

定変形　　低変形

②

① 　①

0

① まず，バラツキを減らして「定」変形を目指す.
② ①が実現し，前加工寸法調整可能なら，前寸法を②分，変更し，
　高精度＝「低」変形を目指す.

図5 W—テイ（定・低）変形の概念図

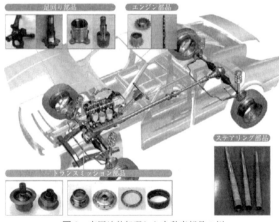

図6 高周波熱処理した自動車部品の例

している.

図7はステアリング用中空ラックバーで，中空材に独自の冷間逐次成形法によりラック部歯型を加工し，ラック部と軸部を高周波焼入れ焼戻しし，加工＋高周波熱処理部品として商品化している[5].

図8は大型の製紙機械用中空ロールの熱処理状況で，加熱コイルまたはワークが相対的に移動しながら順次部分的に加熱冷却する"移動焼入れ"を利用することにより，

図7 歯型を冷間逐次成形後，高周波熱処理した中空ラックバー

大型ヒートロール（中空）
（直径1.35 m，長さ9 m，重さ50トン）

図8 大型部品の高周波熱処理状況

長尺部品や大径部品の熱処理を行っている.

3.2　全体加熱高周波熱処理[2)3)]

弊社では高周波全体加熱焼入れ焼戻しした高強度のPC鋼棒やばね鋼線ITWを製造しており，生活に密着した身近なところで使用されている.

PC鋼棒は，コンクリート製の柱（ポール），基礎杭（パイル），鉄道用枕木・軌道スラブ，橋梁・橋脚，ボックスカルバート等に用いられており，線径（呼び径）7～33 mm，引張強さ1030～1420 MPa級のPC鋼材を製造している. また，近年，マンション等の30階建て程度までの中高層ビルを鉄骨でなく鉄筋構造で建設する場合の強度向上のためにせん断補強筋として使用される例が増加しており，耐震性を維持向上させながら鋼材使用量の削減に役立っている.

ITWは，高周波熱処理に起因する高強度高延性化効果により[3)]，最大引張強さ2050 MPaでも冷間成形が可能で，軽量化とコイルばね設計の自由度拡大によるばね特性改善に役立っている. 線径5.0～17.0 mmのITWを製造し，二輪・四輪自動車のサスペンション用コイルばねやシャッター用ばね等に使用されている.

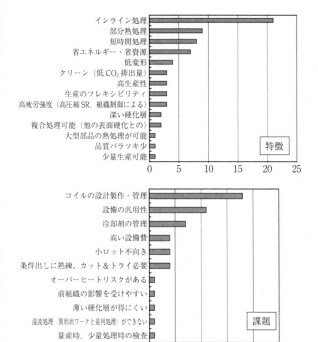

図9 高周波熱処理のロードマップでの特徴と課題（日本熱処理技術協会会員アンケート結果より）

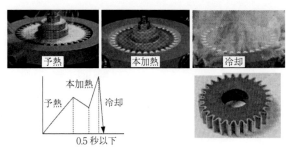

図10 超急速短時間加熱焼入れ（SRIQ）

図11 高周波熱処理シミュレーション結果の例

4. 次世代に向けた開発実用化[2)4)6)]

日本熱処理技術協会では，2010年に創立50周年を迎えるにあたって各種熱処理のロードマップに関する協会会員アンケートを行い，産官学の会員から多くの興味深いコメントが寄せられた[6)]。

図9は，著者の一人がまとめを担当した高周波熱処理（主に焼入れ）に関するアンケート結果での特徴と課題を示したもので，前述したような基本的特徴は指摘が少なくすでに理解済みのようで，3年先5年先への期待を含めたコメントが多く見られた。最も関心が高かった特徴はインライン化で，前加工・前熱処理工程とつなぐ場合，後の焼戻工程とつなぐ場合があるが，いずれにおいても，高周波熱処理は単品処理のため安定した熱処理条件がくり返し再現可能なことや，短時間加熱ゆえの生産性が高いことが評価されていた。

図10は，高めの周波数200 kHzと高出力1000 kWを高精度制御可能な電源を用いて加熱時間0.5秒以内にオーステナイト域まで超急速加熱し焼入れするSRIQ®（Super Rapid Induction heating and Quenching）の事例を示したもので，小型歯車では輪郭焼入れが可能で，歯元の高疲労強度，定・低変形を実現している[7)]。また，高調波抑制機能をもち作業環境に優しいPWM（パルス幅制御）電源や，マクロパターン・硬化層深さ設定の自由度を増やし多箇所を同時加熱が可能な2（多）周波電源を開発実用化している[8)]。

他に高周波熱処理シミュレーション技術の開発も進めて

おり，加熱冷却時の温度・焼入組織分布や変形・残留応力値が計算予測できる。シミュレーション技術の活用により，コンピュータ上で加熱コイルを設計し，試作熱処理も可能なため，実物試作工数低減や技術技能の伝承にも役立てている。図11に薄肉テーパーハブとエンジンカム（回転アニメーション可能）の加熱温度シミュレーション結果を示す。

5. お わ り に

雑駁な説明になったが，高周波熱処理について多少ともご理解いただき，高周波熱処理と精密加工分野との工程間コラボレーションに思いをはせていただき，日本のモノ造り技術の向上や産業の強化に少しでもつながれば幸いである。

参 考 文 献

1) 日本熱処理技術協会編：熱処理技術入門，4.1高周波熱処理作業/川嵜一博執筆，大河出版，(1998) 272.
2) 例えば，川嵜一博：塑性加工シンポジウムテキスト，第259回(2007-9) および第271回 (2008-12).
3) 川嵜一博：ふぇらむ，浅田賞受賞講演・解説，10, 7 (2005) 27.
4) 川嵜一博，三阪佳孝：生田文昭：熱処理，50, 4 (2010) 368.
5) 日経Automotive Technology：特集 鋼管で車を軽くする，3月号 (2010) 58, 63.
6) ロードマップ作成委員会編：熱処理・特集号，50, 2 (2010).
7) 三阪佳孝，清澤裕，川嵜一博：工業加熱，39, 1 (2002) 54.
8) 楊躍，小柳禎次，生田文昭：工業加熱，44, 6 (2007) 33.
9) 堀野孝，生田文昭：エレクトロヒート，141 (2005) 47.
10) 生田文昭，桑原義孝，岡部永年：チタン，58, 2 (2010) 104.

はじめての精密工学

エッジ検出の原理と画像計測への応用

The Principles of Edge Detection, and Its Application to Image Measurement/
Junichi SUGANO

ヴィスコ・テクノロジーズ株式会社　開発本部　研究部　菅野純一

1. は じ め に

画像処理におけるエッジとは，対象物と背景の境界点を指しており，この境界点が連なることで対象物の輪郭を形成する．対象物の輪郭を拡大してみると，レンズボケにより明から暗または暗から明へ濃度値が連続的に変化していることがわかる．よって，見た目からは境界点を一意に決定することが難しい．そこで，濃度変化の一次微分の絶対値が最大となる位置もしくは濃度変化の二次微分がゼロクロスする位置をエッジとして定義する方式[1]がよく用いられており，画像からエッジ位置を特定する処理はエッジ検出/エッジ抽出などと呼ばれている．工業用途では，画像による計測，検査などさまざまな用途で利用されている基礎技術である．

本稿では，工業用途におけるエッジ検出の応用例を挙げるとともに，その中で問題となることが多いケースについて，エッジ検出の原理に立ち返り解説を試みる．また，エッジ検出処理のパラメータ調整により，これらの問題が改善されることを示す．

2. 工業用途におけるエッジ検出の応用例

工業用途におけるエッジ検出は，以下に示す3種類のアプリケーションでよく利用されている．

① 対象物の位置検出
② 対象物の幅・高さ計測
③ 輪郭（外形）部の検査

①では，対象物に定規を当てるように縦横2本の処理領域（検出線）を設定し，検出線上に存在するエッジにより対象物の位置を特定する．具体的には，縦方向検出線から得られるエッジのY座標および横方向検出線から得られるエッジのX座標を，それぞれ対象物のX, Y座標とする（図1参照）．

②では，対象物を跨ぐように検出線を設定し，検出線上に存在する2つのエッジの距離により対象物の計測を行う．縦方向検出線から高さ，横方向検出線から幅が得られる（図2参照）．

③では，対象物の輪郭に直交する形で複数の検出線を設定し，それぞれの検出線上に存在するエッジと基準位置との距離を計測することで検査を行う．図3左側に検出線の設定例，右側に点線で囲んだ範囲の拡大図を示す．拡大

図では，エッジ2の位置の輪郭部分に欠け欠陥が存在すると仮定している．エッジ2では，輪郭に欠けが存在するためエッジ1，エッジ3などと比較して基準位置からの距離が大きくなる．これを利用して，対象物の外形異常を検査できる．具体的には，距離の大きさにより欠陥の程度を評

図1　位置検出における検出線の設定例

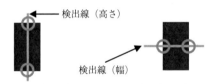

図2　幅・高さ計測における検出線の設定例

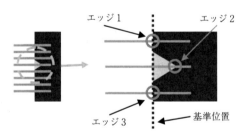

図3　輪郭（外形）検査の例

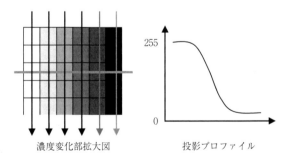

図4　濃度投影

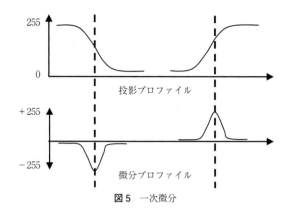

図5 一次微分

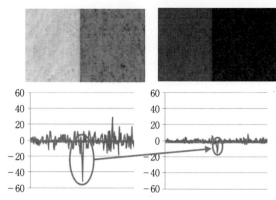

図6 コントラスト変化に伴う微分プロファイルの変化

価し，合否判定を行う．

3. エッジ検出の原理

ここでは，一般的なエッジ検出の処理内容と，それぞれの処理におけるパラメータについて述べる．

3.1 濃度投影

検出線と直交する方向に各画素をスキャンし，その濃度平均値を検出線上の濃度値として以後の処理に用いる（**図4**参照）．スキャンする範囲（投影範囲）はパラメータであり，投影範囲を大きくするほどカメラノイズへの耐性が向上する．ただし，投影範囲内の輪郭線はスキャン方向に平行な直線である必要がある（以後，濃度投影後の濃度波形を投影プロファイルと記載する）．

3.2 一次微分

投影プロファイルに対し，微分オペレータを畳み込み演算することで微分処理を行う．これにより，濃度変化が最も急峻である位置にピークが形成される（**図5**参照）．微分オペレータのカーネルサイズはパラメータであり，カーネルサイズを大きくすることで，投影プロファイルの大局的な濃度変化の影響を強くすることができる（以後，一次微分後の投影プロファイルを微分プロファイルと記載する）．

3.3 エッジ位置の選択

微分プロファイルが極大または極小となる位置を，エッジとして検出する．しかしながら，このような位置は微分プロファイルの中で複数個見つかる可能性があるため，これらの中から期待するエッジ位置を選択する必要がある．一般的には，最も大きな微分絶対値をもつ位置を，エッジとして選択する方法が挙げられる．これだけでは，エッジが存在しない場合でも微弱な濃度変化をエッジと認識してしまうので，これを避けるために，微分絶対値に対するしきい値を設けて，しきい値を上回るエッジのみを採用する手法が用いられる．しきい値はパラメータであり，大きくするほど誤認識の可能性は低くなる（以後，選択されたエッジ位置をエッジ候補位置と記載する）．

3.4 サブピクセル推定

エッジ候補位置近傍の微分プロファイルを放物線で近似

することで，画素以下の精度で正確なエッジ位置を算出することができる[2)3)]．一般的には，エッジ候補位置およびその両隣の微分値3点を用いて，これらを通過する放物線の極大/極小位置をエッジ位置として採用する手法が挙げられる．

$$P = \frac{-(y_p - y_m)}{2(y_p - 2y_c + y_m)} \qquad (1)$$

P：エッジ位置

y_p：エッジ候補位置の右隣の微分値

y_c：エッジ候補位置の微分値

y_m：エッジ候補位置の左隣の微分値

4. さまざまな外乱による誤認識と対策

エッジ検出は，さまざまな外乱により期待する結果が得られないことも多い．ここでは，工業用途でよく見られる外乱要因とその対策について述べる．

4.1 コントラストの変化

照明条件や対象物の色に変化が生じると，今まで問題なく検出できていたエッジが急に検出できなくなることがある．このような場合は，微分プロファイルに適用したしきい値を確認する必要がある．3.3節に記載したように，エッジの有無を判断するために，微分プロファイルにしきい値を設定する．しかしながら，上述の変化により対象物のコントラスト（濃度変化の大きさ）が小さくなると，エッジ位置での微分値がしきい値を下回り，エッジの検出に失敗する．

図6に，コントラストの変化により微分値が小さくなる様子を示す．この変化に合わせてしきい値を小さくする必要があるが，エッジが存在しないケースを想定して，エッジ以外の全ての位置（背景位置）における微分値より大きい値を設定しなくてはならない．よって，しきい値は以下の条件を満たす必要がある．

$$D_1 < Th < D_2 \qquad (2)$$

Th：しきい値

D_1：背景位置における最大微分値

D_2：エッジ位置における最小微分値

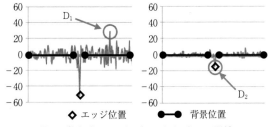

図7 微分プロファイルと D_1 および D_2 の関係

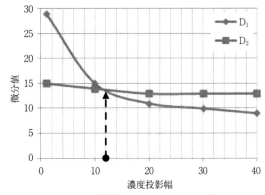

図9 濃度投影幅と D_1 および D_2 の関係

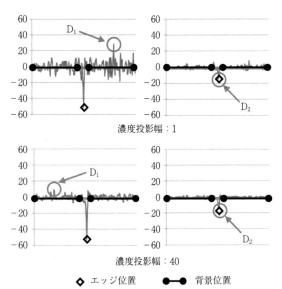

図8 濃度投影幅の調整による微分プロファイルの変化

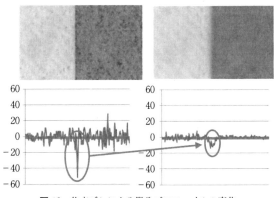

図10 焦点ズレによる微分プロファイルの変化

D_1 および D_2 の値は，想定される全ての変化を含む画像群において，エッジ位置の最小微分値と背景位置の最大微分値を検証した上で決定する必要がある．本来はエッジが存在しない画像も含める必要があるが，図6の2枚の画像を例にとると，エッジ位置を除外した位置の中で最も大きなピーク位置の微分値が D_1，2枚の画像のエッジ位置において微分値が小さい方が D_2 となる．図7に，2枚の画像の微分プロファイルにおける，エッジ位置，背景位置，D_1 および D_2 の関係を示す．D_1 および D_2 を決定できれば式（2）に示す条件を満たすしきい値を任意に選択すれば良いが，図7では $D_2 < D_1$ であるため，条件を満たすしきい値を選択することができない．これは，今回の例だけではなく，多くのケースに共通して見られる問題である．

この問題は，濃度投影幅の調整により改善が期待できる．図8に濃度投影幅の調整により微分プロファイルが変化する様子を示す．図8から背景位置における微分値が全体的に小さくなることがわかる．また，図9に濃度投影幅を段階的に変化させた場合の D_1 および D_2 の変化を示す．図9から濃度投影幅12を境に $D_1 < D_2$ となり，式（2）の条件を満たすしきい値を選択できることがわかる．具体的な設定値としては，濃度投影幅40，しきい値10と

することで，コントラストが変化しても画像中央のエッジを検出し，エッジの有無も判断可能となる．

4.2 ワークディスタンスの変化

カメラと対象物の距離（ワークディスタンス）が変化すると，対象物の輪郭にボケが発生する．ボケが発生した状態においてもコントラストが変化した場合と同様に，エッジの誤認識や未検出などの問題が発生することがある．これは，ボケにより投影プロファイルの濃度変化が緩やかになり，一次微分のピークが小さくなることが原因である．図10にワークディスタンスの変化により微分値が小さくなる様子を示す．コントラストが変化したケースと同様に，エッジ位置の微分値が小さくなっていることがわかる．この変化に応じて，しきい値を小さくする必要があるが，前節と同様の理由で式（2）の条件を満たす設定値を検討しなくてはならない．

ワークディスタンスの変化に対しては，微分オペレータのカーネルサイズを調整することで改善が期待できる．図11にカーネルサイズの調整により，微分プロファイルが変化する様子を示す．図11からカーネルサイズを大きくすることにより，エッジ位置の微分値が大きくなるとともに，背景位置の微分値が若干小さくなることがわかる．

図12にカーネルサイズを段階的に変化させた場合の D_1

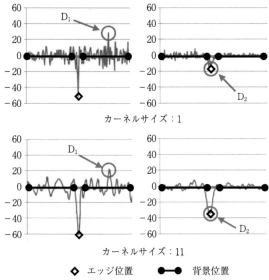

カーネルサイズ：1

カーネルサイズ：11

◆ エッジ位置　　●ー● 背景位置

図11 カーネルサイズの調整による微分プロファイルの変化

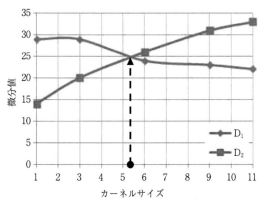

図12 カーネルサイズと D_1 および D_2 の変化

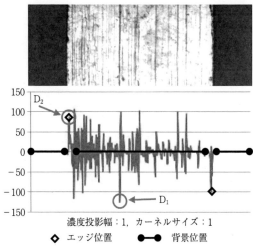

濃度投影幅：1，カーネルサイズ：1

◆ エッジ位置　　●ー● 背景位置

図13 対象表面の微細凹凸と微分プロファイル

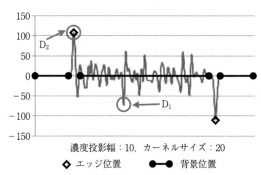

濃度投影幅：10，カーネルサイズ：20

◆ エッジ位置　　●ー● 背景位置

図14 パラメータ調整による微分プロファイルの変化

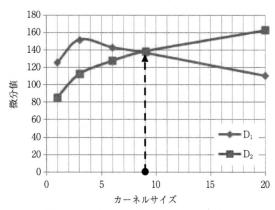

図15 カーネルサイズと D_1 および D_2 の変化

および D_2 の変化を示す．図12からカーネルサイズ6を境に $D_1 < D_2$ となり，式（2）の条件を満たすしきい値を選択できることがわかる．具体的な設定値としては，カーネルサイズ11，しきい値25とすることで，ワークディスタンスが変化しても画像中央のエッジを検出し，エッジの有無も判断可能となる．

4.3 対象表面の微細凹凸による誤認識

　対象表面に微細な凹凸が存在する場合は，これらが邪魔をして対象物の外形を正しく認識できないことが多い．**図13**の例では，対象物と背景の境界部分以外にも筋状パタンによる濃度変化が存在する．これは，微分プロファイルにも顕著に表れており，この状態では期待するエッジ位置を選択することはできない．そこで前節と同様に，パラメータを調整することにより式（2）の条件を満たすことを検討する．

　図14に濃度投影幅とカーネルサイズを調整した微分プロファイルを示す．パラメータ調整により，エッジ位置の

微分値が大きくなるとともに背景位置の微分値が小さくなることがわかる．**図15**に濃度投影幅を10に固定し，カーネルサイズを段階的に変化させた場合の D_1 および D_2 の関係を示す．カーネルサイズ9を境に $D_1 < D_2$ となり，式（2）の条件を満たすしきい値を選択できることがわかる．具体的な設定値としては，濃度投影幅10，カーネルサイズ20，しきい値130とすることで，筋状パタンに邪

魔されずに対象物の外形を認識することができる.

5. ま と め

エッジ検出はエッジの定義が単純であるため，非常に広い用途に適用できるというメリットがあり，具体的なテーマにおいて目にする機会も多いと思われる．一方で，定義が単純であるが故に環境の変化に弱く，その都度調整が必要となるケースが多い点がデメリットである.

本稿では，エッジ検出に関して工業用途における代表的な問題とその原因について，原理に立ち返り解説を試みた．また，エッジ検出処理の各種パラメータを取り上げ，パラメータ調整の効果について検証した．これらを踏まえて，対象物に適した設定を行うことで，エッジ検出の問題点を改善できることを示した.

本稿が，エッジ検出の理解と問題解決に役立てば幸いである.

参 考 文 献

1) 八木伸行他：C言語で学ぶ実践画像処理，オーム社，(1992).
2) 新井元基，鷲見和彦，松山隆司：画像のブロックマッチングにおける相関関数とサブピクセル推定方式の最適化，情報処理学会研究報告，2004-CVIM-144 (5).
3) 清水雅夫，奥富正敏：画像のマッチングにおけるサブピクセル推定の意味と性質，電子情報通信学会論文誌 D-II, J85-D-II, 12 (2002) 1791-1800.

はじめての 精密工学

ロール・ツー・ロールプリンテッドエレクトロニクスにおける基幹技術

Core Technologies on Roll-to-Roll Printed Electronics/Hiromu HASHIMOTO and Shinjiro UMEZU

東海大学　橋本　巨，梅津信二郎

1. は じ め に

　薄くて，軽くて，壊れにくいといった特徴を有するエレクトロニクスを，印刷技術によって安価に製造する動きが相次いでいる．抵抗やコンデンサなどの受動部品，電池，バッテリー，センサ，メモリ，照明といった一連の電子部品を大量に高速に製造する手法であり，次世代技術の一つとして注目されている．新聞や雑誌などを短時間で大量に印刷するロール・ツー・ロール方式などによって，電子ペーパー，フレキシブルディスプレイ，太陽電池を製造する手法である．**図 1** に SONY（株）社製のフレキシブルディスプレイ[1]を示す．フレキシブルなので，ディスプレイを自由な箇所に設置可能なこと，破損しにくいことという特長を有する．日本だけでなく，世界のエレクトロニクス会社がこぞってユニークなフレキシブルディスプレイや電子ペーパーなどを試作，発表している．各社のもくろみは同じである．印刷技術を援用し，有機材料の電子デバイスをさらに盛り込むことによって，次世代のエレクトロニクス技術の発展につながる．これによって，ユニークなアプリケーションの道が拓かれると考えている．先進国は，常に新しいものを創り続ける必要がある．プリンテッドエレクトロニクス分野は，次のクリエイティブなものを生み出す可能性が高いというのが共通の認識である．プリンテッドエレクトロニクスの技術開発は，欧州が非常に活発であり，10 年ほど前から研究開発が行われている．近年では，韓国などにおいても産学共同での研究開発が行われ始めており，世界的に盛り上がりつつある．日本は，プリンテッドエレクトロニクスの基幹技術に関して秀でた研究者が多数いる状況である．**図 2** に，プリンテッドエレクトロニクス市場の予想の一例を示す．他の市場調査会社の結果も右肩上がりの予想である．個別の幅広いニーズに対応可能なこと，納期の短縮が可能なこと，半導体プロセスの装置と比較して，安価な装置で一連のデバイスを作製可能なことなどが，プリンテッドエレクトロニクス市場が拡大するという予想を後押ししていると考えている．また，プリンテッドエレクトロニクス技術は，さまざまな電子デバイスを印刷技術によって基板上に作製するが，通常の半導体プロセスで用いられる露光やエッチングが不要で，化学物質の使用量を制限可能であり，地球環境にやさしいことも近年注目されている理由の一つである．

　今回は，プリンテッドエレクトロニクスの現状と代表的な製造方式を紹介する．さらに，ある程度の大量生産が見込めるロール・ツー・ロール方式を利用した事例を紹介する．

2. プリンテッドエレクトロニクスの要素技術

　プリンテッドエレクトロニクス技術の実用化によるメリットを挙げる．直接必要な部品を印刷技術を利用して基板上に作製するので，従来の製造技術と比較して工程が少ない．変更した設計図に従ってインクジェットなどの印刷技術を用いて作製することで，作製時間が短く，多品種少量生産が可能である．小型から大型まで対応が可能である．

図1　フレキシブルディスプレイ（SONY（株））

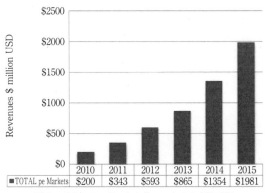

	2010	2011	2012	2013	2014	2015
■TOTAL pe Markets	$200	$343	$593	$865	$1354	$1981

図2　プリンテッドエレクトロニクスの市場予想
（Yole Developpement 発表資料[2]より）

表1 印刷方式と特性

印刷方式	分解能 μm	粘性 mPa・s	印刷速度
オフセット印刷	10	100〜数万	高速
グラビア印刷	10	100〜1000	高速
フレキソ印刷	10	50〜500	高速
スクリーン印刷	10	500〜5000	中速
インクジェット	10	〜20	低速
マイクロコンタクトプリント	0.1	—	低速
ナノインプリント	0.01	—	低速

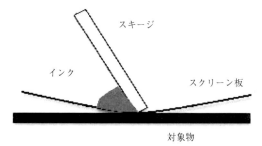

図3 スクリーン印刷

無駄な薬液などの量を減らせるため，経済的かつ環境に優しい．三次元状の複雑な配線やデバイスの作製が可能である．オフセット印刷やロータリースクリーン印刷などの方式の場合，高いスループットが期待できる．

表1に示すように，プリンテッドエレクトロニクスを作製する方式としては，オフセット印刷，グラビア印刷，フレキソ印刷，スクリーン印刷，インクジェット，マイクロコンタクトプリント，ナノインプリントなどの方式がある．分解能10 μmと記載したものの中には，試作環境ではこれよりも高い分解能で描画可能なものがある．また，インクジェット方式の中には，静電力を利用してインクを吐出させる方式がある．この方式の分解能は1 μm以下であり，また数千cPのインクの吐出が可能であるが，印刷速度はピエゾやサーマルを利用する通常のインクジェット方式よりも遅い．表1に載せた方式の他に，レーザーアブレーション法，レーザープリント法といったレーザーを用いる手法も提案されている．前者は，強力なレーザーを無機/有機物質表面に照射することで，対象物表面を削り取り，対向させた基板上に原子/分子などを堆積させることで，薄膜を形成する手法である．後者は，レーザープリンタを利用して導電性高分子などをパターニングする手法である．これらは，使用可能な材料，スループット，解像度などが異なるので，製品のスペックなどにあわせて，適した手法が選択される．なかでも，スクリーン印刷方式は，プリンテッドエレクトロニクス分野において，汎用的であり，さまざまな試作に利用されている．

以下では，スクリーン印刷方式に関して，詳しく述べる．スクリーン印刷は，出版業界で用いられており，図3に示すように，スクリーン版内にインクを入れて，柔軟なゴムや金属製のスキージをスクリーン版に軽く押し当て移動させることによって，スクリーンの穴が開いている部分から，インクが被印刷物に印刷される方式である．スクリーン板の材料としては，ナイロン，ポリエステル，ステンレスなどが用いられる．被印刷物としては，紙だけでなく，ガラスや金属なども可能である．

スクリーン印刷の特徴としては，以下のものが挙げられる．作製するデバイスを容易に厚くできること，インクの適用範囲が広いこと，スクリーン版が柔らかいので，平面だけでなく，曲面への印刷が可能なこと，被印刷物への圧力が小さいため，重ね塗りが可能なこと，スクリーン版の

厚み，スキージにかける圧力の調整によって，作製物の膜厚を調整可能なこと，装置や版のコストが安いことなどのメリットを有する．印刷時に版をスキージでこすることによって，版が伸縮するため，繰り返しの再現性や精度の低下が発生する．このような理由から，版を薄くすることで，得られる膜厚を薄くすることには不向きである．また，スキージの移動速度には限界があるため，製造時間のさらなる短縮化には向かないことなどがデメリットである．この方式を利用して，チップコンデンサ，配線板，メンブレンフィルム，PDPなど，さまざまなものが作製されている．

3. ロール・ツー・ロール方式による実用化と展望

上記で，プリンテッドエレクトロニクスにおけるさまざまな基幹技術を紹介した．製造手法の発展が望まれる状況であり，対象物に合わせた方式の選択と材料の開発が今後も継続的に行われると考えている．ある程度研究が成熟し，実用化のめどがたつと，今度は薄くて，軽くて，低コストで，フレキシブルなデバイスを大量に生産する手法の確立がポイントになる．これを実現すると考えられているのが，ロール・ツー・ロール方式であり，こういった将来性から，ロール・ツー・ロールプリンテッドエレクトロニクスという言葉が最近頻繁に用いられるようになった．また，プリンテッドエレクトロニクスの一部には，構成要素の少なさや高い精度が要求されないなどの理由から，ロール・ツー・ロール方式で製造されるようになってきているものも出始めてきている．徐々にではあるが，着実にこの分野が発展してきていると感じている．ロール・ツー・ロール方式で問題になるのは，ウェブを搬送する際に発生する，しわやスリップなどに関する諸問題が挙げられる．ウェブとは薄いシート状の材料のことであり，プリンテッドエレクトロニクスにおいては，プラスチックなどのフレキシブルな基板を指す．これらの問題に関しては，精密工学会誌の柔軟媒体のハンドリング技術に関する特集号（78巻5号）をご覧いただきたい．さまざまな事例が紹介されており，これらの問題解決のヒントになるのではないかと思う．

以下では，ロール・ツー・ロール方式で作製されているプリンテッドエレクトロニクスの事例を紹介する．現在注

図4 ロール・ツー・ロール方式によって作製された有機太陽電池
（三菱化学（株）[3]）

力されているのが，有機太陽電池や有機 EL 照明，そして

図5 有機 EL 照明（コニカミノルタ（株）[4]）

図6 Paul W. M. Blom 氏による euspen2012 における講演"Roll-to-Roll Fabricated Organic Devices"

上記の他に，最新のプリンテッドエレクトロニクスの技術によって，フレキシブルなバッテリーやアンテナなどを作製可能である．これらのプリンテッドエレクトロニクスの新しい応用範囲として，医療分野などへの応用が検討されている．例えば医療検査用のデバイスである．感染症などの観点から，検査用のデバイスは使い捨てであることが多い．また，センサがワイヤレスであることによって，適用範囲の制限が少なくなる．これを実現するにはバッテリーを内蔵する必要がある．既存の電池を用いた場合装置が大きくなってしまうが，本技術を援用することにより，センサデバイスに搭載するバッテリーをデザインすることが可能であると考える．バッテリーの製造技術や信頼性に関して，さらに研究開発を推進する必要があるが，将来的には，病気の診断や予防が可能になり，患者の QOL（生活の質）が大幅に向上することにつながると考えている．

4. プリンテッドエレクトロニクスに関する国際会議

上述のように，プリンテッドエレクトロニクスに関する学術分野は多岐にわたる．近年は，さまざまな国際会議でセッションが組まれたり，キーノートスピーチが行われたりしている．2012 年の 6 月 4 日〜8 日のスケジュールで，スウェーデンのストックホルムにて開催されたヨーロッパ精密工学会（euspen）の初日のキーノートスピーチの 1 つは，オランダの TNO/Holst Centre の Paul W. M. Blom 氏による"Roll-to-Roll Fabricated Organic Devices"という講演（**図6**）であった．欧州で始まった大きなプロジェク

電子ペーパーや有機 EL パネルといったディスプレイなどである．

有機太陽電池に関しては，**図4**に示すように三菱化学（株）[3]などの企業が，取り組んでいる．有機太陽電池は，電極部と発電部から構成されており，複雑な構造を必要としないため，ロール・ツー・ロール方式による作製のハードルが比較的低かったことが理由であると考えている．なお，有機太陽電池と同様に低コストが見込める太陽電池である色素増感型太陽電池に関しては，現在ロール・ツー・ロール方式による試作が行われている段階である．

太陽電池と同様に印刷技術のハードルが比較的低いのが，**図5**に示すような有機 EL 照明であり，コニカミノルタ（株）などの企業が取り組んでいる．従来の製造方法と比較して低コストである．

図7 ICFPE2012のロゴ

トの一つがプリンテッドエレクトロニクスに関するものであるので，それを受けて，ヨーロッパの精密工学会でのキーノートスピーチにつながったのではないかと考えている．いずれにせよ，精密工学との関連性が深く，将来性があるということを再認識するに至った．

材料，コーティング，ウェブハンドリングなどの個々の技術に特化した会議も行われているが，全ての技術を対象とした国際的な規模の集会が近年開催されるようになった．その1つとして，ICFPE（The International Conference on Flexible and Printed Electronics）がある（図7）．今回は2012年の9月5日〜8日に東京大学にて開催される．2009年の開催場所は韓国のソウルであり，350名の参加者があった．2010年の開催場所は台湾の新竹市であり，400名の参加者があった．2011年に日本で開催する予定であったが，未曾有の大震災の影響のため，日本での開催を1年遅らせた．また，これまでの会議よりも広範囲な技術を対象としたので，参加者のさらなる増加を見込んでいる．

東京大学の染谷隆夫先生，大阪大学の菅沼克昭先生，産業技術総合研究所の八瀬清志先生，鎌田俊英先生などのプリンテッドエレクトロニクスで世界的に活躍されている先生方が組織委員を務めている．著者も微力ながら名誉座長という立場での貢献をさせてもらっている．招待講演者としては，2010年にノーベル化学賞を受賞したパデュー大学の根岸英一先生の他に，前述の色素増感型太陽電池のパイオニアであるスイス連邦工科大学のM. Graetzel先生，イリノイ大学のJohn A. Rogers先生，ソニー（株）で副会長を務める中鉢良治氏，Samsung Advanced Institute of Technologyで President & CEO を務める Kinam Kim 氏を予定している．

また，本国際会議では，若手の研究者・技術者・学生を対象として，プリンテッドエレクトロニクスに関するチュートリアルも行う予定である．講師は，著者の他に，ペンシルベニア州立大学のThomas N. Jackson先生，インペリアル・カレッジ・ロンドンのIain McCulloch先生，韓国の順天国立大学のGyou-Jin Cho先生というメンバーで行う．プリンテッドエレクトロニクスに関して興味があるが，専門的な知識をあまり有していない技術者・学生やプリンテッドエレクトロニクスに関する研究を推進しているが，他の分野の知識を手に入れたい研究者に，本チュートリアルは非常に効果的であろうと考えている．積極的な参加を期待している．これらに関する詳細は，http://icfpe.jp/index.htmlを参照してもらいたい．プリンテッドエレクトロニクスの今後の発展に，若い研究者・技術者の貢献が不可欠である．

参 考 文 献

1) http://www.sony.co.jp/SonyInfo/News/Press/200705/07-053/
2) http://www.i-micronews.com/reports/Printed-Electronics-vs-Hype/212/search?searchfield=printed + electronics
3) http://www.m-kagaku.co.jp/aboutmcc/RC/special/feature1.html
4) http://www.konicaminolta.jp/about/release/2010/0412_01_01.html

はじめての精密工学

メタマテリアルの基礎

Basics of Meta-materials/Jun-ichi KATO

理化学研究所・超精密加工技術開発チーム　加藤純一

1. は じ め に

精密工学会の皆様にとって「メタマテリアル」という言葉は，まだ馴染みのないものだろう．筆者が別途所属する応用物理学会においてさえ，講演分科のキーワードではいまだ市民権を得ているとはいえない．しかしこの数年，さまざまな学会誌での解説[1]や雑誌・新聞記事[2]などにおいてもたびたび取り上げられ「負の屈折率」「透明マント（クローキング）」「完全レンズ」などの刺激的でかつ何となくあやしい（？）技術の実現の可能性とともに語られている．自ら専らとしている技術領域とはどうもまだまだ接点はなさそうだと思いながら，メタマテリアルとは一体どのようなもので，その将来の実力はどの程度のものであるのか？　と興味をおもちの方も多いだろう．「はじめての精密工学」でメタマテリアルを取り上げるのは，その意味で時節に沿っている．ところで，いただいたお題は「メタマテリアルの基礎」とある．さて困りました．メタマテリアルの概念は，いわばアンテナ工学の世界を電波から光の波長サイズにダウンサイジングしたようなもので，ガチガチの電磁気学の話と，光の波長以下の構造の光応答の絡む話だ．基礎といわれても，どこから紐解けば良いかも難しいし，とても筆者の担えるテーマではない（自分とて完全に理解できていない）．そこで，筆者なりにメタマテリアルをどう見ているのかという観点から，理論には立ち入らず，その基本的イメージをお伝えすることとする．精密工学における注視点を一点挙げるとすると，メタマテリアルを本当に使える技術として実現するということは，今後の新たなナノ・マイクロ加工・製造技術を一層高める1つの標的となり得るという意味で重要な意味をもっている．

2. そもそものメタマテリアル

メタマテリアル（metamaterial または meta-material）とは何か？　'meta' という接頭語は「超越した」とか「上位の」といった意味合いともいわれるが，もともとは「変化」の意味から来る．メタボ（metabolic：代謝，変態）でおなじみです．つまり，「性質を（人工的に）変化させた物質」と定義するのがわかりやすい．2000年に実験的にマイクロ波領域での負の屈折率の実証実験を行うとともにこの言葉を導入した[3][4] D. R. Smith（当時米 UCSD，現在 Duke 大）は，実にうまい造語をしたものである．

さて，この負の屈折率だが，屈折率 n はわれわれの接する通常の物質世界では1〜2程度の値をとる．Si とか Ge のような半導体材料は，そのバンドギャップエネルギ以下の波長の赤外光はよく透過し，3〜4の屈折率を示すが，人間の感じる波長（可視光）では吸収され見た目には黒っぽく不透明である．また，屈折率は1を下回ることもある．例えばレーザ加工などで生じる，プラズマ化したプルームの屈折率などがその例である．しかし，その値が負になるなどとは聞いたこともない話で，当時は大きな驚きと疑念をもって受け止められた．

そもそも光は電磁波であるので，物質の電子的・磁気的な性質を感じながら（正確にはほとんどは物質中の電気分極の波とエネルギをやりとりしながら）物質中を進む．この電気分極の波と入射光の重ね合わせにより，いわばこれに引きずられる形で入射光の位相速度が遅くなり，それが物質の屈折率を決める．ここでは，光の電場の変化に対する電子の動きやすさの指標である誘電率 ε（厳密にはその実部）が主に効いている．ガラスのような誘電体では，構成分子の分極が入射光の電場に応答するが，電子は原子に束縛され入射電場に見合う大きさと速度で動けず，ε は1〜4に近い正の値をとる．一方，金・銀のような自由電子リッチな貴金属では，自由電子が入射電場を打ち消す向きに速く運動できる（$\varepsilon<0$）ため，光の電場は物質内部で打ち消され，ほとんどが表面で再輻射として反射される．これが，銀などが良いミラー材料となっている理由である．一方，物質中の小さな磁石の向きともいえる磁気モーメントの電場への応答に相当する透磁率 μ も考慮せねばならない．しかし磁区は電子のように速くは動けず，光の周波数では磁場変化に追従できず1として扱うのが慣例である．屈折率は $n=\sqrt{\varepsilon\mu}$ であり，誘電体（$\varepsilon>0$）では正の実数となり，貴金属（$\varepsilon<0$）では虚部を含んだ複素屈折率（$n+i\kappa$）となる．虚部は，光に対する吸収として作用する．

さて，光の周波数領域で透磁率は本当に一定なのか？この疑問に対して金属ナノ構造の電磁応答の理論研究を行っていた英 Sir J. B. Pendry が1999年に一つのアイデアを提案した[5]．ある種の微小な金属アンテナ構造はかなり高い周波数域においても実効的に透磁率を変化させ，それも負の値にできるというものであった．これが，**図 1** (a)

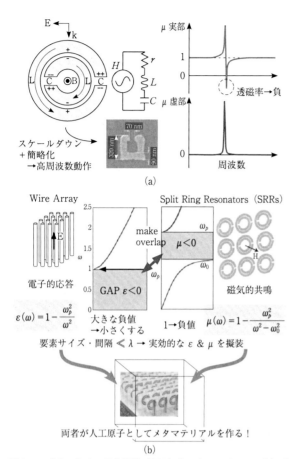

(a)

(b)

図1 スプリットリング共振器（SRR）とメタマテリアル：(a) その構造と，磁気共鳴周波数における透磁率の変化．共振器サイズを小型化し，キャパシタンスの小さな構造とすることにより共鳴周波数を高くすることができる．(b) 細線状の金属スプリット構造は，誘電率負となるプラズモン周波数を低くできる．両周波数の歩み寄りを実現する構造が波長以下の人工原子として振る舞い負屈折率メタマテリアルを生み出す．

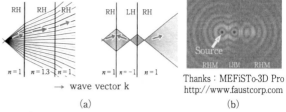

Thanks：MEFiSTo-3D Pro
http://www.faustcorp.com

図2 負の屈折率が作り出す Veselago レンズでの2重結像と完全結像：(a) 左は通常の誘電体スラブの場合の屈折状況，右ではスラブが負屈折率になることによりスラブ内外で2回の結像が生じる．(b) 波動的な解析を行うと負屈折率は完全結像となると予想されている．（RH：Right Hand, LH：Left Hand）

し，負屈折媒質（光の位相速度ベクトルの向きが逆向きとなるため「左手系媒質」とも呼ばれる）がいかなる新奇な物理現象が生じるか議論していた[7]．Pendry がいったいどの時点から Veselago の予想の実現を意識していたのかは良くわからない．学会で Pendry の話を聞きつけた D. R. Smith が，それならまずはマイクロ波の領域で負の屈折率の実験をしてみようと発想し，その実証をすることになったという流れには，人やアイデアの接点の偶然という不思議な物語がありそうだ．

メタマテリアルによって，透磁率をいじれるということが驚きであったのだが，その後の研究はその動作周波数をいかに高めて，光周波数における負屈折率を実現するかの一大競走となった．負の屈折率により Veselago が予想したのは，板状媒質による2重結像（**図2**(a) 右）やチェレンコフ光の異常な方向への放出など幾何光学的な現象だったのだが，またもや Pendry が，負屈折に基づく2重結像が，実は物理的には物体の全ての細かな構造の情報を完全に伝搬する「完全結像」となることを示したことが一因である．図2(b) の電磁シミュレーションが示すように，点光源から出た波面は回折限界を超えて1点に収斂するのである．SRR 構造を小さくすれば応答を高周波側へシフトさせることができるが，2重のリング構造では高周波化に限界がある．リングの構造をより小キャパシタンスであるシンプルな構造へ変えれば良いことが理論的解析により予想されていた．そのため光周波数動作を目指した半導体プロセスを駆使した極微細リング共振器の作成が試みられ，図1(a) に示した数百 nm サイズの C 型構造により波長 900 nm において磁気応答が得られた[9]．この構造の延長線での可視波長域での実験例もあっという間に報告された．そこでは，リング構造とは異なるよりシンプルな金属ナノ構造が発案された．いずれも**図3**に示すような貴金属ナノ構造のペアが構成する微小な LC 回路の磁気応答を利用したもので，数十 nm オーダのロッドペア[10]，ナノピラー[11]，金属膜・ワイヤペア[12][13]などが金属中の自由電子の振動（プラズモン）を介して光周波数に追従する磁気応答を示した．金属の負の誘電率により負の屈折率が近赤外域で実現したことを示す実験結果も示されている．作成されている構造は，多くは2次元平面構造であり，負屈折

に示すスプリットリング共振器（Sprit Ring Resonator：SRR）による光に対する磁気応答の模倣の提案であった．SRR 構造は，その2重リング中央を貫く磁場に対してアンテナ的に応答する磁気型の LC 共振器である．図に示すように，リング部分がインダクタンス（L），内外リング間とその切断部の間隙がキャパシタンス（C）とみなせ，$1/\sqrt{LC}$ に比例する特定の周波数で鋭い磁気的な共振を示す．その結果この共振を透磁率の変化として周波数応答を計算すると，その実部がマイナス側にオーバーシュートし，ある周波数で負の値までとることが示され，しかもその周波数をかなり高く設計できることがわかった．Pendry はその少し前に，金属細線構造により誘電率が負となる周波数をこちらは逆に極端に低くできることも示しており[6]，図1(b) に示すようにこの両者をうまく設計するとある周波数で誘電率と透磁率を同時に負にできることがわかった．実は 1968 年に，当時ソ連邦の V. G. Veselago がこうした状況で屈折率が負となることを予言

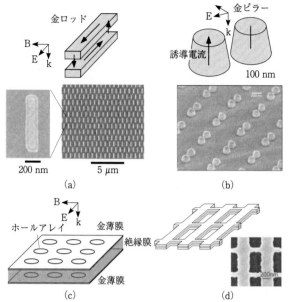

図3 SRR共振器を拡張したさまざまな負屈折率メタマテリアル基本構造：（a）では金ナノロッドペアが，（b）では金ナノピラーペアが入射光に対し微小な *LC* 回路を構成し，近赤外〜可視域で磁気応答を示す．（c），（d）は金属薄膜2層で構成された近赤外メタマテリアル．

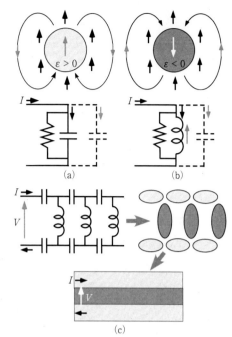

図4 Enghetaによる光周波数領域でのナノ粒子の応答と電気回路素子の対応付け．（a）コンデンサには正誘電率微粒子が，（b）インダクタには負誘電率（金属）微粒子が対応する．（c）この対応付けにより左手系の伝送路動作はIMI（Insulator-Metal-Insulator）光導波路によって実現される．

などの現象を観測するためには構造を3次元に拡張することが必要であり，多くの2.5次元構造を利用した実験が行われている．しかし，まだ負の屈折現象および完全結像については疑う余地のない結果は光領域では示されてはいないようだ．またこの時点でのメタマテリアル構造素材が金属であったため，吸収による損失の問題が大きな課題であった．これに対しては，プラズモニックな応答を示しかつ損失の小さな材料の模索が行われている[14]．

3. ひろがるメタマテリアル

前節のSRR構造は，その電子回路との等価性より低周波数（MHz〜GHz）の電波領域では，トランスミッション回路に置き換え模擬できる．サイズ的にも作成が容易であり，実効的な左手系回路を低損失で実現できるためミリ波帯での新しいアンテナ回路など，左手系回路としての応用面の発展が著しい[1]．メタマテリアルの概念は，電気回路理論に対しては新しい回路動作の原理・視点を与えたものと考えることができ，逆に電気回路での原理を光周波数領域にもち込むことで新奇な光機能を見いだすという展開も広がっている．そのためには，コンデンサ，コイルや抵抗素子が光周波数領域での物質のどのような性質に対応しているのかを明らかにする必要がある．

N. Enghetaらは，特に金属・非金属ナノ粒子などの動作波長に比較し十分小さい構造を「ナノ回路要素」と考え，それらを合成することで光周波数領域で従来にない複雑な回路を構成する概念を提案している[15][16]．詳細は参考文献に譲るが，彼らの基本的考え方は，金属の誘電的性質

が光周波数領域において大きく変化することに基づいており，**図4**（a），（b）に示すように，非金属微粒子（ε>0）をナノキャパシタ，金属微粒子（ε<0）をナノインダクタに対応づけている．後者においては外部電界に相当するキャパシタンスとの組み合わせにより共鳴的な応答が説明でき，これが局在プラズモン共鳴に相当する．微粒子の誘電率の虚部がナノレジスタとして作用する．こうした考え方を導入することにより，低周波数領域における電気回路構成を正負誘電体微粒子の集合体に置き換えられ，光学的材料の複雑な組み合わせによる新しい機能の見通しもつけやすくなる．図4（c）では，電気回路における左手系伝送路が上記の置き換えにより，正負誘電体の薄膜より構成される光導波路に置き換えることができることが容易に理解される．もちろん，実際の細かい設計パラメータは，従来よりある光学材料の特性を加味し決定せねばならないが，こうしたパラダイムの導入により今後思わぬ新機能が光ナノ構造により実現され，メタマテリアルの新たな広がりをもたらす可能性がある．

当初のメタマテリアルの概念は，前述のような物質の光応答の新しい見方へ発展するとともに，ε, μ 両者についてパラメータとすることができ，しかも空間的に自由な配置をとることにより，いわば光の伝搬空間座標を自由に変換（transformation）できるという考え方に基づき，光学素子そのものの設計の自由度を飛躍的に高めることができると期待されている．この方向は，transformation opticsなどとも呼ばれている．その概念を応用した代表例が，**図5**

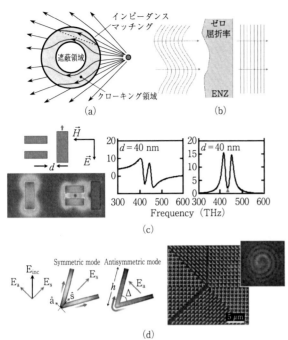

図5 ひろがるメタマテリアルの概念：(a) メタマテリアルによる座標変換光学にもとづくクローキング技術，(b) 誘電率ゼロ材料による波面変換，(c) アンバランスな金属ロッドペア構造による電磁誘起透過デバイスの作成例，(d) 屈曲アンテナ構造による散乱波の位相操作とそのアレイ化による位相変換デバイスの例．

(a) に示す，いわゆる「透明マント」の概念である[17]．これはクローキング（Cloaking）とも呼ばれ，古い世代ではスタートレックなどでこの用語を聞いた方々も多いと思うが，要はその材料で覆うことでその内側を外部の電磁波に対して完全に隠蔽してしまう外装がメタマテリアルで可能になるというのである．Pendry 等の案では，図に示すようにある球状の空間の周囲にクローキング領域を設け，その内部の誘電率 ε と透磁率 μ の分布を屈折率分布型レンズのように自由に設計する．そしてクローキング領域の外部の任意の方向から入射した光線を，内部の遮蔽空間を避けてクローキング領域内を曲がって進み，完全に入射光線と同じ軌跡に戻るようにする．しかも外殻表面で完全にインピーダンス $Z=\sqrt{\mu/\varepsilon}$ を一致させ無反射状態を作るというものである．この状態では内部の球状空間は電磁波的に完全に外部から不可視となる！　ただし，このマントは，ピンポイントの1周波数についてのみ動作するため，実際にこのマントに覆われた物質は極めて奇妙な隠れ方をするだろう．メタマテリアルは，まだまだびっくりするようなアイデアをもたらしてくれる．例えば，屈折率がゼロの媒質ができると何が起こるだろうか．図5 (b) は光の入射側と出射側で異なる表面形状をもつほとんど誘電率がゼロ（ε near zero：ENZ）な物質を光が通過する際の挙動を示している．少し考えればわかるように，Snell の法則で $n=0$ だと全ての光は屈折角がゼロつまり法線方向となる．

結果として，どんな波面の光が入射しようと出射面の波面はその表面形状に沿ったものに変換されるのである．また，先のSRR構造を異なったアンテナ構造に置き換えて新たな機能を生みだそうという試みも盛んだ．例えば，長さの異なる金属ロッドペアや図5 (c) に示すような，異なる周波数応答を示す金属ロッドセットを2次元的に並べると，単一のロッドではある周波数を中心にブロードな吸収特性が得られるのに対し，例えば図の例では左のロッドペアのサイズとそれと右の太い単一ロッドの間隔を適切に設計することにより，太いロッドの共鳴周波数でそのエネルギが左のロッドペアに移行し輻射されることで，吸収最大の周波数で却って透明状態になるような機能を模擬できる[19),20)]．この現象は，電磁誘導透過（Electrically Induced Transparency：EIT）と呼ばれる光非線形現象と類似の現象で，量子光学での応用が期待されているが，それを人工的に設計できる可能性を示している．また，アンテナの形状もさまざまで，図5 (d) のような「く」の字型の提案もある．詳細は省くが，この曲げ角を変化させると入射する光の偏光方向に応じて輻射される光の位相が制御できる．そのため異なる角度の「く」の字アンテナを分布させて並べると一種の複合位相板を作ることができる．図の例では，それによって渦巻き状の位相分布（ラゲール・ガウス分布）を人工的に作り出すフィルタを実際に作成している．こういったアンテナ構造も自由に配置し設計することで，これまでできなかった光学素子が作成されるようになるだろう．

4. つくるメタマテリアル

さて，これまで見てきたように，いわばメタマテリアルは微小なアンテナ構造をその特性と配置を含めて3次元空間内で自由に設計することにより，いろいろな夢を見ている段階であるといえる．「目」で見える形でのデモンストレーションは，マイクロ波領域以外ではほとんどなされていない．筆者も，目の黒いうちに本当に負屈折媒質スラブで2重結像を起こすところを見てみたいものであるが，果たしてどうだろう．冒頭に述べたように，実は本当にメタマテリアルを光領域で使うための最大の技術的ハードルは，その作成技術にある．ここまで述べてきたうち，確かに光周波数での実際の実験が数多く行われている．そして，今のところ，デバイスの作成のほとんどは，半導体プロセスによっている．しかもほとんどは2次元的な素子に留まっており，最近ようやく積層技術を併用した2.5次元のデバイスが図6 (a) に示すように実現している[20)]．同等の素子を大量に並べるタイプのメタマテリアルなら，半導体プロセスで良いのだろうが，より複雑かつ厚みをもった素子として実現するためには，3次元性を生かした光加工技術や，メカニカルな加工法およびそれらを複合した新しい概念の加工・生産方式が必要となりそうだ．

半導体プロセス以外のメタマテリアル作成法としては，3次元の構造を一度に作成する方法としては，図6 (b)

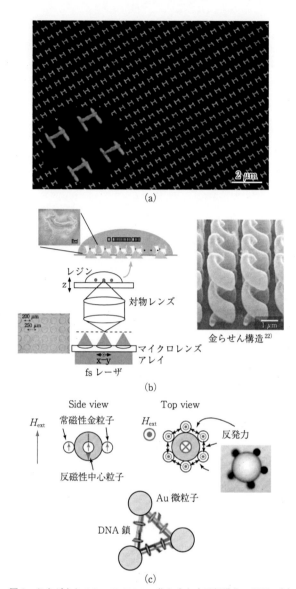

図6 さまざまなメタマテリアルの作り方と自己組織化の利用：(a) 積層技術を半導体プロセスと組み合わせた2.5次元メタマテリアル作成例，(b) マルチスポット2光子吸収光造形法と金らせん構造の作成例，(c) 自己組織的な金微粒子配列法の例．上：磁界中に置かれた磁性流体中の常・反磁性微粒子同士の相互作用を利用した金ネックレス配列，下：DNA鎖結合を利用した金微粒子ダイマー，トライマーの作成法．

に示す2光子吸収光造形とマイクロレンズアレイなどを組み合わせた方法があげられる[21]．2光子吸収光造形は，集光されたパルス光の集光点のみでレジンを硬化できるため3次元的なマイクロ造形に適している．出来た造形物表面に金属をメッキしたり，それを鋳型にして金属を電鋳することもでき，金らせん構造による偏光素子などが作成されている[22]．また，金属微粒子などを複数自己組織的につないだり固定する方法もさまざま研究されている．図6(c)は理研で研究されているユニークな方法で，上図は大きさの異なる反磁性・常磁性微粒子を磁界の中に置くことで，

大きな粒子の赤道に沿うように磁性の異なる微小粒子を配列する方法で，金微粒子をネックレスのように配置しリング共振器を目指すものである[23]．また，(c) 下図のように，最近DNA折り紙などで有名となったDNA鎖の選択的な結合性を利用して金微粒子を結合させることが試みられている[24]．2〜4個のナノ金微粒子を選択的につなげた構造が大量かつ選択的に作成でき，磁気的な応答が観測されれば面白いメタマテリアル候補となるだろう．先にも述べたが，現状ではプラズモニックな応答を利用するため金属の構造の作成が主流であるが，金属は原理的に吸収の影響を逃れられないため，透明な導電性材料の可能性も探索され，低損失のアルミ添加亜鉛（AZO）などが有望視されている．今後は，こうした材料面からの研究も加工法を含めていっそう活発化することが期待される．

5. お わ り に

駆け足で，メタマテリアルの世界を眺めてきたが，とにかく2000年という比較的最近立ち上がった研究分野であるにもかかわらず，マイクロ波，THz，光と幅広い周波数領域にわたった莫大な研究が進んでおり，現状としてはやや混沌とした状況にあるように感じられる．よくよく考えてみると支える理論的な背景では，本質的な物理の変化はなくエンジニアリング的な側面が濃い分野であることがわかる．わずかな視点の広がりがあっという間にさまざまなアイデアを生み出したという意味では，発想の転換次第で工学の分野もまだまだ新しいネタが転がっていることがわかる．メタマテリアルにちなんで「メタメカニズム」とか「メタ材料」といった精密工学での新しい観点を考えてみてはいかがだろうか？

参 考 文 献

1) 例えば加藤純一：あなたは右利き？　左利き？〜Webでたどる左手系マテリアルの世界(1), (2)〜, 光学, **33** (2004) 138および195. 石原照也他：特集 メタマテリアル〜左手系を中心として〜, 光学, bf 36 (2007) 554など.

2) J.B. ペンドリー，D.R. スミス：光学技術に革命を起こすスーパーレンズ，日経サイエンス, 10 (2006).

3) D.R. Smith, W.J. Padilla, D.C. Vier, S.C. Nemat-Nasser and S. Schultz：Composite Medium with Simultaneously Negative Permeability and Permittivity, Phys. Rev. Lett., **84** (2000) 4184.

4) R.A. Shelby, D.R. Smith and S. Schultz：Experimental Verification of a Negative Index of Refraction, Science, **292** (2001) 77.

5) J.B. Pendry, A.J. Holden, D.J. Robbins and W.J. Stewart, Magnetism from Conductors and Enhanced Non-Linear Phenomena, IEEE Trans. Microwave Theory and Tech., **47** (1999) 2075.

6) J.B. Pendry, A.J. Holden, W.J. Stewart and I. Youngs：Extremely Low Frequency Plasmons in Metallic Mesostructures, Phys. Rev. Lett., **76** (1996) 4773.

7) V.G. Veselago：The Elecrodynamics of Substances with Simultaneously Negative Values of ε and μ, Soviet Physics Uspekhi, **10** (1968) 509.

8) J.B. Pendry：Negative Refraction Makes a Perfect Lens, Phys. Rev. Lett., **85** (2000) 3966.

9) S. Linden, C. Enkrich, M. Wegener, J. Zhou, T. Koschny and C.M. Soukoulis：Magnetic Response of Metamaterials at 100

Terahertz, Science, **306** (2004) 1351.

10) V.M. Shalaev, W. Cai, U.K. Chettiar, H. -K. Yuan, A.K. Sarychev, V.P. Drachev and A.V. Kildishev : Negative Index of Refraction in Optical Metamaterials, Opt. Lett., **30** (2005) 3356.

11) A.N. Grigorenko, A.K. Geim, H.F. Gleeson, Y. Zhang, A.A. Firsov, I.Y. Khrushchev and J. Petrovic : Nanofabricated Media with Negative Permeability at Visible Frequencies, Nature (London), **438** (2005) 335.

12) S. Zhang, W. Fan, N.C. Panoiu, K.J. Malloy, R.M. Osgood and S.R.J. Brueck : Experimental Demonstration of Near-infrared Negative-index Metamaterials, Phys. Rev. Lett., **95** (2005) 137404.

13) G. Dolling, C. Enkrich, M. Wegener, C.M. Soukoulis and S. Linden : Simultaneous Negative Phase and Group Velocity of in a Metamaterial, Science, **312** (2006) 892.

14) P.R. West, S. Ishii, G.V. Naik, N.K. Emani, V.M. Shalaev and A. Boltasseva : Searching for Better Plasmonic Materials, Laser Photonics Rev., **4** (2010) 795-808.

15) N. Engheta, S. Salandrino and A. Alú : Circuit Elements at Optical Frequencies : Nanoinductors, Nanocapacitors, and Nanoresistors, Phys. Rev. Lett., **95** (2005) 095504.

16) A. Alú and N. Engheta : Optical Nanotransmission Lines : Synthesis of Planar Left-handed Metamaterials in the Infrared and Visible Regimes, J. Opt. Soc. Am. B, **23** (2006) 571.

17) J.B. Pendry, D. Schurig and D.R. Smith : Controlling Electromagnetic Fields, Science, **312** (2006) 1780.

18) A. Alú, M.G. Silveirinha, A. Salandrino and N. Engheta : Epsilon-near-zero Metamaterials and Electromagnetic Sources : Tailoring the Radiation Phase Pattern, Phys. Rev. B, **75** (2007) 155410.

19) S. Zhang, D.A. Genov, Y. Wang, M. Liu and X. Zhang : Plasmon-Induced Transparency in Metamaterials, Phys. Rev. Lett., **101** (2008) 047401.

20) N. Liu, L. Langguth, T. Weiss, J. Kästel, M. Fleischhauer, T. Pfau and H. Giessen : Plasmonic Analogue of Electromagnetically Induced Transparency at the Drude Damping Limit, Nat. Mater., **8** (2009) 758.

21) J. Kato, N. Takeyasu, Y. Adachi, H. -B. Sun and S. Kawata : Multiple-spot Parallel Processing for Laser Micronano-fabrication, Appl. Phys. Lett., **86** (2005) 044102 ; F. Formanek, N. Takeyasu, T. Tanaka, K. Chiyoda, A. Ishikawa and S. Kawata : Three-dimensional Fabrication of Mettalic Nanostructures over Large Areas by Two-photon Polymerization, Opt. Expr., **14** (2006) 800.

22) J.K. Gansel, M. Thiel, M.S. Rill, M. Decker, K. Bade, V. Saile, G. von Freymann, S. Linden and M. Wegener : Gold Helix Photonic Metamaterial as Broadband Circular Polarizer, Science, **325** (2009) 1513.

23) K. Aoki, K. Furusawa and T. Tanaka : Magnetic Assembly of Gold Core-shell Necklace Resonators, Appl. Phys. Lett., **100** (2012) 181106.

24) T. Ohshiro, T. Zako, R. Watanabe-Tamaki and T. Tanaka : A Facile Method towards Cyclic Assembly of Gold Nanoparticles Using DNA Template Alone, Chem. Comm., **46** (2010) 6132.

はじめての精密工学

アコースティックエミッション計測の基礎

Fundamentals of Acoustic Emission Measurement/Alan HASE

埼玉工業大学　**長谷亜蘭**

1. はじめに

　あなたは固体材料が発する"声"を聴いたことがあるだろうか. 実は, 固体材料が変形・破壊する際に"声"を発している. 例えば, 錫（Sn）が変形する際, 大規模のせん断変形が不連続かつ高速で起こる双晶変形により, 「ジリジリッ」という音が生じる錫鳴り現象が知られている. また, 木材が折れる際にも「ミシミシッ」のような変形時の音から「バキッ」といった破壊時の音まで聞き取れる. これらの現象は, アコースティックエミッション（acoustic emission, AE）と呼ばれる. このように, われわれの身の回りでも体験できる AE の現象は多い.

　この固体材料が発する"声"を聴く, すなわち AE を計測することによって, 材料の状態評価・診断が可能とされている. フックの法則で有名な 17 世紀イギリスの物理学者 R. Hooke は, 「固体材料内部の挙動をそれらが発する音によって明らかにできる」と AE 計測の可能性ともとらえられる予言を残している[1]. 実際に金属材料では, 転位レベルの微細な現象で AE が生じるため, 破壊の起点となる変形・破壊などを早期に検出することができる.

　歴史的には, 1925 年以降にロシア, 日本, ドイツ, アメリカにおいて, 非可聴域の AE 計測を試みる研究が活発に行われた. 日本では, 1934 年に岸上[2]がレコード針をセンサとして, 木材の破壊時に発生した非可聴域の AE の計測に成功し, これが AE 計測を電気的に行った最初の研究とも考えられている[3]. その後, 1953 年にドイツの J. Kaiser[4]が木材, 岩石, 金属などさまざまな工業材料について AE の発生機構や特性など多くの研究成果を残し, AE 計測の視野が大きく広がっていった. カイザー効果（材料に応力を掛けて一度 AE を発生させた後, 応力を取り除いて再び応力を掛けると, 前回の応力に至るまで AE が発生しない現象であり, 応力履歴効果とも呼ばれる）の発見は有名である. そして現在, AE 計測は非破壊検査手法の一つとして位置付けられ, さまざまな機械システムや建造物などの状態監視, 診断・評価に幅広く利用されている.

　AE 計測の長所は, 高感度, 広帯域, 動的計測が可能, 位置標定が可能などが挙げられる. 短所は, 高感度であるためノイズの影響を受けやすいこと, AE 発生源の特定が困難であること, センサの周波数特性などの計測系の影響を受けることなどが挙げられる. このように, 現象をとらえるのに有効な特長とともに, AE 計測自体に複雑さが介在している.

　本稿では「アコースティックエミッション計測の基礎」と題して, AE 波の発生・伝播, AE センサの種類・構造, AE 計測システム, AE 評価パラメータ, AE 発生源の位置標定, AE 計測の実践について解説する.

2. AE 波の発生・伝播

　AE は, 固体が変形あるいは破壊する際に, それまで蓄えられていたひずみエネルギーが解放されて, その一部が弾性波（AE 波）として放射される現象と定義されている. まずは, この AE 波がどのように発生し, 材料内を伝播していくかについて述べる.

2.1 AE 波の発生原理

　AE の一種とされる地震を例に, AE 波の発生・伝播について考える. 地震では, 地殻の断層すべり・き裂の発生などにより, それまで蓄えられていたひずみエネルギーが解放されて地震波が発生する（**図 1**）. この発生した地震波は, 地殻中を伝播して地殻表面の建物などを揺らす. 固体材料においても同様に, 材料内部の変形・破壊に伴い, それまで蓄えられていたひずみエネルギーが解放されて AE 波が発生し, 材料内部を伝播して材料表面の AE センサへ到達する（**図 2**）.

　固体材料に外力が加わると変形が生じる. 弾性域では, 外力がした仕事は材料内部にひずみエネルギーとして蓄えられる. 弾性変形域から塑性変形域に入ると, 蓄えていたひずみエネルギーを消費して塑性変形が生じる. 材料の限界を超えると, き裂の生成によりエネルギーが解放される. 変形・破壊の過程で大半のひずみエネルギーは消費さ

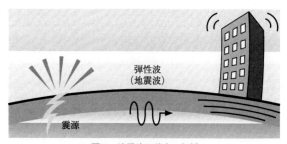

図 1　地震波の発生・伝播

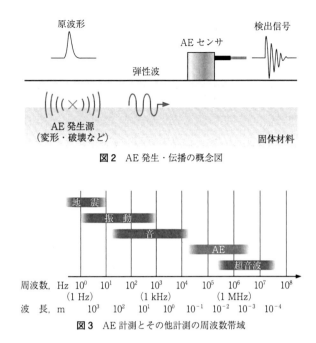

図2　AE 発生・伝播の概念図

図3　AE 計測とその他計測の周波数帯域

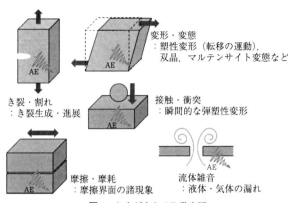

図4　さまざまな AE 発生源

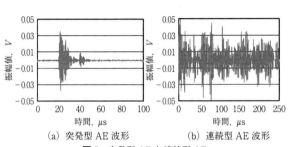

(a) 突発型 AE 波形　　　　(b) 連続型 AE 波形

図5　突発型 AE と連続型 AE

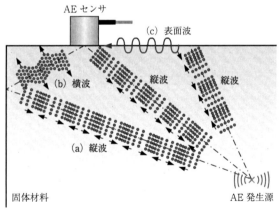

図6　AE 波の種類と伝播経路

れるが，残りは音，熱，光，磁気などに変換される．その中に計測される AE 波も含まれる．

　AE 波の発生原理（波動方程式）から，変形・破壊の加速・減速時に AE 波が生じ，等速運動中には AE 波が生じないことがわかっている．すなわち，材料内で変形・破壊が時間的・空間的に不均一に生じることが AE 波発生の必要条件となる[5]．上述した塑性変形，き裂進展などの変形・破壊過程は，微視的にみると時間的・空間的に不均一に生じているため，その過程進行中にも AE 波が計測されるのである．また，AE は時間依存型の現象であるため，短時間にひずみエネルギーが解放されると大きな AE 波が生じる[6]．

　AE 計測とその他計測の周波数帯域を図3にまとめた．可聴音の周波数帯域は，通常 20 Hz から 20 kHz である．それに対し，AE 波の周波数帯域は，数 kHz〜数 MHz までの超音波領域（非可聴域）の振動として計測される．冒頭で述べた錫鳴り現象や木材の破壊で聞くことのできる音は，材料内部で生じた AE 波が大気中に伝播し，それが可聴音として聞き取れたのである．

　AE 発生源は，材料の変形・変態，き裂・割れ，接触・衝撃，摩擦・摩耗，流体雑音などが挙げられる（図4）．通常，現象の主体となる AE 発生源（一次 AE）のみならず，副次的な AE 発生源（二次 AE）も混在して計測される．このとき，単発で計測される一つ一つの AE 波を突発型 AE と呼び，完全に減衰する間もなく連なって計測される AE 波を連続型 AE と呼ぶ（図5）．

2.2　AE 波の伝播・減衰

　2.1 節で述べたさまざまな現象で発生した AE 波は，図6に示すような伝播経路で AE センサに到達する．AE 波と一言で言っても，実際には音速で縦波，横波，表面波として順番に伝播していく．音速は，弾性波が媒体中を伝わる速度であり，材質と弾性波の伝播モードで決まる．参考までに，各種金属中の音速を表1に伝播モード別に示す．縦波は，波の進行方向と同一方向に媒質粒子が振動しながら伝わる疎密波である（図6（a））．横波は波の進行方向と垂直方向に媒質粒子が振動しながら伝播するせん断波である（図6（b））．表面波（レイリー波）は，表面近傍の媒質粒子が楕円振動して伝播する（図6（c））．その他，薄板の場合は板全体が振動する板波（ラム波）として伝播する．

　AE 波は，上記の伝播過程において粘性減衰および距離減衰が複合的に生じる．粘性減衰は，媒質の粘性により生

表1 各種金属中の音速[5)7)8)]

材 料	縦波速度 (m/s)	横波速度 (m/s)	表面波速度 (m/s)
アルミニウム	6420	3040	2740
鋼	5900	3200	2880
銅	5010	2270	2040
亜 鉛	4210	2440	2200

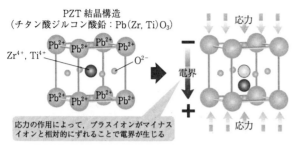

図7 PZT結晶構造と圧電効果原理

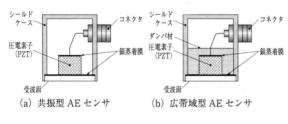

(a) 共振型AEセンサ (b) 広帯域型AEセンサ

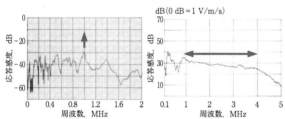

図8 AEセンサの構造（上）と周波数特性（下）

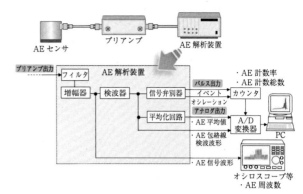

図9 基本的なAE計測システム構成

特性である．センサ受波面の裏側には，圧電素子が貼り付けられ，受波面に伝播してきたAE波を電気信号に変換する．このとき，圧電素子内に入ったAE波は減衰するまで上下面で反射を繰り返す．この共振周波数は，圧電素子の材質・寸法で決定される．図8の周波数特性の縦軸は感度をあらわしており，(a) 共振型AEセンサでは感度ピーク部の約1MHzが共振周波数となる．一方，(b) 広帯域型AEセンサでは，ダンパ材が圧電素子を覆った構造となっている．これにより，AE波の反射を吸収して共振が抑えられ，比較的フラットな周波数特性となる．

測定対象とする現象で生じるAE波の周波数帯域が明確な場合は，その周波数に共振点をもつ共振型AEセンサを用いるとよい．広帯域型AEセンサは，周波数の異なるさまざまな現象を均等に評価したい場合や，特定の現象で発生するAE波の周波数帯域の特徴を調査する場合などに有用である．

4. AE計測システム

図9は，基本的なAE計測システム構成である．AE計測システムは，AE波を検出しAE信号に変換するAEセンサ，微弱なAE信号を増幅する増幅器（プリアンプ），AE解析装置，データを表示・保存するコンピュータやオシロスコープ等から構成される．AE解析装置には，必要な周波数帯域の信号を取り出すフィルタが内蔵されており，フィルタ処理後に増幅器（メインアンプ）によりAE信号を再度増幅し，信号処理によって各AE評価パラメータへと変換される．特に，AE信号波形を計測する場合は，周波数帯域幅が数十MHz以上のオシロスコープや高速波形デジタイザを使用する必要がある．また，AE信号波形の計測・記録だけでなく，周波数解析等の波形解析ができる環境があるとよい．

5. AE評価パラメータ

4章で述べたAE計測システムにより計測されたAE信号は，主に以下のパラメータを用いて評価される．

5.1 AE信号波形

AE信号波形は，AEセンサからの出力信号波形である

じる時間的な減衰である．距離減衰は，AE発生位置と計測位置の距離により，計測されるAE波の大きさが変化する空間的な減衰である．実際には，上記の現象に加え，境界面における反射や透過も考慮する必要がある．

3. AEセンサの種類・構造

AE波を電気信号（AE信号）に変換する原理は，**図7**に示す圧電素子の圧電効果（圧電体に圧力が加わると，それに応じた歪みに比例した電圧が生じる現象）を利用している．圧電素子には，AE波の伝播による微小な歪みを検出するために，変換能力の高い圧電セラミックスが一般的に用いられる．この圧電セラミックスの材料としては，通称PZTと呼ばれるチタン酸ジルコン酸鉛（Pb(Zr, Ti)O$_3$）が使用されている．

AEセンサの種類は共振型と広帯域型の二つに大別される．**図8**は，それぞれのAEセンサの構造および周波数

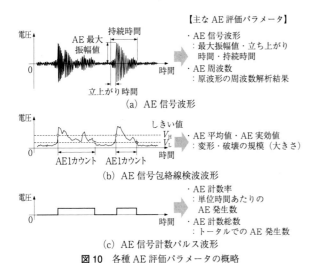

(a) AE 信号波形

【主な AE 評価パラメータ】
・AE 信号波形
　：最大振幅値・立ち上がり
　　時間・持続時間
・AE 周波数
　：原波形の周波数解析結果

・AE 平均値・AE 実効値
　：変形・破壊の規模（大きさ）

(b) AE 信号包絡線検波波形

・AE 計数率
　：単位時間あたりの
　　AE 発生数
・AE 計数総数
　：トータルでの AE 発生数

(c) AE 信号計数パルス波形

図 10　各種 AE 評価パラメータの概略

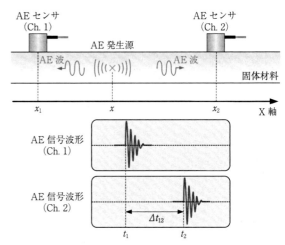

図 11　1 次元の位置標定の概略図

（厳密に言うと，一般的には増幅・フィルタ処理後の波形）．この波形から，AE 信号の最大振幅や持続時間，立上がり時間をパラメータとして評価に用いる（**図 10**（a）参照）．持続時間は，AE 信号波形の開始から終了までの時間であり，その間の AE 信号ピーク振幅が最大振幅値である．AE センサと AE 発生源の距離が同じであれば，AE 振幅値が大きいほど AE 発生源で解放されたエネルギーが大きいことを意味している．また，持続時間は AE 波の減衰に関係するため，伝播経路や伝播媒体の評価に用いられる．立上がり時間は，AE 信号がピーク振幅に至るまでの時間である．これは，縦波（P 波）と横波（S 波）との伝播速度の差によって生じる．

5.2　AE 周波数

AE 信号波形を周波数分析することにより，AE 信号の主たる周波数を評価できる．AE 発生に寄与する現象により AE 周波数が異なることが知られており，AE 源特定に用いることが可能である．ただし，AE センサの周波数特性や計測系（増幅器やフィルタ）の影響を受けるため注意が必要である．また，短時間周波数解析やウェーブレット解析等から，より詳細な現象評価も可能である．

5.3　AE 平均値・AE 実効値

AE 信号波形は，図 10（a）に示したように正負に電圧が変化する交流信号である．この信号波形の負の部分を半波整流し，包絡線検波することで図 7（b）のような波形が得られる．AE 平均値は，この包絡線検波波形を平均化処理することで得られる．AE 実効値は RMS 値とも呼ばれ，包絡線検波した値を二乗して相加平均し，その平方根をとった値（二乗平均平方根）である．どちらも AE 信号の大きさを評価するのに有用である．ただし，連続型 AE 信号における AE 実効値は，後述する AE 計数率と同様に AE 発生率を評価するパラメータと考えられている．

5.4　AE 計数率・AE 計数総数

AE 計数は，AE 波の発生数を評価するパラメータである．図 10（c）に示すように，包絡線検波波形にしきい値を設定し，そのしきい値を超えた時間だけパルス波が出力される．このパルス波をカウントすることで，AE 計数パラメータを得ることができる．通常，しきい値の値はノイズ信号よりも高く設定し，測定対象の事象を確実に検出できるよう調整が必要となる．AE 計数率は，単位時間あたりの AE 発生数すなわち AE 発生頻度の評価に用いられる．AE 計数総数は，試験時間トータルでの AE 発生数を評価するパラメータである．計数パラメータは，現象の事象と AE 信号が一対一に対応する突発型 AE 信号の評価には有用であるが，さまざまな現象の振幅値が異なる連続型 AE 信号の評価にはデータの吟味が必要である．

6.　AE 発生源の位置標定

複数の AE センサを用いて計測を行うことで，各 AE センサで検出される AE 波の到達時間差から AE 発生源の位置標定が可能となる．**図 11** は，直線上の AE 発生源を特定するための 1 次元の位置標定の概略図である．AE 発生源の位置を x，2 つの AE センサの位置を x_1，x_2，AE 発生から各 AE センサに到達する時間を t_1，t_2，AE 波の伝播速度（音速）を V として，

$$Vt_1 = |x - x_1|, \quad Vt_2 = |x_2 - x| \tag{1}$$

の関係が成り立つ．ここで，到達時間差を $\Delta t_{12} = t_2 - t_1$ とすると，

$$V\Delta t_{12} = |x - x_1| - |x_2 - x| \tag{2}$$

となる．この方程式から，AE 発生源の位置 x を求めることができる．さらに，平面上の AE 発生源の位置標定を行う場合は，3 個の AE センサが必要となる．上記の考えを用いて，3 つの AE センサの位置関係と到達時間差から，2 次元位置 (x, y) も求めることができる．

この位置標定の精度は，AE センサの大きさ・設置間隔，伝播速度の誤差，到達時間の分解能（波形計測におけるサンプリングレート）に依存することになる．

図 12 AE センサ（左）とセンサ治具（右）の外観

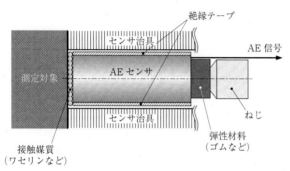

図 13 治具を用いた AE センサの取り付け例

7. AE 計測の実践

実際に AE 計測を行うにあたって，AE 計測の基本事項について紹介する．

7.1 AE センサの取り付け

AE 信号を正確に計測するために，AE センサを測定対象物に適切に取り付けなければならない．AE センサの取り付けは，接着剤もしくは**図 12** に示すような治具が用いられる．AE センサの受波面はセラミックス製であるため，接着・脱着を繰返すと疲労破壊してしまう．そのため，脱着頻度が多い場合は治具を用いて取り付ける方がよい．

図 13 は治具を用いた AE センサ取り付け例である．測定対象物に固定された治具に AE センサを挿入し，センサ後方より機械的にねじ等で固定する形式が多い．このとき，押付け力が大きいと受波面が破損してしまうため，ゴム等の弾性材料をセンサとねじの間に入れておくとよい．また，次に述べるノイズ対策のために，AE センサケース部分に絶縁テープ等を巻いて，絶縁保護しておく必要がある．AE 波の検出感度を向上させるために，測定対象物の設置面の表面粗さを極力小さくしておく．さらに，AE センサ受波面と設置面にワセリンやグリース等の接触媒質を充填することで，高い検出感度を確保することができる．

AE センサを測定対象物に直接取り付けるのが困難な場合は，セラミックスや金属製のウェーブガイド（導波棒）を介して，AE センサを取り付ける．これにより，高温下など特殊環境下の計測も行うことができる．ただし，ウェ

ーブガイドを使用する際には，減衰の影響，信号波形への影響，検出までの時間遅れの影響が生じることに注意が必要である．

7.2 AE 計測におけるノイズ対策

AE 計測において問題となるのがノイズである．AE 計測における主な背景ノイズとして，機械的ノイズと電気的ノイズがある．

機械的ノイズは，主に機械的な振動・音に起因したノイズである．これは，AE センサの取付け位置を影響の少ない位置に変更することでノイズを低減できる．基本的にはハイパスフィルタやバンドパスフィルタを用いて，ノイズ信号成分を除去するのが有効である．また，ノイズの影響を受けにくい周波数特性の AE センサを選択するとよい．

電気的ノイズは，電源ライン・ケーブル等から侵入するノイズである．特に，回転機械や溶接機などを同時に使用する場合，その運転に伴う電磁波や放電がノイズとして電源ラインに侵入することがある．このような場合は，電源ラインを計測機器と別系統で接続するとよい．AE センサからの出力信号は μV〜mV オーダーであり，この微小な信号がプリアンプで数十倍から数百倍に増幅される．この際に，センサケーブルやコネクタから電磁波が侵入するとノイズに埋もれてしまう．電磁波は，放送局や変電設備，モータ等の動力機械や制御機器などが発生源となる．この対策として，影響する機器を停止させるか遠ざけ，センサケーブルを最短にするなどが挙げられる．また，プリアンプ内蔵型の AE センサを使用するのも有効である．

その他にも，測定範囲外からの関係ない AE 波を除去・補正するために，複数の AE センサをガードセンサとして用いてキャンセルする方法もある．

7.3 AE 計測の流れ

AE センサを取り付け，AE 計測システムと接続し，ノイズ対策を施したら，AE 発生源付近から AE 波を発生させて検出感度の確認を行う．このとき，パルサやシャープペンシル芯の圧折を AE 発生源として，十分に AE 信号が計測されるかを確認する．そして，予備実験によって AE 増幅率やしきい値，AE 信号波形計測のトリガなどの AE 計測条件を決定し，本実験の実施へと進める．

本稿で紹介できなかった実際の AE 計測事例等に関しては，日本非破壊検査協会編「アコースティック・エミッション試験」[8)9)]を参考にされたい．

8. お わ り に

以上，AE 計測の基本事項を概観してきた．AE 計測は，変形・破壊現象，AE 計測系の特性，材料特性などさまざまな影響を受けるため複雑であるが，動的かつ高感度の計測が可能であるため，応用範囲も広く機械システムの監視・診断や材料評価などに有用である．本稿を通して AE 計測に興味を示していただき，少しでも多くの読者の方々に AE 計測を利用していただければ幸甚である．

参 考 文 献

1) 水谷義弘：非破壊検査の基本と仕組み，秀和システム，(2010) 220.

2) 岸上冬彦：破壊の進行に関する一実験，地震，**6**，1 (1934) 25.

3) T.F. Drouillard : Anecdotal History of Acoustic Emission from Wood, Journal of Acoustic Emission, **9**, 3 (1990) 155.

4) J. Kaiser : Erkenntnisse und Folgerungen aus der Messung von Geräuschen bei Zugbeanspruchung von Metallischen Werkstoffen, Achiv fur das Eisenhuttenwesen, **24**, 1/2 (1953)

43.

5) 岸輝夫，栗林一彦：Acoustic Emission の金属学 (1)，金属，**47**，4 (1977) 16.

6) 岸輝夫：AE による材料評価（Ⅰ），材料，**29**，323 (1980) 765.

7) 中村僖良：超音波，コロナ社，(2006) 18.

8) 日本非破壊検査協会：アコースティック・エミッション試験Ⅰ，(2006) 10.

9) 日本非破壊検査協会：アコースティック・エミッション試験Ⅱ，(2008) 65.

はじめての 精密工学

精密加工機の振動解析

Vibration Analysis of Precision Machine Tools/Atsushi MATSUBARA

京都大学大学院工学研究科　松原　厚

1. は じ め に

3次元 CAD の普及とともに CAE による振動解析が容易になり，実験モード解析もこなれた技術になっている．しかし，精密な加工機の振動解析は依然として難しい．これは数ミクロンの振動原因を明らかにしなければならないからである．例えば，CAE で固有振動数を計算しても，それが加工機の運動精度にどれほどの影響があるのかがわからなければならない．また実験モード解析の結果から構造設計をどう変えていいのかがわからない．振動解析と精度設計を融合するには，やはり基礎と経験が必要となる．本稿では，これだけはおさえておきたいという基礎を中心に解説する．なお，動的なシステムと制御理論の知識が必要になるので，適宜，文献[1]等を参照されたい．

2. 基 礎 理 論

2.1 1自由度振動系の周波数応答

質量 m，減衰定数 c のダッシュポット，剛性 k のバネからなる1自由度振動系を考える．m の変位を $x(t)$，m に作用する外力 $f(t)$ としたとき，運動方程式は次式となる．

$$m\ddot{x}(t)+c\dot{x}(t)+kx(t)=f(t) \tag{1}$$

上式をラプラス変換し，外力から変位までの伝達関数を求める．

$$G(s)=\frac{x}{f}=\frac{1}{ms^2+cs+k}=\frac{1/m}{s^2+2\varsigma\omega_n s+\omega_n^2} \tag{2}$$

ただし，$\omega_n=\sqrt{k/m}$：不減衰系の固有振動数，$\varsigma=c/\sqrt{mk}$：減衰比である．$s=j\omega$ とおくと，外力から変位までの周波数応答関数が次式のように得られる．

$$G(j\omega)=\frac{1/m}{(\omega_n^2-\omega^2)+2j\varsigma\omega_n\omega} \tag{3}$$

振動系は ω_n より低い周波数領域ではバネに，ω_n より高い周波数領域では質量で近似できる．

$$G(j\omega)|_{\omega\ll\omega_n}=\frac{1}{k} \tag{4a}$$

$$G(j\omega)|_{\omega\gg\omega_n}=-\frac{1}{m\omega^2} \tag{4b}$$

$\varsigma<1/\sqrt{2}$ の場合，式(3)から計算されるゲインが周波数 $\omega=\sqrt{1-2\varsigma^2}\,\omega_n$ で次のピーク値をとる．

$$M_{dp}=\frac{1}{2\varsigma\sqrt{1-\varsigma^2}}\cong\frac{1}{2\varsigma} \tag{5}$$

式(3)から(4)の周波数応答線図（ボーデ線図）の例を**図1**に示しておく．

2.2 多自由度振動系とモード解析

構造体の動特性は，多くの質点がバネとダッシュポットでつながれた多自由度振動系で表現できる．その運動方程式は1自由度振動系の変位と力をベクトルにし，式(1)の係数をマトリックスにした式で表現される．

$$[M]\{\ddot{x}(t)\}+[C]\{\dot{x}(t)\}+[K]\{x(t)\}=\{f(t)\} \tag{6}$$

3次元の構造の場合，変位ベクトル成分には並進変位だけでなく回転変位も含まれる．有限要素構造解析ソフトでは，質量マトリックスと剛性マトリックスを CAD データから求めている．しかし，減衰マトリックスはある仮定をおかないと構造データから求められない．また，減衰が存在するとモードが複素数になり説明が簡単ではなくなる．そこで，通常は減衰行列がゼロ行列の場合の不減衰系を仮定する．

イメージをもってもらうために，**図2**に示すような4質点がバネでつながれた系を考える．この系において「質点をひっぱってはなす」というテストをしたとすると，系はいくつかの固有振動数で振動する．また質点の各固有振動数の変位成分は，てんでばらばらに変化するのではなく，ある比を保って変化する．この比はその固有振動ごとに決まっており固有モードと呼ばれる．

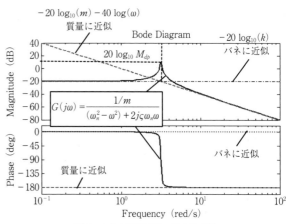

図1　1自由度振動系の周波数応答

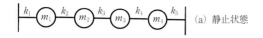

(a) 静止状態

ϕ_{ji}：i 番目のモードの質点 j でのモード値を表す

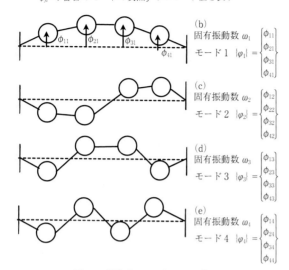

(b) 固有振動数 ω_1
モード1 $|\varphi_1| = \begin{Bmatrix} \phi_{11} \\ \phi_{21} \\ \phi_{31} \\ \phi_{41} \end{Bmatrix}$

(c) 固有振動数 ω_2
モード2 $|\varphi_2| = \begin{Bmatrix} \phi_{12} \\ \phi_{22} \\ \phi_{32} \\ \phi_{12} \end{Bmatrix}$

(d) 固有振動数 ω_3
モード3 $|\varphi_3| = \begin{Bmatrix} \phi_{13} \\ \phi_{23} \\ \phi_{33} \\ \phi_{13} \end{Bmatrix}$

(e) 固有振動数 ω_1
モード4 $|\varphi_4| = \begin{Bmatrix} \phi_{14} \\ \phi_{24} \\ \phi_{34} \\ \phi_{44} \end{Bmatrix}$

図2 4慣性系のモードシェープ

固有振動数と固有モードを求めるには，「ひっぱって離した瞬間からの状態」を式(6)上でつくればよい．すなわち，力ベクトルをゼロベクトルとし，

$$\{x(t)\} = \{X\} e^{j\Omega t} \tag{7}$$

を式(6)の減衰行列を零行列にした式に代入する．そして，$\{X\}$ がゼロベクトル以外の解をもつ条件

$$(\Omega^2[I] - [M]^{-1}[K]) = \{0\} \tag{8}$$

から，固有振動数 Ω とそれに対応した固有ベクトル $\{X\}$ を求める．この固有振動数と固有ベクトルのセットは質点自由度の数だけ得られる．i 番目の固有ベクトルを $\{\phi_i\}$ としたとき，この大きさは図2のようになり，これがモードシェープと呼ばれる．

2.3 モード分解

固有ベクトルは列ベクトルであるが，これを横に並べた行列を固有モード行列と呼ぶ．

$$[\phi] = [\phi_1 \phi_2 ... \phi_n] \tag{9}$$

モード行列を用いて物理座標系 $\{x(t)\}$ で表現された運動方程式をモード座標系 $\{\xi(t)\}$ に変換する．

$$\{x(t)\} = [\phi]\{\xi(t)\} \tag{10}$$

上式を式(6)の減衰マトリックスをゼロにした式に代入し，モード行列の転置を両辺の左から乗じる．

$$[\phi]^T[M][\phi]\{\ddot{\xi}(t)\} + [\phi]^T[K][\phi]\{\xi(t)\} = [\phi]^T\{f(t)\} \tag{11}$$

ここで，上式の左辺の質量・剛性マトリックスは対角行列になることがわかっている．モード値を質量行列の対角項が1になるように選ぶと剛性行列の対角項には固有振動数の2乗が並ぶ．すなわち次式となる．

$$[\phi]^T[M][\phi] = \begin{bmatrix} 1 & 0 & \cdots & 0 \\ 0 & 1 & \cdots & 0 \\ \vdots & \vdots & \ddots & \vdots \\ 0 & 0 & \cdots & 1 \end{bmatrix} \tag{12}$$

$$[\phi]^T[K][\phi] = \begin{bmatrix} \omega_1{}^2 & 0 & \cdots & 0 \\ 0 & \omega_2{}^2 & \cdots & 0 \\ \vdots & \vdots & \ddots & \vdots \\ 0 & 0 & \cdots & \omega_n{}^2 \end{bmatrix} \tag{13}$$

このため，式(11)の左辺は自由度間の連成がない．すなわち各行で1自由度振動系となっている．ちなみに式(11)に式(12)(13)を代入してラプラス変換すると次式となる．

$$\begin{bmatrix} s^2+\omega_1{}^2 & 0 & \cdots & 0 \\ 0 & s^2+\omega_2{}^2 & \cdots & 0 \\ \vdots & \vdots & \ddots & \vdots \\ 0 & 0 & \cdots & s^2+\omega_n{}^2 \end{bmatrix} \begin{Bmatrix} \xi_1 \\ \xi_2 \\ \cdots \\ \xi_n \end{Bmatrix} = [\phi]^T\{f\} \tag{14}$$

式(10)と式(14)を用いて，物理座標系での応答を計算すると次式となる．

$$\{x(t)\} = [\phi] \times$$
$$\begin{bmatrix} 1/(s^2+\omega_1{}^2) & 0 & \cdots & 0 \\ 0 & 1/(s^2+\omega_2{}^2) & \cdots & 0 \\ \vdots & \vdots & \ddots & \vdots \\ 0 & 0 & \cdots & 1/(s^2+\omega_n{}^2) \end{bmatrix} [\phi]^T\{f\} \tag{15}$$

上式より，h 番目の質点を加振した場合の，l 番目の質点の応答は次式で表現される．

$$\frac{x_l}{f_h} = \sum_i^n \frac{\phi_{hi}\phi_{li}}{s^2+\omega_i{}^2} \tag{16}$$

減衰系では各モードの減衰比 ς_i を仮定して応答を計算する．

$$\frac{x_l}{f_h} = \sum_i^n \frac{\phi_{hi}\phi_{li}}{s^2+2\varsigma_i\omega_i s+\omega_i{}^2} \tag{17}$$

図3は，例として質点2を加振したときの質点3の応答を制御理論で用いられるブロック線図で表現した図である．この図より，各モードの振動は加振点と応答点のモード値で増幅されていることがわかる．

式(17)の $\sum$ の中の項と式(2)を比較すると $\phi_{hi}\phi_{li}$ が質量の逆数に対応していることがわかる．つまりモード値が小さいところを加振する，または測定してもあまり応答しないので，これはモード質量が大きいと考えることもできる．ちなみに，加振点もしくは応答点のモード値がゼロ（モードの節と呼ぶ）だと，完全に応答しない．

加振点と応答点を入れ替えても伝達関数は同じである．これは，l 番目の質点を加振したときの h 番目の質点の伝達関数は，式(17)と同じ伝達関数になることから理解できる．加振点もしくは応答点を移動させながら周波数応答関数を測定し，この値から固有振動数，固有モード，モード減衰比を同定する手法が実験モード解析である．その詳細は文献[2]を参照いただきたい．

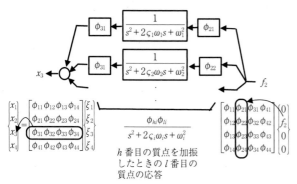

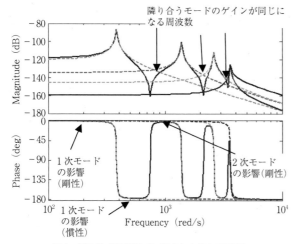

図3 4慣性系をモード座標系で表現したブロック線図（質点2加振時の質点3の応答）

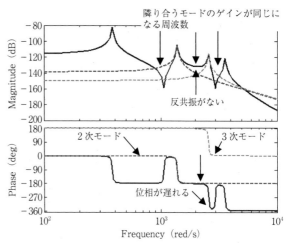

図5 周波数応答線図（加振点と応答点が異なる）

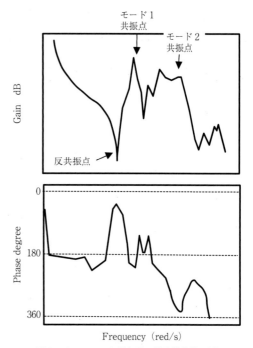

図4 周波数応答線図（加振点と応答点が同じ）

2.4 周波数応答線図の見方

図4は，**図2**の例で質点1を加振したときの同じ点の周波数応答を式(17)から求めた図である．図中にはそれぞれの単体のモードの周波数応答線図を点線で，その和を実線で示している．このように加振点と応答点が同じ場合は，$\phi_{hi}\phi_{li}$は正になる．図の例では，周波数が各モードの固有振動数を超えると位相が180°遅れるが，次のモードの固有振動数までに位相は再び回復し，位相が$-180°$以下にならない．これは，周波数が各モードの固有振動数を超えたところでは，そのモードの質量特性が強くなり位相は180°に近づくが，同時にゲインはさがり，次のモードの剛性ゲインがそれを上回るとバネ特性によって位相が0°に戻ろうとするためである．制御理論では，このような系は最小位相推移系と呼ばれている．

一方で，**図5**は加振点と応答点が異なる例を示した．これは質点1を加振したときの質点2の応答例である．3次の固有振動モードは図2 (d) より質点1と質点2で符号が逆転している．このため$\phi_{hi}\phi_{li}$の符号はマイナスになり，2次モードと3次モードの間で位相はさらに遅れ

る．このような系は非最小位相推移系と呼ばれる．

3. ケーススタディ

加工機の振動解析を行うときは，漠然とデータをとるのではなく目的意識をもたなければならない．サーボ系が絡む問題では，サーボ系が不安定になる振動モードと位相特性をチェックする．またサーボ系が安定な場合においても工具端で振動する原因を分析する．

3.1 サーボ系の安定性が問題になるケース

図6はある加工機の送り軸の周波数応答である．この機械はリニアモータ駆動であり，図はリニアモータの推力から検出用のリニアエンコーダ変位までの周波数応答である．この図から次のことが読み取れる．まず，モード1の

図6 リニアモータ送り系の周波数応答の例

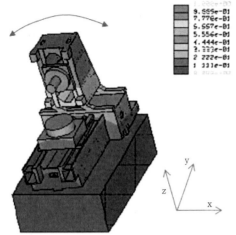

図7 ロッキングによる相対振動が問題になるケース

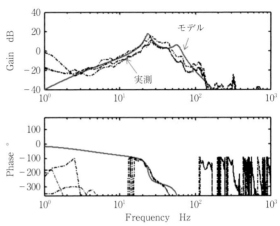

図9 モータトルクからベース速度までの周波数応答（X軸方向）

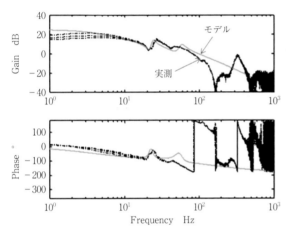

図8 モータトルクからエンコーダ端（フィードバック端）速度までの周波数応答（X軸方向）

共振ピークは高い．しかし，このモード自体の位相特性は悪くない．むしろ共振ピークがつぶれたモード2が非最小位相推移特性を示している．実際，エンコーダ位置を微分して速度フィードバック制御を行った場合，モード2の付近で位相が−180°となり，速度ゲインを増加すると発振する．モード2の位相特性が悪い理由は，リニアモータとリニアエンコーダ位置が離れ，この間にモードの位相遅れが存在することによる．したがって，このモードが同相になるように構造設計を行う必要がある．

3.2 相対振動が問題になるケース[3]

図7はある加工機（ボールねじ機）の振動モードの

FEMによる計算結果を示す．このモードはロッキング振動と呼ばれ，ほとんどの加工機がもつ振動モードである．通常，固有振動数は20～60 Hzなので，よほど悪い設計をしない限りは，図8に示すようにサーボ系で検出される振動モードは最小位相推移特性を示し，サーボ系を不安定にすることはない．しかし，図9のベース速度には20 Hzあたりの振動ピーク（図8では反共振点）がみられ，工具-テーブル間にモード差による相対振動が発生する．この場合，モード差の要因を調べていくと，コラム剛性やガイドの姿勢剛性が不足しているという結論に至ることが多い．これらの剛性を強化することはすぐ思いつく対策であるが，構造の慣性モーメントを大きくする方法もある．

4. お わ り に

見落としがちなのは，慣性のもつ制振機能である．FEMの静的設計だけを追求すると，振動しやすい機械を設計してしまう可能性がある．また本稿では誌面の都合で述べなかったが，反共振（制御理論では零点）は時には味方になり，時には敵になるので，その理解は重要である．

参 考 文 献

1) 松原厚：精密位置決め・送り系設計のための制御工学，森北出版，(2008).
2) 長松昭男：モード解析入門，コロナ社，(1993).
3) 松原厚，梅本雅資，濱村実，藤田純，甲斐義章，垣野義昭：ベース振動の影響を受けるNC工作機械送り系（第1報）―ベース振動を考慮した送り系のモデリングとサーボ解析―，精密工学会誌，**70**, 4 (2003) 89-93.

はじめての精密工学

磁気軸受　基礎と応用

Magnetic Bearings—Fundamentals and Applications—/Tadahiko SHINSHI

東京工業大学　精密工学研究所　進士忠彦

1.　はじめに

軸受開発の主要な目標の一つに，相対運動する機械の摩擦，摩耗をできるだけ零に近づけることがあげられる．摩擦，摩耗の低減は，機械システムの運動エネルギの損失のみならず，騒音，振動，故障を低減し，高速化や，耐久性，信頼性，運動精度の向上などに寄与する．摩擦，摩耗を低減するため，例えば，流体軸受では，相対運動する機械の隙間（軸受隙間）に，流体や気体の薄い膜を介在させ，摺動部で機械部品が直接接触することを回避する．また，転がり軸受では，複数の玉，円柱などを，相対運動する機械部品間に配置し，転動体の転がり運動を利用して，摩擦，摩耗を低減する．

液体や気体を作動流体として用いる軸受では，高い組立，加工精度が求められ，剛性・減衰性の観点から，軸受隙間を大きく確保できない．また，油を用いる流体潤滑では，環境の汚染が問題となる．圧縮ガスを用いる静圧気体軸受では，コンプレッサやその圧力脈動を低減するタンク，フィルタなどの付帯設備が必要となり，軸受部以外のシステムが大型化する．転がり軸受では，弾性体の変形に伴う転がり摩擦の問題があり，潤滑のためのグリース供給などの定期的なメンテナンスも必要となる．

これらの問題を回避する方法として，流体，転動体の代わりに，磁場を利用して，非接触で回転体を支持することで，なめらかな回転を実現する磁気軸受が提案されている．磁気軸受は，機械接触による摩耗が生ぜず，機構の高い耐久性が期待できる．さらに，潤滑剤が不要なため，クリーンな環境や真空中での利用が可能，メンテナンスの手間が大幅に低減できるなどの数多くの利点を有している．

具体的には，軸受での損失が少ない利点を生かし，高速で羽根車や軸を回転させるターボ分子ポンプ，圧縮機，ガスタービン，フライホイール UPS，高速ミーリング装置，紡績機などへの応用が見られる．また，軸受隙間が比較的広くとれる，潤滑剤が不要，耐久性が高いなどの特徴から，補助人工心臓などの血液ポンプや，半導体プロセス用のキャンドポンプなどへの利用も進められている．

2.　磁気軸受の基本構成と原理

2.1　磁気軸受の基本構成

磁気軸受は，電磁力によって，回転体を非接触支持する．回転体を剛体と仮定すると，空間中にその位置を固定するためには，並進3自由度，傾き2自由度，回転1自由度の運動を制御する必要がある．通常，回転1自由度は，モータが駆動を担当し，残りの5自由度の位置・姿勢を磁気軸受で制御することになる．現在までに，さまざまな磁気軸受の構成が提案されているが，以下に，標準的な5自由度制御形磁気軸受の構造について説明する．

2.2　ラジアルおよびスラスト磁気軸受

基本的な磁気軸受は，**図1**に示すように2組のラジアル磁気軸受と1つのスラスト軸受から構成される．単体のラジアル軸受は，軸の並進方向2自由度の運動制御を担う．これを1個ずつ合計2個，軸端に配置することで，並進方向2自由度と傾き2自由度の運動制御が可能となる．また，1自由度方向に力を発生するスラスト軸受で，軸方向の1自由度の運動を制御する．

ラジアル磁気軸受には，磁極の配置により，**図2**のような同一平面内の円周方向にNS極が交互に配置されたヘテロポーラ形と，同一極が配置されるホモポーラ形が存在する．図2のヘテロポーラ形の場合，ステータおよびロータの磁束が通過するコア部分は，変動磁界によるヒステリシス損や渦電流損を低減するため，電磁鋼板の積層構造になっている．ヒステリシス損や渦電流損は，回転体のエネルギ損失になるので，今回示したラジアル軸受構造に限定せず，磁性材料ならびに磁気回路設計における十分な考慮が必要である．

また，スラスト軸受の一般的な構造を**図3**に示す．軸

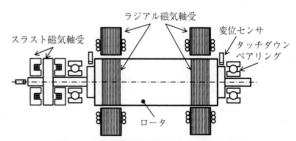

図1　5自由度制御形磁気軸受の基本的な構成

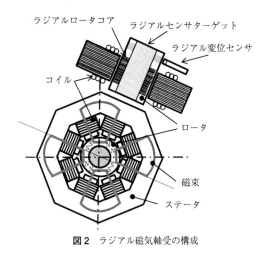

図2 ラジアル磁気軸受の構成

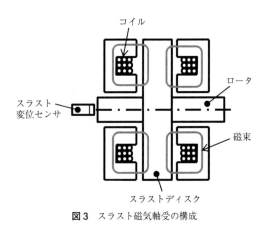

図3 スラスト磁気軸受の構成

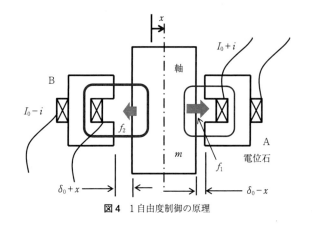

図4 1自由度制御の原理

に取り付けられた1枚の磁性体の円板を，コイル用の溝を設けた2つのリング状の電磁石で，挟み込む構造になっている．スラスト軸受の磁性コア内では，径方向と軸方向に磁束が流れるため，コアの積層構造は採用できず，一般的には，バルクのコアとなっている．ただし，円周方向の磁束変動は少ないため，回転に伴う渦電流発生はあまり問題にならない．

図2，3に示したラジアル磁気軸受，スラスト磁気軸受のいずれも，磁気的な吸引力を用いて対象を駆動する．1自由度の正負方向に対象を駆動（軸を押したり引いたり）するために，力の発生方向が異なる2つの電磁アクチュエータで対象を挟み込む構成をとっている．一方，コイルと永久磁石からなるボイスコイル方式の電磁アクチュエータでは，正負方向の力を発生するため，必ずしも，2個1組の構成を取る必要はない．

2.3　変位計測

軸のラジアル，アキシアルおよび傾きの5自由度運動を計測するため，変位センサは，最低，個々のラジアル軸受近傍にそれぞれ2個，スラスト軸受の軸端に1個の合計5個が必要である．なお，産業用の磁気軸受では，変位センサの温度ドリフト，コモンモードノイズの相殺のため，1軸方向の変位を，複数の変位センサを用いて計測する場合もある．変位センサの種類としては，渦電流センサ，誘導センサ，静電容量センサ，光センサ，ホールセンサなどの非接触かつ高応答な変位計が用いられている．

2.4　タッチダウンベアリング

回転中，軸に急激な外乱力や質量変化が発生した，制御系にサージノイズが混入したなどの場合，磁気軸受による非接触支持状態が保てない場合が発生する．特に，高速回転中の軸は大きな運動エネルギを有するため，電磁石に直接ぶつかった場合，軸，電磁石および変位センサなどの破損に繋がる．この問題を回避するため，図1にも示すように，タッチダウンベアリングと呼ばれる機械式の補助ベアリングが設けられている．これは，磁気軸受の不安定時のみに利用するのではなく，制御開始前，制御終了時に，軸を，電磁石や変位センサに接触しないように支持するためにも用いられる．通常，タッチダウンベアリングと軸の隙間は，回転軸と電磁石の軸受隙間に対して，半分程度と，十分狭く設計されている．

3.　磁気軸受の制御

3.1　基本的な制御法

図4に，磁気軸受の1自由度方向の位置決め制御の原理を示す．中央の軸を，対向する2つの電磁石ではさみこみ，半径方向に駆動する．

軸を，図中のXの正方向に駆動する場合，電流を電磁石Aのみに，Xの負方向に駆動する場合は，電磁石Bのみに電流を通電すれば，駆動できる．一方，このような駆動法を用いた場合，電磁石への入力電流と電磁石に発生する電磁力間に非線形性の関係が顕著に現われる．また，電磁石の切り替え点で，スムーズに力が切り替わらない問題がある．このような非線形特性は，PIDなどのシンプルな制御器を用いて磁気浮上を行う場合，好ましくない．

このため，通常は，両方の電磁石に一定のバイアス電流を与え，その電流をプッシュプルで増減する方法が採用されている．この関係を，簡単な式を用いて説明する．

磁性体に向き合う電磁石は，大まかに見ると，電流の2

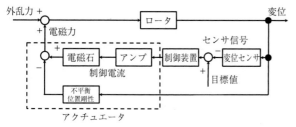

図5　磁気軸受の基本的なフィードバック制御系

乗に比例，ギャップの2乗に反比例した力を発生する．バイアス電流 I_0，制御電流 i，初期ギャップ δ_0，軸の変位 x とすると，式（1）のような関係が成り立つ．ここで，m は軸の質量，K は電磁石の吸引力を決める係数である．さらに，バイアス電流，初期ギャップに比べ，変位，制御電流が十分小さいと仮定すると，発生力は，変位と電流の線形結合で表わすことができる．

$$m\frac{d^2x}{dt^2}=f_1-f_2=K\Big(\frac{I_0+i}{\delta_0-x}\Big)^2-K\Big(\frac{I_0-i}{\delta_0+x}\Big)^2$$
$$\cong\frac{4KI_0{}^2}{\delta_0{}^2}\Big\{\Big(\frac{i}{I_0}\Big)+\Big(\frac{x}{\delta_0}\Big)\Big\}$$
$$\cong K_i i+K_s x \qquad (1)$$

ここで，K_i，K_s は，いずれも正の値をもち，特に，K_s を含む項を，左辺に移項すると明らかなように，係数が負のばね（不平衡位置剛性）の働きを示す．すなわち，この運動系では，軸が，どちらかの電磁石に近づけば近づくほど，吸引力は増大し，最後には，電磁石に衝突することになる．

軸の電磁石への衝突を回避するため，磁気軸受では**図5**のような変位をネガティブフィードバックする制御系が構成される．例えば，式（2），（3）のように，変位にある一定のゲイン k_p をかけた電流をネガティブフィードバックすると，負ばねを正にすることができ，また，変位の時間微分，すなわち速度を，k_d を乗じて，ネガティブフィードバックすることで，減衰を付加することもできる．

$$m\frac{d^2x}{dt^2}-K_s x=K_i i=K_i\Big\{k_p(-x)+k_d\Big(-\frac{dx}{dt}\Big)\Big\} \qquad (2)$$

式（2）を整理すると，

$$m\frac{d^2x}{dt^2}+K_i k_d\Big(\frac{dx}{dt}\Big)+(K_i k_p-K_s)x=0 \qquad (3)$$

以上が，磁気軸受が，フィードバック制御が必要な，直観的な説明になる．式から明らかなように，フィードバックゲインの設定で，剛性・減衰性をいかようにも調整することがでる．

さらに，変位と目標値の偏差に対して時間積分をした値をフィードバックすることで，ロータに働く静的な外乱力に対して釣り合う電磁力を発生することも可能である．すなわち，軸に静的な外乱力が働いているにも関わらず，まったく変位が発生しない，静的剛性が無限大の状況を作り出すことが可能であることを示している．機械式の軸受で

は達成することができない，制御形軸受の大きな特徴である．

3.2　回転体時の制御法

高速回転体では，不釣り合い振動が大きな問題となる．磁気軸受では，回転数に相当した変位の周波数成分のみ，大きなゲインでフィードバックできれば，不釣り合いに起因する振動を抑え込む（不釣り合い力相殺制御）ことができる．反対に，回転数に起因した変位の周波数成分をフィルタでカットしフィードバックしない場合，軸が慣性中心に対して回りだし，ステータに軸からの反力が伝わらない状態（不釣り合い力除去制御）になる．この機能を，うまく使いこなすことで，危険速度をいくつも通過した周波数領域での軸の高速回転が可能になる．

3.3　位置決め分解能の向上

コントローラのゲインを十分大きく設定することができる場合，変位センサの分解能まで，軸の位置決め分解能を高めることが可能である．半導体露光装置などのナノメートルオーダの分解能を有する多自由度微動機構にも，磁気浮上の利用が検討されており，レーザ測長システムや高精度静電容量変位計を用いることで，機械的な部品精度，組み立て精度に依存しない高い分解能の位置決めが可能となる．

4.　磁気軸受の限界

磁気軸受は，非接触軸受であり，高速回転が可能，軸受損失が少ない，液中，真空中でも利用可能，メンテナンスの手間が省ける，剛性・減衰性が自由自在にコントロールできる，センサ分解能まで位置決め分解能を高められるなどの，一見夢のような特性を有する軸受であるが，次の限界を考慮し，実機に適用する必要がある．

1) 負荷容量の限界　金属接触や油や水を使った軸受と異なり，磁場を使って力を発生するため，単位面積当たりで支えられる最大荷重は，従来の軸受に比べ大きく劣る．

2) 制御系による性能向上の限界　フィードバックゲインを高く設定すれば，剛性や減衰性は向上可能である．しかしながら，コイルに電流を供給するアンプの出力電圧・電流の飽和，周波数帯域の制限，電磁石に用いる磁性体の飽和，変位センサの周波数帯域の限界，センサノイズの影響，軸・ステータの弾性変形などのさまざまな制限から，最大回転数，剛性・減衰性，制御帯域，位置決め分解能の限界がある．また，コントローラのゲイン設定が不適切だと，軸の振動増加や，最悪の場合，制御系の発振，軸のタッチダウンベアリングへの衝突などが発生する．

3) コスト　前述のように，磁気軸受は，電磁石，変位センサ，パワーアンプ，コントローラ，タッチダウンベアリングなどから構成され，ボールベアリングや流体軸受などの機械式軸受と比較し，安価に製造することは困難である．このため，通常の軸受では，

どうしても到達不可能な高速回転，長期のメンテナンスフリーが求められるアプリケーション，真空環境用軸受や血液ポンプなどの特殊用途などに，適用が限定される．

今後の，磁気軸受技術の利用範囲の拡大には，磁気軸受自体のコスト削減と同時に，高コストに見合うアプリケーションの開拓が不可欠である．コスト削減の方法として，磁気軸受で用いられる電磁石を，変位センサとして併用するセンサレスの研究[1]，軸を回転するために用いるモータの電磁石と，磁気軸受の電磁石を併用するベアリングレスモータやセルフベアリングの研究[2]，フィードバック制御する運動自由度数を低減するため，永久磁石などを用いた受動形磁気軸受と制御形磁気軸受を組み合わせたハイブリッド軸受の研究[3]が進められている．

5. 磁気軸受の導入

磁気軸受の機械装置への導入を検討することは，少なからずあると思われる．しかしながら，ボールベアリングのように，カタログから装置の要求仕様にあったものを探し出すことは現時点ではできない．産業用として量産されている磁気軸受は，ターボ分子ポンプ用に限定される．その他の多くは，個々の製品の仕様に合わせて製造されるカスタムメードである．国内でも，磁気軸受のカスタムメードに対応可能な企業があるので，導入に当たっては，独自開発の前に，まずは，磁気軸受メーカのノウハウを活用すべきと思われる．

磁気軸受の標準化に関しても，国際・国内規格化の作業が進んでいる．防衛大学校 松下修己名誉教授をはじめとした国内外の産学官メンバーが中心となり，ISO/TC108/SC2/WG7 にて，磁気軸受の国際標準化を目指した規格作りは進められ，「機械振動―制御形磁気軸受が組み込まれた回転機械の振動」として，ISO14839-1〜4（1：用語，2：振動評価，3：安定性評価，4：技術指針）[4]〜[7]が順次発行されている．欧米においては，ISO14389をベースとした商取引も行われるようになっている．また，現在も，ISO14839-1〜4の内容の定期的な見直し，ISO14389-5に向けた規格の検討が進められている．さらに，当該ISOのJIS化も工学院大学の我妻隆夫教授を中心としたチームにより，経済産業省の支援のもと進められており，近々，ISO14839-1に該当する部分に関しては，発行予定である．磁気軸受の導入に当たっては，ぜひご一読いただきたい．

6. お わ り に

本解説では，標準的な5自由度制御形磁気軸受を構成するラジアル磁気軸受，スラスト磁気軸受の構造，初歩的なフィードバック制御の概要について述べ，磁気軸受の導入に当たっての注意点を概説させていただいた．5自由度制御形軸受に関しては，マイコンやDSPを用いた低コスト，高速デジタルコントローラの出現，パワーエレクトロニク

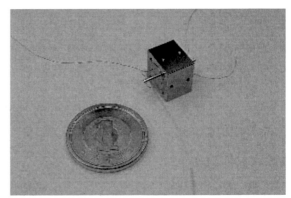

図6 1自由度制御形マイクロ磁気軸受（最大軸径2 mm）

ス技術の進歩，ISOを中心とした規格化などにより，技術，製品としての成熟度が高まってきた．

今後は，補助人工心臓などでも一部実用化が進んでいるが，使用環境，スペースの要求がより厳しい領域に利用可能な，単純で，コンパクトな磁気軸受の研究開発ならびに実用化が一つの方向であると思われる．例えば，電磁石のみの構成ではなく，高性能永久磁石をうまく組み合わせ，小型で，制御自由度数の少ない磁気軸受を製品レベルに展開することが挙げられる．**図6**に筆者の研究室で開発した1自由度制御形マイクロ磁気軸受[8]の一例を示す．

また，磁気軸受は，「軸受」の機能に加え，高応答・多自由度の「アクチュエータ」や「位置決めシステム」の側面を有している．例えば，軸に回転と揺動の運動を同時に与える，また，回転運動と軸方向運動を混合することが可能である．このような機能は，いまだ工業的に有効活用されておらず，今後のアプリケーション開拓の必要性があると考えている．

参 考 文 献

1) 水野毅ほか：変位センサレス軸受の実用化に関する研究，電気学会誌 D, **116**, 1（1995）35-41.

2) A. Chiba et al.；Magnetic Bearings and Bearingless Drives, Elsevier,（2005）.

3) 湯本淳史ほか：小型遠心ポンプ用1自由度制御型磁気軸受の研究，日本機械学会誌論文集C編，**74**, 742（2008）1625-1630.

4) ISO 14839-1, Mechanical Vibration—Vibration of Rotating Machinery Equipped with Active Magnetic Bearing—, Part 1: Vocabulary,（2002）.

5) ISO 14839-2, Mechanical Vibration—Vibration of Rotating Machinery Equipped with Active Magnetic Bearing—, Part 2: Evaluation of Vibration,（2004）.

6) ISO 14839-3, Mechanical vibration—Vibration of Rotating Machinery Equipped with Active Magnetic Bearing—, Part 3: Evaluation of Stability Margin,（2006）.

7) ISO 14839-4, Mechanical Vibration—Vibration of Rotating Machinery Equipped with Active Magnetic Bearing—, Part 4: Technical Guidelines,（2012）.

8) J. Kuroki, T. Shinshi, L. Li and A. Shimokohbe；Miniaturization of One-Axis-Controlled Magnetic Bearing, Precision Engineering, **29**, 2（2005）208-218.

はじめての 精密工学

CAD/CAE/CAM/CAT 通論 (1)

An Introduction of Outline of CAD/CAE/CAM/CAT (1)/Kiwamu KASE

(独)理化学研究所　**加瀬　究**

1. は じ め に

　工場で大量生産する製品の部品を想定した際に，通常は設計，解析（試験），（部品の）加工，組み立て，検査の工程をたどり世の中に出回ることになる．その各工程に対応した，計算機援用（Computer Aided）ツールとして，CAD（Computer Aided Design），CAE（Computer Aided Engineering），CAM（Computer Aided Manufacturing），CAT（Computer Aided Testing）が広く世に知られている．本稿では3回にわたり，初学者向けに，全工程を通したイメージが思い浮かべられることを目指して，各項目を「狭く，浅く」概説してゆく．

2. 生産支援ツールとしてのCAx

　かつての製図図面（2次元）を中心とした，設計/製作/検査の一連の作業から，3次元の形状モデルを中心としたデータの流れに支えられた製造が主流となりつつある．自動車からデジタルカメラまで3次元CADなしでの設計はあり得ないのが実情である．生産活動自体は大きくは自動（機械）化の方向と，情報化の方向の二つに沿って進化してきたといえる．前者は，人が手で行っていた加工の工作機械への置き換えが最たる例であり，後者は，それらを支えるためのCAD/CAM，2次元の紙媒体である図面から3次元データ化，生産に必要な情報そのものを各工程へ，そして企業間にわたり伝えてゆこうと現在も進化している．CAx（xはワイルドカードでDやMなどが入る）は自動化（Computer Automated）ではなく，計算機の助けを借りて，人が行っていた作業の定型化やその結果を情報化することにより，設計，物理的な実験，加工（準備），検査での各作業を早くし，繰り返し可能にして，より広く伝達/再利用できることに重きを置く．

　製造におけるCAxの各要素間の関係としては，CADを用いて設計し，設計結果であるCADデータをもとにして，実験/試験の代わりである各種シミュレーション（CAE）が行われ，それにより設計にフィードバックされ，設計変更後，やはりCADデータを基にしてCAMによりNC（Numerical Control）工作機械への指令（工具の移動経路）が作成され部品加工がなされる．加工された部品はまたCADデータに基づいて接触および非接触式の座標測定機の測定子を制御するための指令をCATにより生成する．CATは現在ではCADデータと測定結果の比較や，現物から計測し結果をCADにするリバースエンジニアリングまで含むように変わってきている．このようにCADデータは全工程においてわたってゆくところが他の要素と異なる．

3. 関連する用語（概念）

　情報化が進むにつれて，実際にモノを作らなくとも事前に性能や加工性などの検討，計画ができるようになってきた．「仮想生産（Virtual Manufacturing）」や「デジタルモックアップ（DMU）」などの概念の登場である．仮想生産は工場全体のモデルを計算機内に構築し，工作機械の稼働率や材料，部品の流れを模擬する（**図1**）のに対し，DMUは組立品が対象で，例えばエンジンルーム内の各部品が互いに干渉しないか，メンテナンスのために手や工具が入り，作業できる隙間があるかなどの検討を実際に作る前からモデルを仮想的に組み合わせてできるものである．

　従来の図面と現物が中心であった生産では，設計が完了して図面ができなければ，そのあとの試作，試験や加工の準備検討できないなど，前の工程が完了しないと次の工程に移れなかったが，情報化により初期の段階でのモデルができれば，同時に強度の見積もり（CAE）や，加工準備（CAM）が開始できる「コンカレント（concurrent/simultaneous，どちらも「同時に」の意味）エンジニアリング」（**図2**のCE）や，実際に作ってみてから生じるであ

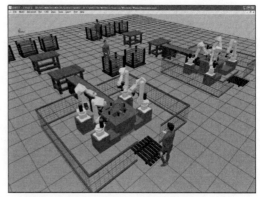

図1　仮想生産の例：レイアウトの検討（DELMIA，（株）ファソテック HP から）

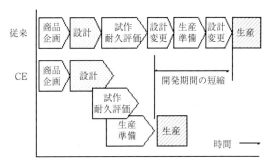

製品開発工程と期間
（従来とコンカレントエンジニアリングとの違い）

図2 コンカレントエンジニアリング（甲南大学 長坂悦敬）

CAD（Computer Aided Design の種類）
- 2次元CAD
 —図面の電子化
 —加工や測定への指示書
 —Drawing Tool（線と点）
- 3次元CAD
 —可視化/表示（Viewer として）
 —曲面→3D CAM の基データ
 —メッシュ生成→CAE の基データ
 —試作（Rapid Prototyping）に使える
 —製品情報（Product Model）保持→PIM
  - 寸法，公差，組立て品/部品，（材料，履歴，スケジュール，PDM，ERP，SCM，…）

図3 2次元CAD と3次元CAD

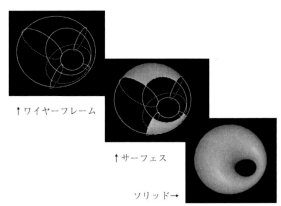

↑ワイヤーフレーム

↑サーフェス

ソリッド→

図4 形状モデルの進化

ろうさまざまな問題，課題を事前に検討できる「フロントローディング」などの言葉は現在でも重要である.

関連する用語としては，「PDM（Product Data Management）」，「PLM（Product Lifecycle Management）」と SCM（Supply Chain Management）などがある．PDM が主に工場内で，製品の企画から設計，製造といった各工程のさまざまな情報の一元管理が目的だが，図面をキーとして，CAD モデルもしくは Viewer（曲面を主体とする3次元CAD とは異なり，安価でポリゴンを主体とした高速表示が可能，編集ができないのが元々の違いであったが，いまでは CAD との境界がなくなりつつある）と部品表などがリンクするような間接的な PDM が実現しており，後述するが「3次元単独図」が再び一元管理を目指しつつある．この PDM を工場外，つまり出荷後のメンテナンスから廃棄まで管理しようという概念が PLM である．こちらはさらに野心的な取り組み（標語に近い）で，まだ実現しているという段階ではない.

これら両者が製品（Product）を対象にしているのに対し，今度は工場に入ってくるまでの部品，材料の流れを追うのが SCM であり，近年の地球規模（global）での部品調達において，災害による材料，部品の供給停止で思わぬ製品不足につながったことは記憶に新しいことである.

次章から個々の要素について述べてゆく．その最初に来るのが，その後の工程で何度も参照される CAD である.

4. C A D

CAD には2種類あって，2次元CAD と3次元CAD で内部も使い方も全く違うものだと思ったほうがよい（図3）．2次元CAD の方は図面をそのまま電子化したもので，内部のデータのもち方も基本的には点と線（曲線も含む）および寸法や注記なので異なるソフト間の変換もあまり問題ない．それに比べて3次元CAD は，その内部のデータのもち方はこの後に述べるが，あまり簡単でなく，使われ方も第一に回転していろいろな角度から見ることができるというのが最も重要な機能である．また3次元CAD で特徴的なのが，設計以外の工程での使われ方のほ

うが主となっている点である.

3次元CAD のコアとなるのが形状モデルで，その進化を振り返ってみると，図4にあるようにワイヤーフレーム（wireframe 針金細工），それに障子を貼ったようなサーフェス（surface すなわち表面で，曲面である）そしてサーフェスをすべて覆ってできるソリッドモデルが最新の形態である．ソリッドモデルは，サーフェスモデルと違って内部が詰まった固体（solid）として表現できるものである．現在主流のソリッドモデルは大きく CSG（Constructive Solid Geometry 簡単なソリッドで構成されたもの）と B-Rep.（Boundary Representation 境界表現）の二つに分かれる（図5）．CSG はプリミティブとよばれる球や箱や円筒などの簡単なソリッド要素をいくつか組み合わせ，その履歴（順番）を覚えてゆくことにより表現されるものである．一方 B-Rep はサーフェスモデルで用いられている曲面，曲線，点などの幾何情報に加えて位相情報という隣接関係をいれることにより閉じて囲まれた領域を立体として表現するもので，現在もっとも多くの3次元CAD に取り入れられている方法である．これは図5の右にあるように皮であるサーフェスをいくつかの部分に分け，それらすべてで囲まれた立体（3次元）を表現するために，隣接するサーフェス（2次元）同士の ID をその交線にあたる稜線（1次元）を介して管理するという階層的なやり方で実現している.

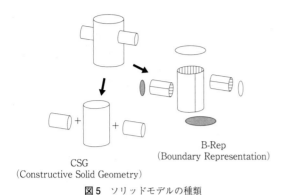

CSG
(Constructive Solid Geometry)

B-Rep
(Boundary Representation)

図5 ソリッドモデルの種類

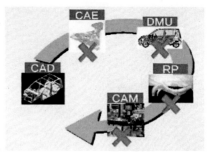

JAMA: Japan Automobile Manufacturers Association Inc.
JAPIA: Japan Auto Parts Industries Association Inc.

図7 CADデータ品質の後工程へ及ぼす影響（JAMA PDQ PR ビデオ V1.0 より）

```
立体（solid, body）
    ↓
面（face）      →      曲面，平面（surface, plane）
    ↑↓
稜線（edge）     →      曲線，直線（curve, line）
    ↓
頂点（vertex）   ·····→   （座標）点（point）

位相情報                幾何情報
```

図6 境界表現は位相幾何学と微分幾何学で成り立っている

　図6が境界表現の内部表現である．具体的な位置や形をあらわす幾何情報と，立体の構造をあらわす位相情報とを別々にしたことが境界表現の優れた点で，二重構造を採用しているため局所的に形や位置が変わっても立体の構造（穴や分岐など）が変わらなければ位相情報は変えなくてよく，少ない情報で非常に高い形状表現の自由度を有している．幾何情報自体は計算機の中では浮動小数点と式で管理されていることから数値誤差に弱く，回転など移動でその位置は変わってゆくので位置（幾何）情報のみでは面や稜線が互いに一致しているかが保証されないが，位相情報は基本的にID番号とリンクという整数の世界なので非常に頑健だからである．したがって移動したり，直角な角に丸みをつけるフィレットなど部分的に形状を変えたり（局所変形）しても立体の構造は全く変化しない．一方，穴をあけたり，立体を足したり引いたりする集合演算（ブーリアン演算ともいう．これができるのがソリッドモデル）という操作では境界表現が裏目に出る．交線計算などの収束計算はうまくいくという保証はないなど，数値的に不安定な幾何計算の結果を使って位相情報を書き換えてゆく作業は実は綱渡りに近い作業であるといえる．集合演算の計算途中で落ちたり失敗することがあるのは単なるバグだけのせいではなく，理論的に危ないことをやっているからであり，それでもうまくいくのはアルゴリズムの方でカバーし

ている点が大きい．このCADでも特に境界表現の弱点が後工程に及ぼす問題を取り上げたのが「PDQ（Product Data Quality）」であり，データの量と種類が最も大きい自動車業界で問題となり，取り上げられた．次章ではそれについて述べる．

5. PDQ活動

　前章で述べたように3次元CADが境界表現に立脚している以上，原理的に避けられないデータの品質の不安定さがあることから，運用でカバーしようというPDQ（Product Data Quality）活動が，（社）日本自動車工業会（JAMA），（社）日本自動車部品工業会（JAPIA）を中心に精力的に行われた．**図7**に示すように，CADデータの品質がその後の各工程でネックとなっており，CADベンダに任せるだけでなく，モデリングの段階で注意するようにとの意識改革が始まりであった．

　図7中では，設計段階が終わったCADデータが，前章で述べた位相情報の欠落等の理由で本来つながっているべきところに隙間ができるなどして，その後のCAEでの解析用のメッシュ（後述）が生成できない．あるいはそのあとのDMUやRP（Rapid Prototyping 迅速試作）やその後のCAM（後述）の段階でも不具合を生じている状態を示している．これについては2回目のCAEとのインターフェースでもとりあげる予定である．

　データ品質の問題に起因するコストを業界全体で調査した結果（**図8**）多大な損失であることが分かり関係者に大きな衝撃を与えた．この図にあるように自動車メーカは「車体メーカ」（電気関連だと「セットメーカ」で構図は同じである）であり，「1次サプライヤ」，「2次サプライヤ以降」，「金型メーカ」と異なる企業間で，2章でのべたSCMを通して情報と部品のやり取りを（国内だけでなく海外も含めて）日々行っている．その際の「情報」の代表がCADデータなので，その品質が悪いと，結局受け取り側で（データの）作り直し（モノの作り直しはもっとかかる！）など積み上げの結果が甚大となるのである．

　PDQ活動では**図9**のようにモデリングの不具合の分類，

図8 CADデータ品質による自動車業界での損失（JAMA PDQ PR ビデオ V2.0 より）

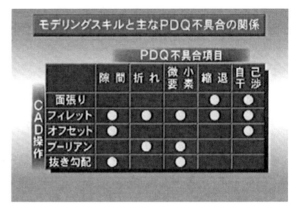

図9 モデリングの不具合（JAMA PDQ PR ビデオ V2.0 より）

モデリングスキルと主なPDQ不具合の関係					
PDQ不具合項目					
	隙間	折れ	微小要素	縮退	自己干渉
面張り				●	●
フィレット	●	●	●	●	
オフセット	●				●
ブーリアン	●	●			
抜き勾配					

（CAD操作）

用語の統一から，その対策（PDQチェッカなどのツールやモデリングの工夫）まで提案し，CADベンダとの地道な努力によりかなりの成果が上がっている．図9中の「オフセット」と「抜き勾配」については3回目のCAMの章で金型製作と絡めて説明する．また図7〜9で紹介したビデオは http://www.jama.or.jp/cgi-bin/pdq/download_pdq.cgi からダウンロード可能である．

6. RP（Rapid Prototyping）

ここでRPについて簡単に説明する．詳細は2006年のVol. 72, No. 12の中川威雄先生が書かれた「はじめての精密工学 ラピッドプロトタイピング」を参照されたい．RPは，実際の加工工程で部品を作り出す前に，主に形状確認のために実体化する技術で，その方式は金属を焼結するものから，紙や木を切りぬいて積層させるものまであるが，最も多く使われているのは光造形法である（図7のRP）．レーザー光が当たったところのみ硬化する光硬化性樹脂を使い，レーザープリンタのように，2次元で輪郭（およびその中を塗りつぶす場合も）を描くと，2次元の形が実体を伴って生じ，それを高さを変えて一層ごとに行うことにより立体ができてくることから，積層造形法ともいわれる．その造形法に対応してソフトウェア側でも曲面からなるCADモデルをいったん三角形の集まりとして近似変換し，それらを水平方向にスライスしながら輪郭データを生成する過程が必要となり，そのための三角形からなるファイルであるSTL（Stereo Lithography 立体の積層）がRPのみならず，CAMやCG（Computer Graphics），CAD間でもデータのやり取りに使われるようになった．

レーザープリンタの代わりにインクジェット式のプリンタを使って，光硬化性の代わりに片栗粉や石膏のような粉末に置き換えて同様に積層造形を行うとカラーの造形物を作ることもでき（図10），あわせて「3Dプリンタ」とい

図10 カラーのRP（3D System Z コーポレーションのHP から）

われるようになった．

RPは一部の焼結タイプを除き，実際に使用する部品とは材料が異なるために，あくまでも試作品として，見た目，触感，使い勝手を確認するためのものである．それでもなぜ重要かといえば，3回目のCAMの章でも述べるが，実部品を作り出すには金型を加工してからの大量生産が前提であるため，手間と時間（ともちろんお金）がかかり，個人で一品だけの実物をつくる（これは企業内でも試作段階では同じ）のは現実的にはほとんど無理といわれていた．それに対し，RPはCADからほぼ全自動で実体ができ上がるので，導入当初は一晩かかっていても当時からrapid（迅速）と名前がついたのはそのためである．

紙面の都合で，第1回目はここまでとし，続く第2回目で，CADから他工程に渡す際のファイルの種類（ネイティブ，IGES，STEP）について述べ，CAEへと続けてゆく予定である．

CAD/CAE/CAM/CAT 通論 (2)

An Introduction of Outline of CAD/CAE/CAM/CAT (2)/Kiwamu KASE

(独) 理化学研究所　加瀬　究

1. は じ め に

前回の第1回では，CAD/CAE/CAM/CAT（総称して CAx）の生産の支援ツールとしての役割，関連する概念や用語，CAD の中身と RP（Rapid Prototyping）について述べた．第2回目は CAD から他の CAx へのインターフェースについて述べ，CAE に入ってゆく．

2. CAD と CAx のインターフェース

この章に関係する内容については，すでに 2006 年の Vol. 72. No. 10 で (株) エリジオンの矢野氏が「はじめての精密工学　形状デジタルデータの品質とデータ交換の方法」で解説されているのでそちらも参照されたい．異なる CAD 間や CAD から他の CAx にデータを渡すにはファイルを介する場合とダイレクトトランスレータとよばれるソフトウェアを介する場合との二種類がある．ファイルを介する場合（中間ファイル）は，かつてデファクト（事実上の）スタンダードといわれた IGES（Initial Graphics Exchange Specification）と，ISO の規格（ISO 10303 シリーズ，こちらはれっきとした規格なのでデジュールスタンダード）である STEP（STandard for the Exchange of Product model data）ファイルがある．実際にやり取りされるファイルは AP（Application Protocol）が付くもので，業界ごとに分かれており，例えば AP203 などが機械部品用としてよく使われている．現在では IGES に比べ STEP の流通の方が多い感がある．STEP の詳細については 1993 年の Vol. 59, No. 12 に特集が組まれており，木村文彦先生をはじめ多くの先生方が寄稿されているのでそちらを参照されたい．前回の RP の章で紹介した STL ファイルも，曲面は含まれないものの一種の中間ファイルとし

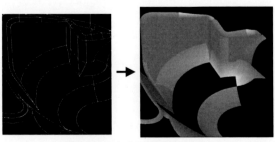

図1　IGES による面の反転や欠落

て用いられている．

　IGES を使うときの問題として，前回の CAD の章で説明した位相情報やトリムドサーフェスが扱えなかったことにより，例えば図1のようにデータの欠落や面の向きが逆になるなどの不具合が多々あったため STEP の制定に至ったともいわれている．

　これに対しダイレクトトランスレータは，CAD の内部ファイルであるネイティブデータ（CATIA, Pro/Engineer（現 Creo）などの独自ファイル）間，もしくは幾何計算部分を共通にライブラリとしてもつカーネル（ACIS や Parasolid, DESIGNBASE）間を直接変換するもので，CAE や CAM に内蔵されているケースもある．

　CAE とのインターフェースはこれだけでは不十分で，さらにメッシュ（格子）生成が必要となる．これについては本稿では詳しく触れないが，固体のための構造解析用には 2010 年の 11 月号の「はじめての精密工学」の山田知典先生，河合浩志先生の解説「FEM のメッシュの切り方」を，また熱流体解析のための格子生成（grid generation）については 1996 年の 10 月号の「特集　研究者・技術者のためのツールとしての有限要素法技術」で取り上げられた宮田悟志氏の解説「FROTRAN による CFD の工学問題への適用」を参照されたい．

3. CAE の役割

　CAE（シミュレーション）の位置づけは，設計してから実際の部品加工や金型による成形に移る前に，その設計でよいのか，材料の選択は大丈夫か，製造方法の選択はこれでよいのか，など検討を行い，その結果を設計や製造工程にフィードバックすることにある．従来は実際に試作品や試作型を作り，実験していたものを数値シミュレーションに置き換えてゆく傾向は今後さらに加速されるであろう．すべての製品，部品，製造法を事前に CAE で検討して，OK になってから初めて実生産に移り，「出戻り」のないことが，まさに前回述べたコンカレントエンジニアリングやフロントローディングの実現であり理想的な姿である．しかし，実際には後工程でおこる不具合の予測が完全にできるわけではなく，試作や量産後の不具合を実験と併せて「後解析」をし，実験・計測から整理されたノウハウデータベースとの併用によって問題解決をしてゆくのが現実的なアプローチである．

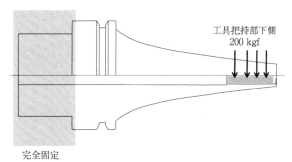

工具把持部下側
200 kgf

完全固定

(a) 拘束条件と荷重条件

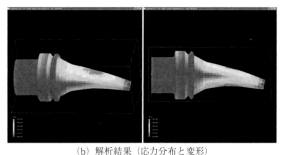

(b) 解析結果（応力分布と変形）

図2　構造解析の例（今井登氏より）

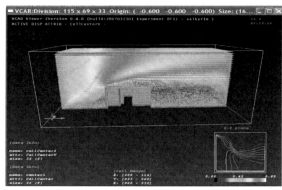

図3　熱流体解析の例（建物回りの風の流速）

4.　CAE の種類

　CAE の種類としては大きく二つに分かれ，一つは出来上がった製品（部品）がある環境におかれたときの状態変化を調べるものと，それらを製造する過程を模擬するものがある．後者については次の5章で述べることとする．世の中に圧倒的に出回っているのは前者であり，そのほとんどは構造解析（structural analysis）と熱流体解析（CFD：Computational Fluid Dynamics）であり市販のソフトウェア（中には無料のものも）も多い．このほかにも衝突解析や組み立てのシミュレーションから機構解析，電磁場解析，回路や音響などさまざまな部品の振る舞いを模擬するものがあるがここでは述べない．

　構造解析は固体（部品）を対象として，外力（荷重（load）という）をかけた際に，部品の内部にそれに対して生じた面積当たりにかかる力（応力（stress）という，流体における圧力と同じ次元）の分布を調べ，その部品が耐えられるか（したがって事前に材料ごとの定数と，どのように固定しているかなどの拘束条件の入力が必要）を調べる．その結果部品の変形（元の長さで割った相対的な伸び/縮みを使い，歪み（strain）という）も見積もることができる．図2はマシニングセンタのツールホルダの応力分布と変形（200倍に拡大）を示したもので，図2 (a) のような拘束条件（左）と荷重（右）を与えて構造解析をした結果が図2 (b) である．応力はさまざまな方向の成分からなるテンソル量であるが，それをクリティカルなスカラ量におきかえた応力であり，同図では濃いほど高い応力分布（すなわちそこから破壊しやすい）となっている．

　構造解析は上記の応力ひずみ解析の他に，外部からの振動に部材がどの程度共振するかを調べる「モード解析」や，薄い/細い部材に圧縮力をかけたときに縮むだけでなく，垂直方向に曲がってしまう「座屈解析」，さらに部材を固定して熱をあたえたときに熱膨張が抑えられて内部にたまる熱歪みの解析がよく使われる．これらはすべて，応力が材料の限界に達すると元に戻らない（塑性）変形が起こり，最終的には部品の破壊につながることから，（作ってからではなく）設計時にシミュレーションを行い，適切な部品の材料と形状，および構造（それらをどう組み合わせるか）の選択をすることが重要である．

　ここで押さえておきたいのは，材料，構造ともに頑丈になるように選択すると必然的にコストが上がることから，なるべく軽く，薄くしたい（「肉を盗みたい」といわれる）という要請がかならずあるということである．なるべく少ない重量（材料費や燃費に効いてくる）で，できるだけ「やわ」に作っておいても，壊れないようにしなくてはいけないという二律背反を背負っている点を忘れてはいけない．

　次に2つ目のメジャーなシミュレーションである熱流体解析（CFD）について述べる．この解析の対象は部品（固体）の内部や外部の流体（気体/液体）である．構造解析の際には部品の応力と歪みを数値解析で追っていたが，今回は流体内部の各場所での圧力と速度を遂次計算してゆく．室内や自動車内のエアコンや，データセンタやサーバの内部/外部の冷却など熱の移動，都市のある部分を計算機内にモデル化して解析するヒートアイランド対策などに使われている．図3は筆者のいる建物の周りの風の流れを解析した例で，流速（濃いほど速い）を表している．

　近年では先の構造解析と併せて解析する流体-構造連成（Fluid Structural Interaction：FSI）が盛んになされており，流体から固体に及ぼす圧力による構造物の変形，またその逆で変形移動する構造物から変化する流れをシミュレートするのがトピックとなっている．例として熱対策でどのPCにもついている冷却ファン（さらに強化するため水冷式もある）の変形（強度）と冷却効果を同時に解析する場合などが挙げられる．

上記で述べた構造解析や熱流体解析も連続体力学を基礎としており，基本的には1種類の均質な固体/流体を連続体（質点の集合）として扱っている．対象を有限の要素（Finite Element）の集合で表現し，さらに細かく（無限になるまで…）要素を分割すれば理論的な解に近づくことが保証されている有限要素法（FEM，最後のMはMethod）と，同じく対象をすべて同じ形の（正規）格子で方眼紙のように区切って，本来連続的な微分方程式（dx または ∂x，前者は変数が一つの場合の常微分，後者は複数あってそれだけを固定したときの変化を見る偏微分）を有限な差分（Δx）で近似（これを離散化という）して計算機で遂次計算できるようにしたものが有限差分法（Finite Difference Method：FDM）である．FEMは動きながら変形してゆく物体に固定した座標系（Lagrange の見方）で記述され，構造解析でよく用いられる．一方のFDMは空間に固定した座標系の各点での流速や圧力を追ってゆく Euler の視点で，同様の支配方程式（連続の式と運動量保存から導かれた運動方程式）が離散化されたアルゴリズムに沿って時間的な発展をまとめる熱流体解析でよく使われる．

他にも分子動力学（Molecular Dynamics：MD，2010年9月号の田中弘明先生，島田尚一先生の「はじめての精密工学」を参照）をはじめとして，水などの溶媒は連続体として，ランダム力だけを与えるものとして表現して粒子のブラウン運動を追うブラウン動力学（Brownian Dynamics：BD）や，流体と粒子の相互作用を扱う Stokes Dynamics，溶媒や溶質（特に高分子など）を粗視化粒子で近似して，それら粒子間でやり取りされる熱振動によるランダム力，粘性抵抗から熱エネルギーに変わってゆく散逸力，分子間力を BD や MD と同様に粒子にかかる力として加算して Newton の運動法則（$F=ma$）をそれぞれの粒子について解いてゆく散逸粒子動力学（Dissipative Particle Dynamics：DPD）などがある．これらは μm 以下 nm オーダの微小な領域が対象となっている場合は材料設計などに用いられている．

さらに対象は mm 以上のマクロな連続体だが，破壊してゆく過程をダイナミック扱うために，粒子系の力学に類似して，自由な位置に配置された粒子間をばねとダッシュポットでつなぎ，一定以上の力がかかるとその接続を切る個別（離散）要素法（Discrete Element Method：DEM，コンクリートの破壊などに用いられる）や熱流体解析や構造解析と同じ支配方程式を使いながらメッシュ（格子）を使わず，粒子に代表させて液体の自由表面や気液二層流，固体の大変形，破壊をシミュレートする粒子法（Moving Particle Semi-implicit：MPS，Smoothed Particle Hydrodynamics：SPH）なども注目されている．

5. 製造法のシミュレーション

製造法のシミュレーションは，その言葉通りに製造法の数だけあり，ガラスの成形やゴム，ペットボトルを造る際

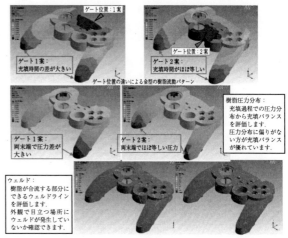

図4 射出成形シミュレーションの例：ゲート位置の比較（サイバネットシステム株式会社の HP より，ANSYS Workbench 版射出成形システム「Planets X」解析事例）

のブロー成形のシミュレーションなど各種あるが，ほとんどが「型」を用いる成形により大量生産される．なお，金型については 2008 年の2月，3月号の「はじめての精密工学」で鈴木裕先生が分かりやすく解説されているのでそちらも参照されたい．また，切削シミュレーションについては次回の CAM の章でふれる．ここでは型を用いた成形のシミュレーションでも市販ソフトウェアとしていくつか流通している，射出成形（injection molding），鋳造（casting），鍛造（forging），プレス成型（stamping）のシミュレーションについて取り上げる．

射出成型は溶かしたプラスチックを金型の中に押し込み（射出），急冷して固める．大きいものでは浴槽，車のダッシュボード，テレビから，携帯電話，スマートフォンの筐体までわれわれの周りにあふれているものが射出成形によって作られている．**図4**はゲート（そこから溶けたプラスチックが流れていく）の位置を変えたときの違いを比較している射出成形のシミュレーションの例である．

熱く柔らかいプラスチックにさらに圧縮空気を入れて金型面に張り付けるのがペットボトルに代表されるブロー成形で，材料をプラスチックから金属にかえてバルク状のものを成形するのが鋳造である．工作機械のベッドやコラムなど大型の構造物で自由な形をいくつも（大量生産）できる製造法は鋳造に勝るものはなく，奈良の大仏などのように古来より用いられている．これらのシミュレーションは流動過程と凝固過程，その後のそりや収縮の影響を見るのと大きく3つに分かれている．射出成形，鋳造ともに，すでに述べたように，なるべく少ない材料で薄い構造を狙うが，材料の届かないところ（欠肉）がでないようにシミュレーションで事前検討をする．鋳造の場合は鋳巣（穴のこと）のような内部欠陥や，異なる流れの溶湯（溶けた金属）が再び合流する湯境（射出成形のウェルドライン（図4下）に相当）などいずれも使用時の破壊につながる強度

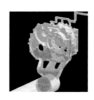

湯流れ_温度表示

凝固_溶湯補給限界固相率到達時間

図5 鋳造湯流れ凝固解析（TopCAST）の例（(株)トヨタコミュニケーションシステムより）

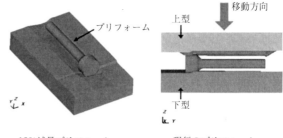

移動方向
プリフォーム
上型
下型

12%減量プリフォーム　　　　現行のプリフォーム

図6 鍛造シミュレーションの例：減量しても欠肉がないか（e-CAE「構造解析」第4部「解析事例」から）

―― スプリングバック前
―― スプリングバック後

図7 プレス成形シミュレーションの例：スプリングバック（(株)先端力学シミュレーション研究所より）

不足や，外観（これも大事，傷やへこみ，筋があれば売れない）などの問題が出ないように金型の設計や方案の変更を行うためである．**図5**は鋳造における湯流れと凝固の解析例（エンジン部品）である．

　鍛造は金型を使った鍛冶のことで，もともとある丸棒などの単純な形状の素材をたたいて所望の形にしてゆく．鋳造に近いが，電車の車輪や自動車のエンジンのすぐ近くにあるクランクシャフトやコンロッドなど，過酷な環境で一体（ボルトも溶接もダメ，鋳造も強度不足）であることが要請される部品に用いられる製造法である．**図6**は鍛造におけるプリフォーム（一回で最終形に成形できないので，何度か予備成形する）の際に欠肉がないようにかつ，そのうえでどこまで材料を減らせるかをシミュレーションで見込んでいる例である．この例では図6の下のようにどちらも同じくらいにあふれていることを確認している．

　プレス成型（stamping）は板金プレス（sheet metal forming）ともいわれ，ロッカーや机などの什器から自動車のボディをはじめとするほとんどの構成部品，輸送手段や容器など中身（空）を多くとりながら強度を必要とするものに使われる．これらは金属の薄い板の曲げ，しぼり（しわのないカップ状に成形），穴あけ，溶接などの工程を経て作られるが，シミュレーションはそのなかでも予想が難しいしぼり（drawing）工程のみを扱うものが多い．想像できない読者は左手でコップを作り，その上からハンカチをのせて右手の指で押し込んでみてみることをお勧めする（しわができないように押し込むのは不可能に近い）．シミュレーションの過程では凹型であるダイス（die，左手のコップ）と凸型であるポンチ（punch，右手の指）からなる金型の形状をCADで定義し，FEM用のメッシュ分割を行い，すでに分割されている平らなシート（ブランク，上の例のハンカチ）を挟んで，曲げられて伸びて変形してゆく過程を模擬する．その際に伸びすぎて板厚が薄くなりすぎると「われ」が生じ，逆にあまると「しわ」ができる．この間のちょうどよい条件を見つけるためにシミュレ

ーションをしては金型の形状部分およびそれ以外のダイフェース形状の修正，しわ抑えのためのビードおよび成形条件の変更を行うというサイクルを繰り返す．プレス成形シミュレーションでは，上記のわれ/しわの予測だけでなく離型後の残留応力が解放されるために起こる変形（スプリングバック）予測（**図7**）を行っている．

　最近では自動車に，軽量で引張り強度の高い高張力鋼板（high tension steel：ハイテン）が，燃費を抑えるために軽量化しつつかつ衝突時にキャビンをまもるための部材として多く使われている．ばね材のようにスプリングバックが激しいため成形はより難しいことからシミュレーションの需要が高い．

6. お わ り に

　第2回目はCADとその他のCAxとのインターフェースに始まり，CAE（シミュレーション）について触れた．次回の最終回ではCAM（加工）とCAT（計測とリバースエンジニアリング）について触れる予定である．

はじめての精密工学

CAD/CAE/CAM/CAT 通論 (3)

An Introduction of Outline of CAD/CAE/CAM/CAT (3)/Kiwamu KASE

（独）理化学研究所　**加瀬 究**

1. は じ め に

第1回と第2回は，CADの中身および他のCAxへのインターフェースおよびCAEについて述べてきた．最終回である第3回目でCAM（加工）とCAT（表面，ボリューム計測とリバースエンジニアリング）について述べ，またCATの章でCAxを通してこれから重要な位置を占める3次元単独図についてふれる．

2. CAM の概要

CAMとは Computer Aided Manufacturing（またはMachiningとの説もある）の略で，CADからの形状データを入力として，工作機械等の実際の加工機に対する指令値（通常はGコードと呼ばれるNCデータ）を出力とするソフトウェア全体を指すが，CAD/CAMという組み合わせで使われる場合は，代表的な例としてフライス加工を前提としたNC制御装置つきのマシニングセンタ向けのデータを作成するソフトウェアを指すことが多い．その出力であるデータは工具経路，CL（Cutter Location）データ，カッターパスなどと呼ばれる．ここではこのような狭い意味でのCAMについて簡単に説明する．CAMはあとで述べるが，フラットエンドミルやボールエンドミルなどの工具をどのように動かすかを，工具の種類や径などの記述されている工具ファイルと，工具材種や被削材の組み合わせで決まる回転数や送りの推奨値が記述されている加工条件ファイルから決定する（これにより工具経路と送りであるF値が決まる）メインプロセッサ（3章）と，それを加工機ごとにきまる座標系（機械座標系），または被削材を基準とした場合のワーク座標系に座標変換するポストプロセッサ（4章）の2つに分かれる．プリプロセッサにあたる部分がCADデータからのワーク形状の読み込みに相当し，これについては前回のCAxとのインターフェースの章で述べた．データの読み込みは成功したとして，CAM固有の前処理（加工のためのモデリング）が必要な場合がある．**図1**にあるようにまず曲面部分を削ってから（図1の下）その後に穴をあける（図1の上）場合で，CADの出力としては最終形状（図1の上）のみであり，途中の形状がCAMに渡らないために，穴を埋める作業が必要となり，履歴付きやフィーチャー（穴，ボス，溝などの形状特徴）認識機能があるCAMソフトウェアもあるのでこのような編集や，同時系の穴のみを選んで一括処理するようなプランニングが可能である．

3. CAM：メインプロセッサ（CL 計算）

メインプロセッサで行う計算は，CADから読み込んだ形状に合わせて工具を動かす軌跡を出すことである．

図2に示すように，先端が球状のボールエンドミルを使う場合は対象の形状が曲面であっても，また実際に工具が接触している点（切削点）が工具において時々刻々と変化しても，実際に計算する球の中心位置のみを指定するので非常に簡単に計算ができる．これは断面の曲線に対して工具半径分をずらす（これをオフセットという）だけだからである．また工具半径より大きい曲率であれば，ほとんど工具のどこがあたっても削ることができることから柔軟性に富んでいる．これが先端が球でなく円筒（スクェアエンドミル，またはフラットエンドミルやRのついた円筒の工具（ラジアスエンドミルやブルノウズ工具など）の場合は，ボールエンドミルに比べてオフセット計算が多少難

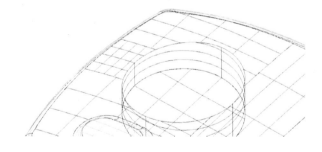

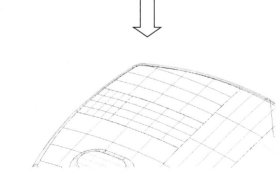

図1 加工のためのモデリング（穴埋め）：古賀良幸氏より

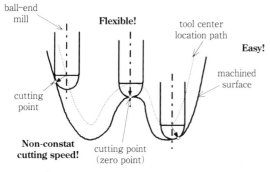

図2 ボールエンドミルの場合の工具経路算出

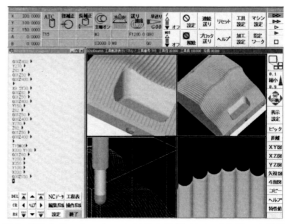

図3 NC シミュレーションソフトの例（シンプルテック社製 NCVIEW）

しくなる（したがって，工具経路が予期しない動きをする いわゆる「パス落ち」がおきやすい）．図2で実線の曲線 がこの工具経路で削りだされる表面の断面形状であるのに 対し破線の曲線が工具経路となる．

　削る対象の形状によっても工具経路の分類が可能で，対 象が平面や穴などの場合は，どのような工具を用いても1 軸もしくは2軸の動きになり，逆に製品の外側（意匠）形 状のように自由曲面の場合は，同時3軸の動きとなる．そ の中間として直線や曲線からなる平面（2次元）形状をそ のまま，その平面に垂直な方向に立ち上げた形状を2.5次 元（2と1/2）形状と呼び，平面加工をしながらZ軸を動 かしてゆく場合に相当する．CAMソフトウェアの方もそ れにあわせて，2次元加工パス，2.5次元，3次元と種類が 別れ，一般に値段は後者のほうが高くなる．自由曲面はな いが穴やボスなどが多く，逆に精度が要求される（追い加 工や径補正など，実際の加工におけるテクニックが要され る）場合は2次元または2.5次元用のCAM（いろいろ使 い勝手がよいことが多い）を用い，自由曲面の場合には3 次元CAMに用意されている多彩な種類の加工パスを使う など用途によって使い分ける必要があるが，効率と精度か ら同時に3軸を動かすパスではなく2軸（平面加工）とし ての等高線や走査線パスが多用される．軸構成の議論とし て，機械の動きは互いに隙間（ガタ）のある機構部品どう しを組み合わせて実現しているので，機械の自由度が上が ると原理的には位置決め精度が落ちることになり，この傾 向は4軸以上の回転機構が入ると径（寸法）に比例して誤 差が拡大するため一般にはさらに大きくなることをまず押 さえておく必要がある．しかしながら近年は補正技術の進 歩と工作機械自体の低価格化から，逆に精度を実現するた めに，一度工作機械にセットしたら外さずに（段取り変え をしないで），4軸，5軸加工機でなるべく多くの加工を行 うことが増えてきた．従来から5面加工（立体の6方向の うち治具で固定した底面を除く）として大型で精度が高精 度を要する部品に使われてきたことが，ボールエンドミル の唯一の欠点といえる先端部分の周速0となる部分を避け るのに有用であることもあって，段取り替えによる加工精 度の悪化（段差が生じる）対策として一般化してきたもの と考えられる．

4. CAM：ポストプロセッサ

　NC工作機械は，多くのメーカからさまざまなオプショ ンをもったものが販売されており，使用する座標系や付属 しているオプションによって異なるツールパスを出力する 必要がある．サポートしていない機能を使おうとする命令 がコンピュータから送られた場合，NC工作機械側は安全 のために即座に実行を停止する．そのため多くのCAMソ フトウェアでは，ツールパスを作成する場合にそれぞれの 機種・環境にあった命令を生成する「ポストプロセッサ」 という仕組みを備えている．主要な加工機およびNC装置 のデータベースをもっており，そのデータに基づいてメイ ンプロセッサで計算した工具経路が，実際の加工機で使え るGコード（ISOで規定されている．図4の左にある文 字がGコードの例）に変換される．この仕組みのおかげ で，どの国のどの会社でどのCAMソフトウェアを使って も全世界共通の機械を動かす指令値であるNCデータ（G コードとMコード）が入手できれば即座に加工できるわ けである．ちなみにGコードは早送り，切削送り（直線 補間と円弧補間）などの工具の動きを記述する記号で，動 きの種類と開始点や終了点の座標値，F値による送り速 度，S値による回転数のなどの幾何学的な動き （GeometryのG）指定があり，Mコードはスピンドルの 回転の開始や，クーラント（潤滑，冷却と切子の排出のた めの液），ATC（工具自動交換）などの機械（Machineの M）固有の動作への指令群となっている．

　さらに近年では，ポストGコードとして既に紹介して きたSTEPの一環としてSTEP-NC（ISO 14649シリー ズ）が規格化されており，加工指令の結果としてのGコー ドに代わり，工程設計，加工準備をオブジェクト指向的 に記述する言語も出てきている．

5. NCシミュレーション

　ここでいうシミュレーションは（一般的にも実用化され

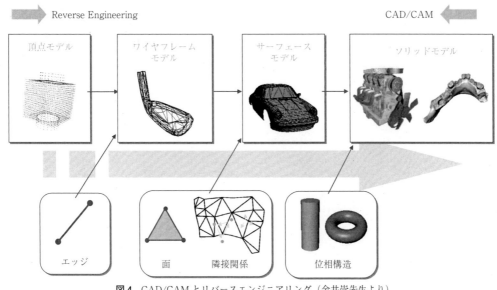

Reverse Engineering　　　　　　　　　　　　　　　　CAD/CAM

頂点モデル　ワイヤフレームモデル　サーフェースモデル　ソリッドモデル

エッジ　　面　隣接関係　　位相構造

図4 CAD/CAM とリバースエンジニアリング（金井崇先生より）

ているのは）表示のみのシミュレーションで，実際の工具のびびりや工具折損，摩耗までを計算するものではない（切削現象のシミュレーション自体はもちろんたくさん研究されているがここでは触れない）．工具の変形や切削力などを考慮せずに，工具を刃形は表現せず，円筒や球（およびそれらの合成）として表現し，被削材も中身の詰まったソリッド（豆腐のようなものとして）表現した場合の純粋に幾何学的な削りあとや干渉（削りすぎや被削材以外のものとの工具の衝突）を検出・表示するものである．**図3**にその例を示す．図3の例だと切削が進むにつれて，表面の削り残し（カッターマーク）やあらかじめ読み込んである仕上げ形状への削りこみを表示し，そのときの NC データ（図3の左）を表示する機能もついている．

6. CAT とリバースエンジニアリング —検査とデジタイズ—

現実世界には理想的な形状の部品は存在せず，かならず寸法/形状誤差を有している．そこで寸法基準やデータムという考え方が必要となるが，これはどこを一番大事にして基準とするかという優先順位に他ならない．この考え方は設計における寸法基準，データムから，加工時の加工基準（3章でのべた段取り時に決まる）を経て，測定の際にどの順番でワーク（測定対象）を固定するかのセット方法に引き継がれてゆく．CAx では単なる座標系にすぎないのであるが，実物には誤差があるために順番によって座標系が変わってきてしまい，座標系が複数あることが常に問題となる．検査（Test）は真値（寸法や 3D 形状モデル）と実物を比較するために測定を行うが，一方デジタイズは印刷されたものをスキャンするのと同じように，まるごと計算機に取り込んで数値化するという意味なので目的が違うといえる．同じ装置を座標測定機と呼んだりデジタイザ

と呼んだり，あるいは非接触の表面座標測定機を3次元スキャナと呼ぶのも目的が違うからである．これは，この通論で述べてきた，3次元の形状モデル（CAD）から，等高線や走査線加工のように1次元（直線，曲線）の加工パス（CAM）を経てモノ（現物）に変換されているのが順方向のエンジニアリングであるのに対し，逆に現物からデジタイザを経て0次元の点群，それらを結んで1次元（ワイヤフレーム），2次元（サーフェス），3次元（ソリッド）と上がってゆく工程をリバースエンジニアリングと呼ぶ（**図4**）．同図にあるように次元が上がる過程で明らかに足りない（失われた）情報があるので，自動的に一意に決まるものではないが，それを外部からノウハウやヒューリスティクスにより埋めていく．リバースエンジニアリング自体は設計情報がない現物のみの状態で設計思想を知ろうとすることが語源となっているが，CAx の文脈では，例えばデザイナが手で作ったフィギュアなど，モノをスタートとしていったんデジタルデータにすれば加工編集が可能，既存の製造手法を再利用が可能となることから，カスタムメードを可能としており，RP と併せると実物の（修正付き）コピーもできる．これは試作品や金型の修正から前回の部品の流用設計など製造現場でもよく使われているが，精度の観点では検査（CAT）とは真逆の方向であるといえる．

使う立場で測定機/デジタイザを分類すると以下のようになる．
○1次元測定（速い，マニュアル）
ノギス，マイクロメータ，ゲージ→寸法誤差
ダイアルインジケータ→曲率，うねり
○接触式3次元測定（時間がかかる，デジタル，高精度）
CMM（Coordinate Measuring Machine：μm 台）
→寸法誤差（1次元：ほとんどのケース）

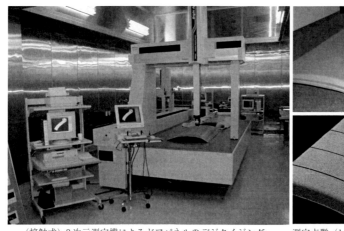

| （接触式）3次元測定機によるドアパネルのデジタイジング | 測定点群（1 mm ピッチ、精度 5 μm 程度） |

図5 接触式 CMM（倣いプローブデジタイザとして）

→デジタイジング（プロファイル：2次元：一部あり）

→デジタイジング（面取得：まれ（**図5**））

○光学測定（速い）

干渉計（高精度（光の波長レベル：サブミクロン），速い，実験室用）

非接触 CMM/デジタイザ（速い，大量データ，接触式に比べオーダが1桁粗い）

最初の1次元測定はマニュアル測定で，工場内で最終チェックの段階で現在でも使われている．

二つ目の接触式 CMM は現時点で最も精度（不確かさ）が保証されており，CAT として CAD に基づく自動計測および比較が確立されておりいまだに主流である．難点は精度の観点からマニュアル操作も多く必要で時間かかることであるが，立壁などの側面が単独のスタイラス（触針）でも可能な点で，CAM のボールエンドミルと同様に先端が球（ルビー）になっていて，どこで当たっていても半径分オフセットすることにより座標値が得られることによる．この優位性はその次の光学測定が，原理的に対象からの光を受光しなくてはいけないことからも大きい．

次の光学式測定として2つ挙げているが，干渉計測はレンズやその型などに使われているが高精度な分，外乱にも弱いので除振台などが必要である．最後の非接触座標測定機がレーザによる三角測量に基づくものに加え，縞投影やモアレなどさまざまな方式のものが近年になり出回るようになってきた．接触式に比べて測定精度（ただしくは不確かさ）は劣るものの日進月歩で向上しており，なにより短い時間に大量点群がとれることから，トレーサビリティのある校正付き検査は接触式に譲るものの，試作段階や設計，型修正段階での傾向のモニタリング（定点観測による比較）など，速くて正確な（人に依存しない）デジタル生産環境での主力要素となりつつある．

光学測定が接触式の計測（CMM だけでなく，粗さ計なども）と比べて大きく異なる点は，接触式がその方式から

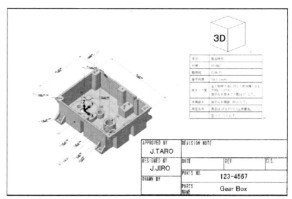

図6 「JEITA 3D 単独図ガイドライン―3D 単独図作成および運用に関するガイドライン―Ver. 2.0」より

対象形状に対してなまるが大きくはずれないアナロジカル（想定内）な結果が得られるのに対して，原理的に対象の材質や性状，傾斜角度によって得られる結果が大きく異なる（想定外）ことがままあり，オーバーシュート（ピン角や角隅がとがったりへこんだりする），スパイクノイズ，レーザ方式では多重反射によって実際の形状より凹んだ結果となることなどが挙げられ，拡散反射を想定しているものが多いことから粉を塗布しなければいけないことなども挙げられる．併せて大量に得られる点群から本当に必要な情報を取り出すソフトウェアについても現在進行中の課題である．

また，3D 単独図（3D annotated model）という3次元形状モデル（CAD でも Viewer でもよく，後者を使うことが多い）と製造情報（公差や注記，部品表など）がセットになったデジタルデータを従来の紙図面（や CAD データ）に代えて CAx のすべての工程で参照し活用する場面が自動車業界，電機業界で本格的になってきた．特徴的なのはベンダ（CAx の販社）中心ではなく，第1回目で紹

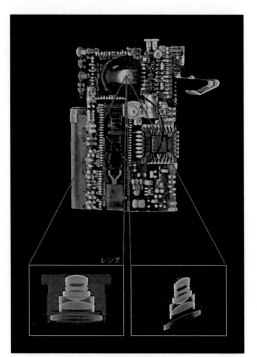

図7 産業用 X 線 CT によるデジタルカメラのボリュームデータ
（島津製作所の HP より）

介した JAMA（日本自動車工業会）や JETIA（電子情報産技術業協会）などのユーザが中心となっている点である．**図6** は JEITA の HP（http://home.jeita.or.jp/3d/index.htm）から入手した 3D 単独図の例で，CAD からもっとも遠かった CAT を，上述した非接触座標測定機を使って計測評価する作業を高速に確実に行う動きの中心に 3 次元単独図がある．その動きがまさに現在進行形であるのは，この通論のテーマからしても象徴的である．

7. ボリューム計測（産業用 X 線 CT）

CAT の最後の項としてボリューム計測を紹介する．いままでの計測は形状の表面のみを測っていたものだが，医療用に使われる X 線 CT の原理を工業用途に適用する場合は産業用 X 線 CT（dimensional X-ray CT）と呼ばれる．**図7** は産業用 X 線 CT で取得したデジタルカメラのボリュームデータの例である．このように内部構造や欠陥の検出，寸法計測が可能であるだけでなく，使う側で魅力的なのは，実は，今まで述べてきた測定，検査の際にもっとも時間とコストと注意のかかる位置合わせ（基準が最も重要）が，全自動となる点である．いままでは内部だけでなく裏側や内側などが一度に測れないために，段取り替えが必要で，結果としてハードウェア（基準となるマークやゲージ）をもとにしたソフトウェアによる位置合わせ（registration）や張り合わせや，精度的に議論のある最小二乗法などをもちいたベストフィットなどが必要なくなり，まさに「電子レンジに入れてチン」の感覚で計測が可能となるからである．問題としては分解能がまだ粗い（サブ mm 台）点と，測定環境含め導入コストである．

最後に，ボリュームデータから STL などのポリゴンデータが取得できることから（2005 年 71 巻 10 月号の鈴木宏正先生の「3 次元スキャニングデータからのメッシュ生成法」参照），前章までの表面計測と併せて，図面/CAD スタートでなく，歪みがありリアルなモノ（現物）からの CAE/CAM もまた，現在進行中の熱いトピックである．

8. お わ り に

第 3 回目の最終回では CAM（加工）と CAT（計測とリバースエンジニアリング）と 3D 単独図について述べ，本通論を終わることとする．表層的で切り口もばらばらであったが，筆者の知りえたことから陳腐化（すでに？）することも承知の上で，CAx を業務で使うために最低限知っておくべき事柄（あくまでも入口）を書いた．あえて参考文献を挙げず，必要なものは文中で紹介し，現場で使われている用語等も十分な説明もなくカッコ内に挿入した．この結果，大変に読みにくい文章となってしまった．ここまで読んでいただいた読者と，また，これまで筆者が直接関わらせていただいた方々に心から感謝したい．

はじめての精密工学

表面粗さ —その2 ちょっとレアな表面性状パラメータの活用方法—

Surface Roughness—Part 2, How to Use and Clues of the Surface Texture Parameters—/Ichiro YOSHIDA

(株)小坂研究所 精密機器事業部 開発企画チーム　吉田一朗

1. は じ め に

　表面性状の測定は，現在も触針式表面粗さ測定機で行われることが多い．この理由としては，材質も含めたさまざまな表面への適用性が他の原理の測定機と比較して高いこと，信頼性の高さ，費用対効果などが挙げられる．

　前報では，触針式表面粗さ測定機による表面粗さの測定方法や測定条件の設定方法について解説したが[1]，本稿では，主として特定業界で利用されている表面性状パラメータについて解説する．まず，負荷曲線に関連する表面性状パラメータ[2][3]について解説し，次にモチーフパラメータ[4]について解説する．分かりやすさの観点から，一部，厳密さよりも平易な表現を用いている部分も含むことにしたい．これらのパラメータは適用範囲が限定されるが，一般的な表面性状パラメータでは数値化が難しい次のような解析に向いている．

　・表面の凹凸の摩耗量，接触変形量の把握
　・高い摺動性能をもつ表面の創成の支援
　・粗い部分と滑らかな部分が混在する表面の分離評価

2. 負荷曲線パラメータ

　負荷曲線を使ったパラメータには，**表1**のようなパラ

表1　負荷曲線に関連するパラメータ[2][3]

	パラメータ	対応規格
①	$Pmr(c), P \delta c, Pmr, Rmr(c), R \delta c, Rmr, Wmr(c), W \delta c, Wmr$	JIS B 0601
②	$Rpk, Rk, Rvk, Mr1, Mr2$	JIS B 0671-2
③	$Rpq, Rvq, Rmq, Ppq, Pvq, Pmq$	JIS B 0671-3

メータがあり[2][3]，特別な機能性が求められる表面性状の評価に有効である．例えば，気密性や潤滑特性，摩擦特性，剛性に優れた機能を有する面の解析とキャラクタリゼーションに有効であると考えられる．

　負荷曲線とは，高さ方向に対する表面凹凸の実体部分と空隙部分の比を表現した曲線であり，特に実体部分の比率を示している．そのため，JIS 規格では負荷曲線という表記になっており，ISO 規格では Material Ratio Curve，また Bearing Curve（Bearing Area Curve）や Abbott-Firestone Curve とも呼ばれる[3]．JIS 規格の規格化の際には，恐らく工業規格であるという観点から，幾何学的な意味合いよりも，物理的な機能の意味を優先したものと考えられる．

　また，規格では，この負荷曲線の表現方法として，線形表現された負荷曲線と正規確率紙上に表現された負荷曲線を用意している．ここでは，負荷曲線の概要について，線形表現された負荷曲線を例に説明する．**図1**は，表面の凹凸と負荷曲線の関係を示しており，図1 (b) の負荷曲線が，図1 (a) の輪郭曲線をある高さで水平に切断したときの実体部分と空隙部分との比であることを示している．また，図1 (b) の負荷曲線は，通常，横軸が実体部分の百分率（負荷長さ率と呼ぶ），縦軸が高さで表される．この図1の例では，比較的ランダムで正規分布に近いような分布形の研削加工面を例にしているため，負荷曲線が比較的きれいな S 字曲線を描いていることが分かる．これは，負荷曲線が表面凹凸の実体部分の累積分布関数であることに起因する．このような負荷曲線と輪郭曲線の関係を模式的に示すと，**図2**のようになる．図2の左が輪郭曲線の模式図であり，右がそれに対応する負荷曲線の模式図

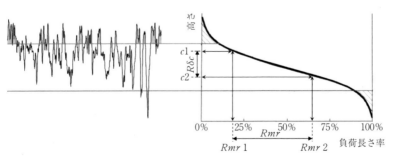

　　　　　(a) 輪郭曲線　　　　　　　　　　　(b) 負荷曲線

図1　輪郭曲線と線形の負荷曲線

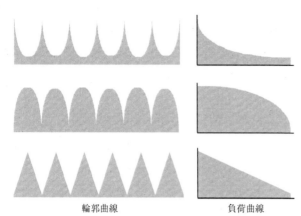

輪郭曲線　　　　　　　　負荷曲線

図 2　模式的に示した輪郭曲線と負荷曲線の関係

表 2　輪郭曲線の負荷曲線パラメータの定義

定義	パラメータ		
負荷長さ率	$Rmr(c)$	$Pmr(c)$	$Wmr(c)$
切断レベル差	$R\delta c$	$P\delta c$	$W\delta c$
相対負荷長さ率	Rmr	Pmr	Wmr

表 3　三層構造表面モデルによる負荷曲線パラメータの定義

定義	パラメータ
突出山部高さ	Rpk
コア部のレベル差	Rk
突出谷部深さ	Rvk
コア部の負荷長さ率	$Mr1$
コア部の負荷長さ率	$Mr2$

表 4　二層構造表面モデルによる負荷曲線パラメータの定義

定義	パラメータ	
Rpq パラメータ	Rpq	Ppq
Rvq パラメータ	Rvq	Pvq
Rmq パラメータ	Rmq	Pmq

である．図に示すように，輪郭曲線が上にとがったカスプ状になっている場合，負荷曲線は，負荷長さ率が高さの低い位置で急激に増加する鋭く切り立ったような曲線となる．逆に，輪郭曲線の頂点が丸く谷が尖っている場合，負荷曲線は，負荷長さ率が高さの高い位置で急激に増加する丸みを帯びた曲線となる．また，輪郭曲線が三角波状になっている場合には，直線状の負荷曲線となる．

負荷曲線のパラメータは，対象とする表面性状の目的・用途によって演算方法を明確に分けており，表1の①～③として分類されるような三種類のパラメータ群が用意されている．表1①のパラメータは，あらゆる表面を対象としているパラメータであり，それらの定義は**表2**としてまとめられる．表1②のパラメータは，機械的に強く接触する表面の挙動を評価することを目的とし，それらの定義は**表3**となる．表1③のパラメータは，過酷な状況下で潤滑された摺動面の評価の支援と製造工程の管理を目的としており，それらの定義は**表4**としてまとめられる．これ

らのパラメータの算出において留意すべき点としては，表3および表4（表1②③）のパラメータには，前報[1]で説明したフィルタ処理とは異なる特別なフィルタ処理[3]が必要なことが挙げられる．

2.1　輪郭曲線の負荷曲線パラメータ

表2に示す輪郭曲線の負荷曲線パラメータのうち$Rmr(c)$，$R\delta c$，Rmrについて，その概要を図1を使って説明する．

まず，粗さ曲線の負荷長さ率$Rmr(c)$は，評価長さに対する，任意の高さcにおける負荷長さ率を算出するパラメータである．これは，表面凹凸の任意の高さcにおける，実体部分の比率を指示したり，解析したい場合に有効である．

また，粗さ曲線の切断レベル差$R\delta c$は，任意の二つの負荷長さ率に一致する高さ方向のレベルの差である．例えば，図1（b）のように，二つの負荷長さ率を$Rmr1$，$Rmr2$とすると，それぞれの高さは$c(Rmr1)$，$c(Rmr2)$となり，$R\delta c$は$R\delta c = c(Rmr1) - c(Rmr2) = c1 - c2$；$Rmr1 < Rmr2$となる．このパラメータの使用例としては，初期摩耗量を指示する場合が考えられる．例えば，表面凹凸の山頂部分の高さを管理したければ，二つの負荷長さ率を0%，10%などと指定し，許容限界を$R\delta c$で指示する．

また，相対負荷長さ率Rmrは，基準とする切断レベルと切断レベル差$R\delta c$とによって決まる負荷長さ率である．これは，図1（b）において基準とする切断レベルを$c1 = c(Rmr1)$とすれば，切断レベル差を$R\delta c$とすると$c2 = c1 - R\delta c$となり，$Rmr = Rmr(c2)$という式で表される．

これらの三つのパラメータをうまく組み合わせて使用することとなるに思われるが，基本的には$Rmr(c)$が使い勝手がよいと思われる．実際に，この$Rmr(c)$は，Ra，RzやRsk，Rkuなどと組み合わせて，軸受やフラットパネルディスプレイの部品などの評価に活用されている．

2.2　三層構造表面モデルによる負荷曲線パラメータ

表3に示す線形表現の負荷曲線による高さの特性評価[3]のためのパラメータについて説明する．このパラメータは，機械的に強い接触を受ける表面の挙動の評価を支援[3]することを明確な目的としており，複数部品の気密性，締結，潤滑，メッキ，圧延，摩耗などの管理，解析に有効であると考えられる．

パラメータの計算では，表2のパラメータと同様に線形表現の負荷曲線を使うが，**図3**のように表面凹凸を高さ方向に三つの領域に分けた三層構造モデルで考察し，その高さと量（全体に占める割合）を解析する．この三層構造モデルは，①比較的摩耗しやすいと考えられる部分（初期摩耗部分），②荷重に耐える機能をもつと考えられる部分，③油溜まりの機能をもつと考えられる部分とに分けている．これらの部分に対応するパラメータは，図3（b）に示すように①Rpk：粗さ曲線のコア部の上にある突出山部の平均高さ，②Rk：粗さ曲線の中核をなすコア部の

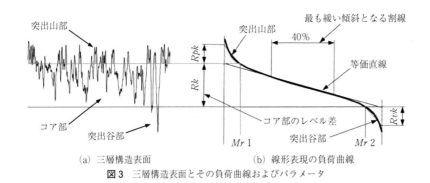

(a) 三層構造表面   (b) 線形表現の負荷曲線

図3　三層構造表面とその負荷曲線およびパラメータ

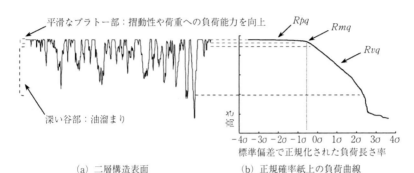

(a) 二層構造表面   (b) 正規確率紙上の負荷曲線

図4　二層構造表面とその負荷曲線およびパラメータ

高さ，③ Rvk：粗さ曲線のコア部の下にある突出谷部の平均深さ，の三つが用意されている．また，これらの三つの構造の比率を示す指標として，コア部の負荷長さ率 $Mr1$，$Mr2$ という二つのパラメータが用意されている．$Mr1$ は，突出山部とコア部の境界を示す負荷長さ率を表し，$Mr2$ は，突出谷部とコア部の境界を示す負荷長さ率を表している．

　これらのパラメータは前述の通り，三層の機能の評価を支援するが，例えば，突出山部高さ Rpk によって初期摩耗高さおよび弾性・塑性変形量の管理や予測に有効と考えられる．他の例としては，Rpk によって気密性の評価も可能と考えられ，Rpk が大き過ぎると流体が漏れやすくなると思われる．また，突出谷部高さ Rvk が深過ぎたり，コア部の負荷長さ率 $Mr2$ が低い値となり過ぎたりすると流体の抜けや排出が悪くなったり，樹脂製品の剥離性が低下することなどが考えられる．

　このパラメータで留意すべき点は，負荷曲線がS字状で変曲点が1点だけの場合のみを適用範囲としていることである．負荷曲線の形によって，Rpk が算出できなくなったり，場合によっては Rvk が算出できなくなることもあるためである．

2.3　二層構造表面モデルによる負荷曲線パラメータ

　表4の正規確率紙上の負荷曲線による高さ特性評価[3]のためのパラメータについて説明する．このパラメータは，潤滑された摺動面のようなトライボロジー的な挙動の評価と製造工程の管理の支援[3]を明確な目的としており，**図4**に示すようなプラトー構造表面や二層構造表面と呼ばれる

ような表面が対象となる．二層構造表面とは，摩耗やプラトーホーニング加工などによって微細凹凸化されたプラトー（高い突起を台地化した）部分および，その部分と比較して，より大きい凹凸の谷部分とをもつような，二つ以上の加工プロセスの痕跡が残っている表面をいう．ここで，プラトー部分の粗さは，谷部分の数分の一から数十分の一程度に平滑化されていることが想定されるが，実際の製品では使用目的やコストなどによって大きく異なり，多種多様であると思われる．具体的な製品としては，エンジンのシリンダライナや燃料噴射部品，工作機械や精密機器の摺動面などが挙げられ，その潤滑，摺動性，摩擦，摩耗，気密性などの管理，解析に表4のパラメータは有効であると考えられる．

　この評価では，図4のように表面凹凸を高さ方向に二つの領域に分けたモデルで考察し，それらの粗さ（標準偏差 $\sigma \approx Rq$）と量（全体に占める割合）を解析することができる．また，パラメータの計算では，表2，3のパラメータと異なり正規確率紙上にプロットした負荷曲線を使う．この正規確率紙は，横軸が百分率％ではなく等間隔の標準偏差 σ となっており，このような確率紙を表面性状の解析に使うことにより，次のようなメリットが得られる．

(1) 負荷曲線の傾きの変化から，表面凹凸の統計的，幾何学的，物理的な性質の変化とその位置が推定できる．

(2) 負荷曲線の傾きから，ある高さ範囲の表面性状パラメータ Rq が推定できる．（厳密には，Rq そのものではなく，ある特定の高さ範囲内における標準偏差

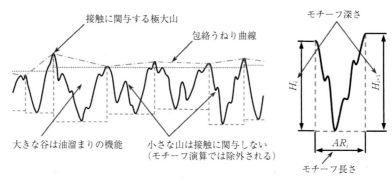

(a) モチーフの結合処理と物理的意味　　　　(b) 粗さモチーフのセグメント

図5　輪郭曲線と粗さモチーフ，うねりモチーフ

σが推定できる．また，λc フィルタを適用していなければ，Pq となる．)

図4に示すように，二層構造モデルでは①油膜を形成し荷重を支持する機能をもつプラトー部，②油溜まりの機能をもつ谷部とに分けて評価する．これらの部分に対応するパラメータは，① Rpq パラメータ：負荷曲線でのプラトー部の傾斜，② Rvq パラメータ：負荷曲線での谷部の傾斜である．そして，プラトー部と谷部の境界の指標となりプラトー部分の負荷長さ率を示す Rmq パラメータが用意されている．これら三つのパラメータを組み合わせることにより，①最適な潤滑，摩擦特性，②必要十分な油溜り，そして，③それらの最適なバランスや製品の長寿命化などの評価と管理を実現することができる．具体的には，Rpq により油膜が破れずに形成されるようなプラトー部の滑らかさを管理し，Rvq により油膜への油の供給および流体特性を発揮する役割の谷部の粗さを管理できる．また，Rmq により油膜が十分に形成される面圧になるような，プラトー部および谷部の適切な量と比率を管理できる．これらのパラメータの活用は，高い耐久性と高寿命化などを支援すると思われる．

細かな説明は割愛させていただくが，この規格のパラメータの算出過程には，いくつかの課題がある[5][6]．しかしながら，この解析手法について，いくつかの研究をした筆者の独断では，負荷曲線を正規確率紙にプロットして評価する方法は，工業的に有用な解析手法であると考えている．理由としては，正規確率紙では，傾きで標準偏差 $σ(≈Rq)$ が分かること，傾きの変化で表面凹凸の状態のおおまかな変化がひと目で分かることなどが挙げられる．

また，この規格のターゲット以外では，この正規確率紙上の負荷曲線を使った解析は，研磨された焼結材料や多孔質材料の評価や樹脂フィルムの評価，滑らかに加工された木材加工品の評価，研削砥石の評価，研磨パッドの評価などにも有効であると考えられる．

3. モチーフパラメータ

モチーフパラメータには，**表5**に示すような粗さモチーフとうねりモチーフのパラメータがある[4]．このモチーフ法は，輪郭曲線を特徴化して抽出しパラメータ化する方法であり，規格では，トライボロジーの分野に有効であること，測定長さが十分に取れない小さな部品の表面性状解析に対応できることが特徴であるとしている[4]．

まず，輪郭曲線を特徴化するモチーフ法の概略を説明する．輪郭曲線のモチーフ化では，相対的に小さな山を無視し，相対的に大きな山を識別する操作を行う．**図5**（a）はモチーフ処理の概略図であるが，実線が輪郭曲線，破線が粗さモチーフの深さと長さ，点線がうねりモチーフの深さと長さ，一点鎖線が包絡うねり曲線を表している．モチーフを抽出するアルゴリズムでは，図5（a）のように，周辺の山より一定水準以下の小さな山は山と見なさずに無視する演算を行い，相対的に高い山を識別していく．そして，輪郭曲線のある区間における相対的に高い二つの局部山を結合し，二つの局部山に挟まれた部分をひと括りの主要素と考えて特徴化してゆく．

物理的に考察すると，高い局部山は接触に関与し，二つの局部山の間にある小さな山は接触に関与しない．また，二つの高い山に挟まれた空隙部分は油溜めの役割を果たすと考えられる．そのため，モチーフパラメータの考え方による特徴付けは，トライボロジーの機能から考えれば，理にかなっているといえる．

次に，モチーフパラメータの導出の概略を，粗さモチーフを例に説明する．図5（b）は，図5（a）の一部を拡大し，粗さモチーフのみを表示したものである．図中の AR_i は粗さモチーフの長さ，H_i と H_{i+1} は粗さモチーフの深さである．粗さモチーフの平均長さ AR は，各モチーフの長さ AR_i の平均値となる．また，粗さモチーフの平均深さ R は各モチーフの深さ H_i の平均値であり，粗さモチーフの最大深さ Rx は各モチーフの深さ H_i の最大値と

表5　モチーフパラメータの定義

定義	パラメータ
モチーフの平均長さ	AR　AW
モチーフの平均深さ	R　W
モチーフの最大深さ	Rx　Wx
包絡うねり曲線の全深さ	Wte

なる.

うねりモチーフのパラメータには，平均長さ AW，平均深さ W，最大深さ Wx があるが，図5 (a) の点線のうねりモチーフから粗さモチーフと同様の計算を行って求める.

包絡うねり曲線の全深さ Wte は，包絡うねり曲線の最高点と最低点との高低差である．また，包絡うねり曲線に対し，前述の2.2節の負荷曲線の解析を適用したパラメータが用意されている．この場合，添え字 e をつけて，$Rpke$，Rke，$Rvke$ とすることとなっている[4].

モチーフパラメータは，一般的に多用されているとはいえないパラメータである．しかし，表面の凹凸を大きなまとまりで区切って，その高さと長さを解析するこの手法は，条件が適合すれば非常に有効な方法と思われる．具体的には，樹脂フィルムや特殊コーティングの状態の解析や表面上に堆積させた粒子の堆積状態の解析に有効であることが考えられる.

4. お わ り に

本報では，負荷曲線に関連する表面性状パラメータ群とモチーフパラメータについて説明した.

これらのパラメータは，Ra，Rz，Rq などのようにメジャーなパラメータではないが，用途によっては非常に有効な解析パラメータになる．表面性状パラメータは目的に合わせて選定する必要があり，その選定には，輪郭曲線そのものの観察も重要であり，製品の要求仕様，使用目的，状態，加工方法などを含めて考察することも大切である.

本報で紹介したパラメータは，規格が定義している使用目的から，摺動面や過酷な状況下にさらされる表面をもつ製品に向いている．このような製品の品質関連トラブルや研究・開発テーマにおいて，なかなか解決しない課題があれば，これらのパラメータの活用によって解決される可能性がある．また，高度な機能性が求められる製品の研究・開発にも有効であると思われる.

最後に，表面性状に関わる JIS 規格群は，ハンドブック版ではなく JIS 規格全文版も閲覧することをお薦めする．JIS 規格全文版には『解説』という章が存在するが，ハンドブック版においては省略され，ISO 規格には存在しない．この解説は，JIS 規格原案作成委員会が規格利用者への貢献を願って作成したものであり，規格の内容の分かりやすい説明や規格の趣旨，経緯なども記載されており，規格の理解の支援になると思われる．JIS 規格全文版は閲覧のみであれば，日本工業標準調査会のホームページ http://www.jisc.go.jp/[6] から閲覧することが可能である.

本報で述べた内容が，皆様のものづくりや研究・開発など，技術の発展に貢献できれば幸いである.

参 考 文 献

1) 吉田一朗：はじめての精密工学―その測定方法と規格に関して―，精密工学会誌，**78**, 4 (2012) 301-304.
2) JIS B 0601 : 2001 製品の幾何特性仕様 (GPS) ―表面性状：輪郭曲線方式―用語，定義及び表面性状パラメータ (ISO 4287 : 1997)，財団法人 日本規格協会.
3) JIS B 0671-1, 2, 3 : 2002 製品の幾何特性仕様―表面性状：輪郭曲線方式―プラトー構造表面の評価―第1, 2, 3 部 (ISO 13565-1, 2, 3 : 1996, 1998)，財団法人 日本規格協会.
4) JIS B 0631 : 2000 製品の幾何特性仕様―表面性状：輪郭曲線方式―モチーフパラメータ (ISO 12085 : 1996)，財団法人 日本規格協会.
5) 吉田一朗，塚田忠夫，新井陽介：二層構造表面性状の評価（第1報，負荷曲線の双曲線近似），設計工学会誌，**44**, 11 (2009) 624-629.
6) 吉田一朗，塚田忠夫：二層構造表面におけるプラトー領域の基準線，トライボロジスト，**53**, 2 (2008) 126-132.
7) 日本工業標準調査会ホームページ，http://www.jisc.go.jp/

はじめての 精密工学

CNC 工作機械のための軌道生成

Trajectory Generation for CNC Machine Tools/Sencer Burak

※英文の後に日本語の要約があります

名古屋大学機械理工学専攻　**センジャル・ブラック**

1. Introduction

With recent advances in part design and manufacturing technologies, high speed/high performance machining has become a fundamental driving point in attaining greater efficiency in manufacturing operations. As compared to traditional cutting feeds and speeds, today's machine tools are equipped with direct drive linear motors and designed to generate feed speeds as fast as 1000 [mm/sec] and accelerations up to 2~3 [g]. Accurate realization of the desired tool-path at such rapid motion has become a major difficulty in the CNC design. As a result, the demand is to design stiffer machine tools equipped with accurate motion controllers and advanced CNC systems that can generate smooth reference axis trajectories to be followed accurately by the feed system[1)2)].

At first, considering the feed motion controller design ; the objective is to achieve high tracking bandwidth and good disturbance rejection. Disturbance rejection and dynamic stiffness against cutting forces and friction can be achieved by traditional high feedback gain[3)] controller design. High tracking bandwidth is necessary to be able to follow the rapidly changing trajectory commands with minimal error. Since high gain controller design has fundamental limitations, a way of achieving wider tracking bandwidth is through feed-forward control action[4)5)], which bases on injecting higher order derivatives, i. e. acceleration and jerk, of the reference trajectory into the torque command. One difficulty that is encountered with the feed-forward controllers is their tendency to amplify high frequency content in the reference trajectory due to differentiation. This, in return can excite structural or servo modes of the machine tools, and in case of discontinuous trajectories this may even cause actuator saturation.

Thus, reference trajectory generation plays a key role in the computer control of machine tools. Generated trajectories must not only describe the desired tool-path accurately, but must also have smooth kinematic profiles in order to maintain high tracking accuracy and avoid

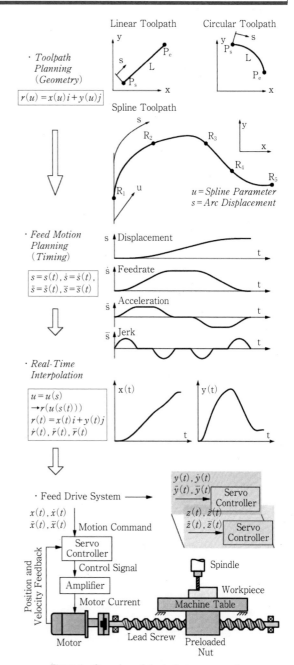

Figure 1 Overview of the trajectory generation

exciting the natural modes of the mechanical structure or the servo control system.

2. Trajectory Generation in CNC Systems

Overview of the feed motion generation or so-called the "Trajectory Generation" is presented in **Figure 1**. As shown in Figure 1, trajectory generation for CNC systems consists of 3 main parts. The first part is called the "Tool-path Planning" where the machining geometry is defined. This is a pure geometrical step and usually delivered by CAD/CAM systems. The second part is the "Feed Motion Planning" where the velocity profile is constructed. The velocity profile, $\dot{s}(t)$, is planned by the CNC system with respect to commanded cutting feed (speed), f, as well as the servo drives' velocity, acceleration and jerk limitations. The final step is the "Real-time Interpolation", which is a combination of the previous two steps where individual drive commands $x(t), y(t), z(t), \cdots$ are sent to the servos at the closed loop sampling interval of the motion controller, T_s.

2.1 Tool-path Planning

Although CAM systems are used to define the machining tool-path, CNC systems alter this original tool-path in an attempt to generate smoother trajectories for accurate motion. It should be noted that "continuous" feed motion cannot be realized on a "discontinuous" geometry.

Generally two main geometric elements are used for describing the motion geometry. Linear and circular segments (Figure 1) are the upmost heavily used interpolations[6] defined by G00/G01 and G02/G03 commands[2]. In common practice, complex free-form or sculptured surfaces are discretized with series of small linear and circular segments by CAM systems. However, this approach exhibits serious limitations in terms of achieving the desired part geometry and productivity. Firstly, using only linear segments results in a surface comprised of corners, which may need to be smoothed for precision finishing. Secondly, if the machine is set to stop between each linear interpolation block, machining time dramatically increases. On the other hand, if the linear segments are travelled in "continuous feedrate" mode, there will be severe discontinuities in velocity and acceleration at the junction points since linear segments only ensure position continuity (C^0). This may excite machine's lightly damped modes and cause tracking errors, both of which severely deteriorate the part quality.

It should be noted that today's modern CNCs do not stop at corners by default and utilize various "corner smoothing" algorithms to ensure continuous feed motion. For instance, tangent continuity (C^1) can be realized by

introducing "circular arcs" to join/blend linear segments. Nevertheless, if this method is utilized there will still be discontinuities of second order (i.e. acceleration), which will be directly reflected on the motor torque output as high frequency harmonics that excite the drive structure. Another favorable and computationally efficient approach to generate smooth corners is to use small B-spline or Quintic (5th order) Spline[7] fillets. This method C^2 continuously connects consecutive linear segments, and it can conveniently be used in general machining operations. However, since the originally programmed tool-path is altered, a type of geometric error, or also known as the "cornering tolerance" is introduced at the segment junction points. This smoothing error will show up in the machined geometry, and it should be considered in budgeting the final form accuracy. In most cases, end-user can set the cornering tolerance by adjusting the NC parameters[8].

An advanced way to generate complex and accurate tool-paths is to directly move the cutting tool on the originally designed smooth "spline" CAD geometry itself. Unfortunately, todays CAM and CNC system architecture limit direct data transfer and use of the original part geometry. As a result, high performance CNC systems are generally equipped with "compressor" options where programmed discrete tool-paths compromised of linear segments are interpolated with smooth "cubic" or "quintic" parametric spline polynomials, or more commonly NURBS[9]. As an example, a quintic "5th order" spline segment S_k in Cartesian space connecting 2 consecutive discrete points can be constructed as follows[10],

$$S_k(u) = A_k u^5 + B_k u^4 + C_k u^3 + D_k u^2 + E_k u + F_k \quad (1)$$

where u is the spline parameter and l is the segment's length. The polynomial coefficients,

$$A_k(u) = \begin{bmatrix} A_{k,x}(u) \\ A_{k,y}(u) \\ A_{k,z}(u) \end{bmatrix}, \quad B_k(u) = \begin{bmatrix} B_{k,x}(u) \\ B_{k,y}(u) \\ B_{k,z}(u) \end{bmatrix}, \cdots$$

$$F_k(u) = \begin{bmatrix} F_{k,x}(u) \\ F_{k,y}(u) \\ F_{k,z}(u) \end{bmatrix} \quad (2)$$

are computed to achieve continuous tangent and normal vectors at the segment junction (boundary) points and deliver an acceleration continuous (C^2) motion along the tool-path. Details on the computation of spline interpolation can be found in Ref. 11). It should be noted that smoothness of the spline is crucial for the motion, above fitting approach bases on interpolating the geometry points C^2 continuously as compared to C^0 linear interpolation. In order to generate smooth splines, various techniques have

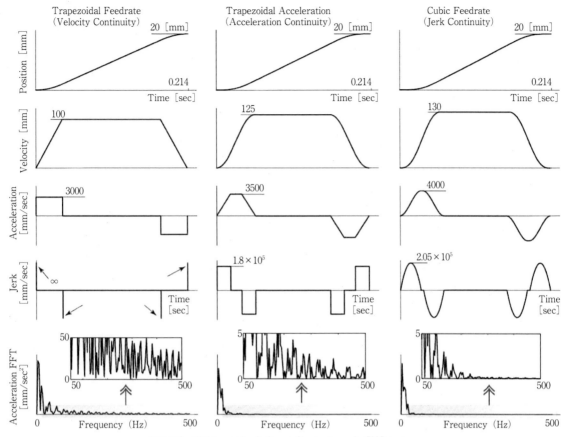

Figure 2 Widely used velocity profiles/patterns in CNC systems

also been proposed in machine tool and robotics literature[9].

As a matter of fact, if the linear segments are densely placed, constructed splines may actually show sharp changes in the curvature. This generally occurs in precision die and mold machining, and enforces the NC system to reduce the feed to avoid actuator saturation on rough spline segments. An efficient way to overcome this problem is to utilize approximate spline fitting methods where NURBS curves are fitted with predefined geometry errors (i.e. fitting tolerance) to a batch of discrete linear CL lines[12]. Generally, this is a build-in-function provided by the NC builders such as Fanuc and Siemens[8], where the fitting errors (tolerance) can be adjusted by the user. Setting larger path errors will allow higher speeds to be achieved since the splines are smoother with less change in the curvature. In contrast, setting smaller fitting error will force the NC system to perform a finer fitting and thus resulting an interpolation where a trade-off must be done.

2.2　Feed Motion Planning

As shown in the previous section, although CAM systems deliver the initial tool-path, NC systems actually perform significant amount of path planning to attain high performance cutting.

Final motion trajectory combines geometry, the tool-path, and the "feed profile/pattern" scheduled along a given path. There are 3 main feed motion planning types utilized in NC machine tools, namely the "Trapezoidal Velocity", "Trapezoidal Acceleration" and the "Cubic Acceleration" profile, which has the smoothest acceleration function[1)13]. The importance of the smooth feed profile is shown in **Figure 2**. A single 20 [mm] feed motion is commanded, at a feedrate of 100 [mm/sec] and an acceleration of 3000 [mm/sec²], using a trapezoidal feedrate profile, which theoretically exhibits infinite jerk (derivative of acceleration) peaks due to discontinuous change of the acceleration. Considering the frequency content of the acceleration command, which directly corresponds to motor torque on servo system, it can be seen that the high frequency harmonics with significantly large amplitudes will excite the natural modes of the machine tool and servo system. This will in turn result in unwanted vibrations, poor surface finish, as well as tracking and contouring errors.

The "Trapezoidal Acceleration" profiling is proposed to define a smoother continuous acceleration, which contains piecewise constant and finite jerk commands. Since the jerk is finite in this profile, it is also called the "Jerk Limited

Trajectory" and heavily used in medium/high precision motion applications. In order to allow a fair comparison where machining productivity is not compromised, feedrate and/or acceleration magnitudes have been increased to maintain the same duration of motion (0.214 [sec]). Considering the FFT of the acceleration command in trapezoidal acceleration profile, it can be seen that high frequency excitation is significantly lowered, and most of the signal content is concentrated in the low frequency region improving the tracking accuracy and reducing the risk of exciting structural modes of the system.

Further improvement is obtained by replacing the linear acceleration transients with cubic ones, resulting in the "Jerk continuous feed motion" or so-called the "Bell Shaped Feed Profile". After readjusting the maximum values of feedrate, acceleration, and jerk to realize the same motion interval (0.214 [sec]), it can be seen that high frequency acceleration content is in much smaller order as compared to the trapezoidal acceleration profile. This reduction in high frequency harmonics is necessary to realize the desired high-speed high-accuracy motion in modern CNCs. Although it can be argued that jerk continuous motion requires higher feedrate, acceleration, and jerk magnitudes to maintain the same level of productivity compared to the lower order techniques, the advantages it brings in terms of motion smoothness and tracking accuracy makes it an appropriate choice for precision high speed drive control. Also, smooth acceleration and jerk commands have already become a must for utilizing feedforward control in order to widen the tracking bandwidth.

The feed motion profiles shown in this section present how to smoothly accelerate and plan a speed change between starting (f_s) to an ending feed (f_e) along a single displacement interval, S_k while respecting the given maximum acceleration, and jerk values. Detailed calculations and equations for generating the above profiles can be found in Ref. 1) 11) 13). In general practice, maximum path velocity and acceleration are limited by the physical capacity of the feed drives, i.e. torque limits of the drives. The maximum tangential jerk value, on the other hand, is determined with respect to the resonant frequency of the drives. For instance, by adjusting the jerk time and its limit, frequency content of the acceleration signal in a particular region can be suppressed to avoid exciting resonances[14].

2.3 Scheduling of the Feedrate

The feed motion profiles in Figure 2 are generated for a single segment. In general operation, a machining G-code consists of several linear, circular, spline segments, and planning the feedrate among large number of segments is a computationally expensive task performed by the NC. The NC system has a "Look-ahead" function that computes the maximum feedrate for each segment with respect to drive velocity and acceleration limits and plans a continuous feed profile compromised of cubic or trapezoidal acceleration transients.

In order to accomplish this task, limits on the maximum achievable path velocity on a feed segment must be computed by the axis velocity and acceleration limits. Considering only x-axis as an example, chain rule can be utilized to compute drive velocity and acceleration as:

$$x=x(s), \quad \dot{x}=\frac{dx}{ds}\dot{s}, \quad \text{and} \quad \ddot{x}=\frac{dx}{ds}\ddot{s}+\frac{d^2x}{ds^2}\dot{s}^2 \qquad (3)$$

where dx/ds and d^2x/ds^2 are the geometrical path derivatives representing incremental displacement of the x-axis, dx with respect to incremental tool motion on the tool-path, ds. These derivatives are essentially associated with the "curvature" and "change of the curvature" along the path. Thus, the maximum path velocity at worst-case can be obtained from Eq. (3) as:

$$\dot{s}_{\max}=\min\left\{\frac{\dot{x}_{\max}}{\max\left(\left|\frac{dx(s)}{ds}\right|\right)}, \sqrt{\frac{\ddot{x}_{\max}-\overbrace{\ddot{s}\left|\frac{dx(s)}{ds}\right|}^{=0}}{\max\left(\left|\frac{d^2x(s)}{ds^2}\right|\right)}}\right\} \qquad (4)$$

where $\dot{x}_{\max}$ and $\ddot{x}_{\max}$ are velocity and acceleration limits of the x-axis. It should be noted that path derivatives are evaluated at discrete points and their absolute maximum value on a segment is used for the worst-case scenario. Similarly, the maximum path acceleration on a segment can be approximated from Eq. (3) as:

$$\ddot{s}_{\max}=\ddot{x}_{\max}\left/\max\left(\left|\frac{dx}{ds}\right|\right)\right. \qquad (5)$$

It should be noted that, Eq. (5) assumes that acceleration time is very short, which is generally acceptable in today's high performance CNC systems. Contribution of all the axes is compared to compute maximum path velocity that respects all the drive limits on the machine tool.

In the next step, the trapezoidal or cubic acceleration feed profile can be used to smoothly connect the achievable feed speeds. Due to short segment length and limited path acceleration, planned path speed may not be reached and eventually modified again. There are various cases to consider. For instance, if a very slow speed segment is placed right after a high-speed segment, maximum velocity of the high-speed segment needs to be lowered to be able to decelerate and connect to the slower one. The "look-ahead" function of NC machine tools also considers these various cases and scenarios to maximize and reach the programmed feed velocity along machining path. It is theoretically an optimization problem that is solved in real-time efficiently using windowing schemes[15].

2.4 Real-time Interpolation

At this final step, displacement profile along the tool-path, $s = s(t)$, is interpolated to command the motion to driving axes. The feed profile defining the path displacement is generated in section 2.3. The feed profile is first sampled at position control system's sampling frequency and inserted into the geometry equation. It should be noted that there is always integer number of displacement commands $(s = s(kT_s), \; k = 0, \cdots, N)$, which is ensured by slightly modifying the achievable path velocity. Here, as an example, linear interpolation between P_s and P_e is presented with respect to an arbitrary feed profile by :

$$\left. \begin{aligned} x(k) &= x_s + \frac{x_e - x_s}{L} \cdot s(k \cdot T_s) \\ y(k) &= y_s + \frac{y_e - y_s}{L} \cdot s(k \cdot T_s) \end{aligned} \right\} \begin{aligned} & 0 \leq s(t) \leq L \\ & L = \sqrt{(x_e - x_s)^2 + (y_e - y_s)^2} \end{aligned} \quad (6)$$

As shown in Eq. (6), sampled displacement profile $s(kT_s)$ is utilized to interpolate the tool motion along the path and the axis position commands are computed. In other words, x and y axes are incremented by certain amount dx, dy to realize the desired path displacement ds :

$$ds(k) = \sqrt{dx(k)^2 + dy(k)^2}, \left\{ \begin{aligned} ds(k) &= s(k) - s(k-1) \\ dx(k) &= x(k) - x(k-1) \\ dy(k) &= y(k) - y(k-1) \end{aligned} \right\} \quad (7)$$

It should be noted that in case of circular and spline tool-paths, various interpolation techniques are utilized. In complex geometries computation of axis increments $(dx$ and $dy)$ with respect to path displacement (ds) becomes computationally challenging since the geometry is non-linear. If the computation is not accurate the desired feed cannot be realized and "feed fluctuations" occur. Methods to ease the computational load and minimize feed fluctuations can be found in the following materials[13)16].

3. Simulation Study

A realistic case study is presented here to simulate the task of trajectory generation algorithms on a CNC system. The example machining tool-path is shown in **Figure 3**. It consists of 126 linear G01 commands with segments lengths varying from 3 [mm] to 13 [mm]. Cubic acceleration feed profiling is selected to travel each segment. The desired machining feed is $f = 100$ [mm/sec], maximum path acceleration is 2500 [mm/sec²] and jerk is set to be maximum 200000 [mm/sec³]. Considering this discrete tool-path, tool motion is commanded to perform an instantaneous stop at the end of each single segment. Resultant tangential feed profile and axis profiles are shown in **Figure 4**. Due to short segment lengths, desired

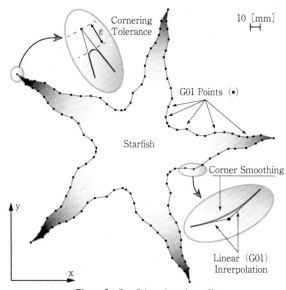

Figure 3 Starfish tool-path profile

feedrate could not be achieved, and total cycle time is resulted to be 13.39 [sec]. In high speed machining, modern machine tools do not use this type of feed scheduling, and its use is limited to less advanced or older CNC machine tools.

Next, corner smoothing technique is simulated to show the high speed tool-path planning capabilities of a modern CNC system. Here, an in-house-developed corner smoothing algorithm is implemented. The proposed algorithm ensures velocity and acceleration continuity at the junction (corner) points of a linear tool-path. The cornering tolerance of $\varepsilon = 100$ [μm] is selected. X and Y axis velocity and acceleration limits are set to 100 [mm/sec] and 2500 [mm/sec²], respectively. Cubic acceleration tangential feed profile is utilized to plan the feedrate. In this case drive's physical limits and the curvature of the corners are considered to compute the maximum feedrate along the corners (splines) utilizing Eqs. (4) and (5). Furthermore, an optimization algorithm is developed to maximize the overall feedrate mimicking the "Look-ahead" function of a real CNC system.

The scheduled feed profile is compared to a "constant feedrate" profile and results are shown in **Figure 5**. If a constant feedrate (100 [mm/sec]) is to be used to travel the entire corners smoothened tool-path, the total cycle time is around 5.8 [sec]. In this case the machine does not slow down at the corners and thus drive's acceleration limits are violated especially at sharp corners. By examining the X and Y-axis acceleration profiles, it can be seen that accelerations exceed 2500 [mm/sec²] at many corners causing large contouring errors and possible

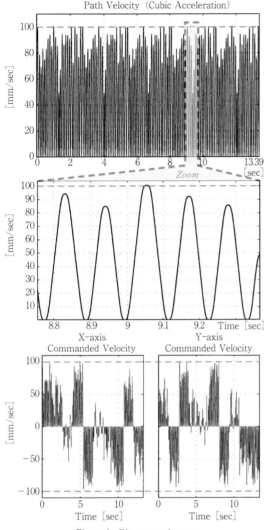

Figure 4 Discrete trajectory

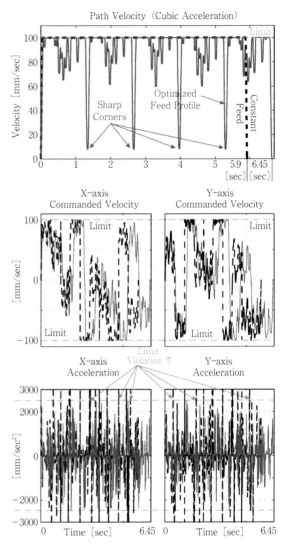

Figure 5 Corner smoothing and time-optimal trajectory

actuator saturation. In reality this cannot be allowed and the feedrate must be reduced for safe operation of the machine tool.

On the other hand, if proper feedrate scheduling is implemented, the NC system can reduce the speed before approaching corners to satisfy axis limits and increase the speed at straight sections to reduce the overall cycle time. In our in-house developed NC system, the implemented feedrate scheduling algorithm can respect axis limits and still keep the total cycle time around 6.45 [sec], which is slightly higher than the constant feed case and almost half of the full stop case. As shown, the developed system optimally schedules the feedrate to achieve highest productivity as in a real CNC machine tool.

4. Conclusions

This paper summarized motion generation principles in modern NC systems and CNC machine tools. As presented, trajectory generation plays a crucial role in achieving high performance motion generation in motion systems. Due to its sophisticated algorithms it requires the highest computational effort in a CNC system. Understanding the complicated nature of trajectory generation algorithms delivers valuable benefits both for the process planners, CAD/CAM users as well as control engineers.

References

1) Y. Altintas : Manufacturing Automation : Metal Cutting Mechanics, Machine Tool Vibrations, and CNC Design, Cambridge University Press, (2000).
2) Y. Koren : Computer Control of Manufacturing Systems, McGraw-Hill, (1983).
3) G. Pritschow : On the Influence of the Velocity Gain Factor on the Path Deviation, Annals of CIRP, **45**, 1 (1996) 367-371.
4) M. Tomizuka : Zero Phase Error Tracking Algorithm for Digital Control, J. Dyn. Sys., Meas., Control, **109** (1987) 65-68.

5) G. Pritschow and W. Philipp : Research on the Efficiency of Feedforward Controllers in Direct Drives, Annals of CIRP, **41**, 1 (1992) 411-415.

6) Q.J. Ge and B. Ravani : Computer Aided Geometric Design of Motion Interpolants, J. Mech. Design, **116**, 3 (1994) 756-762.

7) K. Erkorkmaz, C.-H. Yeung and Y. Altintas : Virtual CNC System. Part II. High Speed Contouring Application, Int. J. Mach. Tools Manu., **46**, 10 (2006) 1124-1138.

8) A.G. Siemens : Sinumerik 840D/810D/FM-NC OEM Package MMC User's Manual, 12ª ed., (1997).

9) L. Piegl and W. Tiller : The NURBS Book (2nd ed.), Springer-Verlag New York, Inc., (1997) ISBN 3-540-61545-8.

10) F.-C. Wang and P.K. Wright : Open Architecture Controllers for Machine Tools, Part 2 : A Real Time Quintic Spline Interpolator, J. Manuf. Sci. Eng., **120**, 2 (1998) 425-432.

11) K. Erkorkmaz and Y. Altintas : High Speed CNC System Design : Part I-Jerk Limited Trajectory Generation and Quintic Spline Interpolation, Int. J. Mach. Tools Manu., **41**, 9 (2001) 1323-1345.

12) Y. Altintas, B. Sencer, C. Okwudire and E. Fung : Virtual Five Axis Computer Numerical Control System, 5th CIRP International Conference and Exhibition on Design and Production of Machines and Dies/Molds, (Keynote Paper), 18-Kusadasi-Turkey, June, (2009).

13) K. Erkorkmaz and Y. Altintas : Trajectory Generation for High Speed Milling of Molds and Dies, Proceedings of the 2nd International Conference and Exhibition on Design and Production of Dies and Molds, Kusadasi, Turkey, DM_46, (2001).

14) B. Sencer and E. Shamoto : The Effect of Jerk Parameter of the Reference Motion Trajectory on the Oscillatory Behavior of Feed Drive Systems, Japanese Society for Precision Engineering (JSPE), Spring Annual Meeting, Tokyo, Japan, (2012).

15) B. Sencer, Y. Altintas and E.A. Croft : Feed Optimization for Five-Axis CNC Machine Tools with Drive Constraints, Int. J. Mach Tools Manu., **48**, 7-8 (2007) 733-745.

16) K. Erkorkmaz and Y. Altintas : Quintic Spline Interpolation with Minimal Feed Fluctuation, Proceedings of the ASME Manufacturing Engineering Division, 2003 ASME International Mechanical Engineering Congress and Exposition, MED-IMECE2003-42428, (2003).

はじめての
精密工学

CNC 工作機械のための軌道生成

名古屋大学機械理工学専攻　センジャル・ブラック

1. は じ め に

最近の工作機械ではリニア駆動機構等を搭載することで，従来と比べて高速・高加速度の動作が実現されている．高速動作において所望の工具軌道を高精度に再現するには，高周波数領域で優れた追従性能が必要となるためフィードフォワード制御を適用する．しかし，この方法は参照指令の高周波成分を増幅してしまうため，これがサーボ系や機械構造を加振しやすい欠点をもつ．このため，工作機械のCNC制御において参照軌道生成は極めて重要な役割を担う．すなわち，生成される軌道は目標のツールパスを正確に描くだけでなく，動力学的になめらかな輪郭を描かなければならない．本稿では，CNC工作機械において高精度/高速運動制御のためのなめらかな速度輪郭生成を実現する上で基礎となる，軌道生成アルゴリズムについて解説する．

2. CNC システムにおける軌道生成

工作機械のCNCシステムにおける軌道生成は"工具経路計画"，"送り動作計画"，"リアルタイム補間"の3つのステップから成る．

"工具経路計画"のステップでは，CAM等により作成された工具経路を必要に応じて幾何学的に修正し，なめらかな工具経路を生成する．CAMが出力する工具経路の幾何形状は，一般に直線や円弧の組合せで表される．特に，複雑自由曲面などは微小な直線要素に分割して表現することが多い．この工具経路において，直線要素のつなぎ目ごとに運動を停止すると加工時間が長くなり，送り速度を優先すると不連続な加速度変化が機械構造の振動や追従誤差を引き起こして問題となる．そこで，最近のNCシステムではさまざまな"コーナースムージング"アルゴリズムを適用してなめらかな送り動作を実現する．例えば，円弧要素を用いて連続な速度変化を実現することができる．また，コーナーにスプライン曲線によるフィレットを与えることで，さらに連続な加速度変化を実現できる．ただし，この方法は元々の工具軌道を強制的に修正するため，軌道誤差が生じる．さらに，最近の高機能CNCシステムは直線要素をスプライン曲線等に補間する機能をもつ．これにより，連続な速度/加速度変化を実現することができる．また，あらかじめ設定された許容誤差を満たすように，強制的に元の形状をなめらかな曲線に変換する方法も用いられる．

次に，"送り動作計画"のステップでは，前述の方法で与えられた工具経路に対して制御系の送り動作を計画する．一般に"台形速度"，"台形加速度"，"ベル型加速度"に分類される輪郭パターンに基づいて計算される．"台形速度"の場合には，加速度の変化が不連続となるため，加速度に含まれる高調波成分が機械構造やサーボ系の共振モードを加振しやすい．"台形加速度"は連続的な加速度の変化を実現し，"ベル型加速度"の場合はさらになめらかな加速度変化を実現する．このため，加速度の高調波成分は激減して振動が生じにくくなり，追従性能も向上する．同時に遅れを生じて生産性の低下を招く問題も伴うが，高精度/高速運動制御においてなめらかな加速度変化は不可欠である．なお，送り動作は複数のセグメントを同時に考慮して計算される．これは"先読み"機能と呼ばれ，送り速度や加速度の限界を考慮した上で，上述した連続な加速度変化に配慮した送り動作が計画される．

最後に，"リアルタイム補間"のステップでは，各送り軸へ出力する動作指令を補間して生成する．上述の方法で計画された送り動作を，制御系の制御周波数に基づいてサンプリングし，幾何方程式に当てはめる．なお，セグメントごとの指令回数は整数となるため，送り動作指令はこのステップで若干修正されることになる．

3. シミュレーションによるケーススタディ

126点の直線補間指令によって構成される複雑形状に対して，軌道生成のケーススタディを行う．まず，上述した"ベル型加速度"による"送り動作計画"アルゴリズムを採用し，各セグメントの終点ごとに停止するように軌道生成を行った．計算の結果，目標の送り速度に対してセグメント長が短いため，実送り速度は目標値にほとんど到達することができずにサイクルタイムは13.39 sとなった．

次に，著者が提案しているコーナースムージング手法を適用して同様の制約下で比較を行った．速度と加速度の連続性を保証しながら軌道生成を行った結果，送り速度が大幅に増加して目標速度に到達するようになり，サイクルタイムは6.45 sまで短縮された．これは，一定の送り速度を仮定した場合のサイクルタイム5.8 sと同程度であり，軌道生成の重要性が示唆される結果となった．

4. ま と め

最近の工作機械で利用される軌道生成手法について解説した．軌道生成は高性能な運動制御を行う上で極めて重要な役割を担っている．本稿による軌道生成の本質的な仕組みの理解が，工作機械やCAD/CAMに携わる研究者/技術者にとって有益なものとなることを期待したい．

日本語要約：鈴木教和（名古屋大学）

ブロックゲージの基礎と応用

Fundamentals and Applications of Gauge Blocks/Tetsuo KOSUDA

株式会社ミツトヨ 宮崎工場　小須田哲雄

1. は じ め に

　ブロックゲージ（Block Gauge または Gauge Block，**図1** 参照）は 1896 年にスウェーデンのヨハンソン[1]（Carl Edvard Johansson, 1864〜1943）により発明されました．それ以来，今日まで実用的な長さ基準器として各種の測定機器の校正や精密測定に使用され，長さのトレーサビリティを支える重要なアイテムとなっています．本稿では，性能，使用例，および取り扱いの注意について紹介します．

2. ブロックゲージとは

　ブロックゲージは JIS 規格[2]によると，「耐久性がある材料で作り，長方形断面で平行な二つの測定面をもち，その測定面は他のブロックゲージ又は補助体（基準平面）ともよく密着する性質をもっている端度器」と定義され，おおむね次の要件が求められます．

- ・ 寸法が正確である
- ・ 測定面は容易に密着（リンギング，Wringing）できる
- ・ 経年による寸法変化が少ない（寸法の安定性がよい）
- ・ 硬く，耐磨耗性に優れている
- ・ 熱膨張係数が明らかである（鋼製では範囲を規定）
- ・ 錆びにくい

以下，これらについて解説します．

2.1 形状

　欧州およびアジアでは，ISO 規格[3]および JIS 規格に定められた 30 mm（または 35 mm）×9 mm の長方形の測定面（断面）をもつレクタンギュラ形（ヨハンソン形，図1 参照）と呼ばれる形状が一般的です．

　米国では，米国規格[4]に規定された正方形断面で中央に穴の開いたスケヤ形（ホーク形，図1中央左参照）も 3 割ほど使用されています．これは 1917 年に米国度量衡局（NBS）のホーク（W.E. Hoke）により発明され，中央の穴を利用して専用の締結ロッドおよび小ねじで締結が可能です．レクタンギュラ形で 100 mm を超える呼び寸法（長尺サイズ）の場合，両測定面から 25 mm の位置に直径 10 mm の穴が設けられているものがあり，密着力のみでの保持が危険なため，専用ホルダを用いて保持が可能です．ただし，ホルダのねじ締めによる弾性収縮が発生するため注意が必要で，特に精度の高い K 級（2.3 参照）はホルダによる締結は禁止されています．

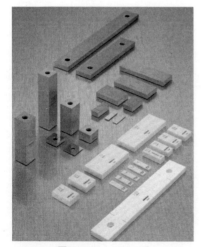

図1　ブロックゲージ
鋼製およびセラミックス製（白色）
中央左はスケヤ形，上 2 本と下 1 本が長尺サイズ

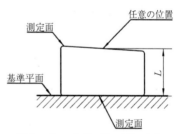

図2　ブロックゲージの寸法の定義

表1　標準的な呼び寸法の種類　　単位：mm

呼び寸法	寸法の段階
1.0005	—
0.991 ‥‥‥‥0.999	0.001
1.001 ‥‥‥‥1.009	0.001
1.01‥‥‥‥‥1.49	0.01
1.6 ‥‥‥‥1.9	0.1
0.5 ‥‥‥‥‥25	0.5
30 ‥‥‥‥‥90	10
75 ‥‥‥‥200	25
250	—
300 ‥‥‥1000	100
750	—

表2 ブロックゲージの寸法精度　　　　　　　　　　　　　　　　　　　　単位：μm

| 呼び寸法（mm） | | K級 | | 0級 | | 1級 | | 2級 | |
を超え	以下	寸法許容差（±）	寸法許容差幅	寸法許容差（±）	寸法許容差幅	寸法許容差（±）	寸法許容差幅	寸法許容差（±）	寸法許容差幅
*0.5	10	0.20	0.05	0.12	0.10	0.20	0.16	0.45	0.30
10	25	0.30	0.05	0.14	0.10	0.30	0.16	0.60	0.30
25	50	0.40	0.06	0.20	0.10	0.40	0.18	0.80	0.30
50	75	0.50	0.06	0.25	0.12	0.50	0.18	1.00	0.35
75	100	0.60	0.07	0.30	0.12	0.60	0.20	1.20	0.35
100	150	0.80	0.08	0.40	0.14	0.80	0.20	1.60	0.40
150	200	1.00	0.09	0.50	0.16	1.00	0.25	2.00	0.40
200	250	1.20	0.10	0.60	0.16	1.20	0.25	2.40	0.45
250	300	1.40	0.10	0.70	0.18	1.40	0.25	2.80	0.50
300	400	1.80	0.12	0.90	0.20	1.80	0.30	3.60	0.50
400	500	2.20	0.14	1.10	0.25	2.20	0.35	4.40	0.60
500	600	2.60	0.16	1.30	0.25	2.60	0.40	5.00	0.70
600	700	3.00	0.18	1.50	0.30	3.00	0.45	6.00	0.70
700	800	3.40	0.20	1.70	0.30	3.40	0.50	6.50	0.80
800	900	3.80	0.20	1.90	0.35	3.80	0.50	7.50	0.90
900	1000	4.20	0.25	2.00	0.40	4.20	0.60	8.00	1.00

* 0.5 を含む

表3　等級と用途の例

等　級	用　途　例
K	ブロックゲージの校正 研究用
0	高精度測定機器類の校正 （指示マイクロメータ・電気マイクロメータ等）
1	測定器類の校正（マイクロメータ等） ゲージの精度点検
2	測定器類の校正（ノギス等） ゲージの製作 精密測定 刃具の位置合わせ

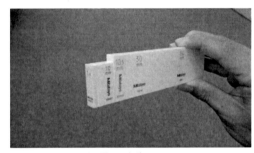

図3　密着の例

2.2　寸法の定義および呼び寸法

ブロックゲージの寸法は**図2**のLのように，「測定面上の点から他の測定面に密着させた同一材料，同一表面状態の基準平面までの距離」と定義され，密着層（2.4 参照）を含んでいます．呼び寸法（以下サイズとも表記）の種類は 0.5〜1000 mm の範囲で**表1**のような種類が規定されています．

2.3　精度

寸法精度は**表2**のように 0.01 μm 単位で極めて高く，等級別に規定され，精度の高い順に，K，0，1，2 級の 4 等級が設けられています．等級と用途の例を**表3**に示します．

最上級の K 級はドイツの DIN 規格の Kalibriergrad（校正等級）に由来し，ブロックゲージの校正用基準器として設定されています．なお，K 級は JIS 規格では光波干渉測定法（3.1 参照）で測定するよう規定されています．その他の等級は比較測定法（3.2 参照）により測定されます．なお，K 級の寸法許容差が 0 級より大きいのは，実測値を補正して使用することが前提になっているためです．表2 の寸法許容差とは，実寸法と呼び寸法の差（寸法差 e，1997 年版の旧 JIS 規格では寸法偏差）の許容される範囲です．寸法許容差幅とは，寸法差の最大と最小との差（寸

法差幅 v，過去には平行度）が許容される範囲です．なお，ブロックゲージの実寸法は呼び寸法と検査成績書の寸法差の値の和となります．ブロックゲージには，このほかに測定面の平面度（150 mm 以下のサイズでは K 級，0 級，1 級，2 級がそれぞれ，0.05 μm，0.10 μm，0.15 μm，0.25 μm）および断面寸法，側面の平面度および平行度，測定面と側面の直角度，隣接する側面間の直角度，締結穴の寸法公差などが規定されていますが，ここでは省略します．

2.4　密着

ブロックゲージの最大の特徴は，**図3**のように複数のサイズを密着させることで，1 μm などの細かいステップで任意の寸法（各サイズの和）が得られることです．

ブロックゲージの密着とは，磁気や接着剤などを用いなくても，測定面同士を重ね合わせると互いに付着する現象です．これは測定面の平面度が良好で表面あらさが非常に小さいことに由来します．密着による誤差はブロックゲージの状態や技能に影響されますが，手で引っ張って剥がれない程度の密着力（約 60 N 以上）が得られれば，0.03 μm以下の誤差に抑えることができます．密着現象については多くの研究や解説[5]〜[8]がありますが，大気圧以上の密着力

があること，真空中でも密着する等から主に密着油または
空気中の水分などによる表面張力と材料の分子間力が作用
しているといわれています．また，密着を繰り返すとわず
かに摩耗するため，組み合わせるブロックゲージは同じ寸
法を頻繁に使用しないように工夫します．摩耗を防ぐため
にはわずかな油膜を介在させるのがよく，密着力も向上し
ます．グリス等を使用した密着では，時間経過で密着力が
強くなることが知られています．

2.5 寸法の安定性

鋼製ブロックゲージは，耐摩耗性向上の目的で硬化処理
を行います．一般には焼入れおよび焼き戻し処理が行わ
れ，硬さは 800 HV 以上と規定されています．鋼の焼入れ
組織は不安定で，放置すると次第に安定な組織に変化し，
伸びと収縮の複合した寸法変化（経年変化）が生じます．
また，加工歪を解放する際にも寸法変化が生じます．一年
当たりの寸法の安定度は 100 mm のサイズの場合，K およ
び 0 級で ±0.045 µm 以内，1 および 2 級で ±0.055 µm 以
内と規定されています．

各メーカは変化を最小限にするよう，熱処理条件，加工
条件の研究や自然放置（時効，枯らし，と呼ばれる）など
を利用したさまざまな安定化処理を行っています．

2.6 材料

ブロックゲージの材料に求められる性能としては，耐摩
耗性が良好，密着できるよう平滑な表面仕上げができる，
寸法が安定している，測定物と熱膨張係数が近いなど
です．

一般に機械部品は鉄鋼材料が多く利用されるため，ブロ
ックゲージには工具鋼，軸受鋼や金型用の鋼が使用されま
す．鋼製ブロックゲージの熱膨張係数は JIS 規格で
$(11.5\pm1.0)\times10^{-6}$/K の範囲と規定されています．なお，
一部のメーカでは熱膨張係数の実測値を付けたブロックゲー
ジを販売しており，校正の不確かさを小さくしたい場合
などに使用されています．この熱膨張係数の値付けの不確
かさは 0.035×10^{-6}/K（拡張不確かさ $k=2$）となってい
ます．

また，耐摩耗性の高い超硬合金（タングステンカーバイ
ド，クロムカーバイド）も使用されます．また，近年では
セラミックスや低熱膨張セラミックスなどを使用したブロ
ックゲージも開発されています．鋼以外の材質の場合，熱
膨張係数とその不確かさ（誤差の存在する範囲）を明確に
します．

1988 年に日本で開発されたジルコニアセラミックス製
ブロックゲージ（図 4 参照）は，鋼に近い熱膨張係数の
ため鋼部品の測定に使用できる，錆びないため防錆が不
要，硬く（1350 HV）耐摩耗性が高い，寸法の安定性に優
れ経年変化が非常に小さい，靱性が比較的高く欠けにく
い，など利点が多く国内では鋼に次いで普及しています．
また，低膨張セラミックスを使用したブロックゲージ（図
5 参照）は工作機械や測定機器の温度補正の確認や熱変位
の研究，および高精度な校正に利用されています．

図4 ジルコニアセラミックス製ブロックゲージ

図5 低膨張セラミックス製ブロックゲージ

図6 112 個組ブロックゲージセット

2.7 セット（寸法の組み合わせ）

ブロックゲージは密着して必要な寸法を組み立てる利便
性から，さまざまなサイズを組み合わせたセット（図6
参照）が用意されています．元々はヨハンソンが発明した
102 個組，111 個組にルーツがあります．標準的なセット
としては 112 個組，103 個組，76 個組，47 個組，32 個組，
18 個組，9 個組，長尺用 8 個組などのほか，マイクロメー
タ検査用 10 個組等も使用されています．各セットで同じ
寸法（組立寸法）を得るのに必要なサイズは多くの組み合
わせがありますが，一例を表4に示します．この表のよ
うに，組数の多いセットがあれば組み合わせ個数が少なく
て済みます．また，マイクロメートル単位の寸法が必要な
場合 112 個組セットまたは 0.001 mm ステップの 9 個組セ
ットが必要です．表中の棒線は組立できないことを示しま

表4　各セットで寸法を得る寸法組合せの例　単位：mm

組立寸法	65.335	146.78	154.3785	215.37	最大使用寸法
	1.005	1.48	1.0005	1.37	（全寸法合計）
	1.33	1.3	1.008	14	
112 個組	13	24	1.37	100	225
	50	100	1	75	（933.7955）
		20	50	25	
			100		
	1.005	1.48		1.37	
	1.33	1.3		14	
103 個組	13	24	—	100	225
	50	100		75	（924.755）
		20		25	
	1.005	1.38		1.37	
	1.33	1.4		4	
	3	4		10	
76 個組	10	100	—	100	225
	50	40		75	（482.255）
				20	
				5	
	1.005	1.08			
	1.03	1.7			
	1.3	4			
	2	60			
	60	30			110
32 個組		20	—	—	（188.955）
		10			
		9			
		8			
		3			

図7　ブロックゲージ光波
干渉計

図8　ブロックゲージ比較測定器
（2点測定法）

図9　1点測定法と2点測定法の原理

す．密着で得られる寸法はセットにより制限されます．表の「最大使用寸法」は実用上得られる最大寸法の目安で，呼び寸法の大きいもの3個の合計です．括弧内の「全寸法合計」は全てのサイズを密着した場合の合計を示しますが，密着個数が増え現実的ではありません．また，セット組数が多いほど同一寸法を得る組み合わせも多いため，同一サイズを重複して使用しないよう工夫しやすく，摩耗を防止することができます．なお，密着の煩わしさや誤差を避けるために特殊サイズをメーカに製作依頼する場合もあります．

3.　測　　　　定

ブロックゲージの測定には，光波干渉測定法（絶対測定）と比較測定法が用いられます．

3.1　光波干渉測定

光波干渉測定は絶対測定と呼ばれますが，寸法定義と同じくブロックゲージを基準平面に密着した状態で光波干渉計（図7参照）を用いて行います．光波干渉測定はレーザ光源（波長633 nm等）を用いて行う最高レベルの不確かさの測定で，限られた研究機関や公設の試験所，校正業者，ブロックゲージメーカなどで行われます．光波干渉計による校正の不確かさは最高レベルで100 mmのサイズで0.02 μm（k＝2）程度です．また，比較測定の不確かさはその約3倍程度です．光波干渉測定は細心の設備管理と密着などに熟練を要する特殊な測定のため詳細説明は省略します．

3.2　比較測定

比較測定は接触式センサーを用いた比較測定器（図8参照）で行います．比較測定は基準ブロックゲージの測定面中央の寸法を基準に，測定されるブロックゲージの中央および四隅の寸法を測定します．比較測定法は基準平面に密着しない状態で測定しますが，使用する基準ブロックゲージは光波干渉計により値付けされますので，寸法の定義に従った密着層を含む寸法となります．

比較測定には1点測定法と2点測定法があり，1点測定法は図9の左の二図のように，下側に測定アンビル，上側に測長センサーの測定子があり，アンビルの山（ランド）と測定子でブロックゲージを挟み込んで測定する方法です．この場合，ソリのあるものや平面度が中低なものではアンビルとの隙間が生じ測定誤差となるため，アンビルをわずかに中高にして隙間が生じないようにします．

2点測定法は図9の右端の図のように上下2本のセンサーがあり，両測定子で挟み込むので，アンビルとブロックゲージの隙間が生じないためアンビルの管理が容易です．近年では国内外共に2点測定法の利用が増えています．

測定の際の注意として，ブロックゲージが体温で温度上昇しないよう作業手袋，ピンセットなどを用います．また，縦弾性係数が異なる材料の比較測定（超硬合金と鋼等）では，測定力による弾性変形量（Hertzの弾性接近量）による誤差が生じるため，補正が必要です．

3.3　測定姿勢

ブロックゲージの測定面を上下にして垂直姿勢に置くと，自重による縮みが発生します．この量は長さの二乗および比重に比例し，ヤング率に反比例します．長尺のブロックゲージでは影響が大きく，1000 mmの鋼製ブロックゲージを垂直に立てると0.19 μm縮み，500 mmで0.05 μm，250 mmでは7 nmです．自重による縮みが十分無視できる100 mm以下のサイズのブロックゲージの寸法は垂

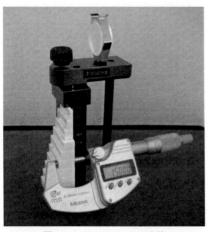

図10　マイクロメータの点検

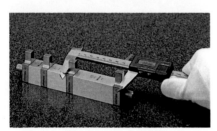

図11　ノギスの点検

図12　三次元測定機の点検

図13　シリンダゲージのゼロ点
合わせ

4.1　測定機器の点検

図10はマイクロメータの点検の例です．専用のホルダを用いてブロックゲージを保持しています．

図11はノギスの点検をスケヤ形ブロックゲージとアクセサリーの平型ジョウを組み合わせて行っている例です．

図12はブロックゲージを一定ピッチで配置した寸法基準器（ステップゲージ）を用いて，三次元座標測定機の点検を行っている例です．

4.2　測定器の基点合わせ

図13はブロックゲージとホルダおよびジョウを用いて，シリンダゲージのゼロ点合わせを行っている例です．

4.3　精密測定での使用

図14は精密定盤の上にブロックゲージを置き，その上にサインバーを載せることで，定盤とサインバーの上面のなす角度を任意につくりだす例です．

図15は電気マイクロメータを用いた比較測定の基準として，ブロックゲージを応用した高さの寸法基準器（ハイトマイクロメータ）を使用した例です．

図16は溝ピッチの検査の模式図です．

4.4　限界ゲージ

図17は穴の内径の検査例です．

4.5　工作機械の精度検査

図18は寸法基準器（ステップゲージ）を用いて工作機械の送り精度を検査している例です．

以上のほか，精密なケガキを行うためのスクライバーなどがアクセサリーで用意されていますが省略します．

5.　使用上の注意

ブロックゲージの取り扱いには細心の注意が必要です．木箱から取り出して，いきなり密着を行うのは危険です．カエリ取りおよび密着の手順はメーカのカタログなどで紹介されていますので，ここでは注意点のみ紹介します．

5.1　清浄（面拭き）

わずかなゴミが測定誤差になります．溶剤（ノルマルーヘプタン等）を染込ませたレンズクリーニングペーパー等で測定面を清拭きしますが，再付着防止のため，最後はペーパーの未使用面で拭き取ります．

直姿勢におけるものとします．また，長尺ブロックゲージ（100 mm を超えるサイズ）の寸法は，縮みが無視できないため，測定面が左右になる水平姿勢におけるものとします．つまり長尺ブロックゲージは自重による縮みを含まない寸法で値付けされていますので注意が必要です．さらに，水平姿勢に置く場合は，両測定面が互いに平行になるよう，両端面からサイズの 0.211 倍の 2 カ所の位置で支持します．この支持点はエアリー点（Airy point）と呼ばれます．また，撓みが小さくなるよう断面の長い辺（35 mm）を縦に，断面の短い辺（9 mm）を下にした状態とします．この方法で支えることで寸法変化は無視できる程度に小さくなります（1000 mm のブロックゲージで 0.016 nm）．仮にこれらの支持方法および姿勢を守らず，断面の 35 mm の辺を下にして，両端で支持した場合は 1000 mm のブロックゲージで中央寸法は 0.15 μm 小さくなり，寸法差幅は 45 μm 大きくなりますので十分な注意が必要です．

4.　用途および応用基準器

ブロックゲージは単体で測定機器の点検に使用されるほか，さまざまな利用ができます．そのための専用のアクセサリー（JIS 規格[2]参照）が用意されています．また，ブロックゲージを直線的に配置した各種の寸法基準器があり，ここで紹介する以外にもマイクロメータやノギスの点検用などが造られています．以下にこれらの使用例を紹介します．

図14 角度基準

図15 ハイトマイクロメータ

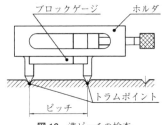

図16 溝ピッチの検査

図17 内径の検査

図18 工作機械の検査

図19 カエリ取り

図20 悪い梱包例

5.2 測定面への傷の防止

取り扱いで注意すべきは測定面に他のブロックゲージの角をぶつけないことです. 鋼, 超硬鋼合金, ジルコニアセラミックスなどは塑性があるため, 測定面にキズが付くと, キズの周囲に必ずカエリと呼ばれる月のクレータ状の盛上りが発生し, 密着が困難, または密着力が弱くなり, 寸法誤差が発生します. キズが付いた場合はカエリ取りを行います.

5.3 カエリの除去

密着前に必ずキズの有無を目視で確認し, キズがある場合はオプチカルフラット (JIS B 7430) でカエリの有無を確認し, カエリがあればカエリ取りを行います.

カエリ取りにはブロックゲージメーカから販売されている専用砥石 (アルカンサス・オイルストーンまたは専用のセラミックス砥石など) を使用します. 信頼できるメーカの砥石は良好な平面度になるようラッピングされ, ラッピング砥粒を注意深く除去する処理がされており, ブロックゲージの平面は摩耗することなく, カエリの凸部のみ取り去ることができます. 一般に市販されている砥石をそのまま使用すると深いキズが付き, 損耗の危険があります. 図19はカエリ取りの様子です. カエリ取りはブロックゲー

ジ測定面とカエリ取り砥石の両方の表面が清浄な乾燥状態で行い, 随時切粉を拭き取ります. なお, カエリ取り砥石に付着した切粉は, 溶剤を付けたウエス (布切れ) で強く拭いて取り去っておきます.

なお, 大きなカエリは完全に除去することは困難です.

5.4 密着面への油膜形成

密着前にブロックゲージの測定面にごく薄い油膜を形成します. 油膜は密着力を強くし摩耗を防ぐとともに, 放置した場合の密着面の防錆効果があります. 油膜を形成するには, まず米粒一粒程度のわずかなカップグリスをレンズクリーニングペーパーに付け, これを測定面の2～3カ所に分けて塗布します. 次にレンズクリーニングペーパーまたは布の上で10回程往復させて拭き取ります. コツはグリスを測定面の全面に均一に伸ばすことです. 油膜の量の目安として, シャボン玉のように薄い油膜が光の干渉 (薄膜干渉) で着色して見える程度が適しています. なお, 固形粒子を含む防錆油は密着には適しません. また, セラミックス製ブロックゲージの密着には人の手の脂でも間に合いますが, 鋼製の場合は汗の塩分で錆びますので使用できません. オプチカルフラット, 溶剤, およびカエリ取り砥石などはブロックゲージを正しく使用するための必需品です. 揃えておくと便利です.

5.5 密着

薄いブロックゲージは新品でもわずかなソリがあり, 密着で隙間が生じ誤差が発生しやすく, 密着が難しいものです. 端から力を加えてソリを矯正しながら密着します. その後, 密着状態をオプチカルフラットにて観察します.

5.6 温度慣らし

ブロックゲージは取り扱いで膨張していますので, 使用前に部品や測定器と同じ温度 (通常は室温) になるまで冷やします. 熱伝導のよい金属製定盤や熱容量の大きい石定盤などに置いて温度慣らしを行います. なお, いったん温度を上昇させてしまうと元に戻るまで長い時間が必要ですので, 手袋や防熱カバーなどを利用し, 温度を上げないように注意します.

特にブロックゲージの校正では, 基準および測定されるブロックゲージの温度差を極力小さくする必要があり, 鋼製の100 mmの場合, 0.01℃の温度差で0.01 μm の誤差が生じます. また, ジルコニアセラミックス製ブロックゲージでは熱伝導率が鋼より小さく, 温度慣らしには鋼の約2

倍の時間が必要です．なお，低膨張セラミックス製のブロックゲージは温度上昇による寸法変化がほとんどないため，温度慣らしが不要で校正作業時間を大幅に短縮できる利点があります．

5.7 使用後の処理

鋼や超硬合金製のブロックゲージは錆びを予防するために素手で扱わないようにします．止むを得ず素手で持った場合は，使用後速やかに溶剤で指紋を拭き取り，防錆油を塗布します．防錆油には長期の使用でブロックゲージに変色や腐食を起こすものがありますので，メーカで推奨された防錆油を使用します．なお，鋼製のブロックゲージでは，密着油を使用しないで密着し，長期間放置すると密着面に錆びが発生し寸法変化が生じる場合があります．密着状態のまま利用する場合は定期的に寸法確認をします．

6．定 期 校 正

ブロックゲージは使用による磨耗や経年変化で寸法が変化することがありますので，定期的に校正を行って精度を確認します．校正には専門的な技術と設備が必要なため，校正業者に依頼するのが一般的です．通常，校正業者では校正前にカエリ取りを行います．ただし，カエリ取りによって測定面がラッピングされ，寸法を変化させてしまうケースもあると聞いていますので，信頼できるところを選択する必要があります．校正を依頼する場合，**図 20** のようにブロックゲージの測定面同志が接触する状態で梱包すると輸送で測定面に大きなキズが付き，カエリの除去が困難でブロックゲージとして使えない状態になる危険があります．輸送時の梱包には，購入時の包装資材を利用するなどの注意が必要です．

7．お わ り に

ブロックゲージは高い寸法精度と形状精度から，精密測定のさまざまな場面で大変重宝に利用することができます．

測定結果が予想と異なる場合，ブロックゲージを測定することで，測定機器が正しいのか，測定物が異常なのかを判断できるケースがあります．また，限界ゲージとして用いると，マイクロメートル単位で通り・止まりを正確に判断できます．

ブロックゲージは長さの精密測定の基本であり，ブロックゲージを知り，正しく使用することで，精密測定の一端が理解できるのではないかと考えています．

本稿がその参考になれば幸いです．

参 考 文 献

1) T.K.W. Althin and C.E. Johansson : The Master of Measurement, Stockholm MCMXLVIII, (1948).
2) JIS B 7506 : 2004 ブロックゲージ.
3) ISO 3650 Geometrical Product Specification (GPS) —Length Standards—Gauge Blocks.
4) ASME B89.1.9–2002 GAGE BLOCKS.
5) 津上研蔵：工場測定器講座 (8) ブロックゲージ，日刊工業新聞社，(1962).
6) 津村喜代治，藤井康治：ブロックゲージの付着力について，精密機械，**37**, 438 (1971) 509.
7) 加藤健司，堤成晃：ブロックゲージの密着機構に関する一考察，日本機械学会論文集 (C 編)，**58** (1992) 549.
8) T. Doiron and J. Beers : The Gauge Block Handbook, Dimensional Metrology Group Precision Engineering Division, National Institute of Standards and Technology.

本解説の写真の一部は㈱ミツトヨのカタログから引用しています．

はじめての精密工学

精密工学における第一原理計算—超精密加工プロセスへの応用を中心に—

First-Principles Molecular-Dynamics Calculations in Precision Engineering/Kouji INAGAKI

大阪大学　**稲垣耕司**

1. は じ め に

　今日の超精密加工は原子の大きさに迫る精度を目指しており，原子を単位とする除去・付着加工が原子スケールでの現象を利用することにより実現されつつある．このような加工法における原子除去や原子構造構築のメカニズムを調べ，あるいはそれに基づいて高速・低価格・安全・省エネルギー・省力化された高性能加工を実現するためには，量子力学の第一原理基づいたシミュレーションによる現象の解明と理解が不可欠である．現在でも一般の研究者が比較的容易に利用可能であろう数ノードの計算機資源量で原子100個程度の系を第一原理分子動力学で解析すると1ps程度に数日程度というかなりの計算時間を要する．しかし，計算機の能力は日々拡大しており，15年前のスーパーコンピュータと同等の能力が手元のデスクトップPCで実現されていることを考えると，将来的にさらに有効になることは疑いの余地がない．本稿は2回の分割掲載で，今回は，第一原理分子動力学シミュレーションの概要と，これまでわれわれが行ってきた超精密加工における加工の反応素過程を第一原理シミュレーションで解析した例について述べる．

2. 第一原理分子動力学シミュレーション

2.1　第一原理計算法の概要[1][2]

　本節では第一原理電子状態計算法の概要を述べる．第一原理計算といえども，現実的な計算コストで結果を得るために種々の近似による高速化が提案・実施されている．第一の近似は，静止した原子核周りを電子が高速に運動し，電子密度が分布していると考えるボルン・オッペンハイマー近似である．本来は原子核自体も量子論に従う粒子であるため，原子核の正電荷は波動関数，つまり点ではなく拡がった状態として取り扱われる必要があるが，原子核のうち最も軽い水素原子核（陽子）でさえ電子に比べて約1800倍重いため，通常は原子核の正電荷が一点にあるとしても十分な精度が得られる．

　原子核の位置が決まれば次のシュレーディンガー方程式から電子分布が定まる．

$$\hat{H}_R \Psi_R(r) = E \Psi_R(r)$$

ただし $\hat{H}_R$ はハミルトニアン演算子，$\Psi_R(r)$ は波動関数，E は系全体のエネルギー，r，R は電子，原子の位置座標

ベクトル（N 電子系に対して r は $3N$ 次元のベクトル）である．原子核と電子分布から原子に働く静電力が決まり，これによって分子動力学計算を実行することができる．シュレーディンガー方程式の求解を困難にしている問題は，①電子が多粒子系をなしていること，②電子がフェルミ粒子であること，の二つにある．これを解決するために今日用いられている主な処方箋には，密度汎関数法に基づく方法とハートリー・フォックに代表される方法の二つがある．密度汎関数法は，求める電子状態を波動関数でなく，電子密度だけによっても厳密に決定することができるという理論を基礎としている．電子密度は波動関数と異なり空間の自由度だけをもつため，多体問題を避けて問題を単純化することができる．ただし実際には電子密度だけでは運動エネルギー項を適切に表現することが難しいので，便宜的に一電子波動関数[*1]を使った**コーン・シャム方程式**を解く手法で解かれる．電子間相互作用のうち古典的クーロンポテンシャル以外のポテンシャル部分である交換相関ポテンシャル汎関数が完全であれば厳密に正しい計算ができるが，真の汎関数形はいまだ明らかではなく，近似のため誤差が残る．しかし，計算精度と必要計算コストのバランスのよさからよく用いられる．一方，**ハートリー・フォック法**は，電子がフェルミ粒子であることを保証するハートリー行列式と呼ばれる形の波動関数を基にして計算を進める手法で，基底関数を増加させることにより系統的に精度を上げられる利点があるが，計算コスト増加が著しいため，モデルの大きさが極端に制限されるなど，大規模計算としては実用的でない面もある．

　加工現象（化学反応系）をシミュレーションするためには多くの原子数を含んだモデルの解析が必要であるため，密度汎関数法の利用が多くの場合適切であろう．

2.2　近似法および精度と計算手続き

　密度汎関数法では，相関ポテンシャルの関数形を何らかの形で近似する必要がある．電子密度の汎関数として与える **LDA（Local Density Approximation）**，その空間勾配も情報として加える **GGA（Generalized Gradient Approximation）** などがあり，さまざまな種類の手法が提案されている．計算精度に関してのおおよその認識は次の

[*1]　完全に便宜的というわけではなく，その最高占有準位，最低非占有準位のエネルギー固有値がイオン化エネルギーと電子親和力に対応するという物理的意味づけがある

132

ようなものである[1]．①物質の結合長は 1% 過小評価あるいは 1% 過大評価（それぞれ相関交換項として LDA，GGA を採用した場合）する．②弾性定数は（LDA，GGA いずれでも）数％の誤差をもつ．③反応エネルギー障壁は LDA では数 10% 過小評価，GGA を用いると改善される．④ファンデルワールス力は再現できない．しかし，上の①〜④については対象とする系にも依存するので，注意深い取り扱いが必要である．

また，外殻電子に作用する有効ポテンシャルだけを取り扱う**擬ポテンシャル法**がさらなる計算量低減手法として用いられる．原子核近傍の $1/r$ のポテンシャルや，反応に寄与しない内殻電子を取り扱うのをやめることで非効率な高負荷計算を避けることができる．基本的な方法の**ノルム保存擬ポテンシャル**のほか，ノルム保存条件を外して計算量を低減した**ウルトラソフト擬ポテンシャル法**，内殻電子の状態変化も取り込められる **PAW（Projector Augmented Wave）法**も最近よく用いられるようになってきた．

バルクや表面の反応を周期モデルで取り扱う場合，BZ（Brillouin Zone）サンプリングが必要である．周期境界条件は，電荷密度が連続で滑らかな周期性をもつことにあり，複素数である波動関数については，位相の任意性がある（モデルが無限に大きいことに相当する）．この位相を $0〜2\pi$ まで等間隔にとり，それぞれで波動関数を得る必要がある．金属系のモデルにおいては，フェルミ準位付近に多くの準位が存在するため，特に注意する必要がある．

以上の計算法に基づいてコーン・シャム方程式が基底関数展開法あるいは実空間差分法により数値的に解かれる．コーン・シャム方程式は行列の固有値問題の形を成しているが，その行列要素は電荷密度，すなわち固有値問題の解に依存しているため，始めに電荷密度を仮定して固有値問題を解き，得られた電荷密度が最初のものと一致するまで入力の電荷密度を修正しつつ，収束するまでこれを続ける，いわゆる**セルフコンシステント計算**が必要である．これによって定まった電子状態に基づいて原子に働く力を計算し，力に従って原子を動かしたのち再度電子状態を収束計算する繰り返しにより分子動力学計算が実行される．

2.3 古典分子動力学法との関係

原子核の位置が決まればシュレーディンガー方程式に基づいて電子分布や原子に働く力が定まるため，原子核の位置だけの情報で原子に働く力を導くモデルポテンシャルはその意味で有効である．これにより計算を進める古典分子動力学法は，シミュレーションを高速に実行することができる．しかし，局所的な原子配置が同じであっても，結合に関与している電子の分布がモデルポテンシャル作成時に想定されているものと異なれば，精度のよい計算は望めない．特に化学結合の生成・消滅を伴うような反応過程で顕著である．したがって，古典分子動力学法では，原子間結合の生成・消滅がほとんど起こらないモデルでの高速な解析や，反応の生じる可能性のある局所構造がどのくらいの頻度で形成されるか，といった解析に有効である．計算

時間のかかる第一原理の手法と組み合わせた相補的な活用が望ましい．

2.4 計算で得られる物理量

第一原理計算結果からさまざまな物理量が得られる．以下，重要な物理量について述べる．

① 全エネルギー

最も重要な指標で，原子に働く力を最小化することにより求めた局所的安定構造について，全エネルギーを比較することにより安定な構造を調べることができる．

② 原子構造

原子間距離，角度などは原子間結合の存在や結合の形態を区別するのに有効な指標である．

③ 電子準位，DOS（Density Of States）

一電子近似された波動関数のエネルギー準位．多数の原子からなる場合，その密度．原子構造の変化により最高占有準位や最低非占有準位付近のエネルギーの電子準位のエネルギーが変わると，占有状態が入れ替わる可能性，すなわち結合の生成・切断が起こる可能性があり，その変化を評価することができる．

④ ポピュレーション解析[3]

量子化学の分野で用いられるマリケンのポピュレーション解析は原子（アトミックポピュレーション）や化学結合（ボンドポピュレーション）に属する電子数を表す便利な指標である．量子化学では通常，ハートリー行列式中の原子位置での局在基底関数（ガウシアン基底関数が用いられることが多い）で展開された一電子波動関数を用いた密度行列で定義される．これに対して密度汎関数法では局在基底関数でなく平面波基底などの拡がった基底関数を使用する場合が多いので，計算で得られた波動関数を原子基底に展開し，その展開係数から原子や結合に属する電子数を見積もる．展開精度に依存した誤差が生じるが，簡単な基底関数でも指標として用いるには十分である場合が多い．

⑤ 反応障壁

初期安定原子構造から別の安定原子構造に移る際に必要な活性化エネルギー．二つの安定構造間を遷移する経路のうち，経路上でのエネルギー上昇がもっとも低くて済む反応経路での，エネルギー極大値までの障壁高さで定義される．**NEB（Nudged Elastic Band）法**[4]にて静的な障壁を求める方法や，**Blue Moon 法**[5][6]で自由エネルギー障壁を求める方法がある．**図1**に NEB 法による反応経路探索法を示す．これらの方法については，あらかじめ反応経路の予想のもとに計算をする必要がある．複雑な反応経路を予備知識なしで決める手法についても種々提案されているが，まだ一般的ではない．

⑥ 固有振動数

表面構造は，その原子構造のもつ特定の固有振動数によって特徴づけられる．安定構造近くでの表面原子（団）の固有振動モードを計算することにより，表面構造の同定に用いることができる．

これらのほかにも，電気・磁気（光）応答，電気伝導，

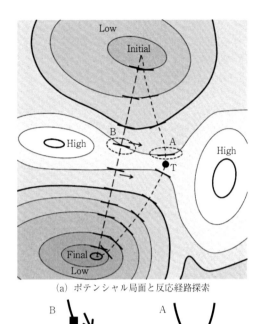

(a) ポテンシャル局面と反応経路探索

(b) (a) 中 A，B 点における反応経路に直交する面内でのエネルギープロファイル

図1 活性化障壁を含む反応経路の計算法（NEB 計算）の原理（a）で，Initial，Final はそれぞれ初期原子構造と終値原子構造で，双方とも（準）安定構造である．面内座標は原子構造であるが，簡単のため 2 次元で表している．等高線は等全エネルギー面を表す（濃い構造のエネルギーが低い）．T は反応の遷移状態である．手順①反応経路（（a）中直線状の破線）を仮定する．②経路上にいくつかの原子構造をとる．③各構造を反応経路に直交する面内に制限してエネルギーが下がる方向に原子を少しずつ動かす．（（b）の B に相当）④エネルギー障壁が極小となる経路（（a）中曲線状の破線，（b）の A に相当）に収束する．

STM 像，など多様な物理量の評価が可能である．

3. 第一原理計算の超精密加工プロセスの解析・解明への応用

本章では，これまでに第一原理計算を超精密加工プロセス解析に適用してきた例として EEM（Elastic Emission Machining）解析への応用について述べる[7]．

森らは，原子レベルの加工を目指した超精密加工法の先駆けとして，気中または液中で微粒子を被加工物表面の近傍に表面間で相互作用が起こるように供給し相互作用させることにより加工単位を原子レベルにまで小さくすることを提案した[8]．実際に EEM による原子レベルで平滑かつ結晶学的な乱れがない表面の作製に成功していることが報告されている[9]．その特徴的な加工物-微粒子間の加工特性から，**図2** のように被加工物の表面に酸化物微粒子が結合することにより被加工物表面原子のバックボンドから界面の酸素原子に電子が奪われ，バックボンド部のポテンシャルが上昇（バックボンドを形成する電子数が減少），切断されやすくなるために加工が進行するのではないか，という仮説が提案された[10]．われわれは加工物を Si，微粒

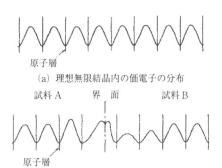

(a) 理想無限結晶内の価電子の分布

(b) 異種材料界面近傍の価電子の分布

図2 EEM が効率よく進行する場合の界面での相互作用モデル．界面左の極小が最表面原子位置を表し，その左の極大がバックボンド部を表す．界面にある酸素原子は，加工物から電子を奪い負に帯電することで，最表面原子のポテンシャルを上昇させる．結果として表面原子バックボンドの電子数が減少する．これによって，表面原子とバルクとの結合が弱まり，表面原子除去が容易になる．

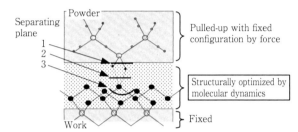

図3 結合エネルギーを評価した計算モデルと切断面

表1 計算された結合エネルギー

Separating plane	SiO₂	ZrO₂
1	10.6 eV	10.2 eV
2	13.1 eV	12.6 eV
3	8.3 eV	7.4 eV

子を SiO_2，ZrO_2 とし，微粒子の結合が与える電子状態変化の材料依存性を第一原理分子動力学シミュレーションと電子状態解析を評価することによって，上記の仮説を確かめ，加工機構を明らかにした．

図3 は，結合した被加工物表面と微粒子が分離する際にどこの場所で結合が切れるかを解析するために，切断されそうな各断面の結合エネルギーを計算したモデルである．被加工物は Si(001) 面，微粒子には SiO_2，ZrO_2 を用いている．**表1** は各切断面でのエネルギーで，加工物表面原子が除去される過程が最もエネルギーが低いこと，SiO_2 よりも ZrO_2 の場合の方のエネルギーが小さく，EEM 加工能率が高くなると考えられることを示している．これは実験結果とも一致している[10]．なお，ここでは評価していないが，原子が 2 つ以上同時に除去される過程，すなわち加工物表面原子層 2 層目より下の層（図3 で切断面 3 より下の切断面）で切れる過程では，切断するべき化学結合が増加するため，計算するまでもなく起こりにくいことが理解できる．

次に拘束条件付きの構造最適化により，微粒子の引き上

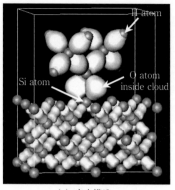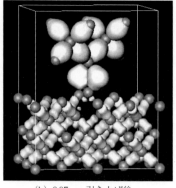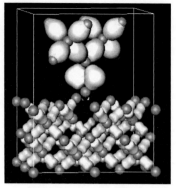

(a) 安定構造　　　　　　　　(b) 0.07 nm 引き上げ後　　　　　　　(c) 0.1 nm 引き上げ後

図4 Si 表面上の SiO_2 微粒子引き上げに伴う，原子の動きと化学結合の変化．球は原子，白い雲状の部分は電子分布（等電荷密度面 $\rho = 4.3$ Å³）である．上部は微粒子で電子雲の中に O 原子が含まれている．微粒子の終端原子は H 原子，残りの見えている球は Si 原子を表す．

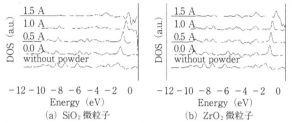

(a) SiO_2 微粒子　　　　　(b) ZrO_2 微粒子

図5 バックボンドのボンドポピュレーション DOS．エネルギー 0 はフェルミ準位を表す．図中の数字は微粒子引き上げの距離．

げに伴う原子構造の変化を評価した．微粒子クラスターの全原子（界面を形成する 2 つの O 原子を除く）を 0.1Å 強制的に引き上げた後，表面層の原子を構造最適化する操作を繰り返すことによって引き上げ過程の原子の動きを解析した（**図4**）．加工対象 Si 原子のバックボンドを示す電子分布が微粒子の引き上げにつれて減少して結合が弱まるとともに，この Si 原子自体が微粒子に付着したまま引き上げられることがみて取れる．エネルギー上昇の計算から破壊に必要な力は $4 \sim 5 \times 10^{-9}$ N の程度であることが明らかとなっている．この程度の大きさの力は水の流れから微粒子に容易に与えられるものであり，原子除去加工が起こりうることを意味している．

図5 はバックボンドのボンドポピュレーションの DOS である．加工物表面に微粒子が付着することによりバックボンドを構成する電子のエネルギーが 0 eV のフェルミ準位付近に集中すること，微粒子の引き上げに伴いそのエネルギーが上昇し，最終的には電子がバックボンドから消失し，結合が切れることがわかる．また，引き上げ前の状態で ZrO_2 微粒子の場合のほうが SiO_2 の場合よりもこの準位のエネルギーが高く，より不安定となっている傾向もわかる．

4. おわりに

シミュレーションは，現実に近いモデルの特性を基礎理論に基づいた数値計算により直接解析することによって，対象の性質を定量的に明らかにしようという手法であり，現象の本質を明らかにする理論と，現象が現実に起こるかどうかを確かめる実験とともに発展していかねばならない．本稿では，物質の化学結合の生成・消滅をシミュレーションにより解析できる第一原理分子動力学法について紹介した．精密工学，特に超精密加工の分野では原子レベルの現象を扱う必要があるため，解析ツールとしては極めて重要である．次回では，「京」に代表される最近のスーパーコンピュータの開発動向や計算ソフトウェアの計算高速化など，今後のこの分野の発展の方向性と，第一原理シミュレーションの手法や技術を学生や一般の企業研究者などの社会人にレクチャーすることにより研究・開発への応用を促進するためのコミュニティ活動についても紹介する予定である．

参　考　文　献

1) 押山淳，天能精一郎，杉野修，大野かおる，今田正俊，高田康民：岩波講座 計算科学3 計算と物質，岩波書店，(2012).
2) R.M マーチン，寺倉清之，寺倉郁子，善甫康成訳：物質の電子状態（上，下），丸善出版，(2012).
3) 大野公一：量子物理化学，東京大学出版会，(1991).
4) G. Henkelman, B.P. Uberuaga and H. Jónsson : J. Chem. Phys., **113** (2000) 9901.
5) E.A. Carter, G. Ciccotti, J.T. Hynes and R. Kapral : Chem. Phys. Lett., **156**, 472 (1989).
6) M. Sprik and G. Ciccotti : J. Chem. Phys., **109** (1998) 7737.
7) 山内和人，稲垣耕司，三村秀和，杉山和久，広瀬喜久治，森勇藏：Elastic Emission Machining における表面原子除去過程の解析とその機構の電子論的な解釈，精密工学会誌，**68** (2002) 456.
8) H. Tsuwa and Y. Aketa : Proc. Int. Conf. Prod. Eng., (1974) Part II, 33.
9) Y. Mori, K. Yamauchi, K. Sugiyama, K. Inagaki, S. Shimada, J. Uchikoshi, H. Mimura, T. Imai and K. Kanemura : Development of Numerically Controlled EEM (Elastic Emission Machining) System for Ultraprecision Figuring and Smoothing of Aspherical Surfaces, Ultra Precision Machining Research Center, JSPE Publication Series 3, Precision Science and Technology for Perfect Surfaces, (1999) 207.
10) 森勇藏，山内和人：原子の大きさに迫る加工，精密工学会誌，**51**, 1 (1985) 12.

精密工学における第一原理計算 —活用と今後の発展—

First-Principles Molecular-Dynamics Calculations in Precision Engineering/Kouji INAGAKI

大阪大学　**稲垣耕司**

1. は じ め に

　物理の基本原理を明らかにすることは重要であるが，それだけでは気象の予測，自動車や飛行機などの強度解析，あるいは本稿の主眼である化学反応など，物理・化学的現象の予測や設計を行い，社会的に貢献していくことは難しい．現実の複雑な初期条件，境界条件を取り入れた"シミュレーション"によりはじめて定量的な値が評価でき，役立つものとなる．これには前回も触れたが，シミュレーションが現実的に役立つものになるかどうかは，どのくらい複雑な問題を解くことができるかがキーとなる．今回は計算機と計算ソフトウェア，計算機資源の利用に関する状況，計算ソフトウェア利用の促進の活動について述べる．

2. 計算機とソフトウェアの発展による シミュレーション適用範囲の拡大

2.1 第一原理シミュレーションで必要とされるモデル サイズ

　図1は，燃料電池などで重要な，水-Pt 電極界面上での

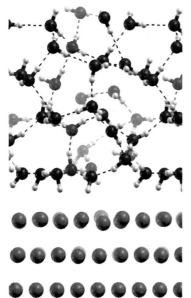

図1 Pt(111)表面上での水分子の構造の一例．周期的モデル単位胞内に Pt が 36 原子，H_2O が 31 分子，OH^- イオンが 1 つ含まれている．温度一定下の分子動力学シミュレーションでプロトンリレーを介した水分子の分解反応が解析された[1]．

水分子の解離反応過程の解析に第一原理分子動力学シミュレーションを適用した例である[1]．燃料電池は化学エネルギーから電気エネルギーへの変換デバイスであり，その変換の高効率化は社会的にきわめて重要な課題として認識されている．変換効率が水-電極界面における化学反応の形態に依存することは明らかであり，それの第一原理シミュレーションによる解析が高効率電極設計のためのキーテクノロジーとして期待されている．この例は原子 130 個ほどを含むモデルを地球シミュレータで解析したもので，基礎過程を明らかにしたという意味で重要な節目の研究であった．しかし，"物質の設計"にまで踏み込んで成果を挙げるためにはこのモデルでも十分なサイズとはいいがたい．すなわち，効率の高い，つまり障壁が低い反応経路を見つけ出すためには，可能性のあるさまざまな表面構造，例えば平坦表面以外に，表面から原子がひとつまたは複数抜けたピット，表面上に余剰に存在する原子であるアドアトム，原子ステップ，原子ステップの原子段差であるキンク，あるいは他の不純物元素を含んだ表面（図2）など，さまざまな表面原子構造モデルを用いた解析に基づいた探索を行う必要がある．また，液体側も，水素結合により形成される水分子クラスターの効果を正しく取り扱えるよう，多数の水分子を含めるべきである．したがって，例に示したモデルよりも桁違いに大きなモデルでの第一原理シミュレーションの実行が求められることは明らかである．この例にとどまらず，生命科学や宇宙科学，気象予測など，さまざまな科学・工学の分野で，社会的に有益な情報を与えうる精度の高い情報を引き出すために，現在よりも何桁も大きな計算能力が必要とされている．そのためには，スーパーコンピュータ（スパコン）の計算能力向上と高効率計算ソフトウェアの開発のふたつが車の両輪のごとく重要である．以下，このふたつについて現状と今後の期待される発展について解説する．

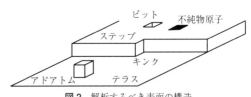

図2 解析するべき表面の構造

表1 5つの戦略分野

戦略分野1	予測する生命科学・医療および創薬基盤	細胞レベルでの生命現象の精密な理解等，生命の本質を理解するための基礎研究に加え，医薬品の開発の大幅な加速や，個別化医療等の実現といった社会課題の解決のための基礎的知見を得るための研究
戦略分野2	新物質・エネルギー創成	物質・材料の機能やナノ構造デバイスの電子機能を，基本理論に基づき解明・予測するための研究．高温超伝導材料や高効率熱電変換素子，燃料電池用触媒等の探索のための重要技術として期待される
戦略分野3	防災・減災に資する地球変動予測	地球規模の環境変動シミュレーションをより精密に行うための研究，集中豪雨の直前予測につながる研究．また地震や津波などの被害予測につながる研究
戦略分野4	次世代ものづくり	先端的な流体機器やナノカーボンデバイスの設計・開発プロセスの大幅な高速化とコストダウンのためのシミュレーション技術，原子炉プラント丸ごとの耐震シミュレーションといった，ものづくりの高度化につながる研究
戦略分野5	物質と宇宙の起源と構造	素粒子加速器実験やブラックホール，超新星爆発といった極限的天体現象の観測を通して宇宙の起源・物質の起源やそれらを支配する法則を理解するためのシミュレーションによる研究

2.2 計算機の能力向上

半導体集積電子デバイスが開発されて以来，18カ月で2倍というレートで集積度の向上がなされてきた．この開発レートは一般にはムーアの法則と呼ばれており，経済的制約の下での技術開発の指針として年々維持，継続されてきた．具体的にIntelのCPUのプロセスルール（チップ内配線の最小線幅）でいえば，2003，2005，2007，2009，2011年にそれぞれ90，65，45，32，22 nmが実現されており，今年には14 nm，さらに将来10 nmも計画されている．このような発展はどこまでも続けることが可能であろうか．すでに素子のサイズは極めて小さくなり，加工限界はもとより，トランジスタ素子のMOS絶縁膜の間をリーク電流が流れ，余計な電力消費つまり発熱を生じるなどの物理的限界にも達しつつある．従来のスケールを小さくする微細化だけでなくトランジスタ自身の構造を小さく変える高密度化の試みもあるが，5年以上のスパンで見た場合，微細加工の開発継続による集積度向上はこれまでのようにいかないことは明白である．従来の平面状のみの素子配置を超えて，厚さ方向への3次元的な素子集積化は，面積あたりの素子実装密度を向上させる最後の可能性である．この技術はフラッシュメモリなど一部の低電力素子ではすでに精力的に進められており，開発段階から生産段階に移行されようとしている．しかし，スパコンのCPUやメモリのような高速動作素子では，電力消費が大きく（多量の信号を配線のインピーダンス（電気容量・インダクタンス）に打ち勝って高速送受信する必要があるため）発熱のため空間的な素子密度を上げることは困難である．著者は，技術的なブレークスルーにより素子発熱の著しい低減や効率的冷却が可能になれば，3次元集積が可能になり次の飛躍的発展が期待できると考えるが，簡単にはいかないだろう．以上のことから，素子レベルでの集積化向上による性能向上は，ここ5年程度で一段落し，計算能力の向上には計算機の数を増やす方向のアプローチに頼らざるを得ないことになると考えられる．したがってより高速な計算機を実現するためには，計算機間の通信機構の高速化が不可欠で，高速通信システムの開発と，計算機冷却機構簡素化・システムサイズ低減による通信距離短縮のふたつが重要であろう．いずれにしても，並列計算の大規模化による計算能力の強化となる．

2.3 日本のスーパーコンピュータの現在とこれから

現在，日本の最大の計算機システムは神戸に設置されている京コンピュータである[2]．京コンピュータは試験運用期間中に世界のスパコンの計算能力第1位を獲得した．現在は一般供用が開始されて1年がたち，すでに世界一の座を明け渡しているが，多くの研究者に活用され成果を出しつつある．CPUはSPARC64 VIIIfxで，基本設計が米サン・マイクロシステムズ社のSPARCの改良版である．コンピュータの論理的な単位である"ノード"には8コアのCPUが1つと8Gバイトのメモリが搭載されている．単一ノードの性能は最先端のデスクトップコンピュータと大差ないが，8万台以上のノードが並列動作しても障害が生じないよう信頼性が高められている．京の最大の特徴は，インターコネクトTofu（Torus fusion）[3]という8万台以上あるノード間をつなぐ通信機能にあり，6次元のトーラス（環状接続）構造をもつことで高い通信効率が実現されている．ノード故障時にそのノードのみを運用から除いてシステム全体の継続運用を保てるなど，対障害特性を高めることにも寄与している．

しかし，まだまだ大規模な計算機資源が必要なことはすでに述べた通りで，京の100倍以上の性能を有する次世代のエクサスケールを想定したスパコン開発に向けての計画策定が始まっている．スパコンの開発が単なるメーカーのための公共事業でなく，その活用による成果が国民生活の向上に直結することを一般の国民にも十分理解してもらえるよう，スパコンメーカーのみならず，科学・工学・産業分野のスパコンユーザーを含めた広範囲の研究者等により，スパコンとそれを用いた研究の目指すべき方向がサイエンスロードマップとしてまとめられつつある．すなわち，いつごろどのくらいの規模のスパコンを開発，実現し，またそれを用いるとどのように日本の社会の発展に具体的に貢献できるかを示そうというものである．この中では研究は大きく5つの戦略分野（表1）からなっている．精密工学には分野4のものづくり分野を通じての貢献が望まれる．おのおのの分野での研究・開発の推進により，創薬・医療（画期的創薬・医療技術の創出），総合防災（科学的知見に基づく災害予測のシステム化），エネルギー・環境問題（エネルギー技術と環境との調和），社会経済予測（社会経済活動に柔軟に対応する予測システム）といっ

た国民が解決を望む社会的課題へのアプローチが進むものと期待される.

2.4 計算手法・プログラムの開発

第一原理計算手法の研究では,現在でも新理論の提案や新しい効率的計算法の開発が精力的に行われている.計算速度を改善するための試みとしては,オーダー N 法や実空間差分法の手法が挙げられる.通常の第一原理計算では原子数 N に対して計算量の増加がオーダー N^3 であるのに対し,波動関数ペア(波動関数の空間広がりを制限することで重なり積分を計算する組み合わせ)を削減するオーダー N 法は,これまで全体的には計算量が多くて不利であったが,計算機が発展して適用可能モデルサイズが大きくなることで,いずれ逆転して有利になると考えられている.また「実空間差分法」は,従来用いられてきた平面波や局在基底関数を置き換えるもので,平面波基底法以外の場合に問題になる Puly 力という原子に働く誤差の力の発生を抑制しつつ非周期系に適用できる[*1]優れた方法である.実空間上のサンプル点を平面波等の数よりも多くとる必要があり計算量的な不利を有していたが,FFT が必要なく大域通信が必要ないため並列化に適しており,大規模計算では計算時間は逆転して有利となる.これらの手法に関しては今後の発展が待たれる.

また,そのような方向とは別に,既存のプログラムを新しい計算機に向けて最適化する,いわゆるチューニング作業も重要である.新しい計算機はキャッシュメモリのサイズやメモリアクセスと演算量の速度比(Byte/Flop, B/F比と呼ばれる),あるいはノード間通信とノード内の計算速度の比などのパラメータが以前の計算機と異なる特性があるため,単に従来のプログラムを載せて計算性能を十分引き出すことができる場合は少なく,効率(ピーク性能に対して実際の計算における性能)が低下するのが普通である.チューニングによって,効率を例えば 10% から 20% に引き上げることができれば,倍速の計算機を利用することと同じになり,無視できないことがわかる.

以下,チューニングのキーポイントについて述べたい.近年の計算機技術変化のトレンドには,ベクトル計算機からスカラー計算機への転換[*2]と,多数の計算機による並列計算を行うという二つがある.スカラー計算機はキャッシュメモリをうまく利用しなければ計算速度を高められないため,いったんメインメモリにアクセスして得たデータを何度も利用したり,メインメモリへの書き込みをなるべく少なくしたりするようなプログラムに変更する必要がある.特に,計算を行列積の形に変換して実行すると効率よい計算が可能となるので,そのような改良がよく行われて

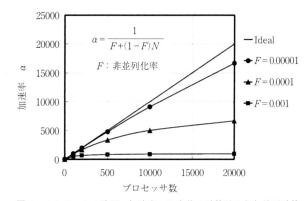

図3 アムダールの法則 加速率 α は全体の計算量のうち並列計算できない部分の割合 F とプロセッサ数 N により定まる.加速率をプロセッサ数に近づけるためには F が実際に用いる並列数 N の逆数 $1/N$ よりも十分小さいことが必要となる.

いる.並列化に関しては,同じような処理を施す要素が多量にあると,これを並列に処理することで並列計算が可能になる.第一原理計算の場合には,原子,バンド(エネルギー準位と対応する波動関数),波動関数を展開する基底関数など,多くの並列化可能な軸があるので,これらを用いて並列化されている.しかし,並列計算を効率的に行うためには,非並列部分を極度に小さくしなければならない難しさがある.**図3** はアムダールの法則と呼ばれるプロセッサ数と加速率の関係を示す図である.これより,10000 プロセッサの並列計算を行うためには非並列での実行部分の比率が 10^{-4} よりずっと小さくないと有効でないことが理解できる.このため,非並列部分を徹底的に排除する地道なプログラミングが必要となる.これらの最適化は本来コンパイラが実行すべきものであるが,まだまだ最適化機能が貧弱であるため,プログラムを人力で手直しして高速化しなければならないのが現状である.

3. スパコンの活用

3.1 スパコンの利用

最近の汎用 CPU を用いた計算機は 15 年程度昔のスーパーコンピュータシステム(SX-5/160GFLOPS)と同等の計算能力を有するようになってきており,自前でも相当な計算資源を準備できるようになってきた.しかし,京をはじめとするスパコンを利用すれば,モデルサイズやサンプル数に対してさらに大規模な計算が可能となる.大学や研究機関の多くのスパコンは,一般の研究者や企業でも申請により有料または無料で利用可能である.近年までいくつかの国立大学の大型計算機センターが独立に共同利用申請を受け付けていたが,平成 24 年度より,HPCI(High Performance Computing Infrastructure)[4]という新たな機関が一括して申請を受け付ける新たな窓口ができており,こちらを通しても利用可能である.申請に対して審査により採否が決まり資源が配分される[5].京の場合,一般利用枠として京の計算資源の 30% が割り当てられており,こ

[*1]一般的な平面波展開法では 3 次元周期構造が必要であるため,表面を取り扱う場合でも,真空を挟んで周期的に重なっている薄膜構造を仮定することになる.

[*2]ベクトル計算機では連続番地アクセスなら極めて高速にメモリからデータを書き出せる.スカラー計算機では一般的に低速大容量メインメモリから小容量高速キャッシュメモリにいったん読み出し,それを再利用することにより擬似的な高速メモリアクセスを実現している.

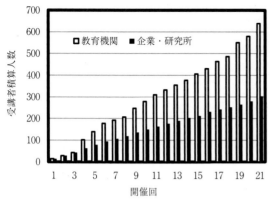

図4 CMD® ワークショップ研修参加者

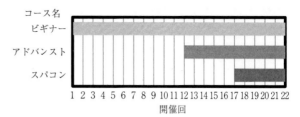

図5 CMD® ワークショップ実習コースの変遷

の枠に申請して採択されれば利用可能となる．この枠のう ち 1/6 の 5% は産業界からの利用申請を受け付ける産業利 用枠とされ，別の 5% は若手人材育成利用枠となってい る．大学の共同利用計算機センターのスパコン申請も行う ことができる．産業利用でも成果を公開すれば無料で利用 できる．またこれ以外にも海洋研究開発機構，東京大学物 性科学研究所，分子科学研究所，東京工業大学学術国際情 報センター，筑波大学計算科学研究センター，高エネルギ ー加速器研究機構などのスパコンを保有しているセンター も公募を独自に行っているので申請可能である．ただし， 分野や申請資格が制限されている場合もあるので注意が必 要である．

3.2 人材育成の活動

スパコンの活用度を高めるためには，利用環境の整備だ けでなく，それを活用できるユーザーのすそ野の広がりが 欠かせない．このため第一原理分野では，例えば大阪大学 を中心としたグループにより，コンピューテーショナル・ マテリアルズ・デザイン（CMD®）・ワークショップが 3 月，9 月と半年に一度の割合で開催されるなど，人材育成 の取り組みがなされている[6]．このワークショップでは， ワークショップ教員らが開発したさまざまな第一原理計算 プログラム（分子動力学や磁性解析，伝導などの計算を行 うプログラム）を使って実際にシミュレーションを体験す るチュートリアルコースが実施されており，第一原理シミ ュレーションによるマテリアルデザインの基礎を学ぶこと ができる．教育機関関係者（教員，学生）のみならず，一 般企業や研究所の方にも広く開放されており，これまでに 延べ千人近くの受講生の育成が行われた（図4）．コース はビギナー，アドバンスト，スパコンの 3 つがあり，受講 者の習得レベルに合ったチュートリアルを受講できる．ビ ギナーコースでは，いくつかのシミュレーションコード （アプリケーションソフト）を用いた計算を体験できるほ か，それらの基礎理論についても簡単な講義がある．アド

バンストコースでは少数のソフトについての集中した実習 が行われている．これらに加えて 17 回目からはスーパー コンピュータコースが開始され（図5），一般のユーザー でも最新鋭のスーパーコンピュータを使ったシミュレーシ ョンが体験でき，研究や開発の現場でどの程度活用できる ものかを体感できる．ワークショップは合宿形式で連続し た 5 日間で実施されており，午前から夜まで短期間に集中 して効率的に学ぶことができる．場所は，国際高等研究所 （京都），大阪大学（大阪），理化学研究所計算科学研究機 構（神戸）で開催されている．来年の春には神戸もしくは 大阪大学で第 24 回のワークショップが開催される予定で ある．

4. お わ り に

計算機シミュレーションは，多くの社会的成果を挙げつ つあるが，まだまだ計算機の能力が足りていないことも事 実である．今後も飛躍的なスパコンの発展が期待されるこ とから，シミュレーション可能な対象が広がり，シミュレ ーション技術がますます重要になっていくものと予想され る．第一原理計算分野では，計算プログラムの開発も精力 的に進められており，計算機とプログラムの両方の発展に よって，飛躍的にシミュレーション適用可能範囲が広が り，科学的・社会的に意味のある研究成果が得られるよう になると確信する．

より多くの方に第一原理シミュレーションの手法や技術 を知っていただき，あるいは習得していただいて，今後の 社会の発展にシミュレーション技術を生かしていっていた だければと希望している．

参 考 文 献

1) T. Ikeshoji, M. Otani, I. Hmada and Y. Okamoto : Phys. Chem. Chem. Phys., **13** (2011) 20223.
2) 宮崎博行，草野義博，新庄直樹，庄司文由，横川三津夫，渡邊 貞：FUJITSU，**63**, 3 (2012) 237.
3) 安島雄一郎，井上智宏，平本新哉，清水俊幸：FUJITSU，**63**, 3 (2012) 260.
4) https://www.hpci-office.jp/
5) https://www.hpci-office.jp/pages/adoption?parent_folder=165
6) http://phoenix.mp.es.osaka-u.ac.jp/CMD/

はじめての 精密工学

走査電子顕微鏡（SEM）の像シャープネス評価法

Evaluation Method of Image Sharpness of Scanning Electron Microscope（SEM）/
Mitsugu SATO

1. はじめに

　ミクロの世界を観察する顕微鏡にとって，観察限界を意味する分解能は最も重要な性能指標のひとつである．光の代わりに電子を用いる走査電子顕微鏡（SEM：Scanning Electron Microscope）も同じである．光学顕微鏡の分解能はサブミクロンのオーダであるのに対して，SEM の分解能は数 10 nm から高性能機では 1 nm 以下と極めて高い．一方，SEM の分解能を高精度に評価するのは容易ではなく，高精度な分解能評価法の国際標準化が SEM メーカのみならず，SEM のユーザからも望まれている．

　SEM の分解能は観察倍率を上げたときの SEM 像のぼけ（像シャープネス）として顕在化し，表 1 に示すように，分解能が高いほどより高い倍率まで像のシャープさを維持できる．したがって，ぼけが適度に顕在化する倍率で取得した SEM 像から像シャープネスを評価すれば，精度の高い分解能評価法として期待できる．そこで，SEM に関する国際標準化を進めている ISO/TC202/SC4 では，SEM 像の像シャープネスを評価するアルゴリズムの開発とその標準化に取り組んでいる．本稿では，像シャープネス評価法として ISO/TC202/SC4 で標準化を進めている DR 法（Derivative 法）[1] を解説する．

2. SEM の像形成と像シャープネスの定義

　SEM では，図 1 に示すように，電子線をプローブ（探針）にして試料表面を走査し，試料から発生する信号電子を画像の明るさ信号として走査像（走査領域の信号電子発生量の分布図）を形成する．これが SEM 像である．試料上でのプローブ走査幅を L，SEM 像の表示幅を W とすると，SEM 像の倍率は W/L となる．

　今，電子線照射で発生する信号電子の量が 0 の領域と 1 の領域を有する仮想的な試料を考える．仮にプローブの直径が 0 であれば，走査像は図 2（a）に示すような，明るさが 0 か 1 のみの二値画像になる．しかし，実際のプローブは有限の大きさを有するため，走査像は図 2（c）のようにぼけてしまう．このときの走査像（図 2（c））は，図 2（a）とプローブの強度分布（図 2（b））の畳み込み（Convolution）で計算される．画像のぼけを作るプローブの強度分布（図 2（b））をぼけ関数といい，像シャープネスの定義においては，ぼけ関数を標準偏差 σ のガウス分布と仮定している．そして，画像からぼけ関数に対応するガウス分布を推定して，像シャープネス R を次式で定義する．

$$R = \sqrt{2}\sigma$$

ここで，R はガウス分布の強度がピーク値の 37%（$1/e$,

表 1　SEM の分解能と像シャープネスの関係

	倍率が低い	倍率が高い
SEM の分解能が低い	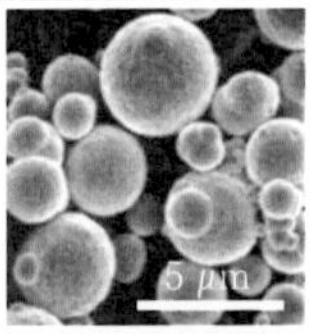 5 μm	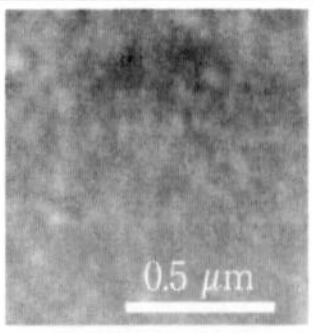 0.5 μm
SEM の分解能が高い	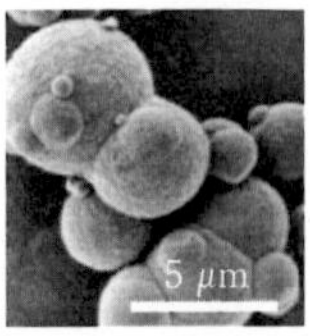 5 μm	 0.5 μm

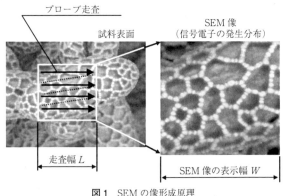

図 1　SEM の像形成原理

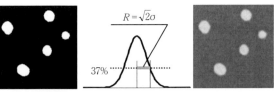

（a）二値画像　（b）ぼけ関数（ガウス分布）　（c）畳み込み
図 2　二値画像とガウス分布の畳み込み画像

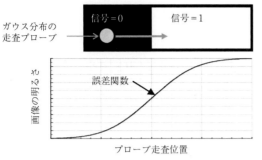

図3 プローブ径よりも十分に長いエッジ領域を垂直走査したとき
　のラインプロファイル

（a）SEM 像　　　（b）輪郭線　　　（c）line-segment

（d）画像の明るさ分　　（e）誤差関数フィッティング
　布とエッジを横
　切るラインプロ
　ファイル

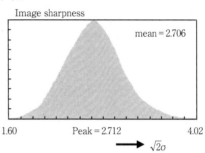

（f）SEM 像全体の像シャープネス値の分布
図4　DR 法の各手順で得られるデータ

e：自然対数の底）となる半径に対応する.

3. DR 法の原理

　DR 法は，SEM 像からぼけ関数に対応するガウス分布
を推定する方法の一つである. エッジ領域の長さがぼけ関
数の半値幅（プローブ径）よりも十分に大きいと，**図3**
に示すように，エッジを垂直に横切る線上（line-seg-
ment）の明るさ変化（ラインプロファイル）は誤差関数
（error function）となる. DR 法では，SEM 像からエッジ
部を横切るラインプロファイルを抽出して誤差関数をフィ
ッティングする. 誤差関数はガウス分布を積分した関数で
あるから，誤差関数が決まれば，その元となるガウス分布
の標準偏差 σ が決まり，像シャープネス R が計算できる.
図4 を用いて，その手順を以下に示す.

(1) SEM 像から輪郭線（エッジ）を抽出する（図4
　(b)).

(2) 輪郭線に沿って，輪郭線を垂直に横切る線分
　（line-segment）を設定する（図4 (c)). 画像全体
　では 3000 本以上の line-segment が設定される.

(3) 全ての line-segment に沿った明るさ分布（ライン
　プロファイル）を求める（図4 (d)).

(4) ラインプロファイルに誤差関数をフィッティングす
　る（図4 (e)).

(5) 全てのラインプロファイルに対してフィッティング
　した誤差関数から，画像全体における像シャープネ
　ス値の分布を求める（図4 (f)).

(6) 画像全体の像シャープネス値の分布から平均と分散
　を求め，これらの値を元に分布の評価除外領域を判
　定する.

(7) 評価除外領域を除く領域で分布の平均を求め，これ
　を SEM 像の像シャープネス値とする. 図4 (f) の
　例では，図に表示された mean = 2.706 画素が像シ
　ャープネス値である.

4. DR 法の評価結果

4.1 人工画像による像シャープネス評価

4.1.1 像シャープネスの理論値と評価値の比較
　図5 に，ガウス分布で二値画像をぼかした人工画像

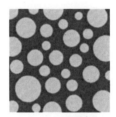
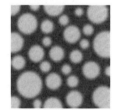

$R_{theory} = 2.0$ 画素　　　　　　$R_{theory} = 9.0$ 画素
図5　ガウス分布でぼかした人工画像の例

（Convolution 画像）を示す. 図に示す R_{theory} は，人工画像
を作るときのガウス分布（ぼけ関数）の標準偏差 σ から計
算した像シャープネスの理論値を表す. **図6** は，図5の
画像（$R_{theory} = 2, 2.5, ..., 9$）を DR 法で評価した像シャープ
ネス評価値 R と理論値 R_{theory} との比であり，$R/R_{theory} = 1$
が理想的な結果である. 図6より，像シャープネスの理論
値（R_{theory}）が 6 画素を超えると DR 法の精度が急速に低
下することが分かる. DR 法では，誤差関数のフィッティ
ング点数を固定にしているため，画像のぼけ量が大き過ぎ
ると明るさ変化の一部で誤差関数がフィッティングされる
からである. しかし，誤差関数のフィッティング点数を増
やしていくと，隣の粒子エッジまでフィッティング領域に
含んで精度悪化の要因になる. ISO では，この課題を解決
するために，適切な評価試料の選択と像シャープネス評価
値が適正範囲（2.5～6.5 画素）になるような倍率設定を提

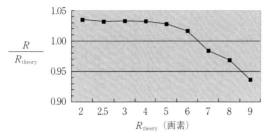

図 6 R_{theory} と像シャープネス評価精度 (R/R_{theory})

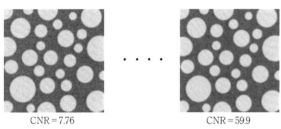

CNR = 7.76　　　　　CNR = 59.9

図 7 像シャープネス理論値 (R_{theory}) が一定で CNR の異なる人工画像の例

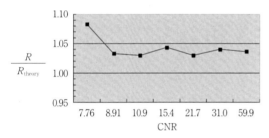

図 8 CNR の違いによる像シャープネス評価値の精度

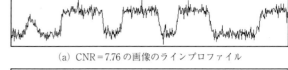

（a）CNR = 7.76 の画像のラインプロファイル

（b）CNR = 59.9 の画像のラインプロファイル

図 9 CNR が 7.76 と 59.9 の画像のラインプロファイル

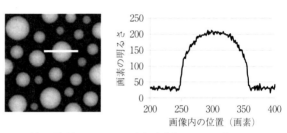

（a）画像例　　　　　（b）白線部のラインプロファイル

図 10 DR 法による評価誤差が大きい画像の例

唱している.

4.1.2　画像の CNR と像シャープネス評価値

SEM 像は，画像取得時に明るさとコントラストを自由に調整できる．明るさとコントラストを調整した後の画像では，元の信号の絶対的な大きさの情報は消えて，隣接している場所との相対的な明るさの変化情報のみが残る．この場合，信号の絶対的な大きさをノイズで割り算した SNR（Signal-to-noise ratio）よりも，視野内における明るさの相対的な変化幅（コントラスト）をノイズで割り算した CNR（Contrast-to-noise ratio）の方が，画質を適切に表現できる．例えば，ノイズが一定でもコントラストが小さくなると CNR の値は小さくなる．**図 7** に，像シャープネス理論値が 3.0（一定）で CNR 値のみ異なる人工画像の例を示す．この画像を DR 法で評価した結果（R/R_{theory}）を**図 8** に示す．図 8 より，CNR が 9 以下になると像シャープネス評価の精度が低下することが分かる．この要因を理解するために，**図 9** に CNR = 7.76 と 59.9 の画像のラインプロファイルの一部を示す．この図から，CNR が小さくなると画像の明るさ変動（ノイズ）が大きくなり，誤差関数フィッティングの信頼性が低下すると考えら

れる.

4.1.3　DR 法の評価誤差が大きい画像の例

DR 法では，エッジを横切るラインプロファイルが誤差関数であることを前提としている．したがって，ラインプロファイルの形が誤差関数から大きく外れると，像シャープネス評価の信頼性が低下する．この典型的な画像例を**図10**（a）に示す．図 10（b）は，図 10（a）の白線部のラインプロファイルである．図 10（a）の画像の場合，R/R_{theory} は約 1.5 となり，評価値 R と理論値 R_{theory} のずれが大きい.

図 10 に示す画像以外にも，例えば，以下の条件を満たす画像などは DR 法による像シャープネス評価の信頼性を低下させる可能性が高い.

（1）粒子が細かく，ほとんどの粒子がプローブ径よりも小さい

（2）粒子密度が高く，ほとんどの粒子が隣の粒子と密着している

こうしたアルゴリズムの特性を理解して，適切な試料や像倍率を選択して像シャープネスの評価を行うことが，評価の信頼性を高める上で大切である.

5.　像シャープネスの試料依存性

SEM 像の像シャープネスが試料にも依存することを示すために，異なる試料（A，B）による SEM 像の像シャープネス評価例を紹介する．実験には同じ装置を用いている.

図 11 に，加速電圧 1 kV，2 kV，5 kV の条件で撮影した試料（A，B）の SEM 像から像シャープネスを評価した結果を示す．加速電圧は試料に照射される電子を加速する電圧であり，一般に，加速電圧を高くすると SEM の分

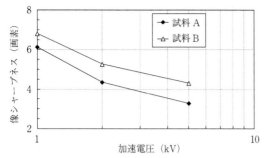

図 11 異なる試料の SEM 像に対するシャープネス評価値と加速電圧の関係

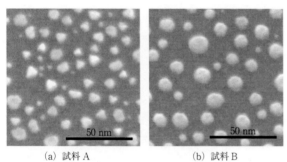

（a）試料 A （b）試料 B

図 12 試料 A と試料 B を 30 度で傾斜観察した SEM 像

解能がよくなり SEM 像のシャープネスが向上する．試料は，表面が平坦なカーボン板に金粒子を蒸着したものである．この試料は，試料 A と試料 B とで作成法に違いがあり，その結果，試料 A と試料 B とで SEM 像の像シャープネス評価値に違いが出ている．

図 12 に，試料 A と B を 30 度で傾斜観察した SEM 像を示す．試料を傾斜することによって，粒子形状の違いが観察できる．図 12 より，試料 B は，試料 A に比べて粒子に厚みがあり，角に丸みを帯びていることが分かる．このように観察試料の粒子形状によって，SEM 像のシャープネスが影響を受ける．

6. お わ り に

本稿では，SEM の像シャープネス評価法として国際標準化委員会（ISO/TC202/SC4）で推進している DR（Derivative）法の概要を紹介した．SEM の像シャープネス評価法の標準化は，SEM の基本性能である分解能をよ

り高い信頼性で評価するための第一歩として進められている．本稿第 5 章で述べたように，SEM 像の像シャープネスには試料依存性があり，本評価法を適用して SEM の分解能を評価するには，分解能評価に適した試料かどうかを十分に検討する必要がある．

本評価法が今後標準化され，適切な評価試料と合わせて使用されることによって，SEM のメーカやユーザサイドでの性能検証や装置管理の信頼性がより高められると期待される．

参 考 文 献

1) ISO/TS 24597, Methods of Evaluating Image Sharpness, 2011.
2) G.F. Lorusso and D.C. Joy : Experimental Sharpness Measurement in Critical Dimension Scanning Electron Microscope Metrology, Scanning, **25**, 4 (2003) 175-180.
3) J. Dijk, et al. : A New Sharpness Measure Based on Gaussian Lines and Edges, N. Petkov and M.A. Westenberg, Editors, 10th International Conference on Computer Analysis of Images and Patterns (Groningen, The Netherlands), **2756** (2003) 149-156.
4) S. Park, S. Reichenbach and R. Narayanswamy : Characterizing Digital Image Acquisition Devices, Opt. Eng., **30**, 2 (1991) 170-177.
5) T.Q. Pham : Spatiotonal Adaptivity in Super-Sharpness of Under-sampled Image Sequences, PhD. Thesis, Delft University of Technology, 2006, Delft, The Netherlands (Chapter 5.3 and Appendix B. 2).
6) P.W. Verbeek and L.J. van Vliet : On the Location Error of Curved Edges in Low-pass Filtered 2-D and 3-D Images, IEEE Transactions on Pattern Analysis and Machine Intelligence, **16**, 7 (1994) 726-733.
7) J.J. Koenderink : The Structure of Images, Biological Cybernetics, **50** (1984) 363-370.
8) D. Marr and E. Hildreth : Theory of Edge Detection, Proceedings of the Royal Society of London B, **207** (1980) 187-217.
9) J. Serra : Image Analysis and Mathematical Morphology, Academic Press, (1982).
10) P. Soille : Morphological Image Analysis, Principles and Applications, Springer-Verlag, (1999).
11) P.P. Jonker : Skeletons in N Dimensions Using Shape Primitives, Pattern Recognition Letters, **23**, 6 (2002) 677-686.
12) B. Rieger, F.J. Timmermans, L.J. van Vliet and P.W. Verbeek : On Curvature Estimation of Iso-surfaces in 3D Grey-value Images and the Computation of Shape Descriptors, IEEE Transactions on Pattern Recognition and Machine Intelligence, **26**, 8 (2004) 1088-1094.
13) T. Lindeberg : Scale-Space for Discrete Signals, IEEE Transactions on Pattern Analysis and Machine Intelligence, **12**, 3 (1990) 234-254.

はじめての 精密工学

精密工学における曲線・曲面 —CAGDの基礎—

Curves and Surfaces in Precision Engineering—Introduction to CAGD—/Kenjiro T. MIURA

静岡大学大学院工学研究科　三浦憲二郎

1. は じ め に

　直線や曲線，あるいは直方体や球，さらには複雑な工業製品やポリゴンメッシュなどの幾何オブジェクト（立体）をコンピュータでどのように表現するのか？　どのように表現しておけば，生成，変形，表示等の処理が効率よく行えるのか？　これらは現在でも活発に研究されている重要な問題である．これらの問題を扱う学問分野は，形状処理工学，あ る い は CAGD（Computer Aided Geometric Design）と呼ばれる．円や双曲線などの曲線や，球面や楕円面，トーラス面などの曲面は限られたパラメータでそれらの形状を記述できるが，記述に多くのパラメータを必要とする自由曲線・曲面はその取り扱いが難しく，CAGDにおける主要な研究課題となっている．

　精密工学においても，カム曲線の設計[1]やロボットアームの軌道生成[2]に直線や円弧だけでなく，さまざまな自由曲線が用いられている．特に意匠デザインの分野では，1950年代から自動車の外装設計に自由曲線・曲面が用いられており，それらに関する多様な研究成果が得られており，体系化も進んでいる[3]．自由曲線・曲面理論は，近似理論[4]や信号処理[5]とも密接に関係しており，ノイズを含む測定データから変数間の関係を明らかにする等精密工学で直面するさまざまな問題を解決する道具として有効であり，若い技術者にとってその基礎理論を習得していることが望まれる．

　本稿では，意匠デザイン分野で代表的に用いられるBézier曲線，B-spline曲線およびNURBS（Non-Uniform Rational B-spline）曲線に的を絞り，それらの基礎事項について解説する．これらの曲線は，図1に示すように

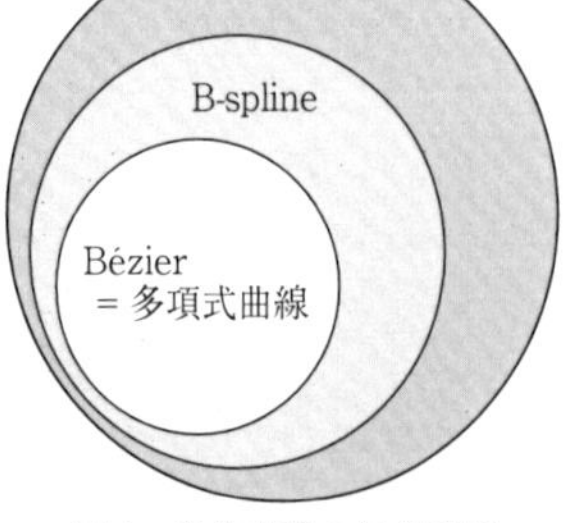

図1　自由曲線の包含関係

（右列の図中のラベル）
NURBS
B-spline
Bézier
＝多項式曲線

Bézier曲線はB-spline曲線に含まれ，B-spline曲線はNURBS曲線に含まれるという包含関係にある．ここで「含まれる」とは，すべてのBézier曲線はB-spline曲線として表すことができるが，B-spline曲線にはBézier曲線として表せない曲線があることを意味する．それらの関係において，なぜ前者では不十分で後者が必要になるかについて理解することが重要である．

　近年の研究動向として，コンピュータの性能向上に伴い積分形式でのみ表現可能なクロソイド曲線や，その曲線を空間曲線へ拡張した曲線が意匠デザイン[6]やロボットの軌道生成[7]，さらには動力学的な解析[8]に利用されている．そこで，主に意匠デザインでの利用を意図して開発された，クロソイド曲線を含む対数型美的曲線・曲面についても紹介する．

2. 自由曲線・曲面

　図1に示したようにBézier曲線は多項式曲線であり，B-spline曲線はそれを構成するセグメント単位で見れば同様に多項式曲線である．両者ともに，与えられたパラメータ t に対して，平面曲線であれば x, y 座標が，空間曲線であればさらに z 座標が t の多項式関数として定まるパラメータ形式[9]の曲線である．これらに対してNURBSは有理式（Rational）であり，多項式/多項式として表される．

　各曲線は多項式関数のパラメータ数を1個から2個に増やすことで曲面に拡張することができる．それらの曲面の性質は基となっている曲線の性質に由来することから，この章では主に曲線の性質について述べる．また，曲線のうねりが比較的少なく空間曲線を表現可能な最低の次数であり，実用上3次の曲線が主に使用されていることから3次曲線を具体例に用いて解説する．ただし，NURBS曲線に関しては円錐曲線の代表例である円を厳密に表せる2次曲線を例とする．

2.1 Bézier曲線

　3次Bézier曲線は3次多項式曲線であり，

$$\boldsymbol{C}(t)=[1\ \ t\ \ t^2\ \ t^3]\boldsymbol{M}[\boldsymbol{P}_0\ \ \boldsymbol{P}_1\ \ \boldsymbol{P}_2\ \ \boldsymbol{P}_3]^T \qquad (1)$$

と表せる[10]．ここで，行列 $\boldsymbol{M}$ は，

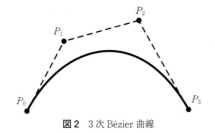

図2 3次 Bézier 曲線

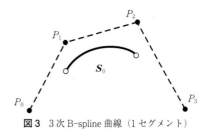

図3 3次 B-spline 曲線（1セグメント）

$$M = \begin{bmatrix} 1 & 0 & 0 & 0 \\ -3 & 3 & 0 & 0 \\ 3 & -6 & 3 & 0 \\ -1 & 3 & -3 & 1 \end{bmatrix} \qquad (2)$$

で与えられる．したがって，式（1）は，

$$C(t) = (1-t)^3 P_0 + 3(1-t)^2 t P_1 + 3(1-t)t^2 P_2 + t^3 P_3 \qquad (3)$$

と変形される．係数 P_i, $i = 0, \cdots, 3$ を制御点（control point）と呼ぶ．制御点は順序付けられた点列であり，3次 Bézier 曲線が4個の制御点で定まることは，3次多項式に4個の係数があることと対応している．曲線が平面曲線か空間曲線かの区別は，制御点が2次元の点であるか，3次元の点であるかによる．3次 Bézier 曲線の例を**図2**に示す．

次数が n の Bézier 曲線（n 次 Bézier 曲線）$C(t)$ は次式で与えられる．

$$C(t) = \sum_{i=0}^{n} B_i^n(t) P_i, \quad 0 \le t \le 1 \qquad (4)$$

ここで，$B_i^n(t)$ は次数 n のバーンスタイン（Bernstein）基底関数と呼ばれ，

$$B_i^n(t) = \binom{n}{i}(1-t)^{n-i}t^i$$

で与えられ，

$$\binom{n}{i} = \frac{n!}{(n-i)!i!}$$

は二項係数である．基底関数の「基底」とは，線形代数での基底ベクトルと同じ意味であり，多項式空間を張る基底ベクトルをバーンスタイン関数が構成していることから基底関数と呼ぶ．Bézier 曲線はバーンスタイン基底関数を制御点に乗じて曲線上の点を計算していると考えられ，このように制御点の位置を"混ぜ合わせる"関数を混ぜ合わせ関数（blending function）と呼ぶ．

この章の冒頭で述べたように，また式（1）からも明らかなように Bézier 曲線は多項式曲線であり，名前から受ける印象ほど特別な曲線ではない．しかしながら，例えば draw 系ソフトの代表例である Illustrator® では自由曲線を表現するために3次 Bézier 曲線のみが用いられており，意匠デザインだけでなくグラフィックデザインやコンピュータグラフィックスの分野でもよく用いられている．その理由は，制御点と曲線との関連性が明確であり，端点の位置やそこでの接線を簡単にデザイナに指定できること[3]，

高速に，かつ頑健に曲線形状が計算できること[3][11]，また曲線全体が制御点から構成される凸包の中に含まれるという凸閉包性[12]をもつこと等による．Bézier 曲線は形状処理工学の黎明期における画期的な成果と認識されており，Pierre Bézier の名前を冠した賞[13]も設立され，この分野で重要な貢献をした研究者に毎年贈呈されている．

Bézier 曲線の欠点は，次数を限定した際の自由度の少なさである．次数を限定すると制御点数，すなわち曲線の自由度が定まり，自由度を上げるには次数を上げなければならないが，高次の曲線は不要なうねりを生じやすい．したがって，工業製品の外形線のような閉じた曲線を生成するには，1本の Bézier 曲線では足らず，複数のセグメントをある条件で，例えば接線連続や曲率連続でつなぐ必要がある．これらの条件は隣接するセグメントの制御点間の幾何学的な関係[3]として与えられるが，デザイナにとってはそれらを満足するように制御点を配置するのは困難を伴う．

2.2 B-spline 曲線

前節で述べたセグメント間の連続性の問題を解決するために，形状処理工学分野に導入された曲線が B-spline 曲線[14]である．B は basis（基底）を，spline はスプライン関数（spline function）に基づいていることを意味している．スプライン関数は，多項式を何らかの連続条件を満たすように接続した区分的多項式（piecewise polynomial）である[15]．

次数（degree）を3とすると，位数，あるいは階数（order≡degree＋1）は4[*1]であり，曲線を構成する1セグメントを定義するのに4つの制御点が使用される（**図3**参照）．これは Bézier 曲線と同様 B-spline 曲線が多項式曲線であり，セグメント単位で考えるとそれらの自由度が一致していることを示している．したがって，B-spline 曲線の各セグメントを Bézier 曲線として表すことができる．

次に複数のセグメントからなる B-spline 曲線を考える．3次ではセグメントごとに4点ずつ制御点を1点ずつずらしながら使用するように工夫する（**図4**参照）．個々のセグメントにパラメータのどの値からどの値までを割り当てるかを定めるためにノット列が必要になる．ノット列はノ

---

*1 有限要素法の教科書では degree と order を区別しない[16]ことに注意する．位数を定義するのは，後で説明する de Boor-Cox の漸化式の定義に用いるためである．

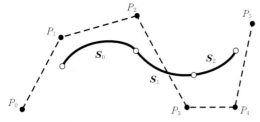

図4　3次 B-spline 3 セグメント

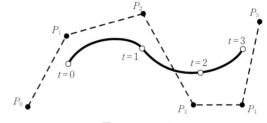

図5　パラメータ

ット（スカラ量）を複数並べた数列であり，値が重複することは許されるが単調増加していなければならない．図3の例では，ノット列を $\{-3, -2, -1, 0, 1, 2, 3, 4\}$ と指定することで，有効なパラメータ範囲は $0 \leq t \leq 1$ となる．B-spline 曲線を理解するためにはノット列の理解が不可欠であり，以下ではノット列の役割を強調しながら説明する．

図4に示したセグメント S_0 は，連続する4点 P_0，P_1，P_2，P_3 を使用し，2本目のセグメント S_1 は，次の連続する4点 P_1，P_2，P_3，P_4 を使用する．以下同様にセグメントごとに使用する4点がシフトしていく．セグメント S_0 上の点を $C_0(t)$，セグメント S_1 上の点を $C_1(t)$，セグメント S_2 上の点を $C_2(t)$ とすると，

$$C_0(t) = N_{0,4}(t)P_0 + N_{1,4}(t)P_1 + N_{2,4}(t)P_2 + N_{3,4}(t)P_3$$
$$+ 0P_4 + 0P_5$$
$$C_1(t) = 0P_0 + N_{1,4}(t)P_1 + N_{2,4}(t)P_2 + N_{3,4}(t)P_3$$
$$+ N_{4,4}(t)P_4 + 0P_5$$
$$C_2(t) = 0P_0 + 0P_1 + N_{2,4}(t)P_2 + N_{3,4}(t)P_3$$
$$+ N_{4,4}(t)P_4 + N_{5,4}(t)P_5$$

と表せる．ここで，$N_{i,4}(t)$ は i 番目の制御点を係数ベクトルとする混ぜ合わせ関数である．

Bézier 曲線のパラメータ範囲は $0 \leq t \leq 1$ であり，B-spline 曲線でも各セグメントのパラメータがある値 t_0 から $t_0 + 1$ まで変化すると考えることができる．セグメント数が3の場合には，パラメータを0からスタートしてパラメータ範囲は $0 \leq t \leq 3$ とできる[*2]．したがって，S_0 について $0 \leq t \leq 1$，S_1 について $1 \leq t \leq 2$，S_2 について $2 \leq t \leq 3$ とする（図5参照）．

パラメータ値の変化に伴って，ある制御点の混ぜ合わせ関数の値が0となればその制御点は曲線の定義に無関係となるが，それらを含めた B-spline 曲線の一般式は次式で与えられる．

$$C(t) = N_{0,4}(t)P_0 + N_{1,4}(t)P_1 + N_{2,4}(t)P_2 + N_{3,4}(t)P_3$$
$$+ N_{4,4}(t)P_4 + N_{5,4}(t)P_5 + \cdots + N_{n,4}(t)P_n$$
$$= \sum_{i=0}^{n} N_{i,4}(t)P_i \tag{5}$$

制御点と混ぜ合わせ関数の数は一致し，全部を足しあわせて曲線が定義されるが，パラメータ t が $0 \leq t \leq 1$ でありセグメント S_0 を指し示す場合には，$N_{4,4}(t) = N_{5,4}(t) = 0$ と

なり，制御点 P_4，P_5 は曲線の形状に寄与しない．混ぜ合わせ関数 $N_{i,4}(t)$ はある範囲の t においてのみ正の値をとり，それ以外では常に0である．この範囲を指定するためにノット列が用いられる．

2.2.1　B-spline 基底関数とノット列

B-spline 曲線の定義に用いる混ぜ合わせ関数を B-spline 基底関数，あるいは基底を略して B-spline 関数と呼ぶ．図6に示すように，位数1の B-spline 関数が0でないノットのパラメータ区間は1区間であり，その範囲で値は定数1となる．位数2の B-spline 関数が0でない区間は2区間であり，その範囲で値は2個の1次関数のつなぎ合わせとなる．同様に位数3ならば3区間で3個の2次関数のつなぎ合わせ，位数4ならば4区間で4個の3次関数のつなぎ合わせとなる．

したがって，B-spline 関数1個に対して，1位ならノットは2個，2位なら3個，M 位なら $(M+1)$ 個指定しなければならない．例えば1セグメントの3次 B-spline 曲線に対しては，位数は4，制御点の数も4であり，混ぜ合わせ関数ごとにまたぐ区間を1つずつずらすので8個のノットが必要となる．

ノット列の具体例を以下に示す．図3で示した1セグメントの B-spline 曲線を考え，そのノット列をすでに示した $\{-3, -2, -1, 0, 1, 2, 3, 4\}$ とすると，Bézier 曲線に対する式（1）と同様に，

$$C(t) = [1 \ t \ t^2 \ t^3] M_B [P_0 \ P_1 \ P_2 \ P_3]^T \tag{6}$$

と表せる[9]．ここで，行列 M_B は，

$$M_B = \frac{1}{6} \begin{bmatrix} 1 & 4 & 1 & 0 \\ -3 & 0 & 3 & 0 \\ 3 & -6 & 3 & 0 \\ -1 & 3 & -3 & 1 \end{bmatrix} \tag{7}$$

で与えられる．これは B-spline 曲線の1セグメントは Bézier 曲線と同様多項式曲線であることを示している．

図2の Bézier 曲線を B-spline 曲線として表すには，ノット列 $\{0, 0, 0, 0, 1, 1, 1, 1\}$ を指定する．同じ値のノットを重ねることをノットを多重化するといい，3次曲線に対し

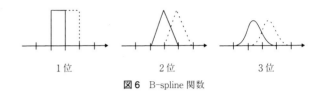

| 1位 | 2位 | 3位 |

図6　B-spline 関数

[*2]　パラメータ範囲はノット列により定まり，ノット列を定数倍しても，また各ノット値に同じ定数を足しても曲線の形状は不変であることに注意する[3]．

$j=4$

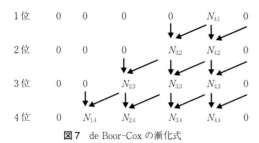

図7 de Boor-Cox の漸化式

て4回ノットを多重化することで曲線の端点が制御点と一致する．次節でも少し説明するように，ノットを多重化することでそこでの曲線の連続性が低下していく．詳細については教科書[3]等を参照していただきたい．

2.2.2 B-spline 関数値の算出法

B-spline 関数値を計算する代表的な方法は de Boor-Cox の漸化式[3]を用いる方法である．この方法は，まず指定された t における1位（0次）の B-spline 関数値を計算する．次に2位の関数値を求める．必要であればさらに3位，4位，…の関数値を1つ低い位数の関数値から求める．

t_i $(i=0, \cdots, n)$ をノット値とする．t は j 番目のノットから始まる区間にある，したがって $t_j \leq t < t_{j+1}$ と仮定する．1位の B-spline 関数値を，

$$N_{i,1}(t) = \begin{cases} 1 & \text{if } t_i \leq t < t_{i+1} \\ 0 & \text{otherwise} \end{cases} \tag{8}$$

によって計算する．次に，2位の関数値を，

$$N_{i,2}(t) = \frac{t-t_i}{t_{i+1}-t_i}N_{i,1}(t) + \frac{t_{i+2}-t}{t_{i+2}-t_{i+1}}N_{i+1,1}(t) \tag{9}$$

で計算する．ただし $0/0=0$ とする．さらに，k 位の関数値を $k-1$ 位の関数値を用いて，

$$N_{i,k}(t) = \frac{t-t_i}{t_{i+k-1}-t_i}N_{i,k-1}(t) + \frac{t_{i+k}-t}{t_{i+k}-t_{i+1}}N_{i+1,k-1}(t) \tag{10}$$

により計算する．

この漸化式を図で表すと**図7**となる．この図は $j=4$ の場合を示しており，$t_4 \leq t < t_5$ において1位の基底関数では $N_{4,1}$ のみが0ではなく，他の関数は0であることを示している．また，例えば $N_{3,2}$ を計算するには $N_{4,1}$ のみが必要であること，さらに，$N_{3,3}$ の計算では $N_{3,2}$ と $N_{4,2}$ の値が必要であることを示している．したがって，位数を1つ上げた関数値を計算するためには，高々2個の低位の関数値が必要となる．

2.2.3 Blossom

B-spline 曲線の性質をよりよく理解するために Blossom，あるいは Polar form[17]と呼ばれる定式化が役立つ．これは，1変数の n 次多項式を n 変数の1次式の積に書き直す手法であり，Bézier 曲線に対する de Casteljau アルゴリズム[3]，前項で説明した de Boor-Cox の漸化式を包

含して説明することができる．例えば de Boor-Cox の漸化式による曲線上の点の算出は Blossom の考え方を用いると，n 次 B-spline 曲線 $C(t)$ に対してノットに t を n 回挿入し[3]，

$$C(t) = C_m(t, t, \cdots, t) \tag{11}$$

を得ることに一致する．ここで，$C_m(t, t, \cdots, t)$ は $C(t)$ に対応する n 変数の1次式の積である．ノット間隔が一定でない非一様（non-uniform）な場合であっても2点間の内分点の計算を繰り返すことで，曲線上の点や各セグメントに対応する Bézier 曲線の制御点を算出することができる．Blossom は幾何学的な操作（内分点の計算）で B-spline 曲線を把握することを可能とし，実務において B-spline 曲線を使いこなすためにも学ぶ価値がある．詳細については文献17)を参照いただきたい．

2.2.4 B-spline 曲線の欠点

Bézier 曲線と B-spline 曲線は多項式曲線であり，これらの曲線に共通する欠点は，円などの円錐曲線を正確に表せないことである．円錐曲線は円錐面を平面で切った断面線として得られ，断面をとる平面がどのような角度で円錐面と交差するかにより，円や楕円，放物線，双曲線となる．これらの曲線は工業デザイン分野でもよく用いられており，自由曲線として表せることが望ましい．ただし，ほとんどの場合近似の精度を上げることで対処できること，また境界線に有理曲線を用い曲面を内挿すると大きなうねりが生じる場合があることが指摘されており，次節で述べる有理曲線を使うべきでないとの主張もある[18]．

2.3 NURBS 曲線

ここでは，円錐曲線の代表例である円を NURBS 曲線で表すことを考える．円全体を NURBS 曲線で表すためには，その曲線に含まれる各セグメントに円弧を表現させる必要がある．NURBS 曲線のセグメントは Bézier 曲線を有理化した有理 Bézier 曲線に等しく，円弧は以下で説明するように2次有理 Bézier 曲線で表すことができる．

円弧を含む円錐曲線は3次元空間の放物線を射影変換することにより得られる[3]．これは任意の放物線を含む原点を頂点とする円錐が定義でき，その円錐を任意の平面で切断することで円錐曲線が得られるためである．したがって，3次元空間で2次 Bézier 曲線を定義し，それに射影変換を施せば円錐曲線となる．

2次有理 Bézier 曲線は次式で与えられる．

$$C(t) = \frac{(1-t)^2 w_0 P_0 + 2(1-t)t w_1 P_1 + t^2 w_2 P_2}{(1-t)^2 w_0 + 2(1-t)t w_1 + t^2 w_2} \tag{12}$$

多項式の Bézier 曲線と比較すると，多項式ではなく有理式であり，制御点 P_i に対して重み w_i が掛けられているとともに，分母は重み w_i を制御点とする Bézier 曲線として与えられている．上式からすぐにわかることは，分母，分子を w_0 で割っても曲線の形状は変わらないことであり $w_0=1$ と仮定できる．さらに，射影変換により cross ratio が保存される[3]ことから，変数 t に有理線形変換を施すこ

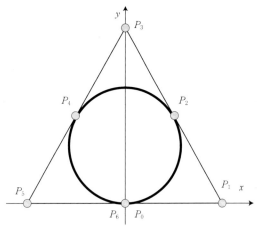

図8 円を表す NURBS 曲線の制御点

とで $w_2=1$ と仮定することができる．よって，式（12）は一般性を失うことなく，

$$C(t)=\frac{(1-t)^2 P_0+2(1-t)tw P_1+t^2 P_2}{(1-t)^2+2(1-t)tw+t^2} \quad (13)$$

と書き換えることができる．2 次有理 Bézier 曲線の制御点は 3 点であり，円全体を表現することはできないので，1/3 の円弧を表すことを考える．円の半径を r とし，**図8**のように配置された正三角形に内接する円を作成するために，制御点を $P_0=(0,0)$, $P_1=r(\sqrt{3},0)$ および $P_2=r(\sqrt{3}/2,3/2)$ とする．また，それらの制御点の重みを $1,w,1$ とする．円弧の中点が $r(\sqrt{3}/2,1/2)$ であることから $w=1/2$ となる．このとき，$(x,y)=r((1-t)t\sqrt{3}+t^2\sqrt{3}/2, t^2(3/2))/((1-t)^2+(1-t)t+t^2)$ であり，$x^2+(y-1)^2=r^2$ を満たしている．

NURBS 曲線の一般式は，式（10）で定義した B-spline 基底関数 $N_{i,k}(t)$ を用いて

$$C(t)=\frac{\sum_{i=0}^{n}N_{i,k}(t)w_i P_i}{\sum_{i=0}^{n}N_{i,k}(t)w_i} \quad (14)$$

と表される．上式は，制御点が定義されている空間を n 次とすると，$n+1$ 次の同次座標系[3]を考え $n+1$ 次元の制御点 $(w_i P_i, w_i)$ が生成する曲線を平面 $w=1$ に射影変換して得られる曲線と捉えることもできる．

1/3 の円弧は 2 次有理 Bézier 曲線として表されるので，それら 3 本を滑らかに結ぶように NURBS 曲線を生成する．図8のように，制御点 P_i, $i=0,\cdots,6$ の 7 点を用いて閉じた曲線を生成する．このときノット列は，曲線の始点および終点がそれぞれ P_0, P_6 であること，円弧の接続点 P_2, P_4 では，C^1 連続から連続性が 1 つ下がり C^0 連続となっていることから，$\{0,0,0,1,1,2,2,3,3,3\}$ となる．重みを含めた 3 次元空間 (wx, wy, w) の曲線（有理式の分子により定まる曲線）は C^0 連続であるが，それらを平面に射影した空間では C^2 連続が保証され曲率も連続（円なので曲率は一定）となっている．

2.4 自由曲面

曲線の定義に用いた基底関数よりテンソル積曲面（tensor product surface）[3]を定義することで自由曲面を表現できる．バーンスタイン基底関数を用いることで Bézier 曲面が定義でき，その曲面は Bézier パッチ（patch）とも呼ばれる．次数 $m\times n$ の Bézier 曲面 $S(u,v)$ は次式で与えられる．

$$S(u,v)=\sum_{i=0}^{m}\sum_{j=0}^{n}B_i^m(u)B_j^n(v)P_{ij}, \quad 0\leq u,v\leq1$$

ここで，$B_i^m(u)$, $B_j^n(v)$ は，それぞれ次数 m, n のバーンスタイン基底関数である．P_{ij} を制御点と呼び，3 次元や 4 次元の点を用いる．特に 4 次元の同次座標系で表された制御点を使った場合には有理 Bézier 曲面と呼ぶ．

Bézier 曲面の定義式からわかるように，Bézier 曲線のパラメータの数を 1 つ増やした，いわば 2 次元に拡張したのが Bézier 曲面であり，曲線の性質に似た次のような性質をもつ[3]．1) 制御ネットと曲面形状の類似，2) 凸閉包性，3) 曲面の境界線は，境界の制御点で定義される曲線で与えられる．

曲線の場合と同様，制御ネットから曲面の形状をだいたい予想することができる．ここでの凸閉包性は，曲面の存在範囲がすべての制御点の凸包の内部に限定されるという性質で，曲面間の交線計算のラフチェック等に使われる．最後の性質は，例えば $v=0$ のとき，曲面 $S(u,v)$ は，$B_0^n(0)=1$, $B_j^n(0)=0$, $(j=1,\cdots,n)$ なので，

$$S(u,0)=\sum_{i=0}^{m}B_i^m(u)P_{i0} \quad (15)$$

となり，これは $m+1$ 個の制御点 P_{i0}, $(i=0,\cdots,m)$ により定義される Bézier 曲線となる．$v=1$, あるいは，$u=0$, $u=1$ とおいても同様である．

上述の議論と同じように，B-spline 基底関数を用いることで B-spline 曲面が，有理式の分子，分母に B-spline 基底関数を用いることで NURBS 曲面が定義できる[*3]．

3. 対数型美的曲線・曲面

対数型美的曲線（log-aesthetic curve, LA 曲線）[21]は，対数（等角）らせん，クロソイド曲線，円インボリュート曲線，さらに Nielsen のらせんを含むとともに，接線ベクトルの積分形式としてのみ与えられている場合であっても対話的な生成，変形が可能であり，実務への応用が期待されている[19)21)22]．

LA 曲線に関連する最近の研究として，一般化対数型美的曲線（GLAC）を標準形で定式化するとともに，曲率対数グラフの傾きを曲線長の関数として定式化し，一般化コルニュらせんではその傾きが 1 次式で与えられることが報告されている[23]．また，不完全ガンマ関数により LA 曲線を解析的に表現する方法が考案され，これまでの定式化に

---

*3 曲線の場合と同様，制御点に 4 次元の同次座標系の点を用いて B-spline 曲面を定義しても NURBS 曲面が得られる．

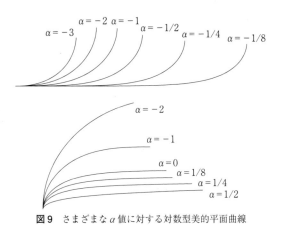

図9 さまざまな α 値に対する対数型美的平面曲線

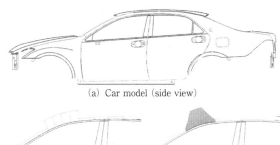

(a) Car model (side view)

(b) Original curve　　(c) Triple LA curve

図10 G^2 連続性を保証する三連 LA 曲線による曲線の置き換え

(a) アイソパラメトリック曲線とゼブラマッピング

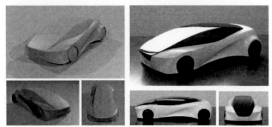

(b) レンダリング, モックアップ

図11 対数型美的曲線を用いたモデリング例

比較して約 10 倍の速度で曲線を生成できることが示された[24]. さらに, Meek ら[25]は曲率対数グラフの傾き $\alpha<0$ において, G^1 エルミート (Hermite) 内挿における解の一意性を証明しており, 徐々に研究が盛んになっている.

3.1　対数型美的曲線の定式化[21]

対数型美的曲線の曲率半径 ρ と曲線長 s の関係は以下の式で表される.

$$\rho(s)=\begin{cases}e^{cs+d} & (\alpha=0)\\(cs+d)^{\frac{1}{\alpha}} & (\alpha\neq0)\end{cases} \tag{16}$$

ここで, c,d は定数, α は曲率対数グラフの傾きである.

曲線の方向角 θ と曲線長 s の関係は $\rho=ds/d\theta$ の関係式から求めることができ, 以下のように表される.

$$\theta(s)=\begin{cases}\dfrac{-1}{c}e^{-cs-d}+\theta_e & (\alpha=0)\\[2mm]\dfrac{1}{c}\log(cs+d)+\theta_e & (\alpha=1)\\[2mm]\dfrac{1}{c}\dfrac{\alpha}{\alpha-1}(cs+d)^{\frac{\alpha-1}{\alpha}}+\theta_e & (\text{otherwise})\end{cases} \tag{17}$$

ここで, θ_e は積分定数である. θ_e は $s=0$ での方向角 $\theta(0)$ によって定まる.

曲線上の点 $\boldsymbol{P}$ は, s の関数として以下のように記述できる. ただし, i は虚数単位であり, $\boldsymbol{P}$ は複素平面上の点である. $\boldsymbol{P}_0$ は曲線の始点とする.

$$\boldsymbol{P}(s)=\boldsymbol{P}_0+\begin{cases}e^{i\theta_e}\displaystyle\int_0^s\exp\left(\dfrac{-i}{c}e^{-cs-d}\right)ds & (\alpha=0)\\[3mm]e^{i\theta_e}\displaystyle\int_0^s\exp\left(\dfrac{i}{c}\log(cs+d)\right)ds & (\alpha=1)\\[3mm]e^{i\theta_e}\displaystyle\int_0^s\exp\left(\dfrac{i}{c}\dfrac{\alpha}{\alpha-1}(cs+d)^{\frac{\alpha-1}{\alpha}}\right)ds & (other)\end{cases}$$

c, d の値を定めることは曲線のどの部分を用いるかを決定することであり, α の値によって曲線の形状は変化し, それにしたがって曲線の印象も変化する[20]. α 値を変えて得られる曲線の例を図9に示す[21]. 対数型美的曲線を空間曲線に拡張することも提案されており[19], フルネー・セレーの公式[3]を連立微分方程式と考え, 数値積分により曲線の形状を求めることができる.

著者の研究グループでは S 字曲線の入力法や LA 平面

曲線セグメント 3 本を 1 組として用いる G^2 エルミート内挿法[29]を提案している. 図10に実際の CAD データに対して, G^2 連続となるように曲線を置き換えた例を示す. 図10 (a) のような CAD 図面の前ドア上部に対して, (b) に示すように 3 本の曲線の曲率が不連続となっているが, (c) に示すように三連 LA 曲線により中央の曲線を置き換えることで G^2 連続にすることができる. これらのアルゴリズムを市販 CAD システム (McNeel 社製「ライノセラス」) のプラグインとして実装しており, 図11に示すような工業製品として実用的なレベルの品質をもつ形状モデルを作成することが可能となり, それに基づいて NC データを作成し加工することで, クレイモデル (物理) モデルを作成することもできる[30].

3.2　変分原理に基づく対数型美的曲線の定式化

式 (16) 第 2 式において, $\rho^\alpha=\sigma$ と置くと,

$$\sigma=cs+d \tag{18}$$

が得られる. これは, 図12に示すように横軸を s とし縦軸を $\sigma=\rho^\alpha$ とする 2 次元空間で, 2 点 (s_1,σ_1) と (s_2,σ_2) を直線を用いて最短で結ぶと対数型美的曲線が得られることを示している. このとき,

$$J_{LAC}=\int_{s_1}^{s_2}\sqrt{1+\sigma_s^2}\,ds=\int_{s_1}^{s_2}\sqrt{1+\alpha^2\rho^{2\alpha-2}\rho_s^2}\,ds \tag{19}$$

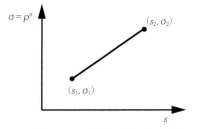

図 12 s-σ 平面において 2 点 (s_1, σ_1) と (s_2, σ_2) を結ぶ直線

を最小化している.

曲線が一般的なパラメータ t で与えられるとすると,

$$ds = \sqrt{x_t^2 + y_t^2}\, dt$$

$$\rho_s = \frac{\rho_t}{\sqrt{x_t^2 + y_t^2}} \tag{20}$$

であることから, 式 (19) は次式となる.

$$\begin{aligned}
J_{LAC} &= \int_{t_1}^{t_2} \sqrt{1 + \alpha^2 \rho^{2\alpha-1}\frac{\rho_t^2}{x_t^2 + y_t^2}}\sqrt{x_t^2 + y_t^2}\, dt \\
&= \int_{t_1}^{t_2} \sqrt{x_t^2 + y_t^2 + \alpha^2 \rho^{2\alpha-2}\rho_t^2}\, dt
\end{aligned} \tag{21}$$

ここでは, 平面曲線の目的関数を示したが, 空間曲線に対しても同様の議論が展開でき, その目的関数を求めることができる[26].

3.3 対数型美的曲面

積分形式で曲面を定義する試み[27]もなされているが, 曲線における曲線長のような"自然な"パラメータが曲面には存在せず, パラメータ化の問題を回避するために, 変分原理を用いて対数型美的曲面を定義することができる. 式 (19) で与えられる対数型美的曲線の目的関数において, 曲線の曲率半径 ρ の逆数である曲率 κ を曲面のガウス曲率 $K = \kappa_{max}\kappa_{min}$ に置き換えて, 曲面の目的関数へ拡張する[28].

この目的関数は曲面のパラメータ u, v に依存する定数 α と β をもち, 対数型美的曲線が最小化している目的関数の曲面への自然な拡張であるとともに, 歪エネルギや曲率微分の面積分などの目的関数の欠点を解消している. さらに, 境界条件が決まっていても, α と β の値を変更することで曲面を大域的に変形できることや, 特定のパラメータ方向だけを変形する異方性のある変形もできること等が期待される.

4. お わ り に

本稿では, 自由曲線・曲面を用いた意匠デザインで重要な Bézier 曲線, B-spline 曲線および NURBS 曲線の基礎事項を解説した. また, これまでの多項式や有理式の枠組みを外れて, 近年さまざまな研究が展開されている積分形式でのみ表現可能な対数型美的曲線を紹介した. 解説においては形状処理工学の初学者がこの分野の文献を簡単に検索できるように, 参考文献を数多く参照するように心がけた.

形状処理工学における最近の話題として, 三角関数を基底関数として用いる自由曲線・曲面[31)32)], T 型の接点を許す T-spline 曲面[33)34)], Isogeometric Analysis (NURBS 立体を用いた解析)[16]等が挙げられる. 紙面の制約によりこれらについては解説できなかったが, 精密工学会誌を含めて Computer Aided Geometric Design[35], Computer-Aided Design[36]等の学術誌を参照されたい.

最後に, 形状処理工学に興味をもたれ, これからその分野について学んでいこうという読者には, 著者がそうであったように山口富士夫先生の著書[9)12]から読まれることをお薦めする. 30 年の時の流れの中でまったく色褪せることなく, 高度な内容が平易に簡潔に書かれており, 著者を含めた工学系の研究者・技術者にとって恰好の入門書となっている.

参 考 文 献

1) カム機構ハンドブック, 日本カム工業会編集, 日刊工業新聞社, (2001).
2) 内山勝, 中村仁彦:岩波講座ロボット学 2, ロボットモーション, (2004).
3) G. Farin:Curves and Surfaces for CAGD, 5th Ed., Morgan Kaufmann, (2001).
4) P.J. Davis:Interpolation and Approximation, Dover, (1975).
5) C.K. Chui:An Itroduction to Wavelets, Academic Press, (1992).
6) G. Orbay, M.E. Yumer and L.B. Kara:Sketch-Based Aesthetic Product Form Exploration from Existing Images Using Piecewise Clothoid Curves, Journal of Visual Languages and Computing, **23** (2012) 327-339.
7) 蘭豊礼, 玉井博文, 三浦憲二郎, 牧野洋:リニアな曲率・捩率を持つセグメントによる軌道生成, 精密工学会誌, **78**, 7 (2012) 605-610.
8) R. Casati and F. Bertails-Descoubes:Super Space Clothoids, ACM Trans. Graph, **32**, 4 (2013) 48.
9) コンピュータグラフィックス, CG-ARTS 協会, (2004).
10) 山口富士夫:形状処理工学 [II], 日刊工業新聞社, (1982).
11) R.T. Farouki and V.T. Rajan:On the Numerical Condition of Polynomials in Bernstein form, Computer Aided Geometric Design, **4**, 3 (1987) 191-216.
12) 山口富士夫:形状処理工学 [I], 日刊工業新聞社, (1982).
13) http://solidmodeling.org/bezier_award.html
14) R.F. Riesenfeld:Application of B-spline Approximation to Geometric Problems of Computer Aided Design, Ph. D. Dissertation, Syracuse University, (1972).
15) 市田浩三, 吉本富士市:スプライン関数とその応用, 教育出版, (1979).
16) J.A. Cottrell, T.J.R. Hughes and Y. Bazilevs:Isogeometric Analysis, John Wiley and Sons, (2009).
17) L. Ramshaw:Blossoms Are Polar Forms, Computer Aided Geometric Design, **6**, 4 (1989) 323-358.
18) L. Piegl and K. Rajab:It Is Time to Drop the "R" fromNURBS, 2013 International CAD Conference and Exhibition, Bergamo, Italy, June 15-20, (2013).
19) 三浦憲二郎, 藤澤誠:美的曲線の 3 次元への拡張と B-spline 曲線による近似, グラフィックスと CAD/Visual Computing 合同シンポジウム 2006 予稿集, (2006) 83.
20) 三浦憲二郎:美しい曲線の一般式とその自己アフィン性, 精密工学会誌, **72**, 7 (2006) 857-861.
21) N. Yoshida and T. Saito:Interactive Aesthetic Curve Segments, The Visual Computer (Proc. Pacific Graphics), **22**, 9-11 (2006) 896-905.
22) R.U. Gobithaasan and K.T. Miura:Aesthetic Spiral for Design, Sains Malaysiana, **40**, 11 (2011) 1301-1305.

23）R. Ziatdinov, N. Yoshida and T. Kim：Analytic Parametric Equations of Log-aesthetic Curves in Terms of Incomplete Gamma Functions, Computer Aided Geometric Design, **29**, 2 （2012）129-140.

24）D.S. Meek, T. Saito, D.J. Walton and N. Yoshida：Planar Two-point G^1 Hermite Interpolating Log-aesthetic Spirals, Journal of Computational and Applied Mathematics, **236**, 17 （2012）4485-4493.

25）原田利宣，森典彦，杉山和雄：曲線の物理的性質と自己アフィン性，デザイン学研究，**42**, 3 （1995）33.

26）三浦憲二郎，澁谷大，臼杵深，蘭豊礼，玉井博文，牧野洋：対数型美的曲線を用いた G^2 Hermite 内挿法，精密工学会誌，**79**, 3 （2013）260-265.

27）K.T. Miura, D. Shibuya, R.U. Gobithaasan and S. Usuki：Designing Log-aesthetic Splines with G2 Continuity, Computer-Aided Design & Applications, **10**, 6 （2013）1021-1032.

28）K.T. Miura, S. Usuki and R.U. Gobithaasan：Variational Formulation of the Log-Aesthetic Curve, 14th International Conference on Humans and Computers, March 9-10, （2012）215-219.

29）三浦憲二郎：単位 4 元数積分曲面，情報処理学会論文誌，**41**, 3 （2000）722-732.

30）K.T. Miura, R. Shirahata, S. Agari, S. Usuki and R.U. Gobithaasan：Variational Formulation of the Log-Aesthetic Surface and Development of Discrete Surface Filters, Computer-Aided Design & Applications, **9**, 6 （2012）901-914.

31）J.W. Zhang：C-curves, An Extension of Cubic Curves, Computer Aided Geometric Design, **13**, 3 （1996）199-217.

32）Y.W. Wei, W.Q. Shen and G.Z. Wang：Triangular Domain Extension of Algebraic Trigonometric Bézier-like Basis, Appl. Math. J. Chinese Univ., （2011）151-160.

33）T.W. Sederberg, D.L. Cardon, G.T. Finnigan, N.S. North, J. Zheng and T. Lyche：T-spline Simplification and Local Refinement, ACM Trans. Graph., **23** （2004）276-283.

34）X. Lia, J. Zheng, T.W. Sederberg, T.J.R. Hughes and M.A. Scott：On Linear Independence of T-spline Blending Functions, Computer Aided Geometric Design, **29**, 1 （2012）63-76.

35）http://www.sciencedirect.com/science/journal/01678396

36）http://www.sciencedirect.com/science/journal/00104485

はじめての 精密工学

製品設計と製造における「自由度」

Degree-of-Freedom in Product Design and Manufacturing/Kenji SHIMADA

カーネギーメロン大学　嶋田憲司

1. は　じ　め　に

報道の自由度，人権の自由度，経済的自由度，など「自由度」という言葉は多くの分野で使われるが，本稿では工学に関わる機構学的な自由度について基本的な考え方と応用について解説する．

機構学では「回転あるいは直進によって，物体がある特定の方向にだけ動く」ことを1自由度という．例えば，ドアの蝶番やベアリングは特定の方向にだけ回転するので1自由度．机の上においたコップは，机の上を2方向に直進することができ，さらに鉛直軸まわりにも回転できるので，合わせて3自由度．人の手首の関節は上下と左右の回転に加えて捻転もできるので，これも3自由度．また，三次元空間内を自由に動く物体は，xyzの3方向に直進でき，3軸の周りにも回転できるので，合計で6自由度をもつ．このような自由度の考え方は，特に機構学を学ばなくても直感的に理解できるし，精密工学に関わる本誌読者にとっては既知のことであろう．

可動部分がある製品を設計する者は，製品機能に必要な自由度を数えて，それを実現するために無駄のない機構を考えるのが普通である．例えば，コンピュータの画面の上に載せて使うウェブカメラには自由度がいくつ必要だろうか．左右の回転と上下の回転の2つである．したがって多くのウェブカメラは2自由度をもつ機構となっている．また電球をつかったデスクランプはどうだろう．机の任意の場所を任意の方向から照らすために，自由度はいくつ必要だろうか．答えは5自由度．空間内の自由な位置姿勢を得るために必要な6自由度のうち，電球の軸周りの回転が不必要なので，これを除くと5自由度となる．

こうして身の回りの可動部分をもつ製品や工場で使われている機械などを観察すると，ほとんどの場合，必要な自由度だけが組み込まれており，無駄な自由度はつかわれていない．どうやら「必要最低限の自由度」を使うのがよい設計だと考えられているようだ．そこで本稿の2章ではこの「必要最低限の自由度」を理解するために必要な機構学における基礎的な用語と理論を示し，3章では立体的リンク機構の代表的な例である産業用ロボットを紹介する．

しかし，本稿の本当の目的は別のところにある．それは，「必要最低限の自由度」という常識からあえて外れることによって得られる有益性もある，ということを読者

に理解していただくことである．そのために，4章では必要な自由度よりも多い自由度（冗長自由度）をロボットにもたせる例を紹介し，5章では一見して必要な自由度よりも少ない自由度（不足自由度）をもつ医療器具の設計例を紹介する．前者では冗長自由度がロボットの作業効率を向上させ，後者では不足自由度にすることによって逆に製品全体の機能を高めることができる．

4章と5章の例を通じて本稿でお伝えしたいのは，システム思考の大切さである．製品や機械を設計する際に，どのような機構的な自由度を使うべきかは，機構部分だけをみて考えるのではなく，全体のシステムを最適化するという観点で考えよ，ということである．

2. リンク機構の自由度

機構学は機械工学の一分野で，機械全体のメカニズムを理論的に扱う学問である．機械全体の出力効率の研究，機械の部分間の連結や伝達機構の研究などを対象とする[1]．18世紀後半から英国ではじまった産業革命とともに生まれて，蒸気機関や動力織機のリンク機構，後には機械式の計算機，ミシン，タイプライタをはじめ，自動車やロボットの開発にも貢献してきた．

このような可動部分がある機械はリンク機構をもつ．リンク機構は，リンク（節）という剛体部品と，ジョイント（関節）というリンクどうしをつなぐ部品で構成される．ジョイントは回転か直進が一般的なものである．まずは図1に示す簡単なリンク機構を例にとって，それぞれの「自由度」を考えてみよう．図1（a）の例はリンク2つと回転ジョイント1つで構成されていて，片方のリンクは地面に固定されている．もう一つのリンクはジョイントまわりに回転できるのでこの機構は1自由度をもつ．次に，図1（b）に示す3つのリンクと3つのジョイントをもつ3章リンクの場合はどうだろうか．このリンク機構はまったく動くことができないので，自由度は0である．また，図1（c）の4章リンクの場合は，4つあるジョイントの1つを回転させるとリンク機構全体が決まった軌跡に沿って動く，つまり1自由度をもつことがわかる．次に図1（d）は4章リンクのジョイントの1つを回転から直進（スライダー）に変えたもので，4章スライダ・クランクと呼ばれるものである．この機構はとても実用的なもので，回転ジョイントを入力にすると直進ジョイントがスライドしてポ

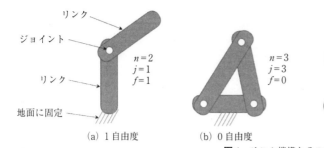

図1 リンク機構とその自由度の例

ンプとして使えるし，逆に直進ジョイントを入力とすると，エンジンのピストンの動きを車軸の回転に変えるということにも使える．

図1の例から，ジョイントの数がそのままリンク機構の自由度の数になるわけではないことがお分かりいただけるだろう．では，リンク機構全体の自由度の数はどのようにして求まるのか？　これにはクッツバッハ・グルーブラの式（Kutzbach-Gruebler's equation）というものを使う．リンクの数をn，ジョイントの数をjとすると，リンク機構の全体の自由度の数fは，以下のように決まる．

$$f = 3(n-1) - 2j \tag{1}$$

n：リンクの数
j：ジョイントの数

たとえば，図1（b）の3節リンクの場合には$n=3, j=3$なので，$f = 3(3-1) - 2 \cdot 3 = 0$となり自由度は0となる．また，図1（c）と（d）の場合には$n=4, j=4$なので，$f = 3(4-1) - 2 \cdot 4 = 1$となり自由度は1となる．

ここで注意すべきは，上記の式を適用する際には前提条件が2つあるということだ．ひとつは「リンク機構が平面的なものであること」，もうひとつは「各ジョイントが1自由度だけをもつこと」である．実際には，次章で触れる産業用ロボットのように立体的リンク構造も多く使われているし，ボールジョイントのように3自由度のジョイントもある．このような多自由度の関節をもつ立体リンク機構の自由度を求めるには，式（1）を一般化した次の式が使われる．

$$f = 6(n-1) - \sum_i (6-i) j_i \tag{2}$$

n：リンクの数
j_i：i自由度をもつジョイントの数

もしすべてのジョイントが1自由度の回転か直進のものであれば，式（2）は以下のように簡略化できる．

$$f = 6(n-1) - 5j \tag{3}$$

n：リンクの数
j：ジョイントの数

3. 立体的リンク機構の例：産業用ロボット

前章でリンク機構の自由度の基本的な考え方を説明したので，次に立体的リンク機構である産業用ロボットを例にしてさらに理解を深めていこう．産業用ロボットは，自動

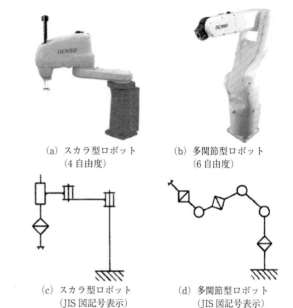

図2 産業用ロボットの立体リンク機構の例

車や精密機械の製造ラインにおいて搬送，組立，溶接，塗装，検査などの作業に多く用いられており，2種類の立体リンク機構がよく使われている．ひとつは，**図2**（a）に示すような水平多関節（あるいはスカラ型）ロボットと呼ばれているもので，4自由度をもつ．もうひとつは図2（b）に示すような垂直多関節型（あるいは多関節型）ロボットと呼ばれるもので，6自由度をもつ．

立体リンク機構を分かりやすく図で表現するために，JIS規格の「産業用ロボット-図記号」が便利である．この図記号を使ってスカラ型ロボットと多関節ロボットの機構を表現すると図2（c）と（d）のようになる．

それぞれのロボットを前章で示した式（3）に当てはめてみよう．スカラー型ではリンクの数が5，ジョイントの数が4であるので，自由度は$f = 6(5-1) - 5 \cdot 4 = 4$となる．また，多関節型ロボットでは，リンクの数が7，ジョイントの数が6であるので，自由度は$f = 6(7-1) - 5 \cdot 6 = 6$となる．このように一端が地面に固定されていて，1自由度の回転か直進のジョイントでリンクが順番につながっているような構造をもつロボットの場合には，ジョイントの数がそのまま機構全体の自由度の数になる．

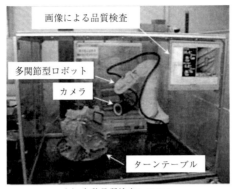

（a）自動品質検査システム

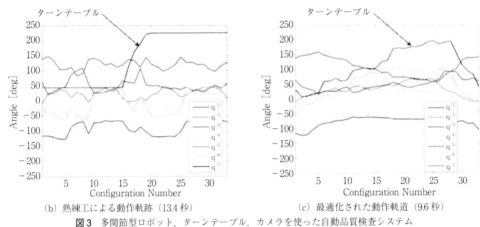

（b）熟練工による動作軌跡（13.4 秒）　　　　（c）最適化された動作軌道（9.6 秒）

図3　多関節型ロボット，ターンテーブル，カメラを使った自動品質検査システム

　では，なぜこの二種類の産業用ロボットが多く使われるか？　6自由度の多関節型ロボットが多く使われるのは，工場では溶接，塗装，検査というような三次元空間内の位置と姿勢（6自由度）をすべてを制御しないとできない作業が多くあるからである．そして4自由度のスカラ型ロボットが多く使われるのは，組立作業やコンベアベルト間での部品搬送など，垂直方向を保ちながらする作業がたくさんあるからである．

　産業用ロボットの設計に関しても，ウェブカメラやデスクランプの場合と同じで，「必要最小限の自由度のリンク機構を使う」という考え方に基づいていることがわかる．

　以上，2章と3章を通して必要最低限の自由度とそれを実現するリンク機構について，ひととおり理解いただけたと思う．次の4章と5章では「必要最低限の自由度」の常識からあえて外れることによって得られる有益性があることを例をもって示してゆく．

4.　冗長自由度でロボットの作業効率を向上

　図3（a）を見ていただきたい．多関節型ロボットの手先につけたカメラで製品表面の画像をさまざまな角度から撮影して，その画像処理をすることで製品の品質検査を自動で行うシステムである．この例では32枚の画像を撮影して，ボルトなどの小部品が特定の場所に正しく組み付け

られているかどうかを画像から自動判定する．製品を全方向から撮影するためにターンテーブルを使い，片側の14箇所の撮影が終わると，ターンテーブルを180°まわして反対側の14箇所を撮影するのである．

　さて，このような撮影作業では，対象物に対してカメラを指定された位置姿勢に移動させるために6自由度が必要となるので，6自由度の多関節型ロボットを使うのは理にかなっている．また，ターンテーブルを使う理由は，より安価な短い腕のロボットで，対象物の裏側も検査できるようにするためである．

　産業用ロボットの動作教示は，ティーチング・ボックスといわれるリモコンを使って，各関節の角度を変えたりロボット手先を特定の方向に動かしたりしながら，必要な位置姿勢を順次教示することで行う．この際に熟練したオペレータならば，ロボットの動きが一番少なくて済むような撮影場所の巡回方法を考えるであろう．そして対象物の片面の撮影動作の教示を終えると，ターンテーブルを回して対象物の裏側をロボットに向け，引き続き撮影動作の教示を行う．こうして，ひと通りの動作教示の作業が終わると，ロボットは教えられた動作を自動的に反復して画像撮影をするわけである．この例の場合には熟練工が教示したロボットの動作の作業時間は13.4秒であった[2]．

　さて，ここで発想の転換をして，ターンテーブルの回転

治療前　　　　　　治療後

（a）テーラー・スペーシャル・フレ
ーム，6 自由度の創外固定器[3)]

（b）不足自由度を用いた創外固定器，
2 自由度[4)]

直進後に
回転した
結果

回転後に
直進した
結果

回転と直進を
同じペースで
した結果

数値計算で
最適化した
結果

（c）3 次元の骨変形を 2 自由度だけで矯正
図 4　骨変形の矯正治療のための創外固定器

1 自由度を含めた全体を 7 自由度の立体リンク機構と考え
てみよう．画像撮影の作業は本来 6 自由度しか必要としな
いので，このシステムは冗長自由度をもつことになり，実
はこれを生かすことでロボットの動作効率が大幅に改善で
きるのである．冗長自由度によって，特定の場所を撮影す
る際のターンテーブルの角度を好きに選べるようになる．
すなわち 32 枚の画像の一枚ごとにターンテーブルとロボ
ットの関節の角度の組み合わせを自由に設定できるのであ
る．こうなると，撮影箇所の順番とターンテーブルの角度
の組み合わせの数が無限にあり，そこから最適なものを選
ぶことは，熟練工といえどもできない．そこでコンピュー
タ上で最適化のアルゴリズムをつかって答えをだすことに
なる．

　このように冗長自由度を活用して動作を最適化するとロ
ボットの動作時間は 9.6 秒，すなわち元の 13.4 秒から 28%
も短くすることができる．ロボットとターンテーブルがど
のように動いているかを図 3（b）と（c）に示した．熟練
工がつくった動作軌跡では，ターンテーブルは一度ぐるっ
とまわるだけでそれ以外は働いていないが，コンピュータ
で最適化した動作の場合にはターンテーブルがこまめに動
いて一生懸命に働いているのがわかる．

　もうひとつ興味深いのは，ターンテーブルを 4 倍速いも
のに変えると動作時間が 35% 短くなり，10 倍速いものに
変えると 45% も短くなるという事実である．7 つあるう
ちのたった 1 つのジョイント（ターンテーブル）の性能を
向上させるだけで，これほどの性能改善ができるというの
は意外な感じがするかもしれないが，次のように考えると
納得がいくと思う．

　6 人で構成されるチームで，それぞれのメンバーが別々
の作業を分担して仕事をしているとする．メンバーそれぞ
れには専門のスキルがあり，一人でも欠けると結果が出せ
ない．この 6 人のメンバーは多関節型ロボットの 6 つのジ
ョイントのようなものである．このチームに，ボトルネッ
クになっている作業の手伝いを臨機応変にしたり，メンバ
ー間のコミュニケーションを迅速にするようなアシスタン
トを追加して 7 人のチームにしたらどうか．これでチーム
全体が仕事の効率が向上するということは十分に想像でき
る．実は，6 自由度のロボットにターンテーブルを加える
のは，チームにアシスタントを加えることに相当する．こ
う考えると，仕事が 4 倍も 10 倍も速いアシスタント（タ
ーンテーブル）を入れることでチーム全体の仕事の効率が
格段に向上するいうのはそれほど不思議なことではないで
あろう．

5. 不足自由度で医療器具の性能を向上

　場合によっては，一見必要な自由度よりも少ない自由度のリンク機構を使うほうがよいこともある．本章では，整形外科用の医療器具の例をあげて説明する．骨折や生まれつきの病気のために脚の骨が変形している，あるいは片側の脚がもう一方よりも短いというような患者の治療には，テーラー・スペーシャル・フレーム（Taylor Spatial Frame）という創外固定器が使われている[3]．図4（a）に示したように，上下の2つのリング（輪）とそれをつなぐ6つの伸縮自在のストラット（支柱）で構成されている．矯正したい骨の部分から離れた部位に細い金属ワイヤーを通して，ワイヤーを上下のリングに固定し，次に2つのリングの間で骨を切断する．切断部の間隙が毎日1mmずつ広くなるようにストラットの長さを調整してゆくと，隙間に新しい骨が再生されて骨変形を矯正できる．

　三次元的な骨変形を矯正するということは，切断部の片側の骨片に対して，もう一方の骨片を三次元空間の特定の位置姿勢にむけて徐々に動かしてゆくということである．したがって，これを実現するには6自由度が必要となり，そのために6つのストラットの長さを自在に調整できる6自由度のテーラー・スペーシャル・フレームのような立体リンク機構が使われるわけだ．

　ところが，少し発想を変えれば，本来必要な数の自由度がなくても骨変形の矯正が同様にできるということが最近の研究でわかってきた[4]．多関節型ロボットと同様に，三次元空間内で骨片を自在にうごかすには確かに6自由度が必要だ．しかし，もし最終目標の位置姿勢だけを正確に実現すればよいのであれば，図4（b）で示したように，回転ジョイント1つと直進ジョイント1つの合計2つの自由度で足りるのである．ただし，2つのジョイントはあらかじめ算出した場所と方向に正確に配置する必要がある．

　では，このような不足自由度のリンク機構を使った場合に骨片の移動軌跡，すなわち最終的にできる新しい骨の形はどうなるのか．図4（c）に示すように，回転ジョイントを先に動かしてから直進ジョイントを動かした場合，この順番をかえた場合，そして両方のジョイントを同じペースで動かした場合など，それぞれの軌跡は違ったものにな

る．しかし，2つのジョイントを動かすタイミングを数値的に最適化すれば，不足自由度のリンク機構でも目標とする軌跡がほぼ実現できて，ほとんどの場合には1〜2mmの誤差内に収めることができるのである．大腿骨や脛骨などの大きな骨の場合には，これぐらいの誤差であれば実用上は何ら問題なく，患者にとっては，毎日調整しないといけないジョイントの数が6から2に減るという大きな利便性が得られる．

　このように可動部分をもつ製品の良しあしというのは，リンク機構の機能だけはなく，ユーザーの使い勝手なども含めた全体の機能で評価すべきものである．この観点から，あえて必要最低限の自由度に足らないリンク機構を採用することがよい設計を生むこともあるのだ．

6. お　わ　り　に

　本稿では，製品設計や製造の場でよく使われる「自由度」について基本的な考え方を説明した上で，「必要最低限の自由度」という常識からあえて外れることによって得られる有益性があることを解説した．強調したかったのは，システム思考の大切さである．製品や機械を設計する際に，リンク機構の自由度を機構部分だけを見て決めるのではなく，システム全体の最適化の観点から決めるべきだ，ということである．

　現場で製品や製造施設を設計している方々，そして機構学，設計論，ロボット工学，製造工学などの研究をこれから始める方々にとって，本稿が少しでも新しい発想を生み出すための参考になれば嬉しい．

参　考　文　献

1) 牧野洋，高野政晴：精密工学講座6 機械運動学（コロナ社）．
2) I. Gentilini, K. Nagamatu and K. Shimada : Cycle Time Based Multi-Goal Path Optimization for Redundant Robotic Systems, Proc. of IROS, (2013).
3) C. Taylor : 30 Tibial Shaft Fractures : Spatial Frame, Medical Book Online, http://www.cixip.com/index.php/page/content/id/1794.
4) Y.Y. Wu and K. Shimada : New Distraction Osteogenesis Device with Only Two Patient-Controlled Joints by Applying the Axis-Angle Representation on Three-Dimensional Bone Deformation, ASME Journal of Medical Devices, **7**, 4 (2013).

はじめての 精密工学

エレクトロニクスへの印刷技術の応用と飛躍への課題―主にインクジェット技術を中心に―

Application of the Printing Technology to Electronics and the Technical Subject to Expansion/Tomohiro YAMAZAKI

株式会社 ワイ・ドライブ 代表取締役 山﨑智博

（インクジェットヘッド構造や方式はすでに理解している方々に，応用と飛躍の課題を記述します）

1. プリンテッド・エレクトロニクス技術を振り返って

インクジェット技術の急速な進歩によって，プリンテッドエレクトロニクスにおけるインクジェット工法は，いとも簡単に電子回路・半導体回路が製作できるようにイメージされており，あたかも，民生用のプリンターで紙に印刷するイメージで電子回路ができてしまう，または作成したいという要求が強まってきています．

産業用インクジェット技術は従来の紙印刷（水系インク，UV インク）の範囲を超え，応用範囲の拡大が進展してきています．新しい用途にフラットパネルディスプレーや有機半導体印刷やバイオ分野等が提案されています．現在までに，Ag 配線・有機 FET・有機 EL テレビ・液晶テレビ等が開発報告されておりますが，現実は工場での適用事例が少ないことも確かであり，プリンテッドエレクトロニクスの多くはスクリーン印刷で行う事例が多いのも実情であります．

例えば，液晶モジュールを例にとると
① 配光膜塗布 　　② 導光板反射ドット
③ カラーフィルター 　④ ODF（液晶材料滴下）
等，電子機器製品の部材製作が主で電子的な構造体部分は皆無であり全滅といっても過言ではありません．さらに，有機半導体応用等の分野では，現実の要望は多層構造・立体構造の製作に使用することが前提であり，このような場合，5 層以上のパターン塗布印刷が必要であること．また構成要素の厚みはシリコンプロセスより厚めだか 50～200 nm 厚の実現を要求されています．現実的な課題は多くありますが，フォトプロセスと比較して大気圧成膜で連続的に実現する有効な方法であるという理解は進んできていると思います．これは，マスクによる露光・現像・エッチングなどの繰り返しをしなくてよいとういメリットを生み出します．当然のようにインクジェット工法ではフォトレジストの使用量低減，露光・現像に伴う真空引き等がないので，設備投資が大幅に少ないと期待されています．

今後，ゾルゲル法などと組み合わせた塗布工法への展開が期待されています．

一般的なプリンテッドエレクトロニクスの概念は
・ 電子素子や配線などを，電子デバイスの主要な構成要素を印刷や塗布技術を使って形成する．
・ 真空成膜プロセスを用いた従来工法よりエネルギー消費量が少なく稼働時間向上などが実現でき，省エネだけでなく CO_2 削減に寄与できる．
・ 材料を必要な場所に必要なだけ"置く"技術であり，材料の無駄が少ない．
・ 印刷範囲に合わせて多数ヘッドを配置する構成で，G8 サイズを 1 分以内で印刷可能である．
などがメリットとして挙げられます．

2. 印刷エレクトロニクスの先行した概念「ロール to ロール」[1]

印刷技術の下地があるヨーロッパ（フィリップス）から提唱された．日本では，次世代モバイル用表示材料技術研究組合（TRADIM）が，フレキシブルなプラスチック基板液晶ディスプレイの実現に向けて，2002 年から活動開始しました．ロール to ロールは，連続一環生産を目標としていましたが，乾燥や部材供給，個々の作業のタクトが同一にできず，待ちステーション設置を余儀なくされました．さらに，大型化・高精細度化に向けた「位置合わせ精度」や多層構造体へのダメージ，輝度，解像度が低いなど課題が多く，現在，中断状態にあるようです．

3. 遅れを取ったインクジェット工法

1992 年ごろから始まったインクジェットによるプリタブルエレクトロニクスですが，20 年の研究開発を経ても，なかなか離陸できずにおります．「チャンピオン事例を記載した書籍」や「してはいけない事例を紹介する資料」はあるのですが，現在のプリンテッドエレクトロニクス分野でインクジェット工法の応用展開をもくろむ各企業間で課題の共有化が困難であることが応用事例の加速を阻害しているように思えます．

現在の状況は，
① ヘッドメーカー ② 材料メーカー（吐出インキ材料）
③ 装置メーカー ④ 有機 EL・TV や印刷配線のアプリケーション会社等で，①〜④の各社のどの部門が検討して，使える工法にするべきか混沌としています．そのため，アプリケーション会社や化学材料会社で何とか吐出はしても，手探りでカットアンドトライを繰り返し，チャンピオンデータが報告されているようです．

液晶モジュールの例に戻れば，例えばカラーフィルターなどの場合，硝子基板に RGB 各色の混色を防ぐ目的で形成されたブラックマトリクスという隔壁に仕切られた 100 μm 幅程度のセルの中に RGB おのおののインクを定量塗布することが求められています．真空成膜では膜厚制御技術が確立されていて数 nm 単位で制御可能であります．塗布印刷工法では正確な膜厚や隔壁に囲まれたセルへの定量塗布技術は実現困難であり，緩い精度での事例しかありませんでした．インクジェット工法は塗布工法の中で唯一，定量塗布・膜厚制御が可能な工法として期待されています．塗布に要求されるのは，セルをはみ出さない正確なパターン位置合わせ，厚みムラを起こさない（輝度ムラ・色ムラにつながる）3% 程度の定量塗布が要求されています．これらを実現するには，吐出インク液体積の定量化や着弾位置精度の向上・印刷パターン位置制御など解決すべき課題も多いのが実状であります．

また，インク液と塗布面の表面電位が調整されていない場合，塗布面の厚みムラや塗布欠陥が起きるなどの課題も多いのが実状であります．材料メーカーではこのような課題を改善できる材料を適宜発表しており，注目しておく必要があります．なお，真空成膜では成膜後には固化（結晶化）していたのでおおむね固化（結晶化）の課題を意識しなくてよかったのですが，インクジェット工法では塗布後の乾燥過程を制御する必要があり，この乾燥と固化（結晶化）の制御技術確立も重要であります．総じてこれらのプロセス制御工法を俯瞰する技術者が要求されるのですが，あまり多くありません．

このような視点で考察する技術者の不足が，他の塗布工法であるコーター機，スクリーン印刷，グラビア印刷などが早期に始まったのに対し，インクジェット工法は 1990 年ごろから提案されながら，いまだキラーアプリを創出できていない現状にあるといえます．

インクジェット工法は 1990 年以降，いろいろな研究部門・会社が取り組みながら，いろいろな課題を提起しています．以下に主要な課題を記述します．

4．現状，報告されているインクジェット工法の課題

① 吐出の安定性に欠ける（着弾位置，飛散，液滴サイズバラツキ，不吐出，詰まりなど）

② インキが詰まる（内部のポンプ室や吐出穴付近）

③ 不吐出が頻発する（吐出ノズル付近に泡ができて不吐出になる）

④ 複数の液滴にバラケて 1 滴にならない（1 滴にならないと，目標以外の場所に飛散する）

⑤ μm〜nm サイズの固形物をインク化した場合（Ag ナノインクや MWCNT，金属微粒子系インク），分散の能力不足で沈降速度や溶剤の蒸発速度，分散液に周波数特性があるなど未検討課題が多く，実験室でのチャンピオンデータの域を抜け切れていない

⑥ 樹脂系インキの場合，粘度と温度でのレオロジー（流動性）が，明確に示せていない．

⑦ 被印刷面の表面電位の影響を受ける

⑧ 低表面張力インク等は吐出困難

であります．

インクジェット工法に適した塗布事例等で要求される内容は，均一な膜・構造体の作成があります．

重要なのは，塗布面全域で欠陥なきこと，飛散なきことなどであります．現在インクジェット工法に取り組んでいる，または検討している方々は，「通常のインクジェット工法では塗布欠陥が付きまとう？」という懸念が払拭されないと思われます．それらの懸念はすでにいろいろな資料に散見されており，インクジェット工法は期待倒れという見解が生まれているように思えます．それらをまとめると，

① 低粘度インクが必要でスクリーン印刷などのインクを転用できない

② コーヒーリング現象といわれる厚みムラが起きる

③ 乾燥プロセスが複雑

④ 不吐出による印刷欠陥が多い

⑤ 吐出ノズルが詰まる

⑥ ノズルごとのインク液の着弾位置精度が思ったほどよくない

⑦ 下地処理がないとインク液が流れたり弾いたりする

⑧ 上地処理がないと塗布膜の安定性が悪い

⑨ ヘッド内のインク流路に泡がみが起きると不吐出になる（通常，水系インクには空気が溶け込んでいて，気圧の変化や衝撃で気泡化する）

⑩ NMP 溶剤などへの耐性を考慮したヘッドが少ない

⑪ 吐出量がノズルごとにバラツき塗布膜の厚みムラに影響する

⑫ 塗布面の表面電位の影響を受ける

⑬ 真空成膜に近い薄い膜ができるか？

⑭ インク分散を重視しても電気的性質が失われないか

⑮ インクジェット吐出に適したインク分散手法が確立されない

⑯ チャンピオンデータはあるけど多数回印刷や大面積印刷でも同じ結果が出るか？

等であり，通常の努力では簡単に乗り越えられない壁があるのが実状であります．

現状のプリンテッドエレクトロニクスは，あと数年で「既存プロセス」にどこまで近づけるか？　という問い掛けがあります．

・素子サイズ
 ⇒ 半導体プロセスの μm・nm サイズ以下には，追い付けない．

・素子厚み
 ⇒ 線幅 30 μm 程度が限界？
  厚み 50 nm 程度が限界？
 ⇒ 下地処理なしで，安定した線幅が困難
 ⇒ 重ね塗布の場合，隣接層間で相互に溶けない溶

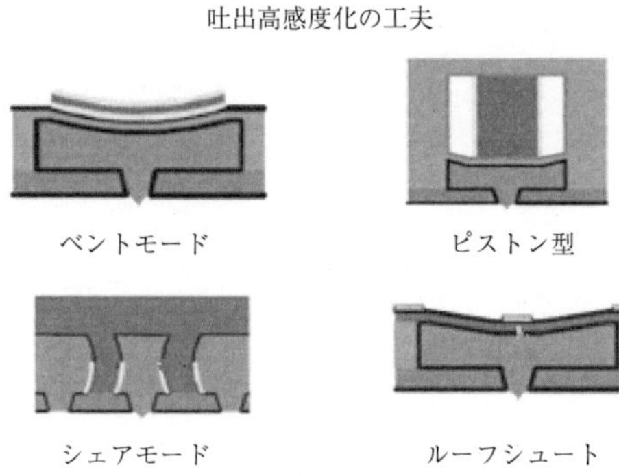

吐出高感度化の工夫

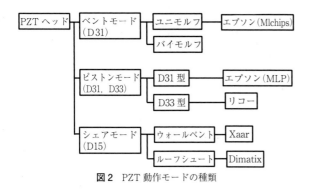

ベントモード

ピストン型

シェアモード

ルーフシュート

図1 吐出の高度化の例

```
PZTヘッド ─┬─ ベントモード ──┬─ ユニモルフ ── エプソン(Mlchips)
           │   (D31)         └─ バイモルフ
           │
           ├─ ピストンモード ──┬─ D31型 ── エプソン(MLP)
           │   (D31, D33)     └─ D33型 ── リコー
           │
           └─ シェアモード ──┬─ ウォールベント ── Xaar
               (D15)         └─ ルーフシュート ── Dimatix
```

図2 PZT動作モードの種類

剤などの工夫が必要
・ シリコンの動作周波数に近づくか
　⇒ 現状の有機半導体では 100 kHz 程度が限界と思
　　 われます．それ以上は CNT やグラフェンが期
　　 待されています．

5. PZT型インクジェットヘッドの種類

図1に吐出高度化に向けた PZT の使い方の例を示します．**図2**に PZT 動作モードの種類の例を示します．この他に，不吐出を軽減する「インク循環」などが提案されています．これについて少し経過を記述いたします．

2008 年ごろに英国・Xaar 社からノズル近傍でインクが循環する新しい構造のヘッドが発表されました．ヘッド内のインク経路中に泡が発生しても，インクが循環しているので速やかに排出され，泡がみによる不吐出が大幅に軽減されるものです．インクジェットの工法の懸念事項の，不吐出と詰まりを改善するのに効果が期待できます．なお，このヘッドは吐出体積補正が現状では困難です．

6. 液晶ディスプレー用配向膜等の膜形成

薄い均一膜の形成は他の印刷工法と比較してインクジェット工法が優位と思われます．薄い均一膜は低粘度インクを多点塗布すると均一化しやすく，重力で平坦化されやすいという特性を有効に使えます．他の印刷工法ではインク粘度がインクジェットより高く微小な凹凸が起きやすく，

ボトムゲート有機FET構造

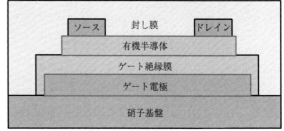

図3 ボトムゲート有機FETの構造

印刷版が必要など効率がよくない面もあります．なお，インクジェット工法では乾燥工程が最適化されていないと周辺部と中央部では厚みが異なるなどの弊害があるので乾燥プロセス制御が必須になります．これらが機能すれば配向膜以外の薄い膜にも効果があり，反射防止膜なども候補になりえると思います．また，今後は半導体向けフォトレジストなども有望な工法となりえると思われます．

7. 有機半導体 TFT などの構造体製作

有機半導体を使用した TFT（FET）回路による液晶駆動回路やセンサー回路などの開発報告が，多数だされています．海外ではプラスティックロジック社などが有機半導体による印刷工法で電子ペーパー駆動回路を製作するもくろみが実施されています．ただ，インクジェット工法などの全印刷プロセスで製作するのはまだ困難で，一部スピンコートやフォト工程が残るようです．低分子有機半導体を塗布後に結晶化する工法が印刷工法に最適化できていないことが課題で，ここで連続プロセスに中断が起きることになります．なお，最近，産総研[2]などはインクジェットによる有機半導体単結晶化の新しい工法を提案しています．また，東京大学・竹谷教授[3]などは DNTT を塗布後に結晶化する工法を提案しています．

なお，現状は**図3**に示す有機 FET 構造の，金属電極，ゲート絶縁膜，有機半導体等はインクジェット工法化の方向で進められそうです．FET 特性を向上する電極や絶縁膜の表面平坦度，印刷欠陥，乾燥プロセス，さらに塗布領域を区分けする撥水・親水パターンを形成するなど解決すべき課題も多いと思います．

有機 TFT の性能は，コンシューマ用途における期待値が 1 MHz 以上の動作ですが（AM ラジオを全印刷工法で製作できる周波数），現状は 100 kHz 程度であり，素子構造に縦型 FET の可否や材料の進化が期待されています．

8. ディスプレーアプリケーション

FPD 用アプリケーションには液晶モジュール部材の他に 1990 年ごろに英国 CDT 社から高分子有機 EL 発光体の開発報告がなされて以降，有機 EL テレビなどの EL 発光体をインクジェット工法で塗布する報告があります．真空成膜型有機 EL ディスプレーが低分子有機 EL 材料を使用

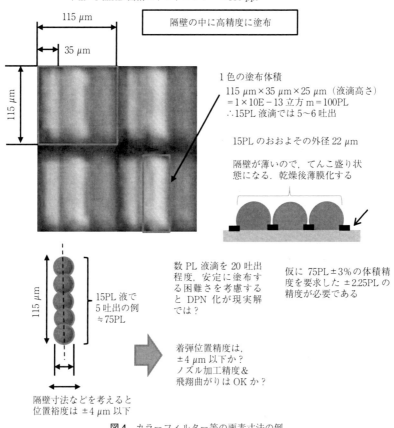

10 in FullHD 画素のドットピッチ　≒220 ppi
7 in FullHD 画素のドットピッチ　≒330 ppi

115 μm

35 μm

115 μm

隔壁の中に高精度に塗布

1色の塗布体積
115 μm×35 μm×25 μm（液滴高さ）
=1×10E−13 立方 m=100PL
∴15PL 液滴では 5〜6 吐出

15PL のおおよその外径 22 μm

隔壁が薄いので，てんこ盛り状態になる．乾燥後薄膜化する

115 μm

15PL 液で
5 吐出の例
≒75PL

数 PL 液滴を 20 吐出程度，安定に塗布する困難さを考慮すると DPN 化が現実解では？

仮に 75PL±3%の体積精度を要求した ±2.25PL の精度が必要である

着弾位置精度は，
±4 μm 以下か？
ノズル加工精度&
飛翔曲がりは OK か？

隔壁寸法などを考えると
位置裕度は ±4 μm 以下

図 4　カラーフィルター等の画素寸法の例

し，小型パネルで躍進しているのですが，蒸着マスクの熱膨張などの課題で大型パネルで苦戦している現状から，大型パネルが製作可能なインクジェット工法が期待されていると思われます．液晶用カラーフィルターをインクジェット工法で作成した経緯などから，インクジェット塗布で製作する基本的な考え方は確立されていると思われます．ブラックマトリクス（BM：隔壁）の撥水・親水制御を最適化すればコーヒーリング現象が起きにくいという材料メーカーの報告があり，課題の幾つかは解決方向にあると思います．残っているのは，①一定量を正しく隔壁セルの中に塗布する技術（色むら輝度むら低減），②サテライト等で飛散するインクを極少にする技術（塗布面内の素子が不要な短絡を起こす現象の低減），③不吐出を極少にした画素欠陥を大幅に減らす技術（発光しない画素を減らす），④乾燥プロセスの最適化，⑤インク着弾位置精度を画素サイズに合わせて高性能化する技術などで，インクジェット吐出制御にかかわるのは，①②③などであります．これらについては[4]新しい提案がなされています．数年以内に実用域に達するものと思われます．また，**図 4** にカラーフィルター等における画素関係を示します．

9.　有機 EL 照明等

有機 EL 照明は，早くから開発がなされ低分子・燐光発光体を真空成膜にて，RGB の順番に積層する構造（タンデム構造）が主流であります．その積層数は 20 層に近いものです．なお，最下層の色（通常，赤色）は上の G 層・B 層を透過して前面に出てくるので 30% 程度のロスがあるようです．その量の高輝度が要求されています．塗付工法を用いた RGB 積層構造では，各層の薄さ（50 nm 前後）の他に，各層を溶剤で溶かして塗布するため，すでに塗布された層の上に新しい層を塗布すると，前の層が溶けて特性が劣化する現象が起きる症状があります．真空成膜では成膜と同じに固化（結晶化）するので課題にならないのですが，インクジェットやコータによる塗布では大きな課題になっています．最近，RGB をストライプ状に塗り分けて，各色の挿入ロスを低減する構造が提案されています．1 色当たりの層数は 3〜4 層であり塗布工法が簡略化される期待があります．なお，塗布工法が基本的な課題としてもっている乾燥プロセスの最適化をはかる必要があります．各色間に塗布混色を避けるには隔壁が必要になるため，発光面積が相対的に減少し全体として明るさが悪くなる傾向にありますが，塗付工法には最適な構造であり，安

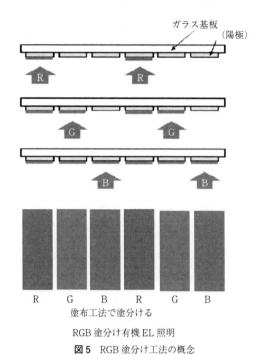

図5 RGB塗分け工法の概念

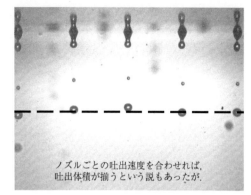

図6 インク飛翔観測の例

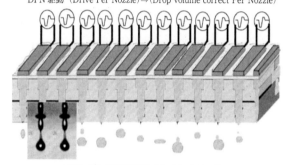

DPN駆動（Drive Per Nozzle）⇒（Drop volume correct Per Nozzle）

ノズルごとの吐出体積バラツキイメージ

図7 ヘッド内部PZT間の吐出バラツキ概念

価な製造ができると注目されています．なお，材料に①高分子材料，②低分子・燐光材料を使うかなどで，塗布工法と固化（結晶化）・乾燥工程が異なってきます．筆者は，本命は高分子材料とインクジェット工法と考えています．

　有機EL発光体は，長らく米国特許が優位でありましたが，高価な燐光材料を必要としない高分子系発光材料で国産特許も提案されており，今後に期待できるものです．

10. インクジェット吐出体積を安定化するDPN技術

　近年，インクジェット技術をディスプレーパネルや部材の製造などに応用する取り組みが進んできています．液体を「必要な箇所に必要な量だけ非接触で塗布できる」という特徴がパネル製造の低コスト化要求に応えられると考えられています．実現にあたって要求されるポイントは

　① 吐出液滴の体積バラツキを1%程度に抑える
　② 画素サイズの要求に合った着弾位置精度
　③ ヘッド部材のインク溶剤への耐性

等であります．**図6**にインク飛翔観測の例を，**図7**にヘッド内部PZT間の吐出バラツキ概念を示します．①，②について，15年ほど前からDPN（Drive per Nozzle）技術が提案され，幾つかの報告があります．インクジェットヘッドの製造プロセスの要因で，ノズルごとのインク吐出量のバラツキは20%程度存在します．このノズルごとの吐出量バラツキは，塗布後の膜厚バラツキに直接結び付き，そのまま色ムラや輝度ムラ・画素欠陥につながってきます．このノズルごとの吐出量バラツキを制御することがディスプレーをはじめとするプリンテッドエレクトロニクスの精度向上に不可欠の技術であります．同時にインク液

滴のサテライトをなくす効果もあり，配線ショートなどの不要な塗布欠陥を低減できます．

　ノズルごとの吐出量を制御するには，ノズルごとのPZT駆動波形を個別に調整する必要があります（Drive Per Nozzle）．パネル製造側からの要求は，ノズル間体積バラツキは±1%でありますが，従来は計測系画素分解能1 μm程度の液滴飛翔観測装置で25 μm径のインク液滴を計測していたため十分な計測精度が得られませんでした．最近，計測系の画素分解能が0.1 μm程度の飛翔観測装置が発表され，インク液滴体積を±1%で計測できるようになりました．これによってDPN技術と組み合わせて，インク液滴体積バラツキ±1%が現実のものとなってきました．また，DPN制御を最適化することによって，着弾位置精度やメニスカス不敵による泡がみも低減でき，実施効果が大きいものになってきました．

参 考 文 献

1) https://www.jstage.jst.go.jp/article/jjspe/78/8/78_674/_pdf
2) http://www.aist.go.jp/aist_j/aistinfo/aist_today/vol12_01/p17.html
3) http://www.organicel.k.u-tokyo.ac.jp/projects/
4) http://www.y-drive.biz/

はじめての 精密工学

精密工学を応用したバイオデバイス製作

Bio-device Fabrication by Precision Engineering/Takeshi HATSUZAWA and Yasuko YANAGIDA

東京工業大学　精密工学研究所　初澤　毅，柳田保子

1. はじめに

バイオデバイスは人工臓器から医療診断・ライフサイエンス用バイオチップを含む広範な技術分野であるが，ここでは後者に属するデバイスやバイオ応用加工法について，基本的な製作技術とその応用を紹介することとしたい．このようなデバイス作製の基本技術は，半導体デバイス製作の際に用いられるリソグラフィー，成膜，エッチング技術を中核とするが，細胞や微生物を扱う場合，光学顕微鏡での観察容易性，培養への生体毒性など，バイオ特有の制約条件が加わる場合が多い．以下，バイオチップなどを作製する場合について，おおまかな製作プロセスを見てみよう．

2. 製作手法とプロセス

バイオチップの製作プロセスは，量産ではプラスチック材料を用いた射出成型，エンボス加工などが多用されるが，試作レベルではリソグラフィーが主流で，一部精密機械加工などが用いられる．さらに微細な構造が必要な場合は，粒子・分子の自己整合配列現象なども応用される．

2.1 リソグラフィー

バイオチップで用いられる寸法は mm～数百 nm レベルであり，リソグラフィーは広い面積を一括製作できるため幅広く導入されている．バイオ系チップでは培地などの液体中の細胞や微生物を取り扱うため，チップ上に流路の作製が必要不可欠である．このため通常のリソグラフィーによる薄膜構造に加えて，深さ方向への展開のために他の加工方法を併用する場合があり，数十 μm～数百 μm の厚膜レジストやソフトリソグラフィーなどが用いられる（**図1**）．このようなチップで表面をカバーする閉流路構造を必要とする場合，スライドグラスのような平板で全体を覆いフランジ様の治具で固定する．適当な薄膜やシール材を介在させて漏れを防ぐ場合もある．

一方，ソフトリソグラフィーは機械加工や通常のリソグラフィーにより流路の母型を造り，柔性材料に形状を転写し基板をカバーする手法で，従来加工ではキャスティング（鋳造）の範疇に属する（**図2**）．材料にはシリコンゴムの一種でありガラスと密着性がある PDMS（Poly-DiMethyl Siloxane）が使用される．この材料は，ガラスへの密着性がよい，可視光領域の吸収が少ない，生体親和性があるなどの理由でバイオチップでは好んで用いられている．

2.2 機械加工

射出成型やエンボス加工などは材料に熱や圧力を加え，薄型の形状を転写するが，母型を必要とする点で上記のソフトリソグラフィーと同様の手法である．親水性や密着性などについて，離形した後の表面性状が元の材料と異なる場合があるが，通常，酸素プラズマで短時間表面処理を行うことによりバイオデバイスに適した性質に改良する．

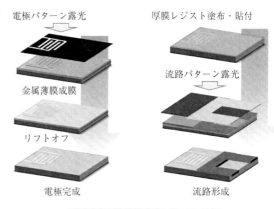

図1 典型的なリソグラフィー応用例（弾性表面波（SAW）による細胞選別デバイス[1]）．金属薄膜を形成した後，流路部分を厚膜レジストで形成．

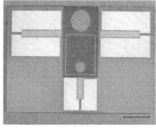

図2 ソフトリソグラフィーの概念図

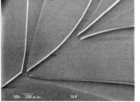

図3 幅100 μm の流路加工の例[2]. アクリル板にフライスで十字路を形成したもので底部にカッターマークが見える. 左は合成石英基板にフォトリソ+エッチングで流路を形成.

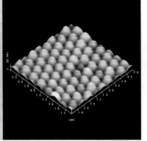

図4 直径200 nm の微粒子懸濁液をシリコンウェハ上で乾燥させると六方細密構造が自然に形成される. 構造に光を当てると格子ピッチに依存した干渉色が観察される[3].

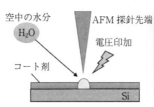
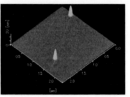

図5 AFM によるナノドット形成原理とシリコン基板上に形成したナノドットへの DNA 固定例

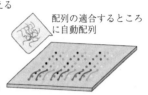

図6 DNA の塩基配列を継手形状識別に応用した自己認識配線技術の原理

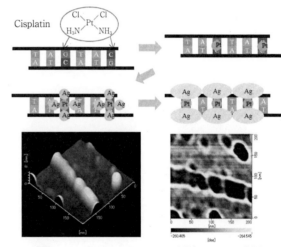

図7 シスプラチンによるメッキ原理と DNA めっき例

一方精密工作機械の位置決め精度, 加工精度の向上とともに刃物自体の性能も向上しており, フライス加工などにより流路や液溜めなどを形成することが可能である. ただしカッターマークがつく場合があり, 表面粗さが実験パラメーターに影響を及ぼす場合は注意が必要である (図3).

2.3 粒子の自己整合配列

物理・化学現象を上手に使った加工法にも種々のものがあるが, ここでは表面張力による自己配列の例を示そう. 球状微粒子の懸濁液を乾燥させていくと, 粒子間に存在する液体のメニスカス引力により粒子同士が接近するが, この力はどの方向にも等しい大きさで働くため, 最終的に平面的な六方細密構造を形成する (図4). 粒子濃度や乾燥時間を調整して, 立体的な六方細密構造も形成可能である.

3. バイオデバイスの製作例

3.1 DNA によるナノワイヤ形成

電子デバイス作製における光リソグラフィーは, 光学的な限界といわれてきたサブ μm 領域を突破し, 10 nm 台に突入した. 一方で微細パターンに対応する多重マスク設計法や露光装置の高額化など, 技術的, 経済的な限界点が迫りつつある. このような問題を解決する一つの手法として, 生体高分子物質である DNA をナノワイヤとして電子配線に活用しようという研究がなされている. DNA 自身は遺伝情報物資として有名であるが, 直径2 nm の紐状物質で, 塩基配列に相手を選ぶ自己選択機能があるなど, ナノ材料としての優れた特徴をもっている. DNA オリガミ[4]などの自己整合構造はこの好例である.

DNA をワイヤとして用いるためには,
1) DNA 固定のための足場形成
2) DNA の所定位置への固定
3) DNA への導電性付与
等が基本技術として必要である. 足場の形成は原子間力顕微鏡 (AFM) や電子ビームリソグラフィーを用いたナノドットリソグラフィーが用いられる. 例えば AFM 探針に電圧をかけ空気中の水分によりシリコン基板を陽極酸化すると, ナノドットを造ることができ, これを DNA 固定の足場とする (図5).

またナノドットへの DNA 断片の固定は各種の化学的結合が用いられ, 代表的なものに, 金-チオール (硫黄) 結合, アビジン-ビオチン結合などがあげられる. この際, DNA の断片形状を工夫しておくと, 塩基配列の適合したもの同士を選択的に結合することができる. そこで塩基配列を適宜設定することにより継手形状を変え, ナノドット

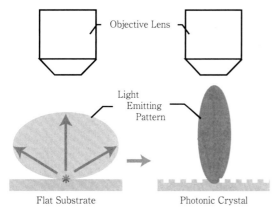

図8 フォトニック結晶による面内全反射光の放出概念図[6]

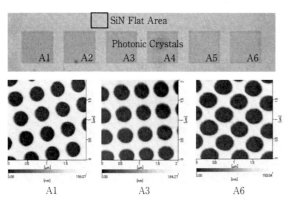

図9 フォトニック結晶パターンの透過観察画像と原子間力顕微鏡観察像[6]

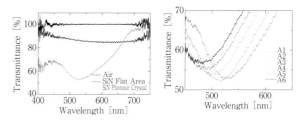

図10 フォトニック結晶表面の原子間力顕微鏡観察像と透過スペクトル計測結果[6]

に固定する短 DNA と配線の長 DNA がうまく接合するように設定しておけば，配線自身に結合場所を自己認識する機能をもたせることができる（**図6**）．

また DNA ワイヤの導電性を確保するためのめっき技術として抗がん剤シスプラチンを用いた手法がある（**図7**）．これは白金由来のシスプラチンが DNA の GC 結合に特異的に結合するため，DNA 鎖中で白金を還元することにより触媒としての機能をもたせ，銀を DNA 周辺で還元，析出させる手法である[5]．

3.2 フォトニック結晶による蛍光高輝度化チップ

生体高分子の分析手法として，蛍光測定が広く行われている．蛍光測定の高感度化や装置の簡易化のための手法のひとつとして，フォトニック結晶を用いて光学観測系を改良することによる蛍光の高輝度化について紹介する．

フォトニック結晶とは周期的な誘電率分布をもつ構造体である．基板表面にフォトニック結晶が存在すると，励起された蛍光体は全方位に蛍光を発するため，一部は基板に入射し，側面方向への入射角の大きいものが全反射により基板内部に導波する．回折格子を製作し基板内部での全反射を減少させることで，受光素子に観測される光量の増加が見込まれる（**図8**）．

フォトニック結晶の製作には電子線描画とドライエッチングプロセスが用いられる．電子線描画におけるドーズ量の増加に伴って円孔直径の拡大が可能である．基板として無アルカリガラス上にシリコンナイトライドを CVD プロセスにより成膜し，電子線ドーズ量を 1.0 s（パターンA1）から 0.1 s 刻みで増加させ，1.5 s（A6）までの6パターンを描画した（**図9**）．透過観察画像ならびに原子間力顕微鏡により，周期性の高い正方格子ホールアレイが形成されていることがわかる[6]．

光学顕微鏡のカメラ鏡筒にファイバプローブを接続し，小型分光器にて分光スペクトルの取得を行うことで，フォトニック結晶を作製した部分と，作製していない部分（SiN Flat Area と表記）との透過率を比較したところ，フォトニック結晶のエリアでは有意な透過率変化があり，透過率の低下ピーク（ディップ）が示された．また円孔直径の異なる A1 から A6 までのパターン間（**図10**）の透過率ディップの変化を計測したところ，パターン A1 でのディップ波長が 530 nm，パターン A6 でのディップ波長が 481 nm と，構造体サイズが小さくなるとともに，ディップ波長も 49 nm 短波長側へと移動することを確認している[6]．

3.3 誘電泳動による細胞個別配置

半導体デバイス作製技術を用いて細胞解析装置をチップ・デバイス化することにより，薬剤や環境ホルモンなどのスクリーニングのハイスループット化に役立てることができる．また，生体を構成する組織構造などの機能解析のために，誘電泳動により細胞を個別に一定間隔で配置し，細胞ネットワークの再構築を促進する手法が検討されている．これは，不均一な電界下において細胞が電界の強い方，あるいは弱い方に駆動される現象であり，電極の形状や大きさ，電圧の印加方法などによって，種々の細胞分離や，任意の場所への駆動が可能である．さらに，誘電泳動によって細胞が配置される場所に，細胞を固定化するための穴構造をもつマイクロチャンバを作製することで，誘電泳動の電界を取り除いた後も，細胞を保持，培養することができる（**図11**）．

誘電泳動用電極の作製には，生体適合性があり，細胞毒性が低いことが知られているチタン（Ti）を用いている．RF スパッタ装置を用いリフトオフ加工によってガラス基板上に Ti 電極を，櫛歯が向かい合うように設計している．細胞は負の誘電泳動により電界の弱い櫛歯の間に移動し，SU-8 によって作られた約 25 μm のマイクロチャンバ

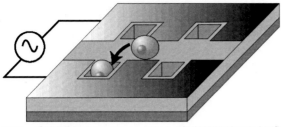

図11 誘電泳動とマイクロチャンバによる細胞配置固定の概念図[7]

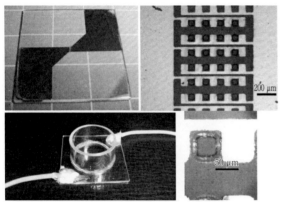

図12 誘電泳動用電極と細胞培養チャンバ

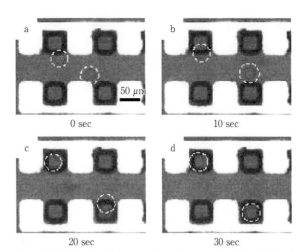

図13 誘電泳動による細胞のマイクロチャンバへの導入．誘電泳動
開始前（左上），10秒（右上），20秒（左下），30秒（右下）．
細胞を白い丸内に示す[7]．

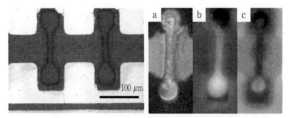

図14 N1E-115細胞の個別配置と分化誘導[8]

に収まることで保持され，培養される．このデバイス上に
細胞溶液を入れるためのガラスリングと通電用の導線を固
定している[7]（図12）．

　電圧の供給にはファンクションジェネレータ，増幅に高
周波バイポーラ電源を用い，顕微鏡にて観察を行う．細胞
懸濁液をガラスリング内に入れ，細胞がデバイス表面に沈
降した後に交流電圧を加えると，マイクロチャンバ付近に
ある細胞が，誘電泳動によって移動し，チャンバ内に配
置・保持される[7]（図13）．

　細胞を配置しているマイクロチャンバ間をマイクロチャ
ネルで接続することで，チャネルを通じて二つの細胞間ネ
ットワークを形成することができる．マウス由来神経芽細
胞腫であるN1E-115細胞を，誘電泳動によりマイクロチ
ャンバ内に移動・保持し，神経細胞様の形態へと分化誘導
したところ，一方のマイクロチャンバからマイクロチャネ
ルを通って隣あうチャンバへと，突起形状の細胞体が伸長
することを確認している[8]（図14）．

4. ま　と　め

　バイオチップ製作法に用いられる手法を概観するととも
に，製作例について示した．試作レベルでは加工寸法や加
工精度によりさまざまな精密機械加工技術が用いられてい
るとともに，機械技術者が忘れがちな材料の生体親和性，
化学的特性も重要な設計指標として盛り込む必要がある．
とりわけナノ領域では加工技術というよりも物理・化学現
象そのものを応用する場合もあり，機械加工分野に留まら

ない幅広い視点が必要であろう．

参 考 文 献

1) T. Hatsuzawa and Y. Yanagida：A SAW-Actuated Microfluidic Device for Cell Drive and Capture, B15, The 14th International Conference on Mechatoronics Technology (ICMT2010), Osaka, Japan (2010).

2) T. Nisisako and T. Hatsuzawa：A Microfluidic Cross-flowing Emulsion Generator for Producing Biphasic Droplets and Anisotropically Shaped Polymer Particles, Microfluidics and Nanofluidics, 9, 2-3 (2009) 427-437.

3) 遠藤達郎，龍野功幸，柳田保子，初澤毅，：アセトアルデヒド化合物検出用プラズモニック化学センサの開発，電気学会論文誌E, 133, 12 (2013) 373-374.

4) P.W.K. Rothemund：Folding DNA to Create Nanoscale Shapes and Patterns, Nature, 440 (2006) 297-302.

5) J. Hatayama, Y. Yanagida and T. Hatsuzawa：DNA Nanowire Alignment Device Using Meniscus Level Control, ASPEN2013, 112/1296, Taipei (2013) 124.

6) 今井泰徳，遠藤達郎，北翔太，柳田保子，馬場俊彦，初澤毅：フォトニック結晶を用いた蛍光高輝度化チップの作製，2011年度精密工学会秋季大会学術講演会論文集，H69.

7) 田中靖紘，柳田保子，初澤毅：細胞ネットワーク構築デバイスの作製—マイクロチャンバによる細胞保持と培養—，2008年精密工学会春季大会学術講演会講演論文集，G37.

8) Y. Tanaka, T. Endo, Y. Yanagida and T. Hatsuzawa：Design and Fabrication of a Dielectrophoresis-based Cell-positioning and Cell-culture Device for Construction of Cell Networks, Microchemical Journal, 91 (2009) 232-238.

はじめての 精密工学

振動切削─基礎と応用

Vibration Cutting—Fundamentals and Application/Eiji SHAMOTO

名古屋大学　大学院工学研究科　機械理工学専攻　**社本英二**

1. は じ め に

近年，国内での産業空洞化の傾向に伴い，従来技術では加工が困難な難削材料または難削形状の精密・微細加工の必要性，さらにその高能率化・コストダウンの要求が高まっている．振動切削は，それらに応える重要な手法の一つとして認識され，実用に供されている．その実用は，すでに数十年の長い期間にわたり，主に難削材料や難削形状の加工に利用されている．これは，工具と被削材の間に微小な振動を付加して切削を行うことによって，主に，切削抵抗や工具摩耗が大幅に減少する効果があるためである．しかし，低い切削速度等の欠点もあり，その長所と短所を正しく理解しないで応用することによるトラブルも多いようである．

本稿では，その正しい理解を目的として，まず一方向の振動を利用する従来手法の原理と装置，加工事例について解説する．そして次に，金型の超精密・微細加工を中心に実用化が始まっている楕円振動切削の原理および装置，加工事例について紹介する．

2. 一方向振動を利用する振動切削

2.1 一方向振動切削の原理

一方向の振動を利用する従来からの振動切削は，**図1**に示すように，振動を与える方向によって主分力方向，背分力方向，送り分力方向（切れ刃稜線方向）振動切削の3種類に分類される．この中で金属切削に多く利用されるのは主分力方向振動切削であり，特に精密な金属加工には他の方向の振動はほとんど利用されない．

この主分力方向振動切削では，見かけの切削速度より最大振動速度を大幅に高くすることによって，間欠的な切削を行うことが重要となる[1]．図に示されるように，わずかな時間と長さの切削を行った後，工具が被削材から離れる動作を繰り返すことにより，主に次の効果が得られると考えられている．

まず，時間的に平均して切削抵抗が大幅に減少する．切削中の瞬間的な切削抵抗が減少しないとしても，例えば見かけの10分の1の時間しか切削していなければ，平均切削抵抗は10分の1に減少する（実際には弾性変形があってそこまでは減少しない）．振動周波数が，機械構造の応答し得ない高周波であれば，原理的に10分の1程度しか

変形を生じない．例えば，細長い円筒や薄板等の低剛性構造に適用すれば，その変形や強制振動，びびり振動を抑制して精密な加工を実現することができる．

次に，工具が被削材から極短時間の間隔で離れることにより，工具の熱化学的摩耗を抑制する効果があると考えられている．この効果は，鋭利な刃先をもつ単結晶ダイヤモンド工具を鋼の精密加工に適用した場合に顕著であり，よく知られている[1,2]．工具と切りくずが接触する界面は，非常に高温になるだけでなく，被削材側の表面は分離したばかりの新生面であり，熱化学的に極めて活性である．このため，圧倒的に硬いはずのダイヤモンドも鋼に対して熱化学的に摩耗すると考えられている．これに対して，間欠的な主分力方向振動切削では，わずかな時間と長さの切削を行う以外，主に工具と切りくずは離れている．この間に，発生した熱が伝導・伝達し，また周囲の大気や切削油剤が侵入することで新生面が汚され，熱化学的な摩耗を大幅に抑制するものと思われる．

この他，ここでは詳述しないが，脆性材料（ガラスや単結晶材料，焼結材料）に対して延性モードでの切削領域を拡大する効果があることも報告されている[3]．

しかし，主分力方向振動切削では，振動方向と切削方向の間の調整が実用上の大きな問題となる．**図2**に示すように，工具が切りくずから離れて後退する際，もし逃げ面が仕上げ面に擦ると逃げ面に引張り応力が発生して切れ刃に欠損を生じやすい．特に精密加工に用いられる鋭利なダイヤモンド工具は，高脆性であるだけでなく，高価でもあるため，大きな問題となる．この問題を避けるため，一般に振動方向をわずかに背分力方向に傾け，工具が切りくずから離れる際に仕上げ面からも離れるように調整することが重要である．しかし，傾けすぎると仕上げ面が鋸刃状となり，精密加工を達成できない．このため，これらの妥協点を見いだす調整が必要であるが，容易ではない．後述するように，一般的な振動装置では超音波領域の共振を利用して高周波数の高速振動を実現する．その振動方向は，微妙な重量バランスや接合状態で変化し，振動装置を見てもその正確な振動方向が分からないばかりか，インサート工具の交換によっても若干振動方向が変化してしまう．さらに，自由曲面加工や非円形旋削等に応用する場合には，切削方向が変化するため，事実上調整不可能となる．

なお，背分力方向の振動切削も条件によって間欠切削の

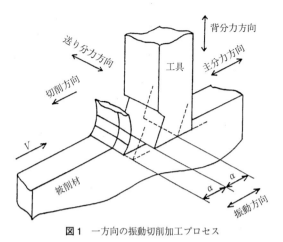

図1 一方向の振動切削加工プロセス

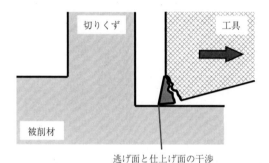

図2 主分力方向振動切削における工具欠損の問題

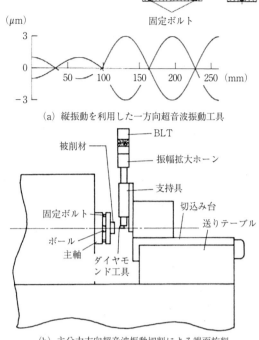

（a）縦振動を利用した一方向超音波振動工具

（b）主分力方向超音波振動切削による端面旋削

図3 一方向振動を利用する振動切削装置の例[2]

（a）ステンレス鋼の加工面（左：切削距離 200 m，右：1600 m）

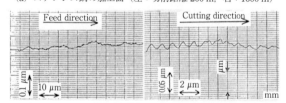

（b）焼入れ鋼加工面の断面曲線（左：送り方向，右：切削方向）
図4 ステンレス鋼と焼入れ鋼に対する主分力方向超音波振動切削[2]

効果を有するが，鋸刃状仕上げ面が不可避であるため，ドリル加工のようにその方向に仕上げ面が残らないプロセスに適用されることが多い．また，送り分力方向振動切削は，引き切り（傾斜切削）による切削抵抗減少の効果を有するが，切削エネルギ（摩擦発熱）は増大する傾向となる[4]こと，また三次元切削では背分力方向振動切削と混合することが多いため，高硬度材にはあまり適用されない．

2.2 一方向振動切削の装置と加工事例

工具に対して超音波領域（40 kHz）の縦振動を主分力方向に付加して振動切削を行う装置例[2]を**図3**に示す．図3（a）に示すように，ボルト締めランジュバン型振動子（BLT）に振幅拡大用ホーンを結合した共振系が多く利用される．図3（b）は，この振動工具を超精密旋盤に搭載して端面旋削を行っている様子を示している．この例では，振動工具が長いためにすくい面を下に向けて加工が行われている．

図4は，上記の超音波振動装置と超精密旋盤を用いてステンレス鋼のダイヤモンド切削を行った例である．振動を付加しない通常切削では急速な工具摩耗のために鏡面を得ることはできないが，振動切削を行うことで工具寿命が数桁長くなり，鋼に対する超精密切削が可能となる[2]．図に示すように，切削距離1000 m以上まで最大高さ70 nm Rz以下の鏡面が得られている．

一方，前述の方向調整以外に，振動切削全般の欠点として低切削速度が挙げられる．旋削加工では毎分数百メートルの切削速度が一般的であるが，振動切削では毎分数メー

トルの切削速度に制限されることが多い．主分力方向振動切削では，前節で述べたように，間欠的な切削を行うためである．最大振動速度は，振動子の疲労強度等によって限界が存在する．したがって，その最大振動速度に対して切削速度を大幅に低く抑える必要があり，低い切削速度に制限されている．

3. 楕円振動切削

3.1 楕円振動切削の原理[5]

楕円振動切削とは，**図5**に示すように，工具と被削材の間に楕円振動（位相の異なる二方向の振動，円振動を含む）を付加して加工を行う方法である．通常の切削では，工具は切りくずの流出を妨げるように，被削材を左下方向（図5）に向かって押しながら切りくずを生成する．これに対して本手法では，主に被削材を左上方向（図5）に向かって押し上げながら切りくず生成を行い，その後離れた状態で下へ戻る動作を繰り返す．このため，通常の場合よりも極端に上向きにせん断変形が生じ，切りくずが大幅に薄くなる．すなわち，被削材をせん断しなければならない面積が大幅に減少し，飛躍的に切削抵抗が減少する．また，間欠切削によって得られる効果は，前述の主分力方向振動切削と同様である．

以上の根本的な被削性の改善と，間欠切削の効果が組み合わされることで，従来の主分力方向振動切削に比べてより大きな諸効果（切削抵抗や工具摩耗の低減，脆性材料の延性モード加工領域の拡大[3]等）を得ることができる．さらに，従来の主分力方向振動切削で実用上の重要な問題であった振動方向の調整が，楕円振動切削では原理的に不要となる．その代わりに，楕円の底の軌跡が仕上げ面に転写されて残ることとなる．しかし，前述の切削速度の制限（毎分数メートル）以下で加工することを前提とすれば，この粗さを数十ナノメートルオーダーに抑えて鏡面加工を達成することは容易である．他方，大きな妨げであった振動方向の調整が不要となり，切削方向が変化する自由曲面加工や非円形旋削が可能となる利点は実用上極めて大きい．

3.2 楕円振動切削の装置と加工事例[3][6]

産学共同研究（多賀電気(株)，(株)アライドマテリアル，名古屋大学を含む戦略的基盤技術高度化支援事業）によって実用化された超音波楕円振動工具を**図6**に示す．本装置は，軸振動（図の鉛直方向）とたわみ振動（図の切削方向）の異なる2つの共振モードを同時に励起するボルト締めランジュバン型振動子と，振幅拡大用ホーンとを一体化した共振系として設計されている．ここで，発生する超音波楕円振動軌跡が切削力などによって変形すると，形状精度や仕上げ面粗さの悪化をもたらす．このため，共振状態の楕円振動軌跡を超精密に安定化する制御システムも同時開発されている．図6は，開発した超音波楕円振動工具を超精密切削加工機（(株)ナガセインテグレックス製NIC-300）に組み込んだ例を示している．

図7は，焼入れ後の金型鋼（HRC53）に対して超精密微細加工を行った例である．ここでは，液晶ディスプレイ用導光板の金型を想定し，多数の浅い三角溝を加工している．溝形状と同じ形状の単結晶ダイヤモンド工具を用いてプレーナー加工を行い，刃先形状を転写することで，写真に示されるように良好な鏡面が得られている．$300 \mu m$ ピッチのシャープな溝形状が正確に転写されており，40 nm

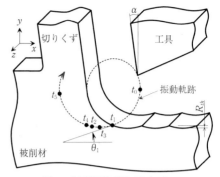

図5 楕円振動切削加工プロセス

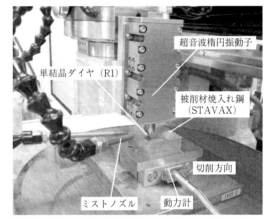

図6 超精密超音波楕円振動切削装置（多賀電気製 EL-50 Σ）と超精密加工機（ナガセインテグレックス製 NIC-300）による超精密プレーナー加工

Rz 程度の良好な仕上げ面性状が得られている．本事例のように，楕円振動切削加工では，従来の一方向振動切削と違って工具欠損や鋸刃状仕上げ面の問題を生じることなく，安定して超精密加工を実現することができる．このため，特に金型鋼への超精密・微細加工が必要な用途を中心に実用化が進んでいる．従来，研削・研磨の2工程で行われていた金型の仕上げ加工や，ニッケルリンめっき後にダイヤモンド切削を行っていた工程に対しても，楕円振動切削に置き換えることで大幅な工程（納期）短縮やコストダウン（例えば70%カット）等の技術革新が起きている．

3.3 振幅制御による微細加工法と加工事例[7]

金型表面に対して微細テクスチャなどの3次元的な微細加工を行う必要がある場合，エッチングでは形状に制約が多い．従来の切削では，FTS（Fast Tool Servo）を利用して高能率微細加工を実現することができるが，金型鋼の超精密ダイヤモンド切削に適用することができないなど，制約が多い．しかし，楕円振動切削を単純に従来のFTSと組み合わせると，振動装置の重量のために高速応答性を損なってしまう．

一方，上述したように，振動切削を超精密加工に適用する場合，振動軌跡を超精密に一定に保つ制御技術が必要になる．これを逆に利用し，**図8**に示すように，楕円振動

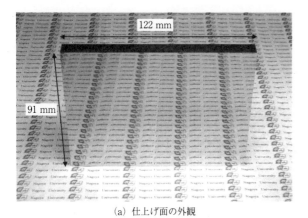

(a) 仕上げ面の外観

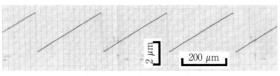

(b) 送り方向の断面曲線

図7 金型鋼の超精密微細加工例

[加工条件] 被削材：焼入れ鋼（SUS420J2），HRC53，切削条件：切込み 1 μm，送り 300 μm，切削速度 0.25 m/min，工具：単結晶ダイヤモンド，V 型 117°，すくい角 0°，振動：円軌跡，片振幅 3 μm
[測定結果] 最大粗さ：40 nm Rz

切削における振幅指令を一定値ではなく変動させることによって，高速の切込み制御を実現する技術が開発されている[7]．超精密加工機の動作（各軸の座標値）に同期して，あらかじめ設計された微細表面形状を指令値として振幅制御を行うことにより，例えば焼入れ後の金型鋼表面に 3 次元微細形状を加工することもできる．その例を**図9**に示す．本加工では，写真の濃淡情報を振幅指令値に変換し，プレーナー加工を行う加工機の機械座標値に同期して振幅制御を行うことで，超精密 3 次元ナノ影画を実現している．このように本手法を適用することで，金型表面に対して，ナノメートルオーダーの分解能で 3 次元的な超精密微細形状を彫り込むことが可能となる．将来的には設計段階で製品表面に任意の微細形状データを貼り付け，切削のみでその精密微細形状の金型を高能率に加工し，従来にない微細形状・表面機能等を有する製品を低コストで大量生産することが可能になるものと予想，期待される．

4. お わ り に

本稿で述べたように，振動切削は，旋削としては低い切削速度などの欠点をもつ半面，従来の加工法では達成し得なかった鋼の磨きレス鏡面加工や，薄肉等の難削形状の超精密微細切削を実現し得るなど，大きな特長を有している．今後，これらの長所と短所が理解され，さらに広い用途に本手法の実用化が進み，精密・微細加工技術の発展に寄与することを期待したい．

参 考 文 献

1) 隈部淳一郎：精密加工 振動切削—基礎と応用，実教出版，

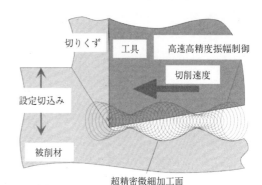

図8 楕円振動切削における振幅制御加工法

図9 金型表面に対する超精密 3 次元ナノ影画の例
上：外観写真，左下：微分干渉顕微鏡写真，右下：表面形状測定結果
[加工条件] 被削材：焼入れ鋼（SUS420J2），HRC53，64×48 mm，切削条件：切削速度 1 m/min，送り：20 μm，工具：単結晶ダイヤモンド，R1 mm，すくい角 0°，振動：切込み方向片振幅 1～2 μm，周波数 36.15 kHz，位相差 90°

(1979).

2) 森脇俊道，社本英二，井上健二：ステンレス鋼の超精密超音波振動切削加工の研究，精密工学会誌，**57**，11 (1991) 1983.

3) E. Shamoto, C.-X. Ma and T. Moriwaki : Ultraprecision Ductile Cutting of Glass by Applying Ultrasonic Elliptical Vibration Cutting, Proc. of 1st International Conference and General Meeting of the European Society for Precision Engineering and Nanotechnology, (1999) 408.

4) 社本英二：3 次元切削機構に関する研究（第 1 報）—傾斜切削プロセスの理解とベクトルによる定式化，精密工学会誌，**68**，3 (2002) 408.

5) 社本英二，森本祥之，森脇俊道：楕円振動切削加工法（第 1 報）—加工原理と基本特性，精密工学会誌，**62**，8 (1996) 1127.

6) 社本英二，鈴木教和：楕円振動切削加工法による超精密・微細金型加工技術，機械技術，**52**，13 (2004) 23-27.

7) N. Suzuki, H. Yokoi and E. Shamoto : Micro/nano Sculpturing of Hardened Steel by Controlling Vibration Amplitude in Elliptical Vibration Cutting, Precision Engineering, **35**，1 (2011) 44-50.

精密加工におけるインプロセス計測

In-process Monitoring in Precision Machining/Hayato YOSHIOKA

東京工業大学　吉岡勇人

1. は じ め に

製造現場において，生産効率の向上，歩留まりの向上，製造コスト削減は常に存在する要求であり，各現場ではこれらの改善に対して工夫を行っている．製品の性能を保証するためには製造後の全数検査が理想的であるが，全数検査は多大は時間とコストを要することから，受注生産品や特注品を除いて現実的には行われない．多くの場合は製造品の一部を定期的に検査する抜き取り検査を行うが，不良品混入の可能性が残るとともに，例えば工具摩耗など加工品質の低下を招く因子の発見は遅れ，不良品をある程度生産することになり無駄が生じる．そのため，工具などの消耗品は許容できる摩耗量まで使用せず余裕を確保するために早期交換することとなり，別の意味で無駄が生じてしまう．このような状況に対して有効と考えられるのが，インプロセス計測である．インプロセス計測は文字通り加工プロセス中に計測を同時に行うものであり，加工品質や異常監視などをリアルタイムで行うことができる．

本稿では，主に精密機械加工を想定したインプロセス計測の特徴を述べたあと，研究事例および実用化の事例を紹介する．

2. インプロセス計測の位置付け

インプロセス計測の本質的な役割は，従来から作業者が五感を用いて行ってきたことを自動化した機械システムにおいて実現することである．例えば，従来の汎用旋盤による加工を考えた場合，作業者が常に機械の前で操作を行いながら，目，鼻，耳，手から得られる情報を基に加工が正常に行われているかどうかの判断をインプロセスで行っていた．しかし自動化された生産ラインや NC 工作機械は，あらかじめプログラムされた動作を単純に実行するだけであり，加工品質の判断や異常状態の検知に対しては新たなセンサ系や情報処理を追加しなくてはならない．図1 はインプロセス計測機能を用いた自律加工制御システムの概念図である．大別して，加工状態情報の入力となるインプロセス計測機能，得られた情報をもとにデータベースを参照しながら状況を把握する判断機能，ならびに判断に基づいてフィードバックを行う加工制御機能から構成される．このようなシステムはインプロセス計測機能によって得た情報に基づいてその後の状態認識および加工へのフィードバックを行うため，システムの最も上流に位置する計測機能の役割が特に重要となる．なお，判断機能に関する信号処理については文献 1) にまとめられている．

次にインプロセス計測の特徴について述べる．ここでは例えばシャフト状の部品の製造を考えることとする．図2 に他の加工計測とインプロセス計測とを比較して示す．基本的な加工計測は図2 (a) に示すように，加工機によって加工された工作物をいったん取り外して測定機へと移動し，加工結果について測定および評価を行う．その後，評

図1　インプロセス計測機能を有する自律加工システムの概念

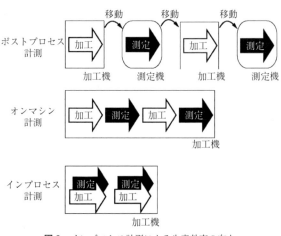

図2　インプロセス計測による生産効率の向上

価結果に基づいて再び加工機によって修正加工を行い，所望の寸法公差が満足されるまでこれらの工程を繰り返す．このような計測はポストプロセス計測と呼ばれる．この場合，加工したシャフト状の工作物を取り外し，外径測定機や三次元測定機などを用いてその直径を測定し目標寸法に対する評価を行う．複数の測定機を使用することで総合的な評価が可能である反面，工作物の移動時間が必要なこと，加工機への再取付け時にアライメント誤差が生じるなどのデメリットも生じる．これに対して図2（b）に示すように，加工後に工作物を取り外すことなく，加工機上に設置したセンサおよびプローブ等を用いて測定および評価を行い，その評価結果を修正加工に用いるオンマシン計測が挙げられる．シャフト加工の場合，工作物の回転を停止し，工作物が把持されたままマイクロメータなどを用いて外径を測定し，残りの削り代を計算し修正加工することに相当する．この場合，工作物の移動時間の削減，工作物の取り外しおよび再取付けに起因する誤差の排除などが可能である．さらにこれをさらに発展させ，図2（c）に示すように測定および評価を加工プロセスと同時に行うものがインプロセス計測である．したがって，広義にはインプロセス計測はオンマシン計測に含まれるが，加工を中断するか否かが大きな違いとなる．このように加工を止めることなく計測を同時に行うことでさらなる時間の短縮が可能となり，特に自動化され大量生産を行う製造ラインなどで大きなメリットを得ることができる．これは後述するように，加工中の回転する工作物の直径を電気マイクロメータ等を用いて測定し，要求される寸法公差に入った時点で加工を終了することに相当する．

またインプロセス計測は，工作物の加工結果の評価だけでなく，自動化システムの管理を目的としても採用される．すなわち，NC工作機械や自動化された生産システムにおける異常の検知や工具状態の監視など，安定して正常に生産システムを稼働させるための手段としての機能ももち合わせており，生産効率向上，ダウンタイム削減などに対して重要な役割を果たす．この場合には，寸法や粗さといった工作物の品質よりも，加工プロセスの正常性が主な監視対象となる．

3. 代表的な測定対象と測定方法

3.1 測定対象

前述したように，インプロセス計測の主な測定対象はその目的から，製造する工作物を対象とする品質管理に関する測定対象と，および加工現象や機械を対象とするプロセス管理に関する測定対象とに大きく分類できる．以下にその詳細を述べる．

品質管理に関する測定対象は，製造する工作物の幾何学的寸法あるいは表面粗さなど，最終的な性能（設計仕様）を直接的に測定する場合が挙げられる．代表的なものとして，工作物の直径，厚さ，段差，穴位置，表面粗さなどが挙げられる．これらの測定対象は品質管理のパラメータと

して管理が容易である反面，単純なものでなければインプロセス計測は困難な場合が多い．すなわち金型加工における三次元形状などをインプロセス計測することは一般に難しく，単一の物理量として定量的に測定できるものに限られる場合が多い．

前項の品質管理に関する測定対象は加工後（ポストプロセス）でも測定が可能であるのに対して，プロセス管理に関する対象はインプロセスでなければ測定できないものが多い．すなわち加工が正常に行われているかの判断を行うために，プロセスによって生じる加工力，加工熱，振動などの物理量を測定する．これらはいずれも製造する部品の性能に間接的に影響を及ぼすものが多く，例えば加工力や加工熱が増大してくれば工具摩耗などが進展している場合が多く，最終的には工作物の表面粗さなどが劣化するため，間接的にその監視を行っていると考えられる．同様に加工中の振動を測定することによってびびり振動の検出を行うことができ，結果として工具破損の予防や工作物表面の粗さなどを管理することが可能となる．プロセスに関する測定対象として切りくず形態なども挙げられるが，加工中に測定することが困難であるとともに加工後に測定することも可能であることから，インプロセス計測を行うことはまれである．

3.2 センサ系へ要求される特性

インプロセス計測では加工中にセンサやプローブを用いて測定を行うため，加工空間には一般に振動，熱，加工液，切りくず，ならびにモータノイズなど測定に対して外乱として作用する因子が多数存在している．したがって，インプロセス計測を行うためのセンサデバイスに対しては，以下の特性が特に要求される．

(1) 加工状態変化に対する出力応答性
(2) 外的作用によって影響を受けにくい堅牢性
(3) 温度変化や長時間使用に対する安定性
(4) 加工中の外乱に対する耐ノイズ性能
(5) 限られた加工空間に設置可能なコンパクト構造

各測定対象の測定に使用される代表的な測定方法を**表1**に示す．加工力や加工熱は，加工現象におけるもっとも基本的な物理量であり加工状態に関して多くの情報を含むと考えられることから，従来から数多くの検討がなされている．これらの出力は総じて信頼性も高く，機械システムへのフィードバックも比較的容易であることから重要な測定対象となっている．また振動やアコースティックエミッション（AE）の測定も比較的広く用いられており，工具と工作物との接触検知やびびり振動の検知に採用されている．画像を用いた計測に関しては加工液の飛散や切りくずの堆積などによって加工点付近の画像を得ることが難しい場合が多く，その適用は限定的となってしまう．全般的にこれらの測定方法については，センサ系の応答性や価格などは改善されているものの，その原理については従来からほとんど変化していない状態が続いており，考え得る原理および方法に基づくセンサはすべて検討され尽くしたとい

表 1　測定対象とその測定方法

測定対象	測定方法
加工力	切削動力計
	ひずみゲージ
	モータ電流
加工熱	熱電対
	工具-工作物熱電対
	サーミスタ
	赤外線カメラ
振動，アコースティックエミッション（AE）	圧電素子
	加速度計
	圧電フィルム
画像	ITV カメラ
	CCD カメラ
	赤外線カメラ
工具-工作物相対距離	電気マイクロメータ
	空気マイクロメータ
	超音波センサ
	静電容量式変位計
	渦電流式変位計
加工面精度	触針式粗さ計
	レーザ干渉計
	レーザスペックル法
	光ファイバセンサ

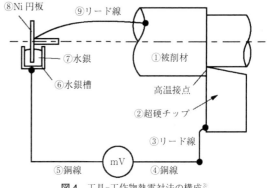

図 4　工具-工作物熱電対法の構成[3]

⑧Ni 円板　⑨リード線　⑦水銀　⑥水銀槽　①被削材　高温接点　②超硬チップ　③リード線　⑤銅線　mV　④銅線

図 3　水晶圧電式多軸力センサ

う指摘もある[2].

切削力を測定する代表的なセンサとして，**図 3** に示すような水晶圧電式の力センサが挙げられる．水晶の圧電効果を用いて外力を電荷へと変換することで力の測定を行う原理であり，高剛性，高応答，堅牢構造などの特徴を有していることから加工環境における力測定に適している．複数の水晶を内部に適切に配置することによって主分力，背分力，送り分力などの多軸測定が可能である．しかし価格が比較的高価であることから主に研究用途が多く，実際の製造ラインへ広く採用されるには至っていない.

4.　インプロセス計測の事例

4.1　研究事例

従来から関連する研究は数多く報告されているため，ここではごく一部のみ紹介する.

代表的なものに加工点の温度測定がある．一般に温度計測を行う場合，測定したい点に温度センサを設置する方法が基本であるが，加工点温度の計測では**図 4** に示すよう

な方法がある．これは一般に工具と工作物は異なる材料である点に着目し，加工点を 2 種類の材料の接点と考えることで工具および工作物を熱電対材料として用いて温度測定を行うものである．加工プロセスの特性に着目したシンプルな原理であるが，信頼性高く測定する場合には，熱起電力の出力の校正，接点（加工点）以外のまわり込み電流の絶縁，冷接点温度の一定化など，留意する点も多い．ほかには熱的挙動は発生源である加工点から離れるほど測定することが難しくなるため，微細化したセンサを工具刃先近傍へ設置して温度測定を行うマイクロセンサも報告されている[4].

また加工点から生じるアコースティックエミッション（AE）を測定対象とした研究も多く報告されている．AE は工作物または工具の破壊，摩擦などによって生じる物体中を伝播する音響信号で，周波数帯域が数百 kHz から数 MHz に達するため，機械構造の固有振動数などの影響を受けにくい測定が可能である．研削盤などにおける砥石と工作物との接触検知などにも利用されている．また**図 5**はドリル加工における穴あけ回数と AE 信号強度の関係を示しており，折損直前に急激に上昇する傾向からドリル折損予知が可能であると報告されている．AE 信号計測における注意点は，高い周波数に対応した計測系が必要であること，軸受部の摩擦などに起因する加工点以外から発生する AE も検出してしまうことなどが挙げられる.

また近年の制御技術の発展により，加工中の力測定にセンサを用いることなくインプロセス計測を行うセンサレスモニタリングの研究が報告されている．これは制御理論における外乱オブザーバを工作機械の送り駆動軸へ応用したもので，限られた加工空間に力センサを設置することなくモータ出力（あるいは出力指令値）および変位センサ出力を用いてシステムモデルを基に加工力（外力）を推定する手法である．**図 6** は精密直動位置決めテーブルにセンサレスモニタリングシステムを組み込んだ出力であり，加工中の切削液の有無が認識できていることがわかる[6]．その応答性や分解能などについては力センサに劣るものの，優れた静的精度，加工系の力学的特性に影響を与えないこと，設置スペースが不要，コストが非常に安価，など多く

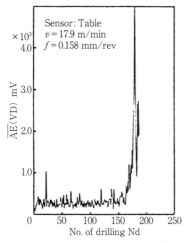

図5 AE によるドリル折損の予知[5]

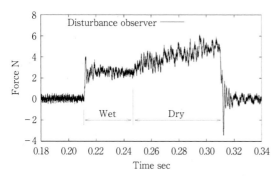

図6 センサレスモニタリングによる加工状態認識[6]

図7 インプロセス外径測定[8]

また実用化された例として，近年，加工中の状態などを一部認識して，自動的に加工条件を変更しびびり振動の回避を行うナビゲーションシステムが挙げられる[10]．このようなシステムはびびり振動のような異常状態を回避するだけでなく，積極的に活用することで加工能率を最大にする最適加工条件の設定にも有効であることから，今後のさらなる発展が期待できる．

5. お わ り に

加工を対象としたインプロセス計測は，古くから研究報告がされているもののここで述べたようにまだまだ実用化は限定的である．その最大の理由は，年々厳しくなる加工精度に対して十分な信頼性をもつセンサ系を，低コストで実現することの難しさであると考えられる．計測によって情報さえ得られてしまえば，近年の計算機や情報処理技術によって状態認識の問題の多くは解決可能であり，知能化加工システムの実現は可能であると考えられる．今後，さらなるセンサ系の発展，特に新たな原理に基づいた測定方法の出現が期待される．

の利点も有することから，今後の発展が期待されている．エンドミル加工中のびびり振動の検出に対する有効性なども報告されている[7]．

4.2 実用化事例

加工環境にはセンサデバイスに対する外乱が多数存在するため，インプロセス計測に関する研究は数多く報告されているものの，実際に信頼性およびコストにおいて実際の使用に耐えうるものは限られているのが実情である．

そのような状況下でもっとも広く実用化が進んでいるものは，円筒研削等における定寸装置である．これは図7に示すように，円筒研削盤において加工中の工作物の外径寸法を対象に，研削といしと異なる方向から2つの電気マイクロメータによって挟み込むことでリアルタイムに直径を測定するものである．これによって加工中の工作物外径を常に測定し，所望の寸法公差に入った段階でといし軸を後退させ研削加工を終了することで，量産品における加工寸法のばらつきを低減し安定した品質の生産を行うことが可能となる．同様の原理はマイクロメータのプローブ形状を工夫することによって，内面研削盤による加工にも適応可能である．しかし，実際には加工中の工作物は加工熱によって温度上昇しているため直径が大きく測定されることから，より高精度な加工を要求する場合には，加工後の熱変形分の収縮を考慮して加工終了を決定する必要がある[9]．

参 考 文 献

1) R. Teti, K.G. O'Donnell and D. Dornfeld : Advanced Monitoring of Machining Operations, CIRP Annals-Manufacturing Technology, **59**, 2 (2010) 717.
2) 伊東誼，森脇俊道：工作機械工学，コロナ社，(1989) 138.
3) 上原邦雄：切削温度，精密機械，**30**, 1 (1964) 80.
4) H. Yoshioka, H. Hashizume and H. Shinno : In-process Microsensor for Ultraprecision Machining, IEE Proceedings-Science, Measurement and Technology, **151**, 2 (2004) 121.
5) 小島浩二，稲崎一郎，三宅亮一：アコースティックエミッションを利用したドリル折損の予知，日本機械学会論文集 (C)，**51**, 467 (1985) 1838.
6) H. Shinno, H. Hashizume and H. Yoshioka : Sensor-less Monitoring of Cutting Force during Ultraprecision Machining, CIRP Annals-Manufacturing Technology, **52**, 1 (2003) 303.
7) 周藤唯，柿沼康弘，大西公平，青山藤詞郎：エンドミル加工における外乱オブザーバを用いたセンサレスびびり振動検出技術の開発（第1報），精密工学会誌，**77**, 7 (2011) 707.
8) 東京精密，計測機器カタログ，インライン計測システム．
9) 山本優，塚本真也：円筒研削加工における熱変形量を考慮した寸法誤差最小化技術，砥粒加工学会誌，**53**, 7 (2009) 423.
10) 安藤知治：「加工ナビ」をはじめとした加工能率向上の取り組み，機械技術，**61**, 5 (2013) 34.

はじめての
精密工学

CAD/CAM システムを用いた産業用ロボットによる作業の自動化

Automation Using Industrial Robot on the Basis of CAD/CAM System/Naoki ASAKAWA

金沢大学　**浅川直紀**

1. は じ め に

「ロボットを用いてさまざまな作業を自動化させたい」，「研究で新しいアクチュエータを考案したので，ロボットにもたせて作業をさせてみたい」などと考えて導入したのはよいが，実際ロボットを触りはじめてみると，どのように動作プログラムを作成するかで悩んでいるといった話をよく耳にする．特によく聞くのは，ティーチングプレイバック（後述）で使用しはじめたが，ティーチングに時間がかかる，作成した動作プログラムの修正が煩雑，などの問題である．**図1**に示すような現在主流の産業用ロボットは，単体ではティーチングプレイバックによって使用することを想定しているが，システム全体の自動化を進めるうちに，動作プログラムの作成もなんとか自動化できないか，と考えるのは当然であろう．

本稿では，磨き，塗装，バリ取りなどの作業を対象とし，CAD/CAM技術を応用して上記の問題の解決について考えてみたい．その際，学術的な解説は先達に譲り，ロボットを購入後，上記の作業を自動化するシステムを自ら作成して開発や研究を行う際にどのような問題を考える必要があるのかについて焦点を絞り，なるべく簡易に概略を述べてみたい．

2. 作業に必要な自由度の具体例

まず，前章で挙げたような作業で使う工具にはどれくらいの自由度を与える必要があるのかを考えてみよう．工具の自由度とロボットの自由度については，本連載では機構学的観点から過去に詳しく解説されており[1]，これらの作業が一般に6自由度程度を必要とするということが述べられているのでぜひ参照していただきたいが，ここではもう少し具体的に見てみよう．

図2や**図3**の例で示す通り，位置の指定 P だけなら3自由度で十分だが，本稿で対象とするような作業の姿勢に関しては工具の構造や使い方によって，工具の主軸方向などを表すベクトル T が1本（図2）ないし，それに加えて適用方向の指定が必要な場合はその方向を表すベクトル D の2本（T, D）（図3）で指定をする必要がある．簡単にいうとベクトル1本の場合は5自由度が必要な作業であり，2本なら6自由度が必要な作業ということになる．ここで気を付けたいのが，「本当に必要な自由度はどれくら

いなのか」をよく考えることである．

図4に示す溶接のトーチの場合は，溶接という作業そのものは本質的には5自由度で十分だが，周囲との干渉などを考えると6自由度が必要，というような場合に相当する．しかし，干渉を考慮しても完全に6自由度が必要なわけでなく，火口の回転は多少許されるので，状況によって

図1　産業用ロボット（垂直多関節型）

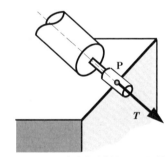

図2　ロータリーバーの自由度（位置 P，工具軸ベクトル T）

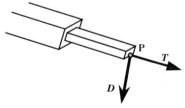

図3　スティック砥石の自由度（位置 P，工具軸ベクトル T，工具方向ベクトル D）

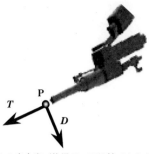

図4 溶接トーチの自由度（位置 **P**，工具軸ベクトル **T**，工具方向ベクトル **D**）

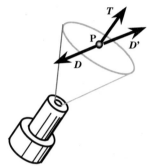

図5 スプレーガンの自由度（位置 **P**，工具軸ベクトル **T**，工具方向ベクトル **D, D'**）

図6　教示用操作盤

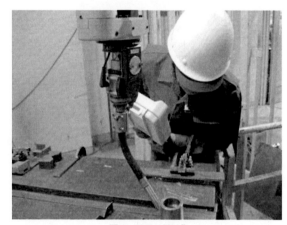

図7　教示の様子[2]

必要な自由度は異なってくる．

　また**図5**に示す塗装用スプレーの場合は，塗料が対象に付着する場合の形状（パターン）が，円形でなく楕円形であるため，一般には短軸方向にスプレーを移動して作業を行うが，短軸方向に沿っているなら正負どちらの方向でも構わない．これは概念的には 5.5 自由度といったところになると思われる．

　一般に，例示したような作業の自動化は人間の代わりにロボットに工具をもたせるといった発想で行うことが多いため，作業に必要な自由度は人間の腕のもつ6自由度に近くなるのは当然といえる．以上からこのような作業用には6自由度，すなわち6つの関節をもつ垂直多関節型の産業用ロボットがなぜ適しているのかがわかる．以後この垂直多関節型の産業用ロボットに関して話をすすめていきたい．

3.　一般的なプログラム生成法

　一般にはロボットはどのようにプログラムされているのであろうか．ロボットを購入してマニュアルを読んでみると，圧倒的に多いのがティーチングプレイバックという方法である．

　ロボットを購入すると，ティーチングペンダントやティーチングボックスなどと呼ばれる，**図6**に示すような操作盤が付属していることが多い．ロボットは6つの関節をもっているが，それらをおのおの正転/逆転したりロボッ

トの位置と姿勢を独立して指示できるボタンがついた操作盤である．ティーチングプレイバックとは，**図7**に示すようにその操作盤を用いて，実際の作業に用いる工具と工作物を目前にしてロボット手先の工具先端を加工対象箇所へと誘導し，1点ずつそのポイントを教示してその動きを再生することである．工作物が目の前にあるので，操作盤の使い方に慣れてしまえば，大抵の作業を教示（ティーチング）することが可能である．現在のロボットの動作プログラムの生成法としては最も一般的であり，目にするロボットのほとんどがこの方法で教示された動作を繰り返し（プレイバック）ていると考えてよい．

　長所としては，実績ある方法であるため，ロボットメーカーやロボットを含むシステムを開発するエンジニアリング会社にノウハウが蓄積されており，教示されたプログラムの管理や転送のシステムもよく整備されている，ユーザとしてもあまり難しいことを考えずに気軽に作業が自動化できる，などの点がある．

　短所としては，教示作業中は生産ラインを占有してしまう，対象製品が変わればまた教示を1からやり直す必要が

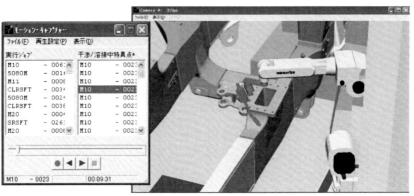

図8 オフラインティーチングの例[3]

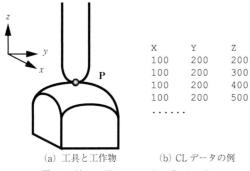

X	Y	Z
100	200	200
100	200	300
100	200	400
100	200	500
......		

（a）工具と工作物　　（b）CL データの例

図9　3軸 MC 用 CAM メインプロセッサ

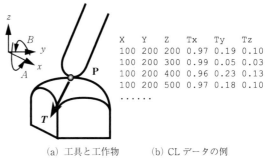

X	Y	Z	Tx	Ty	Tz
100	200	200	0.97	0.19	0.10
100	200	300	0.99	0.05	0.03
100	200	400	0.96	0.23	0.13
100	200	500	0.97	0.18	0.10
......					

（a）工具と工作物　　（b）CL データの例

図10　5軸 MC 用 CAM メインプロセッサ

ある，簡単とはいってもある程度教示に対してのスキルを要求される，などがある．

　ライン占有の問題に対しては**図8**に示すような，PC を使用してオフラインで教示できる製品もあり，シミュレータとともによく導入されている．教示を簡略化する機能や，プログラム管理の機能などもあり，これらの導入でラインを占有せず効率化を図ることはできる．しかし最終的に問題となるのは，このティーチングにかかる時間と手間であり，これらを解決しない限りシステムの自動化を進めるのは難しい．

4. 工作機械用 CAD/CAM 技術の応用

　プログラムの自動生成といえば MC（マシニングセンタ）用の CAM が本誌読者にはおなじみであろう．本連載では，CAx 技術の一つとして，他の3次元 CAD 応用技術と併せて CAM について解説されている[4]ので参照いただきたいが，工作物の CAD データが存在する場合は，それを利用して工具の位置や姿勢を生成するという意味では大変よく似たシステムとなる．よって，MC 用 CAM をベースとしてシステムを開発するのは理にかなっているといえる．一般に MC 用 CAM はメインプロセッサとポストプロセッサの2つのプログラムで構成されているので，以下ロボット用 CAM でもそれに沿って MC 用 CAM と比

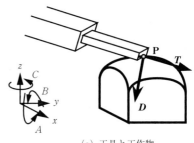

（a）工具と工作物

X	Y	Z	Tx	Ty	Tz	Dx	Dy	Dz
100	200	200	0.31	0.54	0.77	0.31	0.54	0.77
100	200	300	0.57	0.48	0.66	0.55	0.48	0.66
100	200	400	0.57	0.48	0.66	0.57	0.48	0.66
100	200	500	0.57	0.48	0.66	0.57	0.48	0.66
......								

（b）CL データの例

図11　ロボット用 CAM メインプロセッサ

較して説明する．

5. メインプロセッサ

　メインプロセッサとは，工作物の CAD データに基づいて，対象となる機器の軸構成にかかわらず工作物の加工対象点における工具の位置や姿勢を生成するソフトウェアである．MC で代表的なのは3軸 MC と5軸 MC であるが，

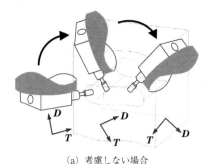

（a）考慮しない場合

（b）考慮した場合

図 12　冗長自由度の影響

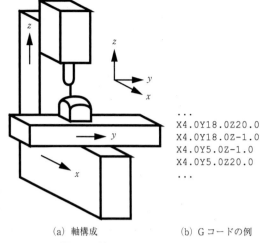

（a）軸構成

```
...
X4.0Y18.0Z20.0
X4.0Y18.0Z-1.0
X4.0Y5.0Z-1.0
X4.0Y5.0Z20.0
...
```

（b）G コードの例

図 13　3 軸 MC 用ポストプロセッサ

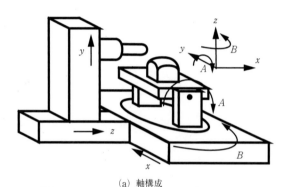

（a）軸構成

```
...
X-38.596Y-9.695Z-2.945B41.206A-7.450
X-38.155Y-9.689Z-2.330B40.692A-7.583
X-37.707Y-9.682Z-1.722B40.178A-7.718
X-37.250Y-9.674Z-1.121B39.664A-7.858
...
```

（b）G コードの例

図 14　5 軸 MC 用ポストプロセッサ

まずはそれらに対する CAM システムについて見てみよう．

3 軸 MC は 3 自由度をもつため，**図 9**（a）に示すように，CL（Cutting Location：工具の位置などを表す）データは位置を表す **P** のみとなり，例えば図 9（b）に示すようになる．

5 軸 MC は 5 自由度をもつため，**図 10**（a）に示すように，CL データは位置を表す **P** に加え，工具軸を表すベクトル **T** が加わり，例えば図 10（b）に示すようになる．

一方，本稿で対象としているようなロボットによる作業の場合は，第 2 章で示したように最大 6 自由度必要ということになり，**図 11**（a）に示すように，CL データは位置を表す **P**，工具軸を表すベクトル **T**，さらに工具の方向を表すベクトル **D** が加わり，例えば図 11（b）に示すようになる．したがって，一般的な MC 用 CAM の流用は難しいことがわかる．

ここで，市販の CAM 製品を購入する場合でも，自前で開発する場合でも，第 2 章で示したような作業が必要としている自由度によって，実際の工具の形状と **T** や **D** をどう関連付けるかが重要である．それは，行おうとしている作業をよく分析し，その「工具の使い方」を反映することであり，工具のどこを **P** にし，何を **T**，**D** に割り当てるかが，一般的なエンドミルによる切削加工よりも大変重要である．

例として，原理的には 5 自由度の指定のみで使用可能なロータリーバーのような工具を用いて面取りを行う場合[5]を挙げる．5 自由度分の指定で良いからと工具軸方向を表すベクトル **T** のみに着目し，工具の方向を決定する 2 本目のベクトル **D** を何も考えずに決定してしまうと**図 12**

（a）に示すように，不要なロボットの姿勢変化が生じて動作範囲逸脱エラーを起こしてしまうことがある．それに対し，**D** を適切に生成してやることで，図 12（b）に示すように，効率よく加工を行うことができるようになる．つまり，ロボットの場合，冗長な自由度をうまく利用できるように，作業の本質的な理解がより重要ということである．

6.　ポストプロセッサ

MC 用 CAM ではポストプロセッサとは，CL データを G コード（NC プログラム）へ変換するソフトウェアを指す．例えば 3 軸 MC 用 CAM では，**図 13**（a）に示すような装置の各軸の変位量（X, Y, Z）に対応する図 13（b）に示すような G コードが生成される．また，5 軸 MC 用 CAM では，**図 14**（a）に示すような装置の各軸の変位量（X, Y, Z, A, B）に対応する図 14（b）に示すような G

```
/JOB
//NAME sample1
//POS
//NPOS 87,0,0,0,0,0
///TOOL 0
///POSTYPE PULSE                    6つの軸の回転変位が
///PULSE                             記述されている
C00000=8309,20001,-8247,-49,15840,-2079
C00001=8424,18841,-12848,-52,18115,-2103
C00002=8312,20682,-10636,-51,17893,-2073
...         J1    J2    J3    J4    J5    J6
//INST
///ATTR SC,RW                      （各軸の回転変位）
///GROUP1 RB1
NOP
MOVL C00000 V=11.0
MOVL C00001 V=11.0
MOVL C00002 V=11.0
...
END
```
(a) 各軸角度での記述

```
/JOB
//NAME sample2
//POS
///NPOS 5,0,0,0,0,0
///TOOL 0                          手先の位置と姿勢を表す
///POSTYPE BASE                     角度が記述されている
///RECTAN
///RCONF 0,0,0,0,0,0,0,0
C00000=811.400,2.529,288.424,180.00,0.00,0.00
C00001=811.387,232.534,288.423,180.00,0.00,0.00
C00002=1001.382,232.529,288.420,180.00,0.00,0.00
...      X      Y       Z        Rx    Ry    Rz
//INST
///ATTR SC,RW,RJ                   （手先の位置と姿勢）
////FRAME BASE
///GROUP1 RB1
NOP
MOVL C00000
MOVL C00001 PL=0
MOVL C00002 PL=4
...
END
```
(b) 位置＋姿勢角度での記述

図15 ロボット動作プログラムの例

コードが生成される．5軸MC用CAMではGコードに回転変位量 A, B が含まれているものの，リニアガイドや回転テーブルなどの実際の装置の位置決め機構に対する指令に準じた値を与えることに違いはない．

一方でロボットの場合，Gコードに対応するものはロボット言語で記述されたロボット動作プログラムということになる．ロボットメーカーによってその文法はさまざまだが，Gコードに相当する表現ということになると，**図15**(a) に示すように，6つの回転軸おのおのの角度を記述することになる．実際にロボットを動作させる際には本連載のロボット工学の基礎に関する記事[6]で解説されたように，何らかの方法で逆運動学を解いて各軸への指令をサーボコントローラに送ってはいる．しかし，ユーザ自身が希望する作業の手先の位置と姿勢から逆運動学を解いて各軸への指令を算出し，プログラムに記述するのはあまりにも煩雑なので，現在市販の多くのロボットは，ロボット手先の位置と姿勢をそのままプログラムに記述できるものが多い．ただし，姿勢に関してはベクトルで記述できるものは少なく，図15 (b) に示すように，姿勢角度表現で記述するものが多い．つまり，フォーマットとして手先の位置をロボット言語に変換するだけでなく，メインプロセッサで生成した姿勢を表す2本のベクトルを姿勢角度表現に変換して記述する必要がある．

姿勢角度の表現にはオイラー，固定角などがあるが，メーカーによって採用している形式が異なる．どのように姿勢を表現しているかはマニュアルなどで説明されてはいるが，「オイラー」，「固定角」などの表現を明確に記述していない場合も多く，自分でベクトル表現を姿勢角表現に変換するシステムを構築しようとする場合には，注意が必要である．

よって，ロボットCAM用のポストプロセッサの場合には，それぞれのロボットに合わせたロボット言語のフォーマットを理解していることと，姿勢の表現をどのように行っているのかを理解していることが肝心である．

7. お わ り に

CAD/CAM技術を応用して各種作業を産業用ロボットで自動化するという課題に関し，実際のシステム構築に必要と思われる問題について，工作機械用のCAMシステムと比較することにより解説を試みた．自前でシステムを構築しようとする場合はもちろん，近年販売されているロボットCAM製品を購入して使用する際にも基本的な問題は変わらないと思われるので，多少なりとも本誌読者の方々のお役に立てば幸いである．

参 考 文 献

1) 嶋田憲司：はじめての精密工学 製品設計と製造における「自由度」，精密工学会誌，**80**, 2 (2014) 162.
2) 溶接ロボットティーチング作業，東大阪高等職業技術専門校，http://www.pref.osaka.lg.jp/tc-hiosaka/top/kyuuzin.html
3) 山中伸好：製品紹介 オフラインティーチングシステム「ティーチモア」の紹介，Komatsu technical report, **51**, 1 (2005) 17.
4) 加瀬究：はじめての精密工学 CAD/CAE/CAM/CAT 通論 (3)，精密工学会誌，**79**, 4 (2013) 309.
5) 戸田健司，浅川直紀，竹内芳美：産業用ロボットによる面取り作業の自動化（円筒面形状への穴加工の場合），日本機械学会論文集（C編），**65**, 631 (1999) 1288.
6) 大隅久：はじめての精密工学 ロボット工学の基礎，精密工学会誌，**73**, 10 (2007) 1123.

意匠曲面生成の基礎 (1)
立体形状からの表現

Fundamentals in Generating Surfaces of Industrial Design (1)
Expression from 3D Shape/Masatake HIGASHI and Shoichi TSUCHIE

豊田工業大学　**東　正毅**　日本ユニシス　**土江庄一**

1. は じ め に

自動車の外板形状のように意匠要素が重要な工業製品へもCADシステムの利用が進んでいる. ここで中心となる技術が, 意匠曲面形状をいかに計算機の中で表現するかであり, 1963年のコンピュータグラフィックスの誕生とともに研究と開発が進められてきており, 現在はほぼ実用段階に至っている. 自由曲面形状の処理法については, 本講座でも何度か取り上げられている[1,2]が, 本稿では意匠曲面生成技術に焦点を当て, 1回目ではクレイモデルなどの立体形状をどのように曲面式で表現するか, 2回目では計算機の中での表現法として最近注目を浴びている細分割表現法について述べる.

意匠形状設計では**図1**に示すように, デザイナはその新製品に対するアイデアをまずスケッチに表す. それを3次元として具現化して粘土や木型のモデルを製作する. これと並行して, 車高・車長などの寸法や安全性, パネルの強度・成型性など各種工学的要件のチェックを図面上で行い, これら3者の間を循環しながら意匠を確定していく. 計算機でこの活動を支援していくには, スケッチ, 図面, 立体モデルに対応する計算機内のモデルが必要であり, 曲面形状を表現する数式が必要となる.

立体モデルからこの数学モデルを生成する技術はリバースエンジニアリングと呼ばれる. 1960年代初に米国のGeneral Motorsで開発された最初のCADシステムDAC-I[3]は, 立体モデルを表す図面に対して対話処理するものであり, その後, 測定データから線図を作成するシステムが開発された. 一方ヨーロッパでは, RenaultのBézierがUNISURFシステム[4]を開発して車体の設計と型加工に適用している.

3次元測定技術の発展に伴い, 短時間に大量のデータが得られるようになり, 自動的に数学モデルを作成する技術が開発されてきた. 意匠形状の場合は, 複雑な自由曲面形状で構成され, 測定データをこの曲面構成ごとに分割して, それぞれについて曲面式を当てはめる処理が必要となる. この曲面式に対応する領域データを取り出す作業を, セグメンテーションと呼ぶ.

本稿では, 2章で意匠デザインとしての曲面モデルについて述べ, 引き続いて3章でセグメンテーションの処理法を述べる. 4章で領域の境界処理について解説し, 5章では著者らの開発プログラムによる処理例を示し, 最後の6章で本稿のまとめを行う.

2. 意匠デザインの曲面モデル

現物の意匠測定データから, リバースエンジニアリングにより3次元の数学モデル (CADデータ) を生成するためには, まず, 現物製造の元になった意匠CADデータがどのように作られているのかを理解することが重要である. 自動車の外板形状のような美的曲面でデザインされる曲面モデルは, **図2**に示すように, 基準面を順に構成的に構築することによって創造され[5], 個々の曲面は立体造形においてクレイモデラが1つの定規を掃引して仕上げることができるものに相当する.

したがって, 意匠測定データに対するリバースエンジニアリングでは, 最終製品である現物の測定データから, 構成面の違いを検出して曲面モデルを逆に読み解き, 個々の基準面に対応するように測定データを分割し, CADデータ化しなければならない. このデータ分割処理はセグメン

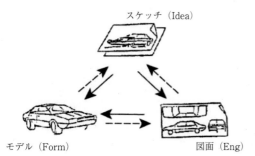

図1　デザインプロセス

スケッチ（Idea）
モデル（Form）
図面（Eng）

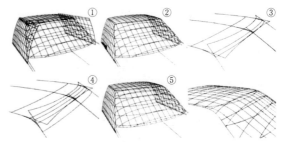

図2　対話型システムによる曲面モデルの作成例[5]：①基準面　②トリム面　③アプローチ面　④R面　⑤最終形状

図3 測定データの平均曲率カラーマップと拡大図

表1 曲面タイプの分類[8]

	$K<0$	$K=0$	$K>0$		$\kappa_{\max}<0$	$\kappa_{\max}=0$	$\kappa_{\max}>0$
$H<0$	Saddle Ridge	Ridge	Peak	$\kappa_{\min}<0$	Peak	Ridge	Saddle
$H=0$	Minimal Surface	Flat	(none)	$\kappa_{\min}=0$	Ridge	Flat	Valley
$H>0$	Saddle Valley	Valley	Pit	$\kappa_{\min}>0$	Saddle	Valley	Pit

テーションと呼ばれ, 代表的な処理方法を次章で解説する.

3. セグメンテーション

3次元形状を対象とするセグメンテーション研究の概観は代表的な調査論文[6]に譲り, 本稿では工業製品の中でも, 特に, 自由曲面で構築される意匠データへの適用について, その基本となる処理について述べる. 一般の機械部品では, 2次曲面でモデルが構築されることが多く, 微妙な曲率の変化から構成面の違いを検出しなければならい意匠データと大きく異なる.

構成面の違いの検出には, 主曲率 $\kappa_{\max}$, $\kappa_{\min}$ やこれを用いた以下の値で評価される：

$$H=\frac{\kappa_{\max}+\kappa_{\min}}{2} \qquad 平均曲率$$

$$K=\kappa_{\max}\kappa_{\min} \qquad ガウス曲率$$

$$T=\kappa_{\max}{}^2+\kappa_{\min}{}^2=4H^2-2K \qquad 全曲率$$

$$S=-\frac{2}{\pi}\arctan\frac{\kappa_{\max}+\kappa_{\min}}{\kappa_{\max}-\kappa_{\min}} \qquad \text{Shape index}^{[7]}$$

図3は平均曲率の大きさに応じ, 濃淡を伴った色分けによってデータの曲率分布を可視化したものである. この図から領域の抽出が困難であることが分かる.

以下の節では, 曲率分布の傾向に基づいて領域を抽出するための代表的な3つの方法：クラスタリング法, 領域成長法, 曲面当てはめ法について説明する.

3.1 クラスタリング法

クラスタリング法とは, ある指標に基づいてデータにラベルを付け, 同一ラベルをもつデータ要素をグループ化する代表的な統計処理法の1つである. 例として, 表1に示す平均曲率とガウス曲率（あるいは最大・最小主曲率）のマトリクスを考える. この分類パタンを指標としてクラスタリングを行うと, 峰/くぼみ/谷/尾根/鞍型などの曲面タイプごとに領域抽出が行える[8]. また, 曲面タイプの代わりに, 曲率の大きさでデータを分類することも考えられる. この場合, 曲率の大きさを何階層に分類するか（クラスタ数）を指定する必要がある. 簡単なモデルであれば, 最適なクラスタ数 K の推定も可能だが, 一般の意匠データでは困難なため, 適当な K 値を与え, その後, 過不足

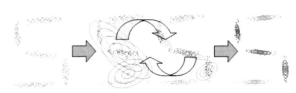

図4 混合ガウス分布によるクラスタリングの例：EMアルゴリズムにより, 個々のガウス分布の平均と分散が更新されながらデータに当てはめられていく過程を示す.

を調整するといった対応が一般的である.

指定された K 個のクラスタにデータを分割する最も代表的な手法として, K-means法と呼ばれる次のアルゴリズムがある. データから K 個の点をランダムに選び,

① K 個の初期点に異なるラベルを付ける.
② データの各点に対して, K 個の初期点の中から最も距離の短い点のラベルを付け, 同じラベルをもった点群の重心を計算する.
③ ①の初期点を②で求めた重心点で置き換える.
④ 重心点が収束するまで①から③を繰り返す.

K-means法は実装の容易さと計算効率のよさから, 最新の研究論文でも広く利用されているが, 名前からも示すように "K 個の平均値" の計算に基づいたアルゴリズムのため, 測定データのノイズに起因した曲率の異常値に敏感に反応し, 期待結果が得にくいという問題がある.

データの平均と分散の2つを考慮したクラスタリング法としては混合分布法[9]があり, 取り扱いが容易な混合ガウス分布が広く利用されている. 本手法では, EM (Expectation-Maximization) アルゴリズムと呼ばれる逐次計算法により, 各分布の平均, 分散および各点がどのクラスタに所属するかを示す確率（負担率）が求まる（図4）. 詳しくは, 文献9) を参照されたい.

3.2 領域成長法

領域成長（Region growing）法とは, データ中にシード（Seed）と呼ばれる点を定義して, 隣接点から自身と同じあるいは自身に近い属性をもつ点を取り込みながら, 該属性をもつ要素がなくなるまで自身の領域を成長させることにより, 領域を抽出する方法である.

Vieira ら[10]の研究論文で適用された方法を以下に示す.

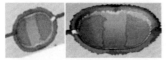

(a) 曲面タイプラベル　　　　(b) ラベル領域の縮小

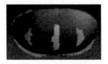

(c) Seed 領域　　　　　　　(d) 領域成長

図5 Seed 領域の作成と領域成長（文献 10）より図引用）

図6 領域の分割（左）と併合（右）

まず，表1の曲面タイプを利用して，クラスタリングを行う（**図5**（a））．次に，各クラスタの構成点が40点程度となるまでクラスタ領域を縮小し（図5（b）），得られた小領域をシード領域とする（図5（c））．その後，双3次Bézier 曲面の当てはめを行い，誤差をみながら領域成長を行う（図5（d））．意匠データに対する適用実験では良好な結果が得られている．

3.3　曲面当てはめ法

　曲面当てはめ法とは，領域の分割（Split）や併合（Merge）を繰り返し，曲面式と整合性のとれた領域を抽出する方法である（**図6**）．2つの極端なアプローチとして，与えられたデータから指定されたトレランスを満たすまで Split 操作を繰り返すトップダウン型と，データの最小構成要素から Merge 操作を繰り返すボトムアップ型があり，さまざまな研究報告がなされている（詳細は文献11）の参考文献参照）．

　機械部品などの比較的単純な曲面で構築されたデータに対しては，2次曲面の当てはめが広く利用され，多くの研究論文がある．一方で，得られる領域がトレランスの設定に敏感であったり[12]，複雑な形状への適用が難しい[11]などの指摘がある．

4.　領域境界の生成

　領域の境界は滑らかでなければならないが，測定で得られるメッシュの頂点は必ずしも境界点ではないため，セグメンテーション後の領域境界は，一般にジグザグとなる．そこで，以下に説明する2段階の処理により，滑らかな境界線を生成する．

　まず，シャープエッジは滑らかな単一曲面では表現できないので，領域データから取り除く．なお，工業意匠データにおける極小R面は，デザイン意図をもった面というよりもむしろ製造上（法規上）の意味合いが強いので，シャープエッジとみなす．その結果，領域間に隙間が生ずる

(a) エッジ　　　(b) エッジ削除　　　(c) 領域成長

図7　シャープエッジの削除と領域拡張

図8　曲面の断面線の交点（左）・接触対応点（右）の計算

ので（**図7**（b）），領域成長によって隙間を埋め（図7（c）），各領域に対し反時計回りに方向づけられた外周境界線を抽出する．隣接領域の境界では，境界線が逆向きに重複しているという関係から領域と境界のトポロジの構築が可能となる．

　次に，得られた境界線を初期曲線として，隣接2領域の当てはめ曲面の交線を求め，領域の境界線とする．C^0 境界線は2面の交線，C^1/C^2 境界線は接触対応線となる（**図8**）．

　与えられたデータ（あるいは部分的にメッシュ細分割処理を施したもの）上に領域境界を生成したい場合には，Graph-Cut 法によるもの[11][13]，Geometric Snake（Active Contour）によるもの[14][15]，曲率の主方向に沿わせるもの[16]などの境界整形処理が提案されている．

5.　実際の処理例

　著者らはクラスタリング法（3.1節）に基づいた曲面当てはめ法（3.3節）によるプロトタイプを開発した[17][18]．処理手順の概要は次の通りである．

① クラスタリング：メッシュ頂点の曲率を求め，混合Student-t 分布を用いたクラスタリングを行う．

② 初期セグメンテーション：クラスタリング結果から同一ラベルの連結領域を1領域として抽出し，シャープエッジ部の領域を取り除いて，初期セグメンテーションを生成する．

③ 曲面当てはめ：多項式曲面に基づいた当てはめにより領域の分割・併合処理を行い，セグメンテーションとしての領域データを抽出する．

④ 領域境界の生成：当てはめ曲面を利用した境界計算を行い，曲面と整合性のとれた滑らかな境界線を生成する．

⑤ 領域データの再構築：上で得られた境界線と当てはめ曲面を利用して，領域データを曲面上のメッシュとして再構築する．

　実験結果を示す**図9, 10**では，曲率変化に対応した構成面となる曲面モデル（メッシュ）が求められている．また，**図11**は手順④と⑤の例であるが，図11（b）に示すように，曲面交線として表現された C^0 境界線と曲面メッ

（a）測定データ　　（b）初期セグメンテーション　（c）セグメンテーション　　（d）Zigzag 境界　　　（e）境界の整形

図 9　車の内装部品への適用結果

（a）クラスタリング　　　　　　　（b）初期セグメンテーション　　　　　　（c）セグメンテーション

図 10　車の外板形状への適用結果

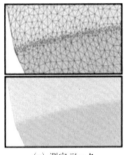 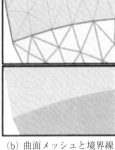

（a）測定データ　　　　（b）曲面メッシュと境界線

図 11　シャープエッジ（極小 R 部）とその境界線

シュで再構築された領域データが得られている．

6.　ま　と　め

　本稿では，意匠測定データに対するセグメンテーション
に関する著者らの取り組みをもとに，できるだけ直観的に
その概念をつかむことを第一として解説した．厳密性に欠
ける部分や解説が限定的で不十分な点が多々あることを鑑
み，引用文献も多めに載せた．ご容赦願いたい．

　意匠測定データに対する高品質なセグメンテーションを
実現するためには，測定ノイズに対する頑健性や曲面式の
当てはめのみならず，画像処理のテクニックや統計学的な
処理など，さまざまな情報処理技術を駆使する必要があ
る．意匠測定データに対する自動セグメンテーションは，
いまだ実業務で十分運用可能なレベルにまでシステム化さ
れてはおらず，依然，研究に値する重要な問題が多く残さ
れている．本稿により，読者がこの分野に興味をもつきっ
かけになれば幸いである．

参　考　文　献

1）東正毅：曲線曲面の入門，精密工学会誌，**70**, 11（2004）1366.
2）三浦憲二郎：精密工学における曲線・曲面—CAGD の基礎—，
　精密工学会誌，**79**, 12（2013）1208.
3）E.L. Jacks : A Laboratory for the Study of Graphical Man
　Machine Communication, FJCC, **26**（1964）343.
4）P. Bézier : Mathematical and Practical Possibilities of UNISURF,
　in R. Barnhill and R. Riesenfeld（eds），Computer Aided Geometric
　Design, Academic Press,（1974）127.
5）M. Higashi, I. Kohzen and J. Nagasaka : An Interactive CAD
　System for Construction of Shapes with High-quality Surface,
　Computer Applications in Production and Engineering, North-
　Holland,（1983）371.
6）A. Shamir : A Survey on Mesh Segmentation Techniques,
　Computer Graphics Forum, **27**, 6（2008）1539.
7）JJ. Koenderic : Solid Shape, MIT Press,（1990）.
8）P.J. Besl and R.C. Jain : Invariant Surface Characteristics for 3d
　Object Recognition in Range Images, Computer Vision, Graphics,
　and Image Processing, **33**, 1（1986）33.
9）P.M. Bishop：パターン認識と機械学習，シュプリンガー，
　（2008）.
10）M. Vieira and K. Shimada : Surface Mesh Segmentation and
　Smooth Surface Extraction through Region Growing, Computer
　Aided Geometric Design, **22**, 8（2005）771.
11）D.-M. Yan, W. Wang, Y. Liu and Z. Yang : Variational Mesh
　Segmentation via Quadric Surface Fitting, Computer-Aided
　Design, **44**（2012）1072.
12）M. Vanco, B. Hamann and G. Brunnett : Surface Reconstruction
　from Unorganized Point Data with Quadrics, Computer Graphics
　Forum, **27**, 6（2008）1593.
13）C. Yang, H. Suzuki, Y. Ohtake and T. Michikawa : Mesh
　Segmentation Refinement, International Journal of CAD/CAM,
　10, 1（2010）11.
14）Y. Lee and S. Lee : Geometric Snakes for Triangular Meshes,
　Computer Graphics Forum, **21**, 3（2002）229.
15）L. Kaplansky and A. Tal : Mesh Segmentation Refinement,
　Computer Graphics Forum, **28**, 7（2009）1995.
16）G. Lavoué, F. Dupont and A. Baskurt : Curvature Tensor Based
　Triangle Mesh Segmentation with Boundary Rectification, Proc.
　of the Computer Graphics International,（2004）10.
17）S. Tsuchie, T. Hosino and M. Higashi : High-quality Vertex
　Clustering for Surface Mesh Segmentation Using Student-t
　Mixture Model, Computer-Aided Design, **46**（2014）69.
18）土江庄一，東正毅：意匠測定データに対する高品質セグメンテ
　ーション（第 4 報），2014 年度精密工学会春季学術講演会講演
　論文集，（2014）787.

はじめての 精密工学

意匠曲面生成の基礎（2）細分割曲面による表現

Fundamentals in Generating Surfaces of Industrial Design （2）
Expression by Subdivision Surfaces / Masatake HIGASHI and Tetsuo OYA

豊田工業大学　**東　正毅**　慶應義塾大学　**大家哲朗**

1. は じ め に

　意匠デザインにおいて曲線・曲面の果たす役割は大きく，デザイナの望む美しい形状を生成するためのさまざまな研究が行われている．意匠曲面（意匠上の目的をもって生成された曲面）の生成手法に関しては，カーブ定規のような基準曲線を掃引する方法[1]，縮閉線に基づく方法[2]，対数型美的曲線を利用する方法[3]などがあるが，曲面式として表現するには，拘束による移動や数値積分により求める必要がある．そこで，最終的には B-spline 曲面等のテンソル積パッチによる曲面表現となる場合が多い．テンソル積パッチを用いる場合，パッチ間の連続性やトポロジの問題などがあり，せっかく好ましい曲面パッチを得たとしても全体デザイン中に埋め込むことが困難となる．このような問題を解決する方法の一つとして，細分割曲面による形状表現が挙げられる．

　細分割曲面は元来コンピュータグラフィクス分野で発展してきた技術であるが，いくつかの好ましい特性により，形状の高精度表現が求められる意匠デザインや機械設計用の CAD への適用が期待されている．本稿では細分割手法および細分割曲面に関する基本的な考え方を紹介し，意匠デザインへの適用可能性について述べる．

2. 細 分 割 曲 面

　B-spline 曲面などのテンソル積曲面は，高品質曲面形状を表すためによく使われている．しかし，曲面を構成する境界は四辺形でなくてはならず，また，u 方向と v 方向のノットベクトルをそれぞれの方向で一つに定めないといけないという強い制約がある．そこで，これを解消するものとして，細分割曲面が導入された．細分割曲面は，多面体曲面（polygonal surface）ともよばれ，上記の制約にとらわれないメッシュ形状を与えて曲面を表現する．メッシュの境界は任意の多角形でよく，また，各頂点の価数（辺の数）も任意でよい．すなわち，任意の位相構造よりなる網目により形状を表現する．

　細分割曲面表現は，B-spline 曲面の制御多角形を任意の位相としたものであり，曲面式で表現する代わりに，メッシュ網を細分していく分割規則により，曲面形状を表す．基本的な考え方は，三角形網での価数が 6 の頂点や四辺形網での価数が 4 の頂点のようにメッシュ形状が正則な

部分では，B-spline 曲面を分割したときの制御点となるように分割規則を定める．それ以外の特異点では，正則な場合と同様に滑らかな形状となるように分割の仕方を定める．この規則は，周辺の頂点の線形和として次の分割頂点を定める．**図 1** は細分割曲面（Loop 細分割曲面）の例である．20 面体で与えられた立体が細分割されて曲面に近づいてゆく．

　まず，曲線の場合で基本的な概念を理解しよう．**図 2** は 3 次 B-spline 曲線を示す．制御点が $\{q_i, i=1, \cdots, n\}$ で与えられたとして，これを倍の制御点で表すことにする．曲線セグメントを 2 つに分割して，新しいセグメントに対する制御点 $\{q_i^{(1)}, i=1, \cdots, 2n\}$ を求める．新しい制御点は，その周辺の制御点によって，

$$q_{2i}^{(1)} = \frac{1}{8} q_{i-1} + \frac{3}{4} q_i + \frac{1}{8} q_{i+1} \tag{1}$$

$$q_{2i+1}^{(1)} = \frac{1}{2} q_i + \frac{1}{2} q_{i+1} \tag{2}$$

と表される．これを繰り返していくと多角形はどんどん細かくなり最終的には曲線となる．この曲線に対応する制御点の位置を，与える式（1），（2）を行列表示して，固有値，固有ベクトルより求める．

$$\begin{pmatrix} q_{2i-1}^{(1)} \\ q_{2i}^{(1)} \\ q_{2i+1}^{(1)} \end{pmatrix} = \frac{1}{8} \begin{pmatrix} 4 & 4 & 0 \\ 1 & 6 & 1 \\ 0 & 4 & 4 \end{pmatrix} \begin{pmatrix} q_{i-1} \\ q_i \\ q_{i+1} \end{pmatrix} \equiv A q \tag{3}$$

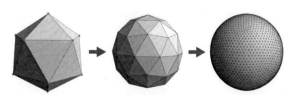

図 1　細分割曲面の例

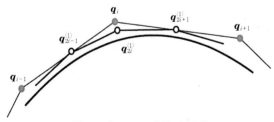

図 2　3 次 B-spline 曲線の細分割

183

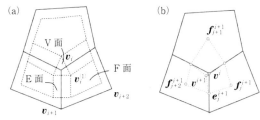

図3 (a) Doo-Sabin 細分割ルール，(b) Catmull-Clark 細分割ルール

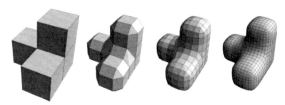

図4 Doo-Sabin 細分割曲面の例（左から入力メッシュ，1，2，3回細分割後のメッシュ）

図5 Catmull-Clark 細分割の例（左から入力メッシュ，1，2，3回細分割後のメッシュ）

A の固有値は，1，1/2，1/4であり，固有ベクトルを使って A^∞ を表すと，

$$A^\infty = \frac{1}{6}\begin{pmatrix} 1 & 4 & 1 \\ 1 & 4 & 1 \\ 1 & 4 & 1 \end{pmatrix} \tag{4}$$

となり，セグメントの端点と一致する．

（1）Doo-Sabin 細分割曲面

Doo-Sabin 曲面は，2次 B-spline 曲面を一般化したもので，C^1 連続な曲面が生成される．多面体の面の頂点を定義して，**図3**（a）のように繰り返し新たな多角形を定義していくことにより順次稜線を丸めていき，最終的には滑らかな曲面とする．分割のたびに特異点を除いて四辺形が生成されるため，細分割を繰り返すと特異点以外の多角形は4辺形となる．1回の細分割での頂点位置は，

$$\boldsymbol{v}_i^{(1)} = \sum_{j=1}^{n} \alpha_{ij}\boldsymbol{v}_j \tag{5}$$

ここで，n は多角形の頂点数，α_{ij} は次式で与えられる．

$$\alpha_{ii} = \frac{n+5}{4n}, \quad \alpha_{ij} = \frac{3+2\cos\frac{2\pi(i-j)}{n}}{4n} \tag{6}$$

新たな多角形は，これらの頂点を以下のルールで結んで作成する．

1) F-面：面内の頂点を順に結んで作成
2) E-面：共通稜線を挟んで，対応する2つずつの頂点を結ぶ四辺形
3) V-面：元の頂点周りの新頂点を結んでできる多角形

図4に，Doo-Sabin 曲面の例を示す．立方体を4つ組み合わせた多面体から，分割を繰り返すと右端のような面となる．最初の多角形は，その新頂点使って F-面，E-面，V-面に分割される．最初の多面体での価数が4でない頂点と辺数が4でない多角形が，最後まで特異点および4辺形以外の多角形として残る．

（2）Catmull-Clark 細分割曲面

Catmull-Clark 細分割曲面は3次 B-spline 曲面を一般化したもので，特異点を除き C^2 連続な曲面が生成される．分割による新しい頂点は，F-点，E-点，V-点の3つのタイプに分けて計算する．F-点は多角形の重心点，E-点は稜線の中点とし，V-点は頂点周りに n 個の頂点があるとすると以下の式となる（図3（b））．細分割により，各頂点周りの面ごとに，V-点，E-点，F-点，E-点，V-点と

つなぐ4辺形が面の数だけ作成される．細分割を繰り返すと，価数4以外の特異点はそのまま残るが，その他はすべて正則で4辺形となる．

$$\boldsymbol{f}_j^{i+1} = \frac{1}{n}\sum_{k=1}^{m}\boldsymbol{v}_k^i, \quad \boldsymbol{e}_j^{i+1} = \frac{1}{2}(\boldsymbol{v}_k^i + \boldsymbol{v}_{k+1}^i),$$

$$\boldsymbol{v}^{i+1} = \boldsymbol{v}^i + \frac{1}{n}\sum_{j=1}^{n}(\boldsymbol{e}_j^i - \boldsymbol{v}^i) + \frac{1}{n}\sum_{j=1}^{n}(\boldsymbol{f}_j^{i+1} - \boldsymbol{v}^i) \tag{7}$$

この分割ルールをマトリクスで表すと，固有値解析により無限回の繰り返しによる頂点位置を求めることができる．この頂点を極限点と呼び，以下の式で表される．

$$\boldsymbol{v}^\infty = \frac{n^2 v^1 + 4\sum_j e_j^1 + \sum_j f_j^1}{n(n+5)} \tag{8}$$

価数が $n=4$ の場合は正則で一様 B-spline 曲面となり，以下の式となる．

$$\boldsymbol{v}^\infty = \frac{9v^1 + 4\sum_j e_j^1 + \sum_j f_j^1}{36} \tag{9}$$

非一様な場合の細分割曲面については，Sederberg ら[4]により提案されている．

図5に実行例を示す．図4と同じ多面体に対して細分割を実施している．最初の頂点のうち価数が3および5であるものは特異点として残り，それ以外の正則頂点と新しく生成される頂点はすべて価数が4となり正則となる．2次の Doo-Sabin 曲面に比べて，3次の Catmull-Clark 曲面は丸めの度合いが大きくなる．

（3）Loop 細分割曲面

Loop 細分割曲面は，三角形スプライン（Box Spline）を一般化したもので，三角形メッシュよりなる多面体を入力として，分割規則により特異点を除き C^2 連続な曲面を表す．分割規則は，E-点，V-点の2種類に分かれている．E-点は両端点と向かい合う残りの頂点の加重和で表される．V-点は頂点周り1連結の頂点と対象頂点の加重和で

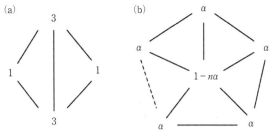

(a)　(b)

図6 Loop 細分割曲面の分割規則のマスク（(a) E-点，(b) V-点）

(a) Smooth vertex　(b) Crease vertex　(c) Corner vertex

(d) Smooth edge　(e) Crease edge　(f) Non-regular crease edge　(g) Modified crease edge

図8 折れや境界での細分割頂点マスク

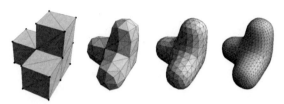

図7 Loop 細分割曲面の例（左から入力メッシュ，1，2，3 回細分割後のメッシュ）

表される.

$$e_j^{i+1}=\frac{3}{8}(\boldsymbol{v}_k^i+\boldsymbol{v}_{k+1}^i)+\frac{1}{8}(\boldsymbol{v}_{k+2}^i+\boldsymbol{v}_{k+3}^i),$$

$$\boldsymbol{v}^{i+1}=(1-n\alpha)\boldsymbol{v}^i+\alpha\sum_{j=1}^n\boldsymbol{v}_j^i \qquad (10)$$

ここで

$$\alpha=\frac{1}{n}\left(\frac{5}{8}-\left(\frac{3}{8}+\frac{1}{4}\cos\frac{2\pi}{n}\right)^2\right) \qquad \text{for } n>3$$

$$\alpha=\frac{3}{16} \qquad \text{if } n=3 \qquad (11)$$

である. 各頂点の重み係数を図的に表したものがマスクで，**図6** となる. 価数が $n=6$ の正則な場合は，$\alpha=1/16$ となり，元の頂点へのウエイトは $10/16$ となる.

極限点は，Catmull-Clark 細分割曲面と同様に固有値解析により以下となる.

$$\boldsymbol{v}^{\infty}=\frac{3}{3+8n\alpha}\boldsymbol{v}^1+\frac{8\alpha}{3+8n\alpha}\sum_{j=1}^n\boldsymbol{v}_j^1 \qquad (12)$$

正則な頂点の場合には，ウエイトは $6/12$ および $1/12$ となる. また，極限点での接平面についても，二つの接線ベクトル $\boldsymbol{u}_1$，$\boldsymbol{u}_2$ が次のように導かれている. 法線ベクトルはこの二つの接線ベクトルの外積で求めることができる.

$$\boldsymbol{u}_1=c_1v_1^1+c_2v_2^1+\cdots+c_nv_n^1$$
$$\boldsymbol{u}_2=c_2v_1^1+c_3v_2^1+\cdots+c_1v_n^1 \qquad (13)$$

ここで $c_i=\cos(2\pi i/n)$ である. 図4 および図5 と同じ多面体に対する Loop 細分割曲面の例を**図7** に示す. 細分割により正則な頂点に分割されるが，最初の特異点だけはそのまま残る.

3. 細分割曲面の意匠曲面への適用

ここまで細分割曲面に関する基本事項を説明してきたが，実際の意匠デザインへ適用するにはいくつかの問題点

がある. 特にデザイン上重要な役割を果たすキャラクタラインやパーツの境界が指定通りに表現できなければならないが，通常の細分割ルールではこのような表現ができない. 特に任意のシャープフィーチャを自在に生成することが困難である. そこで，本章では細分割曲面における折れ（稜線）や境界線の指定方法について説明する.

（1）折れ（crease）の表現

以上述べてきた細分割曲面の細分割ルールは，面内に存在する頂点をどのように分割するかを示す. 頂点が境界線や折れ（crease）上にある場合には，特別な規則[5] で分割しなければならない. このときの頂点マスクを**図8** に示す. ここで，2 重線は折れや境界を示し，

$$\alpha(n)=\frac{n(1-a(n))}{a(n)}, \quad a(n)=\frac{5}{8}-\frac{\left(3+2\cos\left(\frac{2\pi}{n}\right)\right)^2}{64} \qquad (14)$$

である. （f）は片方の頂点が非正則な場合であり，この点のウエイトを大きくする. （g）は Birmann ら[6] により修正されたものである. ここで

$$\gamma=\frac{1}{2}\frac{\cos\theta}{4}, \quad \theta=\frac{2\pi}{k} \qquad \text{(for dart vertex)},$$

$$\theta=\frac{\pi}{k} \qquad \text{(for crease vertex)}$$

であり，k は隣接する多角形の数である.

以上で定義された境界線や稜線（折れ）での補間規則は，頂点は固定で，線上の点は B-spline 曲線補間のものである. したがって，横断微分方向で見ると曲線は扁平（フラット）となり不自然である. そこで Higashi[7] らは，境界での接線ベクトルを指定して丸みを制御する方法を提案している. **図9** は境界での接線方向を変更している例であり，**図10** は稜線が途中で消滅するときの変化のし具合を制御したものである. 特に図10（c），（d）は，細分割曲面のメッシュを 1 列延長して仮想頂点を生成し，パラメタ変更によってシャープフィーチャ（立ち消え稜線）の形状を変更した例である. 特異頂点を含む非正則メッシュ[8] に対しても適用可能である.

細分割曲面を，B-spline 曲面のように入力点を補間す

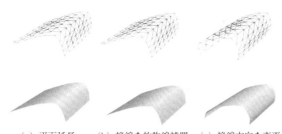

|(a) 平面延長|(b) 接線を放物線補間|(c) 接線方向を変更|

図9 境界横断接線ベクトルの制御

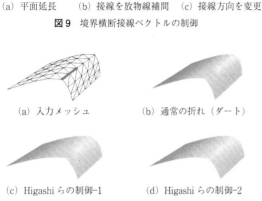

|(a) 入力メッシュ|(b) 通常の折れ（ダート）|

|(c) Higashi らの制御-1|(d) Higashi らの制御-2|

図10 立ち消え稜線の制御

る曲面として考えると，メッシュ点は制御点に対応し，極限点の関係式より連立方程式を解いて求める必要がある.

（2）細分割曲面の基礎と応用に関する情報

紙面の都合で詳細には紹介できないが，近年細分割曲面を意匠デザインや汎用 CAD へ適用する試みがなされている．Higashi らは Loop 細分割ルールを工夫し，高品質な折れ線や境界曲線を表現する手法を提案している[9]．細分割曲面の基礎理論に関しては Peters らの書籍[10]が有用である．汎用 CAD 化への取り組みは Ma[11]および Antonelli ら[12]が詳しくまとめている．

4. ま と め

本稿では意匠デザインにおける曲面表現手段としての細分割曲面手法について説明した．細分割は非常に簡潔なルールによって複雑で高品質な曲面を生成しうる強力な手法である．しかし本格的に意匠デザインに適用するためにはさまざまな問題が存在する．本稿によって多くの方が本分野に興味をもたれることを期待する.

参 考 文 献

1) 大家哲朗，三上武文，金子孝信，東正毅：意匠形状のためのパラメトリック設計手法，精密工学会誌，**75**, 5（2009）663.
2) M. Higashi, H. Tsutamori and M. Hosaka : Generation of Smooth Surfaces by Controlling Curvature Variation, Eurographics' 96, **15**, 3（1996）187.
3) 三浦憲二郎：美しい曲線の一般式とその自己アフィン性，精密工学会誌，**72**, 7（2006）857.
4) T. Sederberg, J. Zheng, D. Sewell and M. Sabin : Non-uniform Recursive Subdivision Surfaces, SIGGRAPH98（1998）387.
5) H. Hoppe, T. DeRose, T. Duchamp and M. Halstead : Piecewise Smooth Surface Reconstruction, SIGGRAPH94,（1994）295.
6) H. Biermann, A. Levin and D. Zorin : Piecewise Smooth Subdivision Surfaces with Normal Control, Proc. SIGGRAPH2000,（2000）113.
7) M. Higashi, H. Inoue and T. Oya : High Quality Sharp Features in Triangular Meshes, Computer-Aided Design & Applications, **4**（1-4）（2007）227.
8) J. Peters : Smooth Patching of Refined Triangulations, ACM Transactions on Graphics, **20**, 1（2001）1.
9) M. Higashi, S. Seo, M. Kobayashi and T. Oya : Boundary Conditions for High-Quality Loop Subdivision Surfaces, Computer-Aided Design & Applications, **8**, 4（2011）593.
10) J. Peters and U. Reif : Subdivision Surfaces, Springer,（2008）.
11) W. Ma : Subdivision Surfaces for CAD ― An Overview, Computer-Aided Design, **37**（2005）693.
12) M. Antonelli, C.V. Beccari, G. Casciola and R. Ciarloni : Subdivision Surfaces Integrated in a CAD System, Computer-Aided Design, **45**（2013）1294.

はじめての精密工学

ジャーク（加加速度，躍度）の測定法

Measurement Method of Jerk/Nobuhiko HENMI

信州大学　辺見信彦

1. は じ め に

　振動や運動の変化を計測するために，最もよく利用されている物理量は加速度である．加速度センサは古くより市販され産業界でも広く使用され一般に広く根付いている．運動の変化を表す物理量としてはジャーク（jerk）も同様である．ジャークとは加速度の時間微分値，すなわち加速度の時間に対する変化の割合である．日本語では加加速度とか躍度と呼ばれている．

　残念ながら，現在市販されているジャークセンサはほとんどない．中国地震局から製品に近い形で紹介されている事例や[1]，測定原理は不明だが上海のメーカーから圧電式のセンサを販売している例[2]はあるが，その他の販売事例は見当たらない．市販センサがほとんどないことに加え，ニュートンの運動方程式では加速度までの物理量しか扱われないため，一般の技術者や研究者にとってジャークは馴染みの薄い物理量であり，加速度の概念ほど世の中に浸透はしていない．しかしながら人間が運動の変化を感じ取る感覚は，加速度よりもジャークに対する感度の方が高い．それゆえ乗り心地や体への影響を抑制するため，列車[3]，エレベータ[4]，ローラーコースター[5]などではジャーク量を制限するよう設計に考慮されている．

　またジャークの工学的な応用やジャークを評価の指標にした事例も多くある．Flash らは[6]人間が腕をある点からある点まで動かすときにジャークが最小になるように動作させているとして運動の軌跡をモデル化した．これがロボットアームの制御や人の腕の動きの予測に使用されるジャーク最小モデルであり，完全ではないが人が自然に動かそうとする運動の軌跡と類似し，しかも軌跡や運動を解析的に解くことを容易にする．

　ジャークを計測する方法は，特にこのように計測すればよいといった一般化された方法はない．しかしその測定法に関する研究事例と，それらの測定原理により研究開発されたジャークセンサがいくつかある[7~9]．ここではそれらの測定法とその応用について紹介する．

2. サイズモ系振動センサの原理とジャークセンサ

　サイズモ系センサとは，振動を計測したい測定対象の上にセンサ本体を設置して，センサ内部のばね要素と質量要素の作用により対象物の振動を計測する振動センサの総称

である．圧電式，ひずみゲージ式，あるいは電磁石を用いたサーボ式などがある．ジャークセンサも基本は同じ原理に基づいている．

　図1にサイズモ系振動センサの構造概略モデルを示す．サイズモ系センサは測定対象の上に，センサを筐体ごと設置して，内部の慣性質量体とセンサ筐体との相対運動を利用する．通常の場合はセンサの固有振動数よりもかなり低い周波数の振動を対象にして，内部質量とセンサ筐体との相対変位から加速度を計測する．図1に示されたモデルセンサに対して，測定対象の変位 x が角振動数 ω で

$$x = X \sin \omega t \tag{1}$$

で振動しているときの，センサ内部質量の変位 y と測定対象との相対変位 $z = y - x$ の時間応答を，センサ内部の減衰比と固有角振動数を ζ および ω_n とし，運動方程式 $\ddot{z} + 2\zeta\omega_n\dot{z} + \omega_n^2 z = \omega^2 X \sin \omega t$ から求めると，式（2）から（4）のようになる．

$$z = Z \sin(\omega t + \alpha) \tag{2}$$

ここで，$\Omega = \omega/\omega_n$ として

$$Z = \frac{\Omega^2}{\sqrt{(1-\Omega^2)^2 + (2\zeta\Omega)^2}} X \tag{3}$$

$$\alpha = \tan^{-1}\frac{2\zeta\Omega}{1-\Omega^2} \tag{4}$$

式（1）から（4）より，$\omega/\omega_n \ll 1$ のとき

$$z \approx -\Omega^2 x = -\frac{\ddot{x}}{\omega_n^2} \tag{5}$$

となり，$\omega/\omega_n \gg 1$ のとき

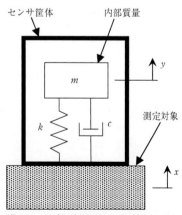

図1 サイズモ系振動センサの構造モデル

187

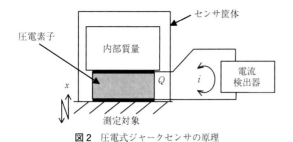

図2 圧電式ジャークセンサの原理

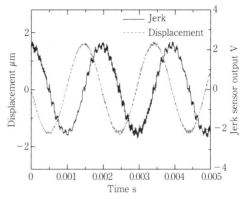

図3 正弦加振したときのジャークセンサ出力と変位センサの出力の時間応答波形

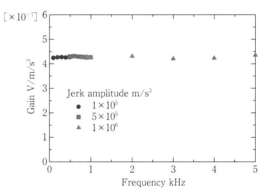

図4 圧電式ジャークセンサの周波数特性（振幅）

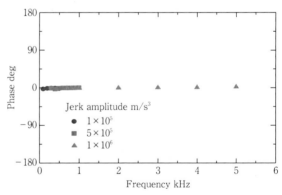

図5 圧電式ジャークセンサの周波数特性（位相）

$$z \approx -x \tag{6}$$

となる．すなわち，センサの固有振動数よりもかなり低い振動に対しては，内部質量とセンサ筐体の間の相対変位を計測すれば加速度に比例した値が計測される．これを圧電体やひずみゲージなどで計測するのが加速度センサである．各種研究開発されているジャークセンサも基本的にはこの原理を用いており，変換方法などの電気的あるいは構造的工夫によりジャークに相当する値に変換している．

3. 圧電式ジャークセンサ[7)10)11)]

圧電式ジャークセンサの原理は上述のサイズモ系加速度センサに類似している．図1のモデルにおけるセンサ筐体と内部質量を，図2のように圧電素子でつなぐと，図1のモデルにおけるばねとダンパは圧電体材料の剛性と粘性摩擦を表すことになる．圧電素子の変形量が測定対象に対する内部質量の相対変位 z に相当し，圧電素子はその変形量に比例した電気分極を発生し，その結果として圧電素子の電極間に電荷 Q が生じる．圧電素子の変形量は内部質量の慣性力に比例した値となるため，チャージアンプにより Q を測定すれば，ニュートンの法則から加速度に比例した出力が得られる圧電式加速度センサとなる（式（7））．

$$Q \propto \ddot{x} \tag{7}$$

このとき，図2のように圧電素子の両端電極間を短絡し，電荷 Q を電流 i として計測すると，式（8）のように，電流は単位時間当たりに通過する電荷の大きさであり，Q が加速度に比例するので，i は加速度の単位時間当たりの変化量，すなわちジャークに比例することとなる．

$$i = \frac{dQ}{dt} \propto \frac{d\ddot{x}}{dt} = \dddot{x} \tag{8}$$

つまり，通常の圧電式加速度センサの計測アンプをチャージアンプから電流計測アンプに変更すればジャークが測定できる．これが圧電式ジャークセンサの原理である[7)]．

図3〜5は，市販の電荷出力型圧電式加速度ピックアップ素子をジャークセンサ素子として使用し，電流アンプを用いて測定した時間応答と周波数応答である[10)]．素子の固有振動数は 32 kHz である．ともにジャークセンサ素子を加振器により正弦波状に振動させたときの応答である．基準センサとして変位センサを用いている．正弦加振の場合，ジャークの振幅は変位振幅に角振動数の3乗を掛けた値が基準となり，位相は変位正弦波よりも 270° 進んだ値が基準となる．図3は 500 Hz で正弦振動させたときの結果であり，変位に対してジャークセンサの位相が 270° 進んだ正弦波となっている．またジャークは周波数が高くなるほど感度が高まるので，変位センサに現れにくかった 8 kHz 程度の高周波振動がジャークセンサ出力には検出されている．

図4の振幅特性および図5の位相特性は，周波数を変化させる際，基準としている変位センサの値から換算されるジャークの振幅が，3区分した周波数範囲内でそれぞれ一定となるように変位振幅を調整しながら正弦波加振して計測した結果である．位相については変位に対して 270° 進

んだ位相を基準に結果を表示している．振幅特性は入力した変位振幅から換算されるジャークの振幅値に対するセンサ出力電圧のゲインを示しており，計測した100 Hzから5 kHzの範囲でセンサのゲインが周波数に依存せず一定なことを示している．また位相特性では加振のジャークに対してほぼ0°の位相遅れでセンサ出力が得られており，振幅と位相いずれも良好なことがわかる．

圧電式ジャークセンサは構造が簡単で，市販の圧電式加速度ピックアップ素子をそのままジャークセンサ素子として転用できるといった利点がある．一方で，圧電で発生する電荷を電流に変換して計測しているため，基本的には変化しない一定のジャーク（すなわちDC入力）は測定することはできない．ただし，著者はセンサの構造と検出回路をうまく設計することによって，0.5 Hz以上の周波数帯域で 0.04 V/(m/s^3) という高感度センサを開発している[11]．

圧電式ジャークセンサは高周波域での感度を高めることが比較的容易であるので，パルス状振動の検出などには加速度センサよりも有効である．著者らは圧電式ジャークセンサを用いて転がり軸受の損傷診断への応用を展開している．回転機械の設備診断では，通常は加速度センサで異常振動を計測するが，異常振動のレベルが小さくなる低回転速度の回転機械に対しては異常振動の検出と診断が難しくなる．ジャークセンサを用いることにより，低速回転軸受の異常振動検出が加速度センサよりも容易になるだけでなく，低速回転下での異常振動検出信号の特異性を明らかにすることができた[12]．さらにその信号の特徴に対応した新たな診断法を開発することができた[13]．

4. 電磁石式サーボ型ジャークセンサ[8) 14) 15)]

図6にサーボ式ジャークセンサの原理図を示す．これは基本的にサーボ式加速度計と同じ構成であり，原理も類似している．一般にサーボ式の加速度計は，センサの内部質量を電磁石によってセンサ筐体に対して一定の位置になるようにフィードバック制御し，そのときの電磁石に流れる電流が電磁石の発生力に比例することを利用し，内部質量によって生じる慣性力を測定することで加速度を計測するものである（式（9），（10））．

$$m\ddot{x} = k_i i \tag{9}$$
$$\therefore \ddot{x} \propto i \tag{10}$$

ここで m はセンサの内部質量，k_i はコイルの力定数，i はコイルを流れる電流，$\ddot{x}$ は測定対象に固定されたセンサ筐体の加速度である．山門らによって開発されたサーボ型ジャークセンサの原理は，このサーボ式加速度計の電磁石にかかる両端電圧がコイルに流れる電流の微分値に比例するということから，コイルの電圧を計測することによりジャークを計測するというものである（式（11），（12））．

$$V = L\frac{di}{dt} \tag{11}$$
$$\therefore \ddot{x} \propto V \quad (\because 式（10）) \tag{12}$$

ここで V はコイルの両端電圧，L はコイルのインダクタ

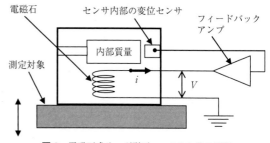

図6 電磁石式サーボ型ジャークセンサの原理

ンスである．このサーボ式ジャークセンサの優れているところは，コイルに作用する電流と電圧を計測すると，ジャークと加速度を同時に計測できるという点である．またサーボ式の場合は圧電式と異なり，一定の（すなわちDC入力の）ジャークや加速度に対しても出力が得られる．ただし内部質量の筐体に対する相対変位を一定にするようフィードバック制御せねばならないため，センサ素子内部に変位センサを必要とする．センサシステムが他の方式よりも複雑でコストがかかる．そしてジャークセンサおよび加速度センサとしての性能は，センサ内部の変位センサの精度とフィードバック制御の応答帯域によって左右される．また，圧電式や次章で述べる機械構造式のジャークセンサに比較してサーボ式の場合は低周波数域での応答に適用させることが容易なため，車両の制御などに応用しやすい．山門らはこのジャークセンサ/加速度センサを，自動車の横滑り防止やアンダーステア抑制などの車両制御[14]や，自動車のドライバモデルの構築[15]など積極的に応用している．

5. 機械構造を利用したジャークセンサ

センサ内部の慣性力を利用しているサイズモ系センサは，基本的に加速度に対応した出力を得るものであるので，ジャークを計測するためには何かしらの変換が必要である．その変換にセンサの機械構造を利用するタイプのものがある．山本らの研究グループは，片持ち梁が振動により励起された慣性力による弾性変形とジャイロセンサ，すなわち角速度センサとの組み合わせによりジャークセンサを構築した[9]．その原理図を図7に示す．この原理は測定対象の振動により片持ち梁の先端に設置されたジャイロセンサが上下変位する．ジャイロセンサの質量の慣性力によって梁がたわみ，梁先端が傾く．そのたわみ量と傾きはその慣性力，つまり片持ち梁の根元部分の加速度に比例するが，梁先端の傾きをジャイロセンサで検出するため角速度が検出される．角速度は梁先端の傾きの微分値であるので，結果として測定対象のジャークが検出できる．この研究グループはジャイロセンサの代わりに圧電式加速度センサで梁先端の震度を計測することにより，ジャークのさらに一階微分の物理量に相当する値を検出できるとして報告している[16]．彼らはこのジャークの微分値の値をジャークドットと呼んでいるが，一般にジャークの一階微分はスナップ（snap）またはジョウンス（jounce）などと呼ばれる．

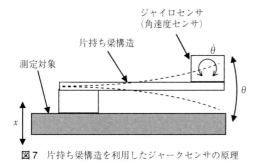

ジャイロセンサ
（角速度センサ）

片持ち梁構造

測定対象

$\dot{\theta}$

θ

x

図7 片持ち梁構造を利用したジャークセンサの原理

この片持ち梁とジャイロセンサを用いたジャークセンサは片持ち梁を用いているため励振された後の梁の残留振動が問題になる．そのためあまり大きな振動やセンサ構造の固有振動を励起するような状況での使用は難しい．また元々たわみ変形そのものが小さいうえに，その角速度を測っているので，ジャークセンサとしての感度は原理的に低いという欠点がある．ただし，ジャイロセンサの代わりに加速度センサを用いてスナップを計測できるのは興味深い．加速度センサの代わりに圧電式ジャークセンサを片持ち梁に搭載すればスナップのさらに一階微分であるクラックル（crackle）あるいはポップ（pop）と呼ばれる物理量が計測できるセンサとなる可能性がある．センサ感度は必ずしも高くできるとは考えにくいが，加速度よりもジャーク，ジャークよりもスナップ，スナップよりもクラックルの方が，それぞれの微分値であるので高周波数域の振動成分に対する感度が上がり，低周波数域の振動成分に対する感度が下がるため，よりパルス状振動を検出しやすくなる可能性があると考えられる．

6. お わ り に

一般のエンジニアや研究者には馴染みの薄いジャークについて紹介し，その代表的なセンシングの原理について解説した．ここでは紹介しなかったが，ジャークを振動の制御に用いる研究も行われている[17]〜[20]．市販のジャークセンサがないため加速度センサの出力を微分して利用しようとすることも多く試行されていると思われるが，微分は高周波ノイズの影響を強く受けるため，フィルタリングの研究例などもある[21]．ジャークを直接計測できれば，さまざまな分野への展開の可能性があると思われる．著者がある学術講演会でジャークセンサについて発表した際，加速度センサの出力を微分すればよいのではないかとの質問をした技術者がおられたが，変位センサがあれば速度センサがいらないわけではないのと同様に，加速度センサがあるからといってジャークセンサはなくてもよいということにはならない．いくつかの分野で利用されるようになってきていることは事実だが，振動や運動の表現に対してジャークはまだまだ一般に浸透していない．ジャークセンサは，ジャークの値として利用できるだけでなく，パルスの検出など高周波数成分を含む振動の高感度検出センサとしての利用価値も高い．ここに紹介したように，ジャークが簡単に計

測できるようになっているので，ジャークの積極的な利用や応用を試みようという方々が増えることを願っている．

参 考 文 献

1) Y. Xueshan, Q. Xiaozhai, G.C. Lee, M. Tong and C. Jinming : Jerk and Jerk Sensor, Proceedings of the 14th World Conference on Earthquake Engineering, (2008).
2) http://zhendongsd.en.alibaba.com/productgrouplist-214346049/YD31.html
3) 鉄道車両制御装置，特願 2004-69958.
4) エレベータの制御装置，特願 2002-170312.
5) 佐藤実：宇宙エレベーターの物理学，オーム社，（2011）104.
6) T. Flash and N. Hogns : The Coordination of Arm Movements : An Experimentally Confirmed Mathematical Model, The Journal of Neuroscience, **5**, 7 (1985) 1688.
7) 辺見信彦，明石慎，田中道彦：圧電型ジャークセンサの基礎特性，2004 年度精密工学会秋季大会学術講演会，（2004）917.
8) 山本誠，門向裕三：加加速度を用いた運動評価・制御システムの研究（第 1 報，加加速度センサと加加速度の車両運動制御システムへの適用検討），日本機械学会論文集（C 編），**64**, 619 (1998) 873.
9) 田村雅巳，山本鎮男，曽根彰，増田新：振動ジャイロと片持ちはりを組み合わせたジャークセンサの開発とこれを用いた不連続信号の検出，日本機械学会論文集（C 編），**65**, 629 (1999) 122.
10) 辺見信彦，中井孟，大西正紘，田中道彦，山木宗人：圧電式ジャークセンサの研究—市販加速度センサ素子への測定原理の適用—，2008 年度精密工学会春季大会学術講演会，（2008）515.
11) 辺見信彦，吉村一生，田中道彦，山木宗人：圧電式ジャークセンサー高感度試作品の性能—，自動車技術会論文集，**41**, 2 (2010) 425.
12) 辺見信彦，高木良祐：ジャークセンサによる転がり軸受の損傷診断に関する研究（第 1 報，ジャークセンサ検出による低回転時の振動信号の特長），日本機械学会論文集 C 編，**79**, 801 (2013) 1775.
13) 辺見信彦：ジャークセンサによる転がり軸受の損傷診断に関する研究（第 2 報，新しい診断法の提案と有効性の検証），日本機械学会論文集 C 編，**79**, 801 (2013) 1786.
14) 高橋絢也，山門誠，横山篤ほか：G-Vectoring 制御を用いた横すべり防止装置の運動性能評価，自動車技術会論文集，**41**, 2 (2010) 195.
15) 山門誠，安部正人：加加速度情報を用いた車両横運動と連係して加減速するドライバモデルの提案—車両運動力学的合理性を有する運転動作から抽出したドライバモデル，自動車技術会論文集，**39**, 3 (2008) 53.
16) 曽根彰，増田新，松浦孝，山村貴彦，山田眞，山本鎮男：ジャークドットセンサによる構造物の損傷検出，日本機械学会論文集（C 編），**70**, 693 (2004) 1318.
17) 趙莉，堀洋一：安全と乗り心地の向上を目指し加速度・ジャーク限界とドライバ指令変更を考慮したリアルタイム速度パターン生成，電気学会研究会資料．IIC，産業計測制御研究会 2006, 16 (2006) 5.
18) 張炳勲，堀洋一：加速度変化率の微分値を考慮した目標軌道設計法と高速高精度位置決め制御系への適用，電気学会研究会資料．IIC，産業計測制御研究会 2002, 85 (2002) 23.
19) 菊池貴行，大久保重範，及川一美，高橋達也：水平多関節ロボットの制御，計測自動制御学会東北支部第 224 回研究集会，224-5（2005）1.
20) 山形拓也，辺見信彦：ジャークセンサ出力のフィードバックによる運動制御の研究，日本機械学会 2013 年度年次大会講演論文集，（2013）S115021.
21) S. Nakazawa, T. Ishihara and H. Inooka : Real-time Algorithms for Estimating Jerk Signals from Noisy Acceleration Data, Proceedings of the International Conference on Mechatronics and Information Technology, (2001) 423.

はじめての
精密工学

表面粗さ ―その3　教科書に書けないワークのセッティングの裏技と最新のJIS規格―

Surface Roughness—Part3, Tips on Work-piece Setup and Latest Japanese Industrial Standard—/Ichiro YOSHIDA

(株)小坂研究所　精密機器事業部　開発企画チーム　吉田一朗

1. は じ め に

近年の製品の高機能化により，寸法，幾何形状だけでなく部品表面の微細な凹凸や表面粗さまで活用する必要性がますます高まり，それとともに表面性状の測定はその頻度および重要性を増している．

前報まで[1][2]は，触針式表面粗さ測定機による表面粗さの測定方法や測定条件の設定方法についての解説[1]と特殊な機能性をもつ表面に有効であると考えられるパラメータ[3][4]およびその具体的な対象と表面について紹介[2]した．本稿では，表面粗さ測定における測定対象物（以下，ワークと表記する）の設置の際のコツと最新のJIS規格[5]を紹介する．

本稿で紹介する方法の中には，原理・原則の観点からは

お叱りを受ける方法も含まれているため，お詫び申し上げるとともに，あくまでも裏技と思ってご活用いただければと思う．

2. 表面粗さ測定を楽しくする裏技

本章では，一般に知られている手法では設置，測定が困難なワークの取り扱いのコツ，それに用いる治具を紹介する．

図1は，板かまぼこのように上面が曲面になっているガラス製の載物台である．このようなガラス台は，金属箔や樹脂フィルムの測定に有効である．金属箔や樹脂フィルム，紙などのように薄いシート状のワークは，曲率のないフラットな面に実際に載せてみると，シワの発生やワークの浮き上がりによってテーブル面との間に空間ができてうまく測定できず，非常に苦労する．しかし，図2，3のように金属箔やフィルムのセッティングに曲率のある面を活

図2　板かまぼこ形ガラスに箔を設置した例

図1　板かまぼこ形ガラス（ガラス載物台）

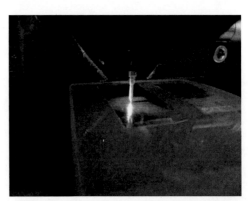

図3　板かまぼこ形ガラスにフィルムを設置した例

図4　Vブロックとアングルブロック

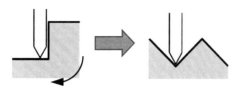

図5　Vブロックによる溝の隅や角の測定

図7　簡易的な突き当て治具としてのマグネット治具

図6　マグネット治具

図8　アングルブロックとマグネット治具の組み合わせ（ベアリングを設置した例）

用すると比較的簡単にシワや浮きの発生を抑えながら設置でき，安定した測定が可能となる．ただし，このような載物台を使った場合，測定データは円弧成分をもって得られるが，載物台の円弧の半径分を数値計算により差し引けばよい．平坦な載物台に苦労してシワが可能な限り発生しないように設置し，測定結果からシワの形状を差し引くときに不適当な関数を当てはめてしまうよりは，費用対効果の観点も含め，手法としての妥当性が高いと考えられる．また留意点としては，図1の載物台の曲面の半径は，小さい方がワークの設置が容易になるが，測定長さが長くなると検出器の測定範囲から外れる場合もある．そのため，曲面の半径と測定長さおよびZ方向の測定レンジはトレードオフの関係となる．

　図4はVブロックであり，V溝の角度によってワークを傾斜させることができる．そのため，ワークの傾斜面を測定したい場合には，測定したい部分を水平に近づけることができるため，粗さ測定を容易にしつつ測定の信頼性も向上する．また，ワークの角の部分や溝の隅の部分およびその近傍を測定したい場合にも，Vブロックやアングルブロックを活用することで図5のように角や隅の表面粗さおよび微小領域の形状測定ができるようになる．これは，機械加工の経験などでVブロックを知っていれば当たり前で簡単なことであるが，筆者の経験上，意外と知らない方が多い．

　図6はマグネット治具である．マグネット治具は加工現場でも使用され，加工ワークの押さえやダイヤルゲージによる測定に活用されることがある．このマグネット治具は，厳格・厳密な表面性状の測定の観点からは不適切であるとお叱りを受けるかもしれないが，図7のように簡易

的な突き当て治具として活用できる．急な複数個の同一形状ワークの測定に対応しなければならないにもかかわらず，突き当て治具等を製作するための時間的な余裕のない場合や多品種かつ数十個のワークの測定が頻繁に要求される現場などでは，このマグネット治具は配置を簡単にアレンジできるため非常に便利で役に立つ．本来は，専用の固定治具を製作することが最もよいが，この治具の活用によって急な測定要求に対応できる利点や，ワークの同じ場所を，仮測定してから他の測定機と比較測定する場合，顕微鏡で観察して再測定する場合，修正加工しながら再測定する場合などに便利である．

　注意が必要な点としては，この治具が磁石を使っていることが挙げられる．一般的な触針式表面粗さ測定用の検出器は差動トランスを使っていることが多く，差動トランスは磁力の影響を受けるため，普通の裸の磁石の使用は絶対に避け，このマグネット治具の使用の際にも注意を払わなければいけない．このマグネット治具は，図6に示すようにマグネットの周囲を鉄系の金属で覆っているため磁力の漏れは少ない．しかし，厳密な測定を求められる場合や精度が求められる測定の場合は，マグネット治具を十分に遠ざけて使用するか，念のためその使用を避けたほうがよい．

　図8は，Vブロックとマグネット治具を組み合わせて

図9 アルミのホイル（写真は市販の家庭用ホイル）

図11 紙（写真はコピー用紙）

図10 アルミのホイルによるレンズの支持の例

図12 コピー用紙による簡易防風

活用した例であり，ベアリングのエッジ部分の測定に適用している．Vブロックによりベアリングを斜めに設置することで触針がエッジ部分を走査しやすくするとともに，Vブロックだけではベアリングが転がり不安定なため，マグネット治具を二つ使って固定している．このように，Vブロックとマグネット治具を活用すると，上手に自由度を拘束できることがある．ただし，費用的，時間的コストをかけることが許される場合は，原理原則に忠実な自由度拘束[6]の治具を設計・製作したほうがよい．

　図9はアルミのホイルであり，図10は図9のアルミのホイルをレンズの設置に活用した例である．オプチカルフラットやレンズなどのように底面部分の面積が比較的大きく平坦かつ逃げ部分がない場合では，そのまま設置すると座りが悪くなることや底面部分に空気が入り込むことがある．この状態を分かりやすい表現で具体的に説明すると，接触部分が定まらず不安定になることや空気が入ったまま不安定にフワフワすること，空気が徐々に抜けて安定するまでに時間がかかることがあり，測定結果が安定しなくなる．これらに対し簡易的で応急的な対応であるが，図10のようにアルミのホイルで支持をすると，測定結果が安定する．本来は，接地面に逃げを設計，加工するか三点支持の治具を用意すべきであるが，この方法でも安定して設置できることがある．図10の支持方法は，ワークの0°，

120°，240°の三方向にアルミのホイルを挿入し，挿入する量は感覚的ではあるが，おおよそ10mm以上からワークの直径の1割程度がよい．

　また，図9，11のアルミのホイルと紙は，応急的なスペーサやシムとしても使うこともできる．筆者の経験では，コピー用紙や市販のアルミのホイルなどは大量生産品のためか，その厚みは比較的安定している．そのため，粗さ測定の際に，急にワークの微小な傾斜調整や複数のワークの高さ調整が必要となり，専用のシムやスペーサ，傾斜調整ステージ，ゴニオステージなどが用意できない場合に，使い勝手がよい．図9，11のアルミのホイルおよび紙は，実測で12～13μm および90～91μm（上質紙，坪量：66 g/m^2，温度：20.4℃，湿度：53%）であった．紙は，その種類と坪量（g/m^2）により厚みが異なるため，使用する前に実測する方がよいと思われる．参考として，筆者が測ったことがあるコピー用紙は，90～100μm が多かった．よりしっかりしたシム，フィラーゲージの使用も挙げ

図13 粘土

図14 粘土による金属の薄板の固定

表1 表面性状測定方法の分類[5]

	表面性状測定方法の分類	具体的な方法
	二次元の輪郭曲線を測定する方法（Line-profiling methods）$z(x)$	・ 触針走査法（Contact stylus scanning） ・ 位相シフト式干渉顕微鏡法（Phase-shifting interferometric microscopy） ・ 干渉式円環状輪郭曲線法[b]（Circular interferometric profiling） ・ 光学差動式輪郭曲線法（Optical differential profiling）
	三次元の表面凹凸（形状）を測定する方法（Areal-topography methods） $z(x, y)$ または関数としての $z(x)$ [a]	・ 触針走査法（Contact stylus scanning） ・ 位相シフト式干渉顕微鏡法（Phase-shifting interferometric microscopy） ・ 垂直走査低コヒーレンス干渉法（Coherence scanning interferometry, CSI） ・ 光学差動式輪郭曲線法（Optical differential profiling） ・ デジタルホログラフィ顕微鏡法（Digital holography microscopy, DHM） ・ 共焦点顕微鏡法（Confocal microscopy） ・ 色収差共焦点顕微鏡法（Confocal chromatic microscopy） ・ 点合焦輪郭曲線法（Point autofocus profiling） ・ パターン光投影法（Structured light projection） ・ 全焦点画像顕微鏡法（Focus variation microscopy） ・ SEM ステレオ投影法（SEM stereoscopy） ・ 角度分解 SEM 法（Angle-resolved SEM） ・ 走査トンネル顕微鏡法（Scanning tunnelling microscopy, STM） ・ 原子間力顕微鏡法[c]（Atomic force microscopy, AFM）
	面内を積分する方法（Area-integrating methods）	・ 総積分光散乱法（Total integrated scatter） ・ 角度分解光散乱法（Angle-resolved scatter） ・ 平行板静電容量法（Parallel-plate capacitance method） ・ 流体式測定システム（Pneumatic measuring system）

注 a） $z(y)$ 方向のプロファイルの精度は，測定法に依存するので各測定法で確認する必要がある.
 b） この手法は，$z(\theta)$ のプロファイルを生成する円形走査に依存する.
 c） STM および AFM は，多くの場合，走査プローブ顕微鏡（SPM）として分類される測定方法である. 近接場走査光学顕微鏡（NSOM/SNOM），走査容量顕微鏡（SCM）のような SPM も三次元の表面凹凸測定に応用される可能性がある.

られるが，厚いフィラーゲージを使用する場合は切断したときにバリが出ることがあるため留意して切断していただければと思う.

　図12 は，図11 のコピー用紙を使った簡易の防風措置である. 本来，最もよいのは測定機を専用のカバーで保護する方法であり，もしくは，空気の揺らぎが起こらないように人の往来を禁止するのがよいが，測定の現場では業務の関係から禁止することができない場合もある. このような状況において，高倍率測定の必要性が突発的に生じた場合における簡易的な対処としては，図12 のような方法によって触針に与える風の影響を多少低減できる. ちなみに，レーザーの研究者の方が空気揺らぎの影響を低減するために，紙筒を使っているのを見たことがある.

　図13 は粘土であり，ワークの簡易的な固定に役立つ場合がある. 例えば，図14 のような金属の薄板が挙げられ，このような中途半端な厚さ，大きさにカットされた金属の薄板は，自重でたわむほど薄くはないが，テープなどで固定するとテープを剥がす際に塑性変形もしくは折れる

危険性があり固定方法に苦労する．このような場合，図14のように粘土をうまく活用すると，ワークを折り曲げずソフトに固定することができる．また，この粘土は自由に形が変化するため，小片に切り出された半導体部品やガラス部品の固定にも役に立ち，レンズなどのように下面が曲面になっていて固定に困る場合にも活用することができる．ただし，この粘土の方法も簡易的な方法と認識していただき，より適正な測定のためには半導体用の粘着シートやゲルなどで固定する方法や多孔質およびピンホールの吸着ステージなどを活用していただきたい．

3. 表面性状の規格の動向

本章では，最新の表面性状の JIS 規格について紹介する．

2014 年 7 月 22 日に新しい表面性状の JIS 規格として，JIS B 0681-6：2014（ISO 25178-6：2010）[5]「製品の幾何特性仕様（GPS）―表面性状：三次元―第 6 部：表面性状測定方法の分類」が制定された．この規格は，粗さ曲線，うねり曲線，断面曲線および三次元の表面性状に関連する規格であり，表面性状の測定に使用される方法の分類体系および用語の定義に関して規定している．規格の中で分類された結果を**表1**に示す．表 1 は理解のしやすさを考慮し，JIS B 0681-6：2014 の図 1[5]に示されている表面性状測定方法の分類を横向きの表にまとめ直した．加えて，具体的な方法の名称とともにその英語の用語[5]も併記し，規格中のイラストも書き直している．

JIS B 0681-6：2014（ISO 25178-6：2010）では，まず大きく 3 つの測定方法「二次元の輪郭曲線を測定する方法」および「三次元の表面凹凸（形状）を測定する方法」，「面内を積分する方法」に分類し，該当する具体的な測定方法の用語および説明を列挙している．規格では実際の表面からどのような形式の測定結果を生成する方法であるかの観点に立った分類をしているが，表面性状の測定方法や測定機器の分類は，分類する際の着眼点や考え方によってさまざまな分類が可能であり，他の分類もいくつか提案されている[7]~[9]．

この規格の本文では，各測定方法の用語とその簡単な説明がされているため，表面性状を測定する上での方法選択および理解の一助となる．当該規格を JIS 規格化した趣旨としては，測定方法の体系化および用語の統一化を図ることで表面性状測定機に関する工学，工業分野の共通認識を増大させることが挙げられる．また，本規格で定義された各測定方法に関連する測定機の ISO 規格群が審議・制定

されている状況も鑑み，最重要の規格の一つとして JIS 規格化に至った[5]．

本規格でも同様であるが，JIS 原案作成委員会が ISO 規格に日本語を対応させる際には，規格使用者が理解しやすいこと，特定の企業が固有に使用している用語でないこと，すでに普及している用語がある場合はその用語を尊重・考慮すること，ISO 規格の意図を考慮すること，今後の発展，変革を見据えることなどを念頭に置き，工業分野，教育分野，学術分野への影響と貢献を第一に考え，熟慮している．

4. お わ り に

本報では，表面性状を測定する際のコツと最新の表面性状の JIS 規格について述べた．

表面性状を含む測定の基本は，原理・原則に従うことであり，計測学の教科書等により基本原則をしっかり学んでいただくことをお願いしたい．原理原則や諸先輩の知識を応用し，かつ，総合的に費用対効果などを考えながら，守破離の精神で日ごろの業務の改善，効率化，省力化を図っていただけたらと思う．

本報で述べた内容が，皆様のものづくり分野の教育・研究・開発，ひいては豊かさの発展に貢献できれば幸いである．

参 考 文 献

1) 吉田一朗：はじめての精密工学―その測定方法と規格に関して―，精密工学会誌，**78**, 4（2012）301.
2) 吉田一朗：はじめての精密工学―その 2 ちょっとレアな表面性状パラメータの活用方法―，精密工学会誌，**79**, 5（2013）405.
3) JIS B 0671-1, 2, 3：2002 製品の幾何特性仕様―表面性状：輪郭曲線方式―プラトー構造表面の評価―第 1, 2, 3 部（ISO 13565-1, 2, 3：1996, 1998），財団法人 日本規格協会.
4) JIS B 0631：2000 製品の幾何特性仕様―表面性状：輪郭曲線方式―モチーフパラメータ（ISO 12085：1996），財団法人 日本規格協会.
5) JIS B 0681-6：2014 製品の幾何特性仕様（GPS）―表面性状：三次元―第 6 部：表面性状測定方法の分類（ISO 25178-6：2010），財団法人 日本規格協会.
6) S.T. Smith and, D.G. Chetwynd：Foundations of Ultraprecision Mechanism Design, Gordon and Breach Science Publishers, (1992) 43.
7) 笹島和幸：三次元表面微細形状・表面粗さ計測の種類と測定上の問題点，月刊トライボロジー，**18**, 7（2004）19.
8) 柳和久，小林義和，吉田一朗：表面性状の標準規格動向とトライボロジーとの関わり，トライボロジスト，**53**, 8（2008）498.
9) 深津拡也：光学式輪郭測定技術を用いた工業表面のトポグラフィ測定，精密工学会誌，**76**, 9（2010）995.

短パルスレーザーを照明に用いた高速度現象の可視化

Visualization of High-speed Phenomena Using a Short-pulse Laser Illumination/
Rie TANABE and Yoshiro ITO

長岡技術科学大学　**田辺里枝，伊藤義郎**

1. は じ め に

レーザー加工や放電加工は，短時間で高密度の光パルスを微小領域に集光照射することにより，または，電極と被加工物の間に高電圧を印加して極間に電流を流すことにより，被加工物を短時間に加熱，溶融，蒸発させることで除去し，加工が進展する．これらの加工は，局所的に短時間で形態変化が生じる高速加工現象であり，加工パラメータの調整により加工形態は大きく変化する．また，高密度のエネルギー加工であるため，加工時には多くの場合，プラズマ生成による強い発光が伴い，肉眼や一般的な観察手段では，これらの現象を直接観察することは困難である．そのため，加工過程や加工原理の追究は，多数の加工結果からの推定やシミュレーションによる解析によらざるを得ない．しかし，これらの方法による加工現象の解析では，解明できない点も多く残されており，実際の現象を把握することが重要である．そのためには，時間的な変化と空間的な変化とを同時に，高い分解能で，時間分解観察する必要がある．

レーザーは，従来，切断，溶接，穴あけ，マーキングなどの加工を行う装置として利用されるのが一般的であったが，現象を撮影するためのカメラの照明光源としての利用も可能である．特に，高速な変化を伴う加工現象の研究では，大きな威力を発揮しつつある．照明光源としてレーザーを用いた可視化の研究は，いつから始まったのか十分には調べていないが，日本では30年以上前でもすでに取り入れられており，例えば，ディーゼル噴霧により発生する衝撃波や，爆破に伴う応力波の挙動の可視化が行われている[1)2)]．しかし，パルスレーザーはランプ等に比べ高価であったことや，カメラ等の他の機器との同期を取ることが容易ではなく，一般的な手法とはなっていない．そこで本稿では，レーザー加工や放電加工など加工時に発光が伴う高速度現象を，高分解能で可視化するためのレーザー利用について，その撮影手法や特色を紹介する．

2. 可 視 化 技 術

2.1 可視化に必要な特性

まず，レーザーによる微細加工や放電加工の観察に必要な空間分解能や時間分解能を大雑把に評価してみよう．レーザーには，連続光からフェムト（10^{-15}）秒の超短パルスのものまであるが，ここではマイクロ秒以下の短パルスレーザーによる加工について考える．短パルスレーザーによる加工範囲はおよそ数十 μm，放電加工における電極間のギャップや放電痕の大きさは数 μm 以上である．レーザー照射部や放電箇所が加工されるということは，試料に変形が生じるということであり，物質の移動や変態が起こっている．局所的な物質移動速度として，仮に，音速を考えてみると，媒質により異なるが，数百から数千 m/s であり，この場合，1 mm の距離を移動する挙動を観察するには，マイクロ秒より速い時間分解での撮影が必要であるだろう．一方，溶融，気化から凝固までの現象の観察には，ミリ秒以上の撮影が必要となる場合も考えられる．以上より，レーザーによる微細加工や放電加工における現象の観察には，空間分解能としては 1～10 μm，時間分解能としてはピコ秒～ミリ秒での撮影が要求される．

2.2 照明としてパルスレーザーを用いる方法の特徴

このような高速度現象の可視化には，高速度カメラ（ICCD カメラや高速度ビデオカメラ）を用いるが，単に高速度カメラを用いてそれらの加工現象を撮影しても，加工部の変化の詳細を観察することはできない．なぜなら，これらの現象では，加工時に発光を伴う場合が多く，単純な撮影ではその発光が白く写るのみで，試料の形状変化を撮影することができないからである．このプラズマの発光の挙動を観察するのであれば特に照明を必要としないが，発光の影響を取り除き，加工部の変化を記録するためには，発光の輝度よりも明るい照明光を用いる必要がある．輝度の明るい照明機器として，高輝度のハロゲンランプやキセノンランプなどがあるが，それらは連続光源，または，パルス光源であっても，その閃光時間は数マイクロ秒から数ミリ秒のものが多く，繰り返しの周波数は数 Hz から数十 Hz 程度のものが多い．

通常，撮影画像の時間分解能は，カメラのシャッター速度に依存する．速い現象を撮影するためには，シャッター速度を速くするが，シャッター速度が速ければ速いほど，シャッターの開いている時間が短くなり，露光量が減るため，得られる画像は暗くなり，短いほどより強力な照明が必要になる．シャッター速度が 1/1000000 秒の場合，通常は，先程述べたとおり，光源がカメラのシャッター速度よりも長く発光しているため，シャッターが開いている 1 マイクロ秒間の現象がすべて記録されることとなる．つま

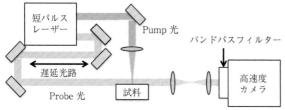

図1 ポンプ-プローブ法による撮影システムの一例

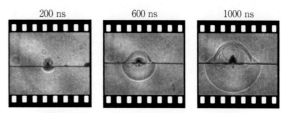

図2 ポンプ-プローブ法により取得した画像例

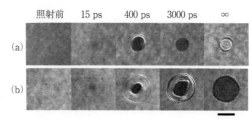

図3 フェムト秒レーザー1パルス照射による積層薄膜の除去過程[6][7]. 照射パルスエネルギーは90μJである.(a)は,ガラス基板上にアルミ薄膜,(b)はガラス基板上のITO膜の上にアルミ薄膜がある試料を用いた.

り,得られる画像の分解能は設定したカメラのシャッター速度で決まり,この場合は1マイクロ秒となる.

一方,本稿で紹介する撮影技術では,カメラのシャッター速度よりもレーザーのパルス幅(閃光時間)の方がはるかに短いので,撮影される画像は,照明光があたっている時間,すなわちレーザーのパルス幅に依存し,カメラの性能には影響されない.フラッシュごとに別の画像として記録する点が,少し異なっているが,ストロボ撮影の際,カメラを解放にして,フラッシュを点滅させて運動を一枚の画像に重ねて記録できるのに類似している.

本手法で照明に用いているレーザーは,パルス光をある周波数で発振するものである.仮に,カメラのシャッターが1マイクロ秒開いていたとしても,レーザーのパルス幅が10ナノ秒のものを用いると,露光時間はシャッター速度の1/100の10ナノ秒であり,高速度撮影でも鮮明な画像を得ることができる.さらに,カメラの前に照明用のレーザー光のみを透過するフィルターをおくことで,加工用レーザーの散乱光やプラズマの影響を最小限に抑えることが可能である.

2.3 ポンプ-プローブ法による単発繰り返し撮影

レーザー加工などの高速現象を解析する実験システムとして,世界で広く応用されている,ポンプ-プローブ撮影法がある.この手法では,通常1回の撮影で1枚の画像の取得が可能で,研究対象のある瞬間の現象を,パルスレーザー光を照明に用いて観察している[3]～[5].ポンプ-プローブ法は一つのレーザーパルスで現象を起こし(ポンプ),別のパルスで画像やスペクトルなどの情報を得る(プローブ)手法で,プローブの照射タイミングを変えながら測定を繰り返すことで,現象の時間発展の情報を得るものである.したがって,一回の現象の時間的・空間的な進展を全体的・統一的に捉えられるわけではない.例として,われわれが構築しているポンプ-プローブ法による撮影システムの概略を**図1**に示す.短パルスレーザーには,工業用,研究用,医療用などで広く利用されているパルスNd:YAGレーザーを用いている.このレーザーは倍波の発生ユニットから基本波である1064nmの赤外光を,その倍波である532nmの緑の可視光を出力することができ,ここでは,基本波をポンプ光に,倍波をプローブ光に用いている.図1のシステムでは,倍波を使って,CCDカメラにより,シャドウグラフ画像を撮影している.カメラと照明用レーザーは同期を取っており,レーザー照射と照明用

レーザーが試料表面に同時に到達する時間を,照射から0秒後の画像とした.このシステムでは,1回の照射に対して1枚の画像しか取得できない.そこで,1回の照射に対して,①照射前の画像,②照射から任意の遅れ時刻での画像,③約1分経過後の最終画像を1セットとして,撮影を行う.毎回起こる現象が同じであるという仮定の下で,これを何度も繰り返すことで,**図2**に示すようにレーザー照射部の変化を時系列で見ることができる.これは,透明材料であるエポキシ樹脂の表面に,ナノ秒レーザーを100mJで1発照射した場合のシャドウグラフ画像の例である.試料は水中に設置しており,水平な影が試料表面であり,その上側が水中,下側が試料内部での変化を撮影している.水中に伝わる衝撃波と,気泡,試料内部に伝わる応力の影が観察されている.

ポンプレーザー照射後の任意の遅れ時刻での撮影は,プローブレーザーを遅延光路に通すことで調整している.光は1ナノ秒で30cm進むので,プローブ光の光路をポンプ光の光路よりも30cm長くすると1ナノ秒後の現象を撮影できる.プローブレーザーがナノ秒より短いパルス幅であれば,光路差を100μmの精度で制御することで,容易にピコ秒程度の時間分解観察が可能なのである.しかし,逆に大きな遅延時間を遅延光路によって作るには,その分空間的な距離が必要になってしまうため,われわれは,このレーザー装置一台によるシステムでは,ピコ秒から数十ナノ秒の撮影に用いている.それ以降の現象を撮影する場合には,ポンプとプローブとを別々のレーザーを用いて発生させている.2台のレーザーの発振に遅延を与え,プローブとカメラの同期をとり,ポンプに対するプローブとカメラの遅れを,遅延パルス発生器を用いて任意に調整している.

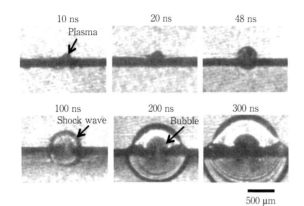

図4　ナノ秒レーザー1パルス照射による水中アブレーション現象の時間分解画像[8]．照射パルスエネルギーは60mJである．画像中央の水平な線は試料表面を示す．試料には透明材料であるエポキシ樹脂を用いており，表面の上側が水中，下側が試料内部での変化を撮影している．

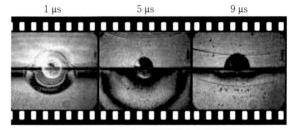

図5　レーザーストロボ撮影法による撮影例

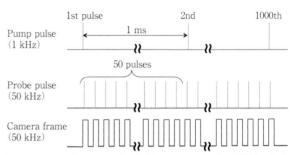

図6　レーザーを1kHzで集光照射し，50000枚/秒で撮影する場合のタイミングチャート．1発のパンプに対して20マイクロ秒間隔で50枚の連続画像が得られる．

ポンプ-プローブシステムは，フェムト秒レーザーによる加工などのより高速な現象の観察にも適用できる．**図3**に，有機EL素子の金属電極に対して，波長785nm，パルス幅100フェムト秒で90μJのレーザーをポンプとして1パルス集光照射した際の照射部の時間変化の様子を示す[6][7]．プローブには同一パルスを分割して倍波発生器を通した後の392nmの光を用いている．（a）にはガラス基板上のアルミ薄膜を，（b）にはガラス基板上のITO膜にアルミ薄膜を積層した試料を用いた場合の結果である．いずれも，15ピコ秒程度から照射部に変化が見られているが，同じパルスエネルギーで照射しているにもかかわらず，最終加工痕は，ITO層がない場合は完全にアルミが除去されていないが，ITO層がある場合は除去され下層のITOが露出しており，積層構造により加工形態が異なるという，興味深い現象が観察された．

　図4に，水中に設置した試料表面へ，パルス幅10nsで60mJのパルスレーザーを1パルス集光照射した場合の，時間分解画像を示す[8]．試料には透明材料であるエポキシ樹脂を用いており，画像中央の水平な線が試料表面である．画像の上側が水中での変化，下側が試料内部での変化を示している．図2と類似の実験であるが，撮影画像は単純なシャドウグラフ画像ではない．図1で示した実験系において，照明光の光路中に，偏光子と1/4波長板を試料の手前側に（レーザー側），1/4波長板と検光子を試料の後ろ側（カメラ側）へそれぞれ設置することで，円偏光弾性画像の撮影を行った．つまり，レーザー照射により試料内部へ伝わる応力を応力縞として撮影することを可能にした．この撮影により，50ナノ秒よりも速い時間においてはレーザー照射により水中でプラズマの影が成長している様子が観察され，その後，100ナノ秒程度から，水中に伝わる衝撃波と気泡の生成，試料内部を伝わる応力縞が観察されることが分かった．

　ここに例示したように，このポンプ-プローブ法による

観察は，根気よく撮影を繰り返す必要があるが，連続撮影が困難なマイクロ秒以下の早い時間での現象を調べるためには，適した手法である．

2.4　高速度レーザーストロボビデオ撮影法による連続撮影

　近年，秒当り100万枚以上の撮影が可能な高速度ビデオカメラが市販されるようになった．われわれは，このようなカメラの性能を最大限に引き出すために，高速度ビデオカメラと高繰り返しの照明用短パルスレーザーを組み合わせたシステムを構築した．これによって，1回の現象を，連続した一連の画像として記録することを，可能にした．この組み合わせによる連続撮影システムは，今のところ世界でも例がなく，レーザー光を照明として用いたストロボ撮影のような手法であるため，われわれは，高速度レーザーストロボビデオ撮影法と名付けている．この方法による撮影例を**図5**に示す．これは，図4で示した現象を4マイクロ秒間隔で撮影したものである．図2〜4に示した画像と異なり，単一のレーザー照射に対して一度に撮影された連続画像である．

　撮影された画像の解像度は使用するカメラによって変わる．撮影速度によらず一定の解像度であるがそれほど高い解像度ではなく記録容量が百枚程度に制限されるタイプのカメラ，撮影速度が速くなるほど解像度が低下するが数万枚以上も記録できるカメラ，など機種によってさまざまであり，撮影したい現象に応じて適したカメラを選定し，使い分ける必要がある．われわれは，速い時間領域での現象を見たい場合には撮影速度を優先し，前者の特性をもつカメラ，HyperVision HPV-2A（島津製作所）を用いて

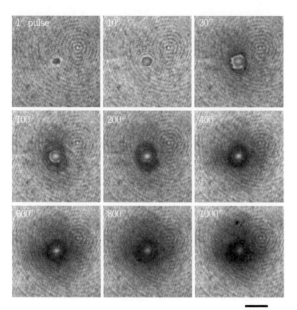

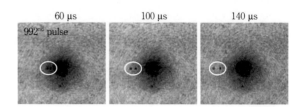

図8 加工穴から塊として排出された加工屑の挙動[9]．これは，図7
と同様の実験において，992発目に撮影された50枚から3枚
抜き出した画像である．992発目が照射されてからの時間を画
像の上に示す．

図9 ナノ秒レーザー1パルス照射による水中アブレーション現象
の連続撮影画像．照射パルスエネルギーは100 mJである．試
料には1 mm厚の銅板を用いた．円弧状の衝撃波と，その内
側に金属試料裏面で反射した音波の影と，気泡が観察されて
いる．

図7 フェムト秒レーザーを1 kHzで集光照射した場合の各照射パ
ルス数における試料表面の撮影画像[9]．照射パルスエネルギー
は0.4 mJである．超硬合金への穴あけ加工の様子を20マイク
ロ秒間隔で撮影した動画から，照射後の遅れがほぼ0のとき
の画像を抜き出している．

50000枚/秒から1000000枚/秒で撮影しているが，録画枚
数は100枚である．50000枚/秒よりも遅い速度で連続的
な変化を長時間撮影したい場合は，録画枚数と解像度がよ
り高い後者の特性をもつカメラ，FASTCAM SA1.1（フ
ォトロン）を用いている．

　ビデオカメラとパルスレーザーの同期方法は，用いる装
置の仕様に依存するが，ビデオカメラの撮影速度の出力信
号を用いてパルスレーザーを外部同期発振，あるいは，パ
ルスレーザーの発振周波数の出力信号を用いてビデオカメ
ラを外部同期動作させている．**図6**に，ポンプレーザー
を1 kHzで照射し，プローブレーザーと高速度ビデオカ
メラを，50 kHzで動作させた場合のタイミングチャート
を示す．この設定の場合，20マイクロ秒間隔で，1パルス
照射ごとに50枚の連続画像が撮影できる．したがって，
ポンプレーザーの各1パルスにおける現象の変化と，その
パルス数による変化を同時に観察することができる．撮影
の実効的シャッター速度は，プローブレーザーのパルス幅
で決まることは，これまでの例と同じである．

　図7に，フェムト秒レーザーを0.4 mJで同一箇所に1
kHzで1000発照射した場合の試料表面の様子を示す[11]．
図6に示すように，1秒に50000枚の画像を撮影してお
り，照射パルスごとに50枚の画像が録画されるが，図7
にはピックアップした照射パルス数における照射直後（遅
れがほぼ0）の画像を並べた．照射直後の画像であるた
め，加工部中央が白く見えているが，この位置がレーザー
照射位置であり，プラズマの発光が観察されている．この
発光の様子は，次の撮影画像，つまり照射から20マイク

ロ秒後の画像には見られていない．また，パルス数の増加
につれ，加工部の周囲がだんだん黒くなり，その範囲も広
がっている．この撮影画像の分解能は1画素当り5 μmで
あるので，この黒い影は，5 μmに満たない微小な加工屑
がレーザー照射により飛散した様子を捉えていると考えて
いる．一方で，加工部中央から10〜50 μm程度の塊が放
出され，移動していく様子が捉えられている場合もあっ
た．**図8**に加工穴から塊として排出された加工屑の挙動
の例を示す．1パルスにつき50枚の画像を得ており，そ
の中から，992発目の照射から60マイクロ秒，100マイク
ロ秒，140マイクロ秒の3枚を抜き出した．画像からは，
加工屑の飛散速度を算出することができる．この塊での加
工屑の飛散は，毎回発生しているわけではなく，間欠的に
生じていることが明らかになった．

　図9に，1 mm厚の銅板を水中に固定し，その表面にナ
ノ秒レーザーを1パルス照射したときの現象を撮影した例
を示す．照射後400ナノ秒から1マイクロ秒間隔で100枚
撮影した中から初期の3枚を並べた．画像右側の黒い縦の
影が銅板で，レーザーは左側から試料表面の中央部に照射
した．その集光点を起点として衝撃波の波面が黒い円弧と
して写っており，時間とともに広がっていく様子が鮮明に
記録されている．試料面にほぼ平行な等間隔の縞は，金属
試料裏面で反射した音波が表面から液中に伝搬したものと
して，説明される．また，試料表面に接した半球状の黒い
影も観察されているが，これは，レーザー照射により発生
したキャビテーションバブルである．この気泡が，時間の
経過につれ成長，収縮，再成長，再収縮を繰り返しなが

ら，崩壊していく様子がマイクロ秒からミリ秒のオーダーで観察された．また，バブルの崩壊の際にも衝撃破が発生し，伝搬していくことも画像から明確に観察できた．

3. お わ り に

この解説では，パルスレーザーをカメラの光源として用いる可視化方法と，その特徴など，撮影例を含めていくつか紹介した．レーザー加工や放電加工などは，生産加工分野でも広く利用されているが，材料の溶融，蒸発，凝固など，マルチな変化を伴う高速加工現象であるため，加工原理や実際の現象の詳細が不明な場合が多い．加工現象の詳細を知るためには，多くの実験を繰り返し，加工後の形態の観察からの推論や，シミュレーションを行うことが必要とされているが，直接観察する方法があるのであれば，一見の価値がある．可視化により，推論やシミュレーションの妥当性を，実験的に検証することができ，あるいは考慮されていないような現象の発見があるなど，加工原理の核心に迫ることができる．

高速度ビデオカメラの開発が進み，最近では，10000000枚/秒，10万画素での撮影（HPV-X），200000000枚/秒，86万画素での撮影（ULTRA Neo）が可能なカメラが売り出されている．また，これに見合うような照明用レーザーも現れてきている．これらの機器は非常に高価であり簡単に入手できるわけではないが，現代ではナノ秒オーダーでの超高速ビデオ撮影が可能な時代になっている．肉眼では見ることが難しい世界もスローモーションで見ることがで

き，高速度の世界はまさに，百聞は一見に如かず，ということわざ通りの世界である．そこまで，高速ではなくても，近年では，デジタルカメラを用いて1000枚/秒での動画撮影が容易に実現できる．研究対象とされているさまざまな現象の動画撮影に挑戦されてはいかがだろうか．

参 考 文 献

1) 中平敏夫 他：ディーゼル噴霧の高圧化に伴って発生する衝撃波の可視化，可視化情報学会誌，**10**，2（1990）25.
2) 中村裕一：レーザーシャドウグラフ法による爆破にともなう応力波の可視化観察，可視化情報学会誌，**17**，2（1997）63.
3) T. Tsuji et al.：Nanosecond Time-Resolved Observation of Laser Ablation of Silver in Water, Japanese Journal of Applied Physics, **46**, 4A（2007）1533.
4) K. Sasaki et al.：Applied Physics Express, **2**（2009）046501.
5) A. De. Giacomo, et al.：Cavitation Dynamics of Laser Ablation of Bulk and Wire-shaped Metals in Water during Nanoparticles Production, Physical Chemistry Chemical Physics, **15**（2013）3083.
6) Y. Ito et al.：Selective Patterning of Thin Metal Electrode of Multi-layered OLED by Ultra-short Laser Pulses, Proceedings of LAMP2006,（2006）.
7) Y. Ito et al.：Fabrication of OLED Display by an Ultrashort Laser：Selective Patterning of Thin Metal Electrode, Proceedings of SPIE, **6548**（2007）.
8) T.T.P. Nguyen et al.：Effects of an Absorptive Coating on the Dynamics of Underwater Laser-induced Shock Process, Applied Physics A, **116**（2014）1109.
9) R. Tanabe et al.：Micro-hole Drilling by Ultrafast Laser Pulses Studeied through High Speed Movies, Proceedings of LAMP2012,（2012）.

はじめての 精密工学

ICT を活用したものづくり：
設備シミュレーション技術

Manufacturing System Support Technology Using ICT : Manufacturing Cell Simulation Technology/Hironori HIBINO

東京理科大学　**日比野浩典**

1. は じ め に

ドイツ発の Industrie4.0 のコンセプトが世界的に注目され，IoT（Internet of Things）や M2M（Machine to Machine）など，ものの情報，および，センサーや機械の情報などをインターネットなどを通して取得し，管理・制御するつがなる工場が注目されつつある．IoT や M2M の関連技術は，これまでも先進国などで研究開発され，一部技術は，すでに実用段階に入っている．これらは，工場内やサプライチェーンで利用されている．他方で，生産システムを短期間に設計・構築することは産業界の競争向上に不可欠となっている．生産システムの設計・構築におけるエンジニアリングチェーンのさまざまなプロセスで改革・革新を行い，生産性向上，在庫削減，品質管理向上，不良品削減などの効果を得ることがますます重要となっている．産業界では，従来から取り組まれているコンカレントエンジニアリングによる製品開発から生産準備，工程実装に至るさまざまな活動の同期化に加え，最近では，これらの活動を情報技術を利用して高度化するデジタルマニュファクチャリングを導入しはじめている[1]．特に，製品設計では，二次元の CAD（Computer Aided Design）から三次元の CAD へと移行が進み，三次元でモデル化された情報は下流にあたる生産準備・工程実装のさまざまなアプリケーションで再利用できる環境が整いつつある．デジタルマニュファクチャリングにおいて，計算機の中に生産におけるさまざまな要素やそのプロセスをモデル化し，計算機内で生産の事前評価を実施する技術をバーチャルマニュファクチャリング（VM），あるいはバーチャルファクトリ（VF）と呼び，重要性が高まっている．VM は，生産システムを無駄なく，間違いなく，短期間で構築するための支援技術であり，エンジニアリングチェーンをつなぐ技術と捉えることができる．VM において，シミュレーション技術が特に重要となる．経済産業省主導の技術戦略マップでは，生産システムの関係技術は，システム・新製造領域の設計・製造・加工分野に詳細が記されおり，今後 15 年間に VM が最重要技術になるとして，提言されている[2]．VM による生産システム設計・構築の効率化の概要を**図1**に示す．

本報では，生産システムを実際に構築する工程実装段階での VM に焦点を絞り，工程実装での VM として注目されている設備シミュレーション技術動向を紹介する．

2. 設備シミュレーション技術

設備シミュレーションは，生産システムを実際に構築する工程実装の早い段階で部分的に実機と仮想モデルを連動し，その時点で存在しない実機やソフトウェア（各種プログラム）などをシミュレーションで補完しながらリアルタイムな時刻の進行に沿って生産システムを模擬動作させる[3]．これにより，システムの動作，状況，現象などの事前評価や三次元モデルによる挙動の可視化を可能とする．仮想モデル上の設備動作や状況の変化に伴うタイミング制御などは実コントローラとの同期により精密さをもって実現できる．**図2**に設備シミュレーションの概要を示す．具体的には，設備シミュレーションの利用により，ロボット，コンベアなどの機器が製造現場に揃う前に，それらの機器の振る舞いをシミュレーション上で仮想的に補うことで，次に示す3つの主な検証を可能とする．

- システムの制御プログラムの検証
- 操作盤や情報端末などの多種多様な機器との同期や情報交換などの接続性に関する検証
- 生産管理や製造指示などの製造に伴う各種生産管理アプリケーションの動作や接続性に関する検証

これらの検証により，プログラムの品質やシステム動作を実工場が稼動する前に確認が可能であるのみならず，システム設計上の問題を早期に発見し，再設計を速やかに実施可能である特徴をもつ．設備シミュレーションは生産システムを実際に構築し，製造を開始できる状態にするまでの生産構築のエンジニアや実システムを改善するエンジニアを支援する．

3. 設備シミュレーションの導入・普及

工程実装段階では，**図3**に示すように，まず，設備設計と呼ばれるハードウェアの設計と実装，および，電気設計と呼ばれるソフトウェアの設計と実装が実施される．設備設計では，加工設備，組立設備，検査設備などの設計と実装が実施される．電気設計では，システムシーケンス制御を実施する PLC 用のラダープログラム，産業用ロボット動作のロボットプログラム，進捗管理システムプログラム，生産指示プログラムなどの設計と実装が行われる．通常，設備設計と電気設計は，部署が異なり別々で実施され

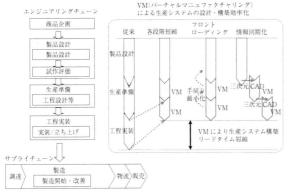

図1 VM による生産システム設計・構築の効率化の概要

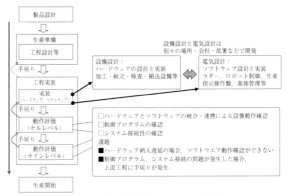

図3 工程実装段階のこれまでの課題

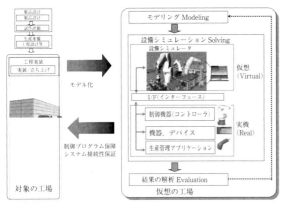

図2 設備シミュレーションの概要

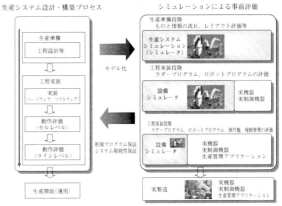

図4 設備シミュレーションの利用と工程実装の関係

る．これらの設計と実装は外部企業へ委託する場合も多い．ソフトウェアの検証は，ロボット，コンベアなどの機器が製造現場に揃わないと評価が難しかった．ハードウェアとソフトウェアを生産現場にもち寄り動作確認し，調整する．ハードウェアの納入が遅れれば，ソフトウェアの動作確認ができない．また，ソフトウェアの検証時に，システム設計上の問題があると上流工程に手戻りが発生し，再設計が必要となり，構築時間に遅延が生じることも多かった．そのため，より製造現場に近い工程実装段階の活動を支援する設備シミュレーション技術への期待が高まっている．過去にも設備シミュレーションのニーズはあったが実用化が難しかった．2000 年以降研究が進展し，商用シミュレータも開発され始めている[4]~[8]．その理由を以下に記す．

(1) 製造機器のインターフェース（IF）の標準化・オープン化の進展

　　設備シミュレーションでは，製造で使用される多種多様の機器を接続する必要がある．従来は 1 対 1 の専用 IF を独自に開発する必要があった．現在は，標準的な IF が整備されており，設備シミュレーションと機器の接続が柔軟かつ簡易に実現できる．例えば，産業用標準 IF として OPC（OLE for Process Control）[9]，ORiN（Open Robot/Resource Interface Network）[10]がある．

(2) 三次元 CAD 情報の普及

　　設備シミュレーションでは，三次元 CAD で作成された設備やワークなどを三次元仮想モデル内で扱う．近年，製品設計，生産準備では二次元の CAD から三次元の CAD へと移行が進み，設備やワークなどの三次元情報が取得しやすくなった．上流で作成された三次元情報を設備シミュレーションで利用することが可能となり，三次元仮想モデルの作成時間が短縮化できる．

(3) 処理速度の高速化・パーソナルコンピュータによる動作環境の低価格化

　　三次元モデルの動的な挙動をリアルタイム性を維持して扱うためには，CPU（Central Processing Unit）や GPU（Graphics Processing Unit）の処理速度の高速化が必要である．従来は，UNIX などを利用する高価なコンピュータが必要であった．近年，Windows を利用するパーソナルコンピュータ（PC）による処理速度の高速化が実現されており，PC を利用して設備シミュレーションが動作可能となっている．また，これに伴い，動作環境構築の低

価格化が実現できる．

設備シミュレーションの利用と工程実装のプロセスとの関係を**図 4**に示す．工程実装の初期段階では，ハードウェアである設備等がほとんどそろっていないため，設備等を設備シミュレータ内に仮想設備としてモデル化する．さまざまな仮想設備を用いて生産ラインを仮想的に構築する．生産ラインを動作させるための PLC やロボットコントローラのプログラムの評価を，実機の PLC およびロボットコントローラと，仮想ラインとを連携して実施する．例えば，設備シミュレータ内の三次元モデルのワークが仮想のコンベアの終端に達したタイミングで仮想の近接センサーが ON となり，この信号を受け取った実機のロボットコントローラはピッキング処理を仮想のロボットに指示する．

工程実装のプロセスが進んでくると，初期段階では存在していなかったハードウエアがそろい始めるため，設備シミュレータ内の仮想設備が減り，設備シミュレータの受けもつ部分が減り，最終的にはシステム全てが実機に置き換わる．

4. お わ り に

本報では，工程実装での VM として注目されている設備シミュレーション技術動向の特長，および導入・普及を紹介した．

ドイツの Industrie4.0，米国の National Network for Manufacturing Innovation（NNMI）など国家レベルの産業競争力強化が実施され，自国内の生産技術の優位性を保つことが再注目され始めている．NNMI において，エンジニアリングチェーンにおけるデジタル情報の新しい活用方法などを産学官連携で研究する Digital Manufacturing And Design Innovation Institute（DMDII）研究所などが 2013 年に新設されており，今後の動向を注目する必要がある．日本においても，今後もこれらの技術を高度化する要素技術の研究開発は進展するものと期待している．今後の要素技術の継続的な開発により，より多くの技術者が必要なときに，より簡易，かつ，より短時間で精度よく求める結果を得ることが可能となるであろう．将来的には，シミュレーションを駆使して，製品設計者が生産準備段階および工程実装段階の生産システムの設計・構築をフロントローディングで実施し，一気通貫で製品の設計から生産システム立ち上げまで担当することができるかもしれない．これがバーチャルマニュファクチャリングの究極の姿の一つと考えられる．

参 考 文 献

1) 日比野浩典：生産システムのシミュレーション技術の最新動向，計測と制御，**52**, 1（2013）29.
2) 日本機械工業連合会・製造科学技術センター：平成 19 年度次世代社会構造対応型製造技術の体系・統計調査報告，(2008).
3) H. Hibino, T. Inukai and Y. Fukuda：Efficient Manufacturing System Implementation Based on Combination between Real and Virtual Factory, International Journal of Production Research, **44**（2006）3897.
4) 宮内孝，小林大介，藤田和明：設備制御ソフトウェア開発の効率を向上させる実機レス デバッグシステムの適用，東芝レビュー，**64**, 5（2009）10.
5) DelmiaAutomation：http://www.3ds.com/（2015）.
6) 3Dcreate：http://www.visualcomponents.com/（2015）.
7) VPS：http://jp.fujitsu.com/solutions/（2015）.
8) ロボットシミュレーションソフトウェア：http://www.denso-wave.com/ja/robot/product/software/EMU.html（2015）.
9) 日本 OPC 協議会：https://jp.opcfoundation.org/（2015）.
10) ORiN 協議会：http://www.orin.jp/（2015）.

電解加工の基礎理論と実際

Basic Theory and Actual Situation of Electrochemical Machining/Wataru NATSU

東京農工大学大学院　夏　　恒

1. は じ め に

電解加工（Electrochemical Machining, ECM）は，電気化学（Electrochemistry）の原理を生産加工に応用した技術である．電解加工は生産性が高いため，一品生産の金型だけではなく，航空機や自動車，医療機器などあらゆる分野の部品製造に利用できる加工法である．電解加工は，機械加工が困難な材質の加工が可能であり，**図1**に示す航空機エンジンタービン翼部品[1]のような，複雑な形状と滑らかな表面を有する部品の製造に適している．

電解加工は工具電極の消耗がない，加工速度が速い，複雑な輪郭や空洞を形成することができるなど，多くの長所をもつ．一方，加工精度が悪い，加工プロセスが安定しにくい，廃棄物が環境に悪影響を与えるなどの欠点によりマイナスのイメージがある．これらの欠点を克服できれば，電解加工技術は飛躍的に利用されるようになると確信している．

本報では，電解加工の基本原理と特徴を概説した後，問題点を整理する．また，明るい未来が来ることをご理解していただくため，これらの問題点を解決する取り組みの最新事例も紹介する．

2. 電解加工の概要

電気化学の原理を生産加工に応用する技術として，電気メッキ，電鋳，電解研磨，電解加工などがある．そのうち，電解加工は，電気化学的溶解作用を陽極材料の所望の部分に集中，制限することにより所望の形状および寸法を得ることを目的としている．

電解液中に陽極と陰極を接触せず対置し，両極間に電圧を印加することで，陽極に設定されている工作物表面の原子から電子が引き出される．この原子がイオンとなり，電解液に溶出するため，材料の除去が行われる（**図2**）．また，陰極側の工具電極表面から水素気体の発生をはじめとする種々の化学反応が起こる．

システムの構成を**図3**に示す．電解加工では，電流密度が高いほど加工速度，加工精度，表面粗さが同時に向上するという，他の加工法とは異なる特徴をもつ．そこで，形状成形の生産性を高め，よい加工特性を得るには，一般

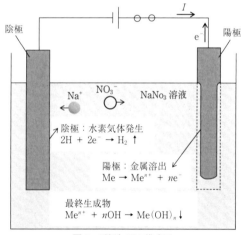

図2 電解加工の模式図

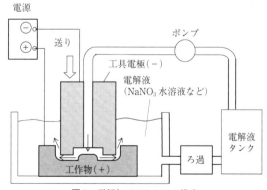

図3 電解加工のシステム構成

図1 電解加工で成形したジェットエンジンのブリスク[1]

的に次のような加工条件[2][3]を用いられている．電流密度が $30\sim200\ A/cm^2$ になるように印加電圧を $5\sim20\ V$ 設定し，また，$0.02\sim0.7\ mm$ の加工間隙に発生する大量の電解生成物や熱，および気体を速やかに排出するため，流速 $6\sim60\ m/s$ の電解液を高い圧力で強制的に流す．

電解加工における形状の転写過程を**図4**に示す．加工電流は工具電極と対向している工作物の全面に流れるが，電流密度は極間距離が短い箇所で高くなるため，その箇所の加工量はより大きくなる．加工の進行に伴って工具を送ることで，電流密度が最終的に加工面全面で均一になる傾向があり，工具の形状が工作物に転写される．

電解加工の最も顕著な特徴を**表1**にまとめる．また，非接触で，非常に硬い金属材料であっても加工できるという共通した特徴を有する放電加工とは，基本原理が根本的に異なる．両者の違いを**表2**に示し，**表3**に電解加工と放電加工の加工特性や電極設計，廃棄物処理等の比較をまとめる．

3. 電解加工の基礎理論

本章では，2章にまとめた電解加工の特徴を理解するための最低限の基礎理論を説明する．さらに理解を深めたい

場合は，電解加工の基礎から装置，工具設計，条件設定について詳細について論じている「電解加工と化学加工」（文献 2））と「Practice and Theory of Electrochemical Machining」（文献3））をお勧めする．

電解加工に関して，次のような疑問を抱く学生が多いのではないか？　これらの疑問と基礎知識の関係を説明しておく．

疑問①材料はどのように加工されるか？
疑問②加工速度を決定する要因はなにか？
疑問③加工精度はなぜ悪いか？
疑問④表面粗さに影響を及ぼす要因はなにか？
疑問⑤加工プロセスが不安定になりやすい理由はなにか？

これらの疑問を解くため，下記関連の知識の把握が不可欠である．

疑問①：「電解溶出メカニズム」，「過電圧」，「分解電圧」の理解
疑問②：「溶出速度」，「電流効率」，「平衡加工間隙」の理解
疑問③：電解液の流れ，温度と気体割合の空間的な変化が「過電圧」と「加工効率」の不均一な分布を引き起こし，加工箇所によって異なる「平衡加工間隙」が生じてしまうことに対する理解
疑問④：加工材料の各元素の「分解電圧」と「過電圧」の違いにより，「溶出速度」が異なることに対する理解
疑問⑤：温度や気体割合の時間変化により，「過電圧」，「加工効率」，「平衡加工間隙」が安定しないことに対する理解

3.1　電解溶出メカニズム

陽極と溶液の界面に形成される電気二重層と，界面上の

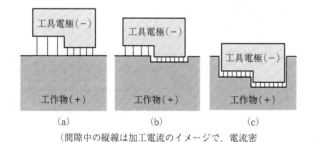

(間隙中の縦線は加工電流のイメージで，電流密度の大小は縦線の疎密で表す)

図4　電解加工における形状の転写過程

表1　電解加工の特徴

長　　　所	短　　　所
・金属材料の機械特性に関係なく加工できるので，難削材の加工に適する	・加工間隙が大きく，精度が悪い
・陰極（工具電極）は原理的に消耗しない	・加工状態，極間距離の検出と制御が難しい
・加工速度が速い	・電解生成物に毒性をもつ場合がある
・加工変質層が生じない	・周囲機械の耐食性対策が必要

表3　電解加工と放電加工の特性比較

	電解加工	放電加工
加工速度	◎	△
加工精度	△	◎
電極消耗	◎	△
加工面品質	◎	○
加工特性の安定性	△	◎
加工材料への対応	△	◎
電極設計	△	○
廃棄物処理	△	◎

◎特によい　○よい　△劣る

表2　電解加工と放電加工との基本的な相違

	電解加工	放電加工
除去メカニズム	電気化学的加工（電気化学反応による陽極材料の溶出）	熱的加工（熱による材料の溶融・蒸発）
加工液	イオン導電性を有する電解液（NaCl, NaNO₃ 等の水溶液）	絶縁性の液体または気体（油，脱イオン水，空気）
加工電源	直流，パルス	パルス
加工電流が流れる領域	電解液と接触している領域に加工電流が流れ，陽極溶出が生じる．加工エネルギーが分散	絶縁破壊は1カ所で，放電電流が集中して流れる．加工エネルギーが集中

電気化学反応，および液相内の物質移動が電解溶出の核心である．電解液中の陰極（工具電極）と陽極（工作物）の間に電圧が印加されると，陽極方向に陰イオンが，陰極方向に陽イオンが移動し，最終的に各電極の近傍に電極表面とは異符号のイオンが対向した状態で層を形成する[4]（**図5**を参照）．このように正負の電荷が対向し，層状に並んだものを電気二重層という．電気二重層は電極表面から遠ざかるに従って，ヘルムホルツ層と拡散二重層から形成される．ヘルムホルツ層はその厚さが溶媒分子の直径の数倍程度と極めて薄く，これにより非常に強力な電界が形成される．この電界強度が十分であれば陽極表面の金属原子から電子が引き出され，原子は正に帯電してイオンとなり電解液中に溶出する．

3.2 電極電位，過電圧，分解電圧と極間の電位分布

外部電源に接続しない状態で，単体の金属を電解液中に入れると，表面の金属原子が電子を放出し，イオンとなる．イオンとして電解液中に入ると同時に電解液中のイオンが電子を得て金属表面で原子になる現象が起きる．平衡に達したときには金属の原子からイオンとなり，電解液に溶出する数は，液中のイオンが金属表面の電子を得て原子になる数に等しい．この平衡状態で金属電極は電解液に対して正または負の電位をとる．この金属と液との間の電位の差を電極電位という．

電極電位は，液中の金属イオンの濃度，液温によって大きく変化する．そこで，ある金属を，25℃，大気圧の状態で，そのイオンが 1 mol/L 存在する溶液につけた場合において，標準水素電極の電位を基準に，金属と溶液の間に生じる電位差が標準電極電位と定義されている．標準電極電位が負であれば，金属原子よりもイオンの方はエネルギーが低いため，原子が電子を放出し，陽イオンになる傾向が強い．標準電極電位が正である場合はその逆である．例えば，鉄（$Fe \rightarrow Fe^{2+} + 2e$）と銅（$Cu \rightarrow Cu^{2+} + 2e$）の標準電極電位はそれぞれ，$-0.44$ V と $+0.34$ V であり，鉄は陽イオンになりやすいが，銅は原子で存在しやすい．

電解加工のように，二つの異なる金属電極が同じ電解液中に挿入されるときには，それらの電極電位は一般に異なっているため，起電力が発生する．例えば，鉄と銅を電解液に入れて，外部で両極を導線でつなぐと，0.78 V の起電力を発生し，銅電極から鉄電極に電流が流れる．電解槽の中では，電流が電解液を経由して鉄電極から銅電極に向かって流れる．電流が流れ出る方の電極を陽極と定義されているので，加工を考えた場合は，つまり電解槽を考えた場合は鉄が陽極となる．これにより，外部から電圧を加えなくても，鉄の溶出が起きるが，電位差が小さいため，速度が極めて遅い．

そこで，より速く一方の電極材料を溶出させるには外部電圧を印加し，界面領域の電位差を高くする必要がある．この電極電位より高くなった分の電圧は，過電圧と呼ばれ，金属溶出の動力となる．電解加工の極間の電位分布は図5のようになる．なお，過電圧には，溶出でイオン濃度が増加するために生じる濃度過電圧，金属表面に発生する薄膜による抵抗増加分の抵抗過電圧，表面活性化に余計なエネルギーが消費されるために生じる活性化過電圧の三つが含まれる．また，陽極と陰極の界面領域では多くの化学反応が生じるが，どの反応が先に起こるかは電極材料，電流密度などによって異なり，反応に必要なエネルギーが小さいものほど起こりやすい．このエネルギーの尺度となるものは上述の電極電位と過電圧の和であり，これを分解電圧という．

3.3 加工速度と電流効率

1 個の鉄原子を原子価 2 のイオンとなり，溶液に溶出するのに必要な電気量と溶出される質量を考える．$Fe \rightarrow Fe^{2+} + 2e$ となるので，必要な電気量は $2 \times e$（電気素量）である．また，イオンと比べて電子の質量は無視できるので，溶出質量は Fe 原子の質量，つまり M/N_A となる．ただし，M は Fe の原子量，N_A はアボガドロ定数である．

したがって，原子量 M の元素に，時間 t(s) に，電流 I(A) を流すと，原子価 n で溶出される元素の質量は式（1）で表すことができる．

$$w = \frac{MIt}{neN_A} = \frac{MIt}{nF} \qquad (1)$$

ただし，$F(=eN_A)$ はファラデー定数である．

式（1）は，いわゆるファラデーの電気分解の法則である．この法則では，電解槽に流れる電流がすべて陽極元素の原子の溶出に使われると仮定している．しかし，加工の際，陽極には溶出以外に，気体の発生等の反応も考えられる．また，材料が塊となって脱落することもあるので，実際の加工量は，式（1）に電流効率 η を乗じた値である．なお，実用上では，式（2）で表す体積加工速度 V_r がよく使用される．

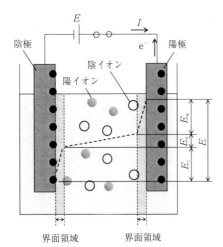

E：印加電圧，E_e：電解液抵抗による電圧降下，
E_a：陽極電位＋陽極過電圧
E_c：陽極電位＋陽極過電圧

図5 電解槽内の様子と電位分布の関係

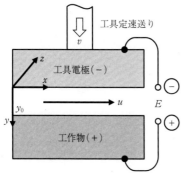

図6 平板平面電極による加工時の間隙

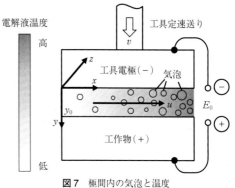

図7 極間内の気泡と温度

$$V_v = \eta \frac{w}{\gamma t} = \eta \frac{MI}{nF\gamma} \tag{2}$$

ただし，γ は元素の密度である．

3.4 平衡加工間隙

図6に示す加工面積 S の平板平面工具電極と工作物の間に電圧 E を印加し，電極を垂直方向に定速送りして加工する場合を考える．式（2）から，ある瞬間の深さ加工速度 V_l を式（3）で求めることができる．

$$V_l = \eta \frac{MI}{nF\gamma S} \tag{3}$$

電解液抵抗による電圧降下を E_e（図5を参照），電解液の電導度を κ，間隙を y とすると，間隙に流れる電流 I は式（4），深さ加工速度は式（5）で表すことができる．

$$I = \frac{E_e}{R_e} = \frac{\kappa S}{y} E_e \tag{4}$$

$$V_l = \eta \frac{M\kappa E_e}{nF\gamma y} \tag{5}$$

式（5）の中，陽極材料によって決まる M, γ, n とファラデー定数 F を加工中に変わらない項 K にまとめると，深さ加工速度は式（7）で表すことができる．

$$K = \frac{M}{nF\gamma} \tag{6}$$

$$V_l = K \frac{\eta \kappa E_e}{y} \tag{7}$$

文献2）に詳細な説明があるため，ここでは省略するが，工具電極を定速で送った場合，加工時間につれて加工間隙が一定となり，深さ加工速度 V_l と工具送り速度 v より，式（8）で表せる．この間隙 y_b は平衡加工間隙と呼ばれ，電解液抵抗による電圧降下 E_e に比例するが，送り速度 v には反比例し，初期間隙 y_0 によらず一定となる．

$$y_b = K \frac{\eta \kappa E_e}{v} \tag{8}$$

ここで，注意しなければいけないのは，式（4）～（8）中の電解液抵抗による電圧降下 E_e は，図5に示すように印加電圧と電極電圧および過電圧の差であり，直接測定できる値ではない．

4. 電解加工の実際

3章の式（2）または式（3）から加工速度を求めたり，式（8）から加工間隙を求めて精度を議論したりすることができる．また，側面や斜面の平衡加工間隙[2][3]も式から導出できるので，工作物の形状から加工に必要な電極形状を設計できる．

しかし，残念ながらこれらの美しい数式はあくまで理想状態におけるもので，式中のパラメータ，例えば電流効率 η，電解液抵抗による電圧降下 E_e，電解液の電導度 κ が加工中に大きく変動し，確定できない場合がほとんどである．これは，以下の諸要因により，実際の電解加工プロセスが非常に複雑になっているためである．

4.1 大電流密度の必要性とその問題点

電解加工の対象の多くは金属合金で，各元素の分解電圧が異なる．合金を低電流密度で加工するときは，最も低い分解電圧をもつ成分が選択的に溶出する[2]ため，平滑な表面を得ることができない．それを解決するためには，電流密度を高くする必要がある．つまり，電解加工において，電流密度を $30\sim200\,\mathrm{A/cm^2}$ と高く設定する理由は，高い生産性のためよりも，高品質な加工面を得るためであると考えたほうがよい．

一方，このように電流密度を高くすると，極間に電解生成物や気体，および熱を大量に発生する．この生成物によって，陽極の濃度過電圧が大きく上昇する．また，大電流密度によって，電解液の抵抗によるジュール熱の発生が激しくなる．電解液の流れによってジュール熱を速やかに排出しないと電解液が沸騰し，電流が著しく不規則になり，加工速度も極めて不均一になる．

4.2 加工精度悪化と加工状態不安定の要因

加工中は，陽極（工作物）表面に酸素が発生する場合もあるが，陰極表面に大量の水素気体が発生し，電解液の見かけ上の電導度が大きく変化する．なお，図7に示すように，電解液の流れに沿って，上流側よりも下流側の温度や気体の割合が高くなり，電流密度分布が大きく変化する．加工速度に直接影響を与える電流効率も電流密度によって大きく変化する．さらに，加工形状が複雑な場合，液

表4 加工中の変動要因とパラメータの関係

加工中の変動要因	影響を受けるパラメータ
電流密度	電流効率 η
生成物，各種過電圧，電導度	電解液抵抗による電圧降下 E_c
温度，気体，生成物	電解液の電導度 κ

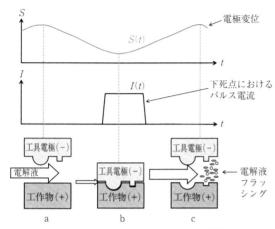

図8 フラッシング動作と加工電源の同期制御[5]

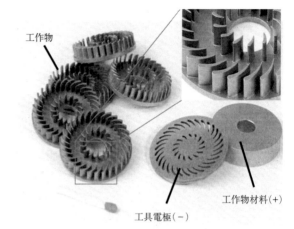

材料：ステンレス，外径：34 mm，表面粗さ Ra：0.2 μm，
加工時間：42 min（8個同時加工）

図9 加工サンプル（PEMTEC 社提供）

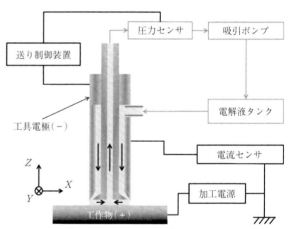

図10 吸引工具の構造と制御システム

の流れが不均一になったり，キャビテーションが発生したりするため，溶出量と加工間隙がますます不均一になり，加工精度がさらに悪化する．表4に加工中の変動要因と加工速度および平衡加工間隙に影響するパラメータの関係をまとめる．

以上により，工作物材料や形状，電解液の種類や濃度，印加電圧などの電気条件，加工液の供給箇所と圧力など，設定できるパラメータをすべて固定しても，電解生成物，温度，気泡などの発生により，均一な加工を実現しにくく，また時間的にも空間的にも安定な加工状態を得にくい．

5. 新しい取り組み

前章の説明は，高電流密度を維持しながら，極間から電解生成物や気体，熱を速やかに排出できれば，電解加工の安定性と加工精度を向上できることを示唆している．

フランスの PEMTEC 社やロシアの INDEC 社は，極間フラッシング動作とハイパワーパルス電源の同期制御[5]による高精度・高速度の電解加工技術の実用化を実現している．図8に PEMTEC 社の精密電解加工機の動作原理を示す．加工の進行にともない，溶出される物質，各種化合物，気泡，熱などの生成物が狭い加工間隙に充満することで，加工の進行を妨げ，加工精度を低下させる．そこで，工具電極または工作物を上下振動し，極間距離を変化させ，極間距離が大きくなった際，高速の電解液によるフラッシング効果で，極間の生成物を排出し，新鮮な電解液を極間に充満させる．また，高精度の加工を実現するため，振動によって極間距離が数 10 μm 程度小さくなったときにパルス電圧を印加し，加工を行う．

図9（PEMTEC 社提供）に示すように，濃度が 10% 程度の硝酸ナトリウム電解液を極間に流しながら，50 Hz の周波数で工具電極を上下させる．極間距離が数十 μm となった際には，5〜15 V の電圧を印加し，数 ms の間に電流密度が 25〜100 A/cm² になるように大電流を供給して，工具電極の形状を工作物に転写させる．加工精度が 2〜5 μm，表面粗さ Ra が数十 nm の高精度かつ高品質な表面加工ができる．

なお，加工領域外の電解液をなくし，加工精度を向上させる試みが行われている．Yamamura ら[6]は，二重の円筒形状をもつ工具を用い，加圧ポンプにより極間に供給された電解液を吸引ポンプで回収し，電解液を外に漏らさない電解加工を実現している．また，筆者ら[7]は電解液に加圧せず，図10に示す工具中心部から電解液を吸引し，極間距離検知機能を有しながら，加工領域を限定できる電解液吸引工具を提案している．このような小型走査電解工具は，工作物との対向面積が小さいため，電解生成物や熱の排出が容易となり，安定な加工状態が得やすいとの特徴が

ある.

一方, 島崎ら[8]はSiC単結晶などの導電性をもつ透明体電極を工具電極(陰極)とし, パルス電圧を印加した際の極間における気体の生成状況と電解液の流れを高速度ビデオカメラで直接観察している. この方法では, 従来不明である多くの極間現象を直接観察できるので, 電解加工の現象解明に大きく貢献できると思われる.

6. 終 わ り に

電解加工は, 複雑形状の難削材部品を高速かつ良好な加工面品質で成形できるため, もっと利用されるべきである. しかし, 極間現象が複雑で, 加工プロセスが安定しにくいことに加え, 加工精度が悪い. 本報では, 電解加工の特徴と, 加工安定性および加工精度に影響を与える因子を理解していただくため, 電解加工の基礎理論を解説した. 特に, 学生や若い研究者に電解加工に対する理解を深めていただければ幸いである. 今後, 電気二重層の挙動を含め

た溶出現象の解明, 極間距離と加工状態の検出および制御の技術, 電解液の無害化処理技術の確立などにより, 電解加工技術の飛躍的な発展を期待している.

参 考 文 献

1) http://www.apc-aero.co.jp/seihinsyoukai/ecm/index.html
2) 佐藤敏一:電解加工と化学加工, 朝倉書店, (1970).
3) J.F. Wilson:Practice and Theory of Electrochemical Machining, John wiley & Sons, Inc., (1971).
4) 金村聖志:電気化学―基礎と応用―, 化学同人, (2011).
5) www.pemtec.de
6) K. Yamamura:Fabrication of Ultra Precision Optics by Numerically Controlled Local Wet Etching, Annals of the CIRP, **56** (2007) 541.
7) 遠藤克彰, 夏恒:極間距離検出機能を有する電解加工用吸引工具の提案と検証, 電気加工学会誌, **48**, 119 (2014) 171.
8) 島崎奉文, 北村朋生, 国枝正典, 阿部耕三:電解液の流れ場が電解加工現象へ及ぼす影響の観察, 電気加工学会全国大会 (2014) 講演論文集, (2014) 17.

はじめての 精密工学

プラスチック射出成形金型内における 現象計測のためのセンサ応用技術

Sensor Application Technology to Measure Molding Phenomenon in Polymer Injection Mold/Yasuhiko MURATA

日本工業大学　村田泰彦

1. は じ め に

　プラスチックは，軽量で，賦形性がよく大量生産に向いているために，金属材料や木材などと並んで，日常生活のさまざまな分野で利用され，人間生活には欠かすことのできないものとなっている．プラスチック製品の加工法の中で，利用頻度が最も高いものが射出成形である．本加工法により，家電製品の筐体から自動車の内外装部品，光ディスクやレンズ，歯車などの精密部品，雑貨品に至るまで，多くの製品が生産されている．本稿では，プラスチック射出成形における成形加工現象の計測に利用されているセンサや計測ツールについて，筆者の研究事例を交えて紹介したい．

2. 射出成形とは

　射出成形に馴染みのない読者もおられると思うので，初

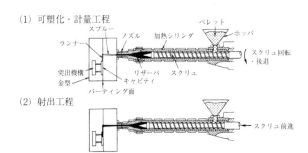

(1) 可塑化・計量工程

(2) 射出工程

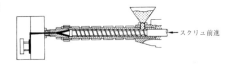

(3) 保圧工程

(4) 冷却工程

(5) 型開・離型工程

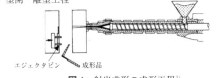

図1　射出成形の成形工程[1]

めに，**図1**を用いて以下に説明する．射出成形では，プラスチック（以後，樹脂と呼称する）を米粒状に造粒したペレットと呼ばれる原材料が用いられる．

　(1) 可塑化・計量工程

　ペレットをホッパから加熱シリンダ内に投入し，シリンダ外周に巻かれたヒータからの熱とシリンダ内部に挿入されたスクリュの回転・後退動作とにより可塑化混練しながら，溶融された樹脂をシリンダ先端のリザーバ内に輸送し蓄積する．

　(2) 射出工程

　所定の容積の溶融樹脂が蓄積されたら，つぎに，スクリュを高速前進動作させて，溶融樹脂を低温の金型キャビティ内に射出する．

　(3) 保圧工程

　金型内に充填された樹脂は，金型に熱を奪われ冷却固化を開始する．この際，樹脂は液相から固相への相変化により体積収縮を起こす．そこで，収縮を補うために，一定の高い圧力（射出圧力）をスクリュ後部に負荷しながらスクリュを前進させて，金型内に樹脂をさらに押し込む．

　(4) 冷却工程

　保圧工程が終わった後も，引き続き金型によって樹脂を冷却する．

　(5) 型開・離型工程

　樹脂が冷却固化したら金型を開いて，金型内に設置されたエジェクタピンにより成形品を抜き出す．

　以上のように，射出成形では，"溶かす"，"流す"，"形にする"，"固める"の一連の工程を繰り返すことで製品が大量生産される．

3. 射出成形における成形加工現象の計測技術

　射出成形は，大型部品から，マイクロ・ナノオーダーの寸法精度や表面性状が要求される精密部品の製造まで広く用いられてきた．しかし，用途拡大の陰で，例えば，切削加工や塑性加工などのような，多くの研究者によって長年にわたって学問的な体系化がはかられてきた加工法に比べて，射出成形の加工現象には未解明な領域が多く残されていた．射出成形には，加熱シリンダと金型という2つのブラックボックスがある．樹脂が，加熱シリンダ内において，200℃以上の高い温度で溶融混練され，金型内に高速で射出される際には，200から300MPaまでの高い圧力

表1 射出成形加工現象の計測技術

計測対象		計測ツール，センサ
樹脂	溶融混練挙動，流動挙動	可視化加熱シリンダ[3]，可視化金型[4]，光ファイバセンサ[5]
	温度	赤外線放射温度計[6]，素線・シース熱電対[7]，集積熱電対センサ[8]
	圧力	水晶圧電式圧力センサ[9]，ひずみゲージ式圧力センサ[10]，触覚センサ[11]
	収縮，離型抵抗 etc.	光ファイバ型変位センサ[12]，水晶圧電式力センサ[13]
金型	温度	シース熱電対[14]
	変形（ひずみ）	ひずみゲージ，水晶圧電式ひずみセンサ[15]，変位センサ

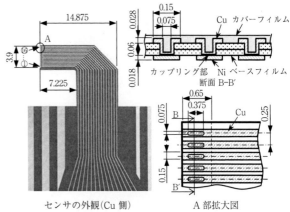

図2 集積熱電対センサ（単位：mm）[8]

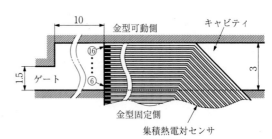

図3 キャビティ内へのセンサ設置方法（単位：mm）[8]

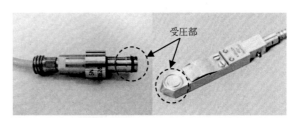

（1）直接式 （2）間接式

図4 水晶圧電式圧力センサ[9]

状態となることが，計測を困難にしていた．こうした状況の中で，ここ数十年の間に，各種センサや計測ツールを用いた成形加工現象の実証的な解析や，製造工程のモニタリングが行われ，さまざまな現象が解明されつつある．

射出成形加工現象の計測技術について，すでに生産現場で実用化されているもの，あるいは，研究開発用途のものを，筆者の知る範囲で**表1**に整理した．固相と液相との相変化を伴う射出成形の加工現象を解明するためには，まず，加熱シリンダや金型内における樹脂の挙動と圧力，温度の3つを計測することが必要不可欠といわれている[2]．また，射出成形機や金型そのものの動作や挙動，温度状態などの計測も併せて重要である．以下では，表1に示す，樹脂および射出成形機，金型のそれぞれの計測において，利用されてきたセンサや計測ツールについて紹介したい．

3.1 樹脂挙動の計測技術

加熱シリンダ内や金型内の樹脂挙動，例えば，樹脂の溶融混練挙動や流動挙動を外部から観察するために，加熱シリンダや金型の一部に，耐圧性と耐熱性をもった透明窓材，具体的には，石英ガラスが組み込まれた可視化加熱シリンダ[3]や可視化金型[4]が開発され，主に研究開発用途で用いられている．透明窓を通した現象の直接観察により，例えば，ペレットの可塑化プロセスや，成形品の外観不良の発生メカニズムの実証的な解明などが行われてきた[2]．

その他，キャビティ内に光ファイバセンサを挿入して，ファイバ上の流動樹脂の通過を検知することで，樹脂の速度ベクトルを計測する方法などが実用化されている[5]．

3.2 樹脂温度の計測技術

樹脂温度の計測については，赤外線放射温度計が広く用いられている[6]．本温度計を加熱シリンダ内壁面や金型内壁面に設置して計測が行われてきた．本温度計は，耐久性や応答性に優れており，生産現場における樹脂温度のモニタリング用として利用されている．しかし，特定の測定範囲内の平均温度しか捉えることができないため，急激な温度分布が生じている領域の詳細な測定には適用限界があった．そこで，素線あるいはシース熱電対を，キャビティ内に直接挿入してピンポイントで計測が行われてきた[7]．この場合，熱電対の強度が低いことや，センサの位置決めが難しいなどの問題があった．筆者らは，**図2**に示すよう

なポリイミド製の薄いフィルム上に多数の熱電対をめっきによりパターニングした集積熱電対センサを開発して，**図3**に示すような，キャビティ厚さ方向の狭い範囲における急峻な樹脂温度分布の計測を行ってきた[8]．本センサは，繰り返し計測には限界があるため，生産現場でのモニタリング用ではなく，主に研究開発用として用いられている．

3.3 樹脂圧力の計測技術

樹脂圧力の計測については，**図4**に示す水晶圧電式圧力センサが広く用いられている[9]．本センサは，水晶に力が加わると，その表面に電荷が発生するピエゾ効果を利用したものである．具体的には，水晶板に加えられる力と，それにより発生する電荷との間に存在する相関関係から，力が求められる．（1）の加熱シリンダ内壁面や金型内壁面に設置する直接式と，（2）のエジェクタピン直下に挿入して，樹脂圧力を，ピンを介してセンサ受圧部で計測する間

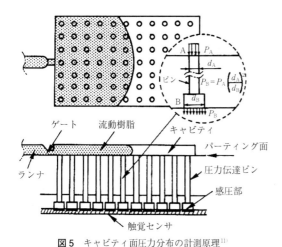

図5 キャビティ面圧力分布の計測原理[11]

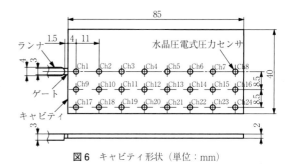

図6 キャビティ形状（単位：mm）

図7 キャビティ内樹脂圧力の経時変化（Ch3，射出率 5.3 cm³/s，保持圧力 50 MPa）

接式とがある．この他に，エジェクタピンにひずみゲージを直接貼付して計測を行うセンサも実用化されている[10]．さらに，筆者らは，キャビティ面の全域に作用する樹脂圧力分布を一度に計測するために，**図5**に示すような，圧力分布計測用のフィルム型触覚センサを圧力伝達ピンアレイの下に設置して計測する方法を提案している[11]．

その他の樹脂の計測技術として，キャビティ内での樹脂の収縮挙動を計測するために，光ファイバ型変位センサが用いられている[12]．また，成形品をエジェクタピンで金型から抜き出す際に発生する離型抵抗を計測するために，水晶圧電式力センサが用いられている[13]．

3.4 金型の計測技術

金型そのものの計測においては，金型温度と変形が，成形品の形状や寸法精度，また，キャビティ面に設けられた微細形状の成形品面への転写性などに大きな影響を及ぼすために重要と考えられている．金型温度については，シース熱電対を金型各部に埋設して計測が行われてきた[14]．一方，金型変形は，従来から金型各部にひずみゲージを貼付して計測が行われてきた．また，筆者らは，水晶圧電式ひずみセンサを用いた計測を行っている[15]．これについては，後で詳細に紹介する．

以上のように，多くのセンサや計測ツールが提案され，射出成形の成形加工現象を解明するために役立てられてきた．後半では，筆者らが取り組んできた，水晶圧電式センサを用いた金型内樹脂圧力および金型変形の計測法に焦点を絞って，その計測事例を紹介したい．

4. 水晶圧電式圧力センサを用いた樹脂圧力計測

成形工程における樹脂圧力について，筆者らの計測事例を用いて解説しよう．**図6**に示すような矩形平板キャビティ内に充填される樹脂の圧力分布を，Ch1からCh24の24個の直接式の水晶圧電式圧力センサを縦横に設置して計測した．**図7**は，図6のCh3のセンサによって計測された樹脂圧力の経時変化を示している．なお，同時に計測されたスクリュ速度（射出率：単位時間当たりの射出樹脂

量）と射出圧力を併記した．成形に用いた樹脂は，ポリアセタール POM である．この図を見ながら，成形工程における金型内の樹脂挙動について考えてみよう．まず，A点において樹脂圧力が立ち上がる．これは，溶融樹脂がキャビティ内に流入して Ch3 のセンサ受圧部上を通過したことを表している．その後，圧力が緩やかに上昇する．これは，キャビティ末端へと樹脂の流動が進行していくことを表している（流動過程）．そして，B点において圧力が急激に増加を始め，C点で最高に到達する．これは，B点でキャビティ末端まで樹脂が完全に充填された後，さらにスクリュが一定速度で射出を続けることでキャビティ内樹脂の密度が一気に上昇することを表している（圧縮過程）．C点以降では，樹脂はしばらくの間，高い圧力値を保ち続ける．これは，C点付近において，スクリュが，速度一定の射出工程から，一定の高い射出圧力を保持するように前進する保圧動作に移行したことを表している（保圧過程）．D点からは，圧力が大きく低下を始める．これは，ゲート内の樹脂が固化（ゲートシール）するために，加熱シリンダからキャビティ内への樹脂の供給が遮断され，その後，樹脂が冷却されながら徐々に収縮することを表している．最後に，E点において圧力がほぼゼロに低下する．こ

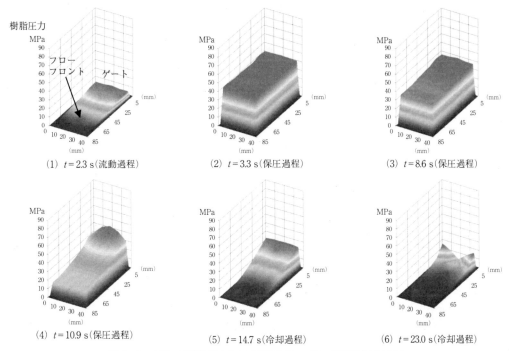

(1) $t = 2.3$ s（流動過程）　　(2) $t = 3.3$ s（保圧過程）　　(3) $t = 8.6$ s（保圧過程）

(4) $t = 10.9$ s（保圧過程）　　(5) $t = 14.7$ s（冷却過程）　　(6) $t = 23.0$ s（冷却過程）

図8 キャビティ内樹脂圧力分布（射出率 $5.3\,\mathrm{cm^3/s}$，保持圧力 $50\,\mathrm{MPa}$）

れより，樹脂が冷却固化により大きく収縮したことがわかる（冷却過程）．このように，樹脂圧力の経時変化を見ることによって，キャビティ内樹脂挙動をおおむね把握することができる．

図8は，Ch1 から Ch24 のセンサによりそれぞれ計測された樹脂圧力を，任意の時刻において分布表示したものである．キャビティの半分にしかセンサが挿入されていないが，ここではキャビティ形状の対象性を考慮して，下半分の圧力値を上半分に複写表示した．(1) の流動過程では，樹脂流動がキャビティの途中まで進行し，フローフロントからゲート付近にかけて傾斜状の圧力勾配が現れている．(2) の保圧過程では，キャビティ全域において樹脂圧力が上昇し，その後，(3) では，キャビティ末端部から圧力が低下し始め，ゲート付近から末端部にかけて傾斜した分布が現れている．(4) のゲートシール直後からは，時間経過に伴い，末端部から圧力が急速に低下していく．そして，最後に (6) では，ゲート付近のキャビティ両角部に圧力が残留する．このように，キャビティ内の樹脂圧力は，一様ではない実に複雑な変化を呈する．そのため，成形加工現象を詳しく解析するには，できるだけ多くの箇所において計測する必要があることがわかる．

5. 水晶圧電式ひずみセンサを用いた金型変形計測

金型は，高い樹脂圧力を受けると変形を起こす．変形が起こると，キャビティ形状が変化するために，成形品の寸法精度が低下する．また，コアピンなどの金型構成部品の変形や破損につながる．さらに，金型の分割面に隙間が生

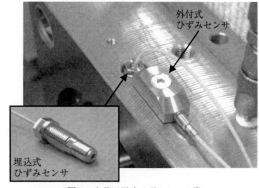

図9 水晶圧電式ひずみセンサ[15]

じると，成形品にバリと呼ばれる外観不良が発生し問題となる．そのため，金型の変形挙動を計測することは重要と考えられている．ここでは，成形工程における金型の変形挙動について，筆者らの計測事例を用いて解説しよう．

ピエゾ効果を利用した2種類の水晶圧電式ひずみセンサ[9]を，**図9**に示すように金型の側面に取り付ける．外付式ひずみセンサは，ねじを用いて金型表面に取り付けられ，一方，埋込式ひずみセンサは，金型にあけられた穴にねじ込んで取り付けられる．埋込式は，前章の樹脂圧力センサと同様の計測原理で，外付式は，内部の水晶板がせん断変形する際に発生する電荷を計測するものである．両センサは，一定のトルクで金型に強固に固定されているために，金型の変形にならってセンサの一部が変形する．その結果，外付式では金型表面に沿った方向のひずみが，埋込

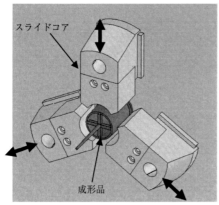

図10 スライドコア構造[15]

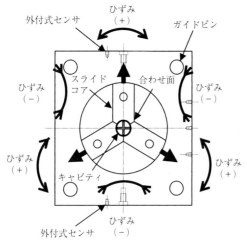

図11 外付式ひずみセンサの設置位置（金型固定側）と金型変形[15]

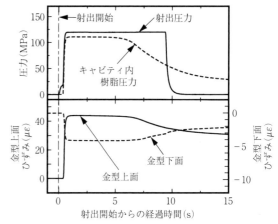

図12 ひずみの経時変化（金型固定側，射出率 26.5 cm³/s，保持圧力 120 MPa）[15]

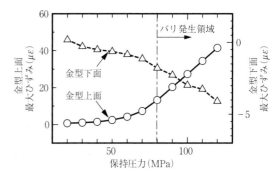

図13 最大ひずみと保持圧力の関係（金型固定側，射出率 26.5 cm³/s）[15]

式では金型内部のセンサ中心軸方向のひずみがそれぞれ計測される．

円筒形状の成形品の成形加工には，成形品の離型のしやすさを考えてスライドコア構造金型が一般に用いられている．本金型では，図10に示すように，3つのスライドコアと呼ばれる金属ブロックが型開閉動作に連動して前後に駆動する．型閉時には，3つのコアが前進し互いに組み合わさって円筒形状キャビティの外周部を構成する．一方，型開時において3つのコアは，外周方向に後退して成形品外周から離れる（図10の状態）．その結果，成形品が金型から抜けやすくなる．図11は，金型固定側における外付式ひずみセンサの設置位置と，成形中におけるスライドコアの挙動と金型変形の状況を示したものである．また，図12は，金型固定側の上下面に取り付けられた外付式センサによって，計測されたひずみの経時変化を示している．なお，同時に計測された射出圧力とキャビティ内樹脂圧力を併記した．成形に用いた樹脂は，ポリプロピレンPPである．図12よりキャビティ内に樹脂が充填される流動過程では，ひずみは出力されていない．そして，保圧過程に

入ると，射出圧力と樹脂圧力の急激な上昇に呼応するかのように，ひずみが急激に増加する．この際，金型上面のセンサからは正のひずみが，一方，下面のセンサからは負のひずみが出力される．この結果から，図11に示すように，樹脂圧力を受けたスライドコアが半径方向に後退するために，金型固定側上面では，金型が押されて膨らむように変形し，一方，下面では，2つのスライドコアに挟まれて，金型が内側に縮むように変形していることが理解できる．

ここで，本センサを利用した成形不良の検討事例について紹介しよう．スライドコア構造金型では，樹脂圧力が高まると，図11に示したようにスライドコアが半径方向に後退し，その結果，スライドコア同士の合わせ面に隙間が生じる．キャビティの合わせ面に隙間が生じると樹脂が進入するために，成形品にバリが発生し問題となる．筆者らは，保持圧力を変化させながらひずみの経時変化を計測し，得られたひずみからその最大値を読み取り保持圧力との関係として図13に整理した．また，得られた成形品を観察し，80 MPa以上の保持圧力条件においてバリが発生することを確認した．図中にバリ発生が開始する保持圧力領域を重ねて示した．保持圧力の増加に伴い，最大ひずみの絶対値が増加しており，特に，最大ひずみの絶対値が急

激に増加を始める保持圧力値付近において，ちょうどバリが発生し始めるという興味深い特徴が見いだせた．このように，ひずみとバリ発生開始との間に深い相関関係が存在することが明らかになった．この結果を利用すると，金型表面に本センサを聴診器のように取り付けることで，バリの発生を，成形工程においてインプロセスで検知できる可能性があり，不良判別等の検査工程の合理化に利用できるものと期待される．

6. お わ り に

射出成形における成形加工現象の計測技術について，筆者の研究事例を交えて紹介した．射出成形では，成形品内における残留応力・ひずみの発現などの未解明の現象が多く残されている．また，近年，高い付加価値や機能をもった成形品の製造を目指した急速加熱・冷却成形やフィルムインサート成形などの各種加飾成形法，マイクロ・ナノ転写成形法などの新しい成形加工法，さらに，新しい高機能性成形材料が登場し実用化が進んでおり，これらの成形加工プロセスの解明も急務となっている．生産現場に目を転ずれば，成形品の検査工程の合理化も，成形品の製造コスト・期間の削減という面で重要な課題となっている．このような状況の中で，既存の計測技術のさらなる磨き上げに加えて，新たな計測方法やセンサ援用技術の確立が，今後ますます求められている．本稿が，計測技術の研究開発を生業とする，あるいは，これから目指そうとしている研究者や技術者の皆さんに，プラスチック成形加工分野に目を向けていただくきっかけになれば幸いである．

参 考 文 献

1) 古閑伸裕，村田泰彦他：生産加工入門，コロナ社，(2009) 120.
2) 例えば，横井秀俊：射出成形における可視化実験解析法―連載①，電気加工学会誌，**33**, 74 (1999) 1.
3) 横井秀俊，早崎進，高橋博：ガラスインサートシリンダによる可塑化プロセスの直接観察，高分子学会予稿集，**37** (1988) 2703.
4) 横井秀俊，林高樹，平岡弘之：射出成形における型内樹脂挙動の直接観察，生産研究，**39**, 7 (1987) 306.
5) 横井秀俊，増田範通：型内樹脂流動における速度ベクトル計測の試み，成形加工 '00，(2000) 97.
6) 林博巳：金型内圧・温度の測定技術・装置の進歩，プラスチックス，**31**, 9 (1980) 99.
7) P. Thienel and G. Menges : Mathematical and Experimental Determination of Temperature, Velocity, and Pressure Fields in Flat Molds during the Filling Process in Injection Molding Thermoplastics, Polym. Eng. Sci., **18**, 4 (1978) 314.
8) 例えば，横井秀俊，村田泰彦，塚越洋：集積熱電対センサによる型内樹脂内部の温度分布計測，成形加工，**8**, 2 (1996) 107.
9) G. Gautschi : Piezoelectric Sensor, Springer, (2002).
10) 鹿沼陽次，石綿靖雄，鈴木忠雄：金型内圧計測の応用，成形加工，**13**, 4 (2001) 234.
11) 村田泰彦，横井秀俊，河崎浩志：キャビティ面圧力分布計測への触覚センサの応用，成形加工，**8**, 4 (1996) 249.
12) 横井秀俊，増田範通，伊藤義一，高橋重晶：光ファイバセンサによるひけ生成過程の計測，成形加工シンポジア '93，(1993) 126.
13) 横井秀俊，市東徹也：微細転写成形における離型抵抗の計測 I ―炭酸ガス充填の効果―，成形加工 '07，(2007) 141.
14) 村田泰彦，阿部友康，菅野裕樹，水澤隆行，鈴木一洋，石川和彦，丸山剛史：射出成形品におけるそり変形と金型温度分布との相関関係検討，成形加工，**20**, 10 (2008) 769.
15) 村田泰彦，橋本浩幸，原康博，清水隆弘，柴崎良介，新田和男，菊森一洋：射出成形におけるバリ発生と金型変形との相関解析（第 1 報）―金型変形影計測へのひずみセンサの適用―，成形加工，**25**, 5 (2013) 234.

はじめての精密工学

トライボロジーの基礎

Fundamentals of Tribology/Alan HASE

埼玉工業大学　**長谷亜蘭**

1. は じ め に

古代エジプトや古代ローマ時代などにつくられた歴史的建造物に使われている巨大なブロックや石像は，トラックや建設機械のない時代に一体どのように運ばれたのだろうか．現代に残された壁画から，その答えとなるヒントが得られる．**図1**は，紀元前1880年ごろに描かれたとされるエジプト人の巨像運搬の壁画である．これより，巨像台座の下にそりが敷かれているのがわかる．後述する内容を読むと原理をより深く理解できるが，そりを敷くことによって，ゴツゴツした石像底面と現代のように舗装されていない地面の摩擦を下げることができる．また，そり先端の丸みによって地面のでこぼこを乗り越えやすくなり，急激な摩擦抵抗の上昇を抑制できる．しかし，そりを使用するだけでも一時的には問題ないが，重い巨像を長距離運ぶとなると摩擦抵抗もそれなりに大きく，そり底面のすり減り（摩耗）が問題となることは間違いない．図1の拡大部分に注目すると，そりの先端で人が壺から何かを垂らしている様子が描かれていることに気付く．驚くべきことに，潤滑剤（水をまいて砂の凝集作用を利用していると考えられている[1]）をそりと地面の間に入れることで摩擦・摩耗を減らす知恵をこの時代からもっていたのである．さらには，地面のでこぼこの影響を減らすために地面上にレールを敷いたり，丸太（ころ）を間に入れたりして摩擦を減らす工夫などもされている．これら先人の知恵は，現代の科学技術においても進化しながら生き続けている．

上述したような摩擦・摩耗・潤滑に関わる学問をトライボロジーと呼び，その歴史はとても古いことがわかる．しかし，トライボロジーという言葉自体が生まれたのは1966年と最近のことである．1966年に経済開発協力機構（OECD）の潤滑技術ワーキンググループによりまとめられた報告書（Jostレポート[2]と呼ばれる）に初めて"Tribology"という用語が使われた．このJostレポートには，「トライボロジーとは，相対運動下で相互作用を及ぼし合う表面およびそれに関連する諸問題と実地応用の科学技術である」と定義されている．トライボロジー"TRIBOLOGY"の語源は，ギリシャ語で「擦る」という意味をもつ"tribos"と学問を表す接尾辞の"-logy"を組み合わせてつくられた造語である．

トライボロジーの重要性が広く認知されるきっかけとなったのが，Jostレポートで報告されたトライボロジー諸問題の改善による経済効果の大きさである（**図2**）．機械システムには，部品同士が接触して相対運動する摺動部が必ず存在する．その摺動部において，摩擦はエネルギーロスにつながり，摩耗はマテリアルロスへとつながる．これらのロスは，図2のさまざまなトライボロジー諸問題を招き，その社会的経済効果は国民総生産（GNP）の0.5〜2.6%[3]（国や年度にもよるが，約1兆円程度）にもなる．最近では経済効果のみならず，「環境・生物への影響と自然との調和を考えたトライボロジー視点での科学技術」として"Green Tribology"が提唱され[3]，環境問題を考慮したトライボロジー研究が重要視されている．

トライボロジーで扱う対象のスケール・分野はとても幅広く，かつ数多くの作用がそれらに影響を与える（**図3**）．

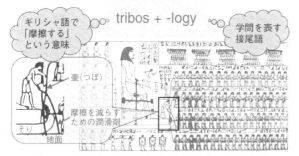

Tribology（トライボロジー）とは…
「摩擦・摩耗・潤滑に関わる学問」

tribos + -logy

ギリシャ語で「摩擦する」という意味

学問を表す接尾語

壺（つぼ）

摩擦を減らすための潤滑剤

そり

地面

図1 エジプト人の巨像運搬の壁画（紀元前1880年ごろ）

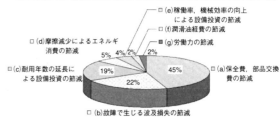

トライボロジー改善による経済効果は…
- 英国1966年調査：年々5.15億£（約5000億円）ほどの節約
- 日本2011年換算：国民総生産（GNP）の約3%（17兆3000億円）を節約

(e)稼働率，機械効率の向上による設備投資の節減 2%
(f)潤滑油経費の節減
(g)労働力の節減 2%
(d)摩擦減少によるエネルギ消費の節減 4%
5%
(c)耐用年数の延長による設備投資の節減 19%
22%
45%
(a)保全費，部品交換費の節減
(b)故障で生じる波及損失の節減

図2 トライボロジー諸問題の改善による経済効果内訳[2]

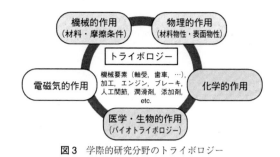

図3 学際的研究分野のトライボロジー

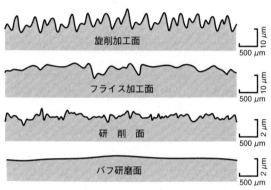

図4 加工法による表面性状の違い

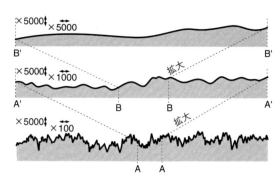

図5 表面プロファイルの縦横比による見え方の違い

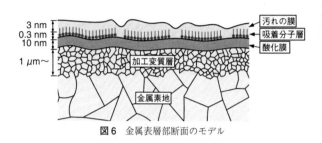

図6 金属表層部断面のモデル

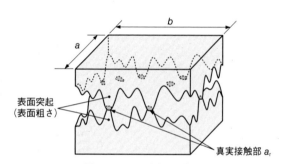

図7 二つの固体表面の接触

本稿では「トライボロジーの基礎」と題して，材料表面の性質，表面の接触と摩擦・摩耗メカニズム，潤滑状態の基礎知識について概説する．

2. 表面と接触

「固体は神が創り給うたが，表面は悪魔が創った」という Wolfgang Pauli の有名な言葉がある．実際の固体表面は，滑らかでもクリーンでもなく，固体内部と全く異なる性質をもち複雑であるため，摩擦・摩耗の現象を考える前にとても重要である．

2.1 表面の構造と性質

材料表面には必ず凹凸（うねりおよび表面粗さ）が存在する．その表面は何らかの加工によってつくられ，加工法によって表面性状は大きく異なる（**図4**）．表面プロファイル曲線は，水平方向に比べて垂直方向に大きく拡大表示され，通常とてもゆがめられている（**図5**）．一般的な算術平均表面粗さ Ra は，機械加工面で $1 \sim 5\,\mu m$ であり，研磨面で $0.02 \sim 0.05\,\mu m$ である．大抵の場合，表面突起の斜面は $10°$ 以下といわれている．

固体表層部の断面構造をみると，素地の上に表面欠陥・変質層や反応膜などが存在し，その上に吸着・付着した不純物が存在する（**図6**）．固体内部の原子・分子は，相互に作用する引力と斥力が平衡状態にある．それに対し，平衡状態が分断されて新しくつくられた表面（新生面と呼ばれる）の原子・分子は，表面エネルギーが高く，周囲の原子・分子（雰囲気物質）を吸着・付着する性質をもつ．ほぼすべての金属表面は，大気中で酸化膜（厚み：$1 \sim 10$

nm）を形成する．また，セラミックスの場合は，化学反応膜（酸化物あるいは水酸化物）を形成する．この表面で起こる吸着・付着は，後述する摩擦・摩耗・潤滑に大きな影響をもたらす．

2.2 二つの固体表面の接触

二つの固体表面の接触（平面-平面の面接触）を考えると，巨視的にみた接触面積（見かけの接触面積）は $a \times b$ となる（**図7**）．材料の形状によって接触形態は異なり，球-球や球-平面で生じる点接触，円筒-円筒や円筒-平面で生じる線接触は，Hertz の弾性接触理論[4]を用いて接触面積および接触応力が算出できる．また，粗い表面の弾性接触には，すべて同じ曲率半径をもつ球状突起と仮定した Greenwood-Williamson モデル[5]が用いられる．

先に述べたように，材料表面には凹凸（表面突起）が存在しており，微視的にみると実際の接触部は突起同士の接触となる．互いの表面突起同士が接触する部分を真実接触部（junction とも呼ばれる）という．この真実接触部は，見かけの接触面積に比べてとても小さく，そこで垂直荷重

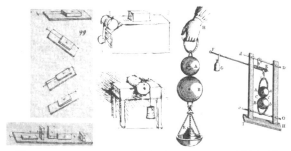

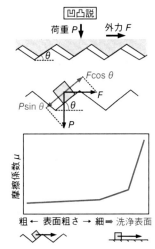

図8 Leonardo da Vinci の摩擦実験と Desaguliers の凝着実験[6]

図9 摩擦メカニズム（凹凸説の破綻）

を支えるため，大きな応力が集中して塑性変形する．したがって，実際に接触している面積（真実接触面積）は，一つ一つの真実接触部の面積 a_r を合算して $a_r×n$ となる（n：ジャンクションの個数）．垂直荷重の増加に伴い，この真実接触部 a_r の大きさへの影響は少なく，その数 n が増加することが実験的に知られている[6]．

3. 摩擦・摩耗メカニズム

二つの固体表面の接触から，互いに相対運動させることによって摩擦が生じ，その現象の延長線上に摩耗がある．ここでは，複雑な数式をなるべく使用せずに摩擦・摩耗の概念について紹介する．

3.1 摩擦の原理・法則

摩擦は，互いに相対運動（摩擦運動）するときの抵抗である．摩擦特性に関しては，摩擦係数 F/P（摩擦力 F を垂直荷重 P で除した値）を用いるのが一般的である．

トライボロジー研究の始まりは，15 世紀末の Leonardo da Vinci による摩擦実験といえる（**図8**左）．これを起点として，17 世紀末にさまざまな摩擦の実証実験が行われ，以下の摩擦法則が Amontons や Coulomb によって見いだされた．

① 摩擦力は接触面に加わる垂直荷重に比例し，見掛けの接触面積には無関係である．

② 摩擦力は相対的なすべり速度に無関係である．

③ 静止摩擦は動摩擦よりも大きい．

これらは，表面突起の嵌合（噛み合い）が摩擦のメカニズムとして説明されていた（凹凸説）．凹凸説における摩擦の原因は，凹凸が重力に逆らって上下動するときのエネルギー損失が発生するという考えである（**図9**上）．これより，$F=P\tan\theta$ となり，摩擦力が荷重に比例し，接触面積に無関係であることがわかる．表面突起の嵌合を考えると，平坦な表面同士の摩擦は小さくなるはずである．しかし，実際は平坦な面になっても摩擦は変わらないどころか，汚れをぬぐい去った清浄表面の摩擦ははるかに大きな値となる（図9下）．このように，凹凸説で摩擦理論を解釈するには無理が生じる．

一方で同時期に，Desaguliers は表面を磨くと摩擦が増大することや鉛の球の表面同士をくっ付けると凝着する実験事実から（図8右），摩擦のメカニズムが表面同士の凝着による凝着説を唱える．表面の凝着を考えると，凝着力は接触面積に比例するはずであるが，実際は摩擦の法則では見かけの接触面積に無関係であることが凹凸説と凝着説の二大仮説の争点となった．現在では，さまざまな実験で凝着の存在などが確かめられ，凝着説が受け入れられている．凝着説では，図7で示した真実接触部において分子間ないし原子間相互作用による結合を切るための抵抗とされ，摩擦力は $F=\tau A_r$ とあらわされる（τ：材料のせん断強さ，$A_r=\sum a_r$：真実接触面積）．

摩擦抵抗の成分として，表面突起の弾塑性変形，表面突起による掘り起し，凝着部のせん断が複合的に作用していると考えるのが妥当である．摩擦係数は，材料のみで決定されるのではなく，摩擦条件や雰囲気などで大きく変化する（摩耗も同様）．また，摩擦面間に生ずる微視的な摩擦面の付着・すべりの繰り返しによって引き起こされる自励振動をスティック・スリップ現象といい，運動制御時などに問題となることがある．

3.2 摩耗メカニズムの種類と特徴

摩耗は，摩擦によって表面材料が除去されていく現象である．摩耗特性に関しては，摩耗量 W（重量あるいは体積変化，摩耗痕の深さ等の形状変化によって測定される値）や摩耗率 W/L（摩耗量を摩擦距離 L で除した値，単位摩擦距離あたりの摩耗量で摩耗速度とも呼ばれる），比摩耗量 $W/(LP)$（摩耗量を摩擦距離と垂直荷重で除した値）を用いる．この他，摩擦面の状態（表面性状測定や表面分析など）や摩耗粒子の形状などからも評価できる．主な摩耗メカニズムを大別すると**図10**のようになる．

凝着摩耗は，真実接触部が摩擦によりせん断され相手材料を千切り取っていく摩耗である．凝着摩耗では摩擦環境等により，摩耗状態が劇的に変化するシビア・マイルド摩耗遷移が生じる場合がある．このシビア摩耗（初期摩耗）とマイルド摩耗（定常摩耗）では，摩耗率が 2 桁以上変化し，その様相は一変する．シビア摩耗では，摩耗面は大き

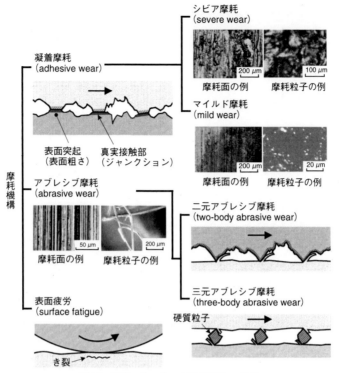

図10 摩耗メカニズム（摩耗機構）の分類

く荒れ，摩耗粒子は $10\,\mu m$ 以上の大型の粒子が生成する．マイルド摩耗では，摩耗面はなめらかであり，数 μm 以下の微細な摩耗粒子が生成する．凝着摩耗のメカニズムは，真実接触部のせん断時の微視的変形・破壊によって，摩耗素子（摩耗粒子を構成する素粒子と考えられている[7]）が生成・移着し，その摩耗素子が摩擦界面で集合合体していく移着成長過程[8]を経て，摩耗粒子が形成される．凝着摩耗では，無潤滑時に比べ潤滑時の摩耗量は極端に小さくなる．凝着摩耗が急激に進行すると，二固体が完全に固着する焼け付きという現象が発生し，機械システムに致命的な損傷を与えることがある．

アブレシブ摩耗は，表面突起によって相手表面を削り取る摩耗である．摩耗粒子の形状は切りくず状となり，摩耗面も切削時のような線条摩耗痕となる．アブレシブ摩耗においては，硬い表面突起が相手表面を削り取る二元アブレシブ摩耗と摩擦界面に存在する硬質粒子が表面を削り取る三元アブレシブ摩耗に区別される．比摩耗量（単位荷重・単位摩擦距離あたりの摩耗体積）は，凝着摩耗に比べて大きいのが特徴である．また，切削機構における切削油の作用と同様に，アブレシブ摩耗では無潤滑時に比べ潤滑時の摩耗量が大きくなる．

疲労摩耗は，アブレシブ摩耗も凝着摩耗も起きない場合に発生する表面の疲労破壊で進行していく摩耗である．特にすべり摩擦においては，疲労破壊に進展する以前にアブレシブ摩耗や凝着摩耗が進行することが多い．逆に転がり摩擦では，すべり領域で生じる摩耗に比べ，フレーキング等の疲労損傷によるところが大きく，疲労摩耗が主たる摩耗形態となる．

摩耗現象は，材料，摩擦条件，雰囲気などのいわゆる摩擦の"系"で変化するためとても複雑であり，いまだその理論は確立されていない．本稿で紹介できなかった摩耗メカニズムの詳細に関しては，笹田著「摩耗」[9]を参考にされたい．

4. 潤滑状態

無潤滑の固体摩擦（乾燥摩擦とも呼ばれる）では，摩擦係数が $0.2 \sim 1.2$ 程度（真空中や焼け付き時は 1.2 以上になることもある）であるのに対し，摩擦界面に潤滑剤を介在させることによって，摩擦をコントロールすることができる．また，固体同士の接触を抑制することによって，摩耗も低減させることができる．ここでは，主要な潤滑状態とストライベック線図について紹介する．

4.1 境界潤滑

表面エネルギーが高い表面に単分子ないし数分子の吸着膜が存在することにより，微小凸部間での直接接触となることでせん断抵抗が低減する（**図11**）[10]．αA の領域には固体同士のせん断抵抗が作用し，その周囲の $(1-\alpha)A$ の領域には固体と吸着膜のせん断抵抗が作用する．添加剤を加えることによって，潤滑剤分子の吸着能力を向上させることもできる．境界潤滑での摩擦係数は，一般に $0.01 \sim 0.2$ 程度になる．また，境界潤滑に流体潤滑効果が付加され，潤滑状態が遷移していく領域を混合潤滑と

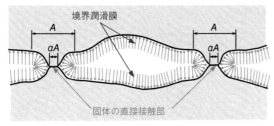

図11 境界潤滑モデル

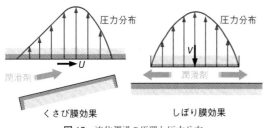

図12 流体潤滑の原理と圧力分布

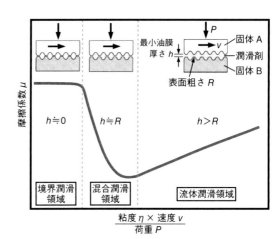

図13 ストライベック線図

呼ぶ.

4.2 流体潤滑

　流体潤滑は，固体表面間に流体膜を形成し，荷重とつり合う圧力が流体膜内に発生することによって固体同士の接触がほとんどない状態をつくりだす．その原理は，くさび膜効果や絞り膜効果である（**図12**）．流体潤滑理論は，Reynolds によって基礎方程式が導出され，流体膜内の圧力の発生が導き出されている．流体潤滑下での摩擦抵抗は，流体のせん断抵抗となる．特に，流体潤滑下であっても接触圧力が高く，接触面の弾性変形の影響を無視できない潤滑領域を弾性流体潤滑（elastohydrodynamic lubrication, EHL）という．境界潤滑での摩擦係数は，一般に0.01 以下になる.

4.3 ストライベック線図

　これら潤滑状態の変化は，ストライベック線図[11]を用いて理解することができる（**図13**）．潤滑剤の特性である粘度，摩擦条件（荷重，速度）によって，先に述べた潤滑状態の領域に分けられる．すなわち，潤滑膜が二面間を完全に分離する流体潤滑領域（$h > R$），わずかな潤滑膜で流体潤滑と境界潤滑が混在する混合潤滑領域（$h ≒ R$），潤滑膜がほぼ単分子膜程度になる境界潤滑領域（$h ≒ 0$）である．ストライベック線図から，軸受の最適な潤滑状態を保つための運転条件や粘度（温度）などの潤滑システムの設計値を検討することができる.

5. お　わ　り　に

　以上，トライボロジーの基礎知識について初学者向けに概説してきた．ここでは，"トライボロジー"という学問の表面を簡単になぞったに過ぎず，さらに一歩内部に踏み込めば，その奥深さや難しさに直面することもあるだろう．しかし，基本的な現象を一つ一つ押さえていくことがトライボロジー研究を進めるうえで重要であり，複雑怪奇な問題も解決に導くことができると考える.

　本稿を通して，一人でも多くの読者にトライボロジーに興味をもっていただき，ご自身の研究開発分野等に介在するトライボロジー問題について考えるきっかけになれば幸甚である.

参　考　文　献

1) A. Fall, B. Weber, M. Pakpour, N. Lenoir, N. Shahidzadeh, F. Fiscina, C. Wagner and D. Bonn : Sliding Friction on Wet and Dry Sand, Phys. Rev. Lett., **112**（2014）175502.
2) H.P. Jost : Lubrication (Tribology), A Report on the Present Position and Industry's Needs, Department of Education and Science, H.M. Stationery Office, London,（1966）.
3) H.P. Jost : Green Tribology, A Footprint Where Economics and Environment Meet, Address to the Fourth World Tribology Congress-Kyoto, Japan,（2009）1.
4) H. Hertz : Über die Berührung fester elastischer Körper, Gesammelte Werke, Bd. I, Leipzig,（1895）.
5) J.A. Greenwood and J.B.P. Williamson : Contact of Nominally Flat Surface, Proc. Roy. Soc. A, **295**（1966）300.
6) D. Dowson : History of Tribology, Longman London,（1979）.
7) A. Hase and H. Mishina : Wear Elements Generated in the Elementary Process of Wear, Tribology International, **42**（2009）1684.
8) T. Sasada and S. Norose : The Formation and Growth of Wear Particles through Mutual Material Transfer, Proc. JSLE-ASLE Int. Lubrication Conf., 1975, Elsevier, Amsterdam,（1976）82.
9) 笹田直 : 摩耗，養賢堂,（2008）.
10) F.P Bowden and D. Tabor : The Friction and Lubrication of Solids, Part II, Oxford Clarendon Press,（1964）.
11) R. Stribeck : Characteristics of Plain and Roller Bearings, Zeit. Ver. Deutsch. Ing., **46**（1902）.

熱輻射線による加工温度計測技術の開発

Development of Infrared Radiation Pyrometer with Optical Fiber/Takashi UEDA

名古屋大学大学院　上田隆司

1. は じ め に

切削や研削において，加工温度は工具寿命や加工面の物性に大きな影響を及ぼすだけでなく，レーザ加工では加工そのものを支配する重要な要因である．このため，これまで加工温度を測定するためにさまざまな方法が工夫されてきている[1]．著者らは光ファイバーと光電変換素子を組み合わせた赤外線輻射温度計を開発し，さまざまな加工温度の測定に適用してきた．この温度測定法は，微小領域の温度の測定，測定領域の特定，高速で変化する温度の測定など，これまでの温度測定法にない特長をもっている[2][3]．また，この温度計を改良した2色温度計では，これらの特長に加えて，輻射率の影響を受けずに温度を測定できる，測定領域内の最高温度を計測できるなどの特長をもっている．これらの特性を生かして，例えば2000 rpmで回転する研削砥石作業面上の砥粒切れ刃温度や，40000 rpmで高速回転する直径 0.6 mm のボールエンドミル刃先温度を測定している．ここでは1980年ごろからスタートした温度計の開発について順を追って解説していくことにする．

2. 単 色 温 度 計

本温度計は光ファイバー型赤外線輻射温度計の基本になっている温度計であり，5年程度をかけて1985年ごろに完成している[4]．

2.1　基本構造

図1に基本的な構造を示す[5]．単色温度計の"単色"とは1個の光電変換素子で計測している意味で用いている．測定対象物から輻射された赤外線を，コア径 50 μm の1本の石英光ファイバーで受光し，光電変換素子 InAs セルに伝送して電気信号に変換する．OPアンプを用いた回路により電流を電圧に変換して増幅し，記憶装置に記録する．

図2は光ファイバーが測定対象物（Object）から輻射される赤外線を受光する状態を表している．図は感温面積（Target area）が測定対象物の内側に入っている状況を示している．このとき，光ファイバーが受光する赤外線エネルギー $E_{\lambda m}$ を表す式には，光ファイバーの受光面と対象物の距離を表す測定距離（Measuring distance）t が含まれておらず，感温面が対象物内にある限り，測定距離に関係なく正確な温度測定が可能である．

図3は図1に示す増幅回路の周波数特性であり，100 kHz までフラットな特性をもっている．また，InAs素子の応答速度が 1 μs であることから，本温度計が十分な応答速度を有していることがわかる．

2.2　研削温度の測定

本温度計を平面研削中の砥粒切れ刃温度の測定に適用し

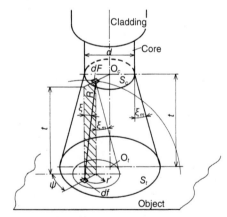

図2 光ファイバーの受光モデル

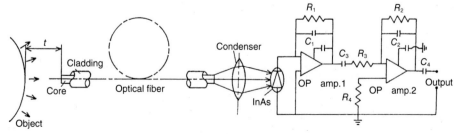

図1 温度計の基本構造

た[5]. **図4**に実験装置を示す. 図において, 光ファイバー
は研削点から $\Theta = 45°$ の位置にセットされており, 受光面
と砥石作業面との距離は $100\,\mu m$ に設定している. 研削点
において加工物を研削し高温になった砥粒が回転して, 光

ファイバー直下を通過するとき, 砥粒から輻射された赤外
線を光ファイバーで受光している. 受光した赤外線エネル
ギーを光電変換素子で電気信号に変換し, 温度に換算する.

図5に測定波形を示す. 各パルスが個々の砥粒切れ刃
からの出力である. パルスの高さ h が温度, パルスの幅 b
が砥粒の大きさ, パルス間隔 l が砥粒切れ刃間隔に対応し
ている. **図6**は測定した砥粒切れ刃温度を表している.
標準の研削条件は, 研削速度 v_s: 1600 m/min, 切り込み
a: $20\,\mu m$, テーブル送り速度 v_w: 10 m/min, 加工材料:
炭素鋼であり, 個々の研削条件を変化させている. 測定さ
れた最高温度は炭素鋼の融点に近い1400℃の高温に達し
ている. 一方, 研削速度が上がるにつれて切れ刃温度は低

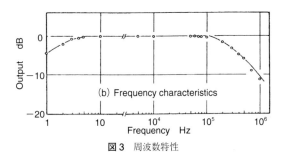

図3 周波数特性

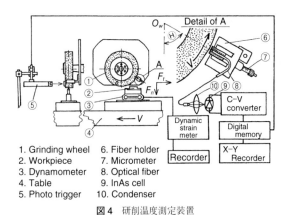

1. Grinding wheel
2. Workpiece
3. Dynamometer
4. Table
5. Photo trigger
6. Fiber holder
7. Micrometer
8. Optical fiber
9. InAs cell
10. Condenser

図4 研削温度測定装置

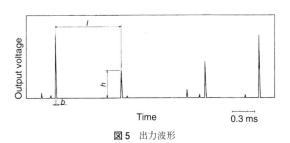

図5 出力波形

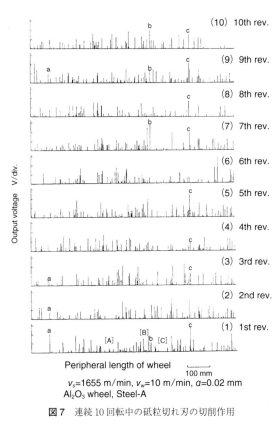

v_s=1655 m/min, v_w=10 m/min, a=0.02 mm
Al₂O₃ wheel, Steel-A

図7 連続10回転中の砥粒切れ刃の切削作用

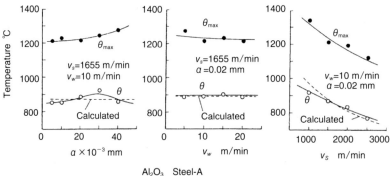

Al₂O₃ Steel-A

図6 砥粒切れ刃温度に及ぼす研削条件の影響

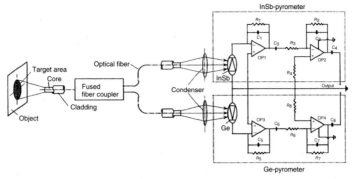

（a）光カプラーを用いた温度計

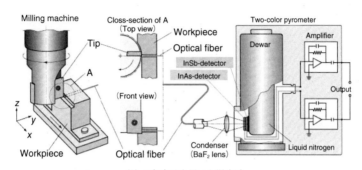

（b）2色素子を用いた温度計

図8 2色温度計の基本構造

下している．"砥粒最大切り込み深さ"が減少すること，および単位時間に作用する"砥粒切れ刃数"が増えるためであり，高速研削が有利な点である．

図7は研削中の砥石が10回転するときの出力波形を連続的に測定し，1回転分ごとに切り分けて示している[5]．横軸が砥石1周分に相当し，下から1周目，2周目……10周目の出力波形である．図より，砥粒の切削作用が1回転ごとに変化する様子を知ることができる．例えば，砥粒 a は1回転～3回転までは現れているが，4回転目から消えており，9回転目に再び現れている．砥粒 b は1回転目，および7～10回転目に現れている．砥粒 c は常に現れており，絶えず切削していることがわかる．このように，個々の砥粒切れ刃の切削作用を詳細に知ることができる．

3. 2 色 温 度 計

レーザ照射部の温度を計測する目的で，1995年ごろに開発した温度計である．単色温度計に比べて，計測精度，使いやすさの点で飛躍的に改善されている．

3.1 基本構造

光カプラーを用いる構造[6]と，2色素子を用いる構造[7]の2種類があり，それぞれ特徴がある．いずれの温度計も1本の光ファイバーで受光した赤外線を2つの素子で計測しているところが重要なポイントである．**図8**に温度計の基本構造を示す．図8（a）では，測定対象物から輻射された赤外線を1本の光ファイバーで受光したのち，光カ

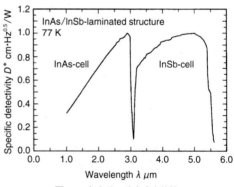

図9 2色素子の分光感度特性

プラーを用いて2チャンネルに分岐し，片方のチャンネルを InSb セルにつなぎ，他のチャンネルを Ge セルにつないで，セルに赤外線エネルギーを伝送する．電気信号に変換した後，それぞれの素子からの出力の比をとり，温度に換算する．図8（b）では，2色素子を使っている．測定対象物から輻射された赤外線を1本の光ファイバーで受光したのち，2色素子に伝送する．2色素子は前面に InAs，後面に InSb のサンドイッチ状の2層構造となっている．2色素子の分光感度特性を**図9**に示す．1～3μm の短波長を InAs 素子で計測し，3～6μm の長波長を InSb 素子が計測する．それぞれの素子からの出力電圧の比をとり，温度に換算する．

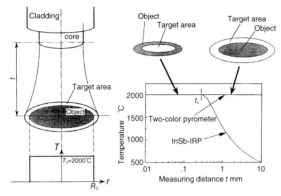

図 10 2色温度計と単色温度計の測定温度

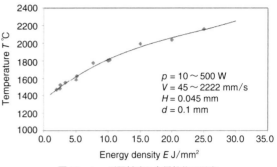

図 12 レーザ照射時の金属粉体の温度

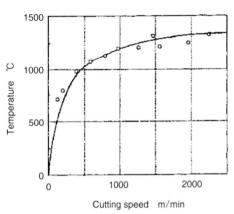

図 11 切削速度が接触面温度に及ぼす影響

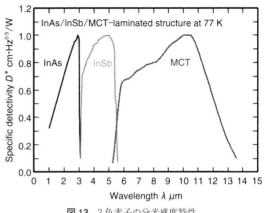

図 13 3色素子の分光感度特性

このように、2つの素子からの出力電圧の比をとると
き、輻射率がキャンセルされてしまう。すなわち、2色温
度計では輻射率の影響を考慮する必要がなくなる。また、
図 10 は単色温度計と2色温度計を、2000℃の測定対象物
に適用したときの測定温度を計算している。測定距離 t が
大きくなり、感温面積が測定対象物より大きくなると単色
温度計では測定温度は急激に低下していくが、2色温度計
では常に 2000℃ が測定されている。すなわち、2色温度計
は、測定距離に影響されることなく、正確な温度計測が可
能である。いい換えれば、測定対象物が感温面積より小さ
い場合でも、正確に温度を測定することができる。

3.2 工具-工作物接触面温度の測定

透光性のあるアルミナ円錐工具を用いて、工具内を透過
してきた赤外線を工具内に挿入した光ファイバーで受光す
ることにより温度を測定している[6]。切削速度を 2300 m/
min まで変化させたときの測定結果を **図 11** に示す。切削
速度が上がるに従い温度が上昇し、加工材料の炭素鋼の融
点（約 1500℃）に近づいていく。

3.3 3次元光造形におけるレーザ照射部の温度測定

金属粉末光造形において、金属粉末にレーザを照射した
ときの温度を2色温度計で測定した[8]。**図 12** はレーザの
照射エネルギーと金属粉体上の照射部温度の関係を示して
おり、1500℃ では金属粉体は焼結状態にあり、1800℃ を超
えると溶融状態にあると判断することができる。

4. 3 色 温 度 計

測定できる温度範囲を広げる目的で 2000 年以降に開発
した温度計である。それまで、高温域の測定に InAs-InSb
を組み合わせた温度計、低温域の測定に InSb-MCT を組
み合わせた温度計を製作していたが、これらの素子を合わ
せた3色素子を用いて、低温から高温の広い温度範囲での
計測が可能な3色温度計を製作した。

4.1 基本構造

InAs-InSb2色素子に長波長の赤外線に感度をもつ
MCT 素子を加えて3種類の素子をサンドイッチ状に積層
している[9]。3色素子の分光感度特性を **図 13** に示す。
MCT を加えることで、長波長の赤外線に対して感度をも
つことができ、より低温の測定が可能となっている。高温
は InAs-InSb の組み合わせ、低温に対しては InSb-MCT
の組み合わせによって測定することができる。

4.2 ボールエンドミルの切れ刃温度測定

図 14 に径が 0.6 mm～6 mm の小径ボールエンドミルで
加工したときの切れ刃温度を測定した結果を示す[9]。同一
径の場合、切削速度が速くなれば切れ刃温度は急激に上昇
している。ところが、回転数が同じであれば、径の異なる
エンドミルでも切れ刃温度に大きな差を生じない。径が異

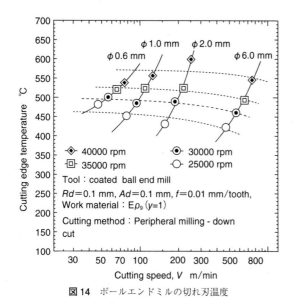

図14 ボールエンドミルの切れ刃温度

なれば切削速度が大きく変化するにもかかわらず，温度に差が現れていない．いろいろ原因は考えられているが，詳細は今後の検討課題である．

5. コンパクト2色温度計

これまで液体窒素によって素子を冷却して光電変換素子の感度を上げてきたが，液体窒素の取り扱いが煩雑である．そこで，ペルチェ素子による電子冷却によって素子を冷却する光電変換素子を使った温度計を製作した．

5.1 基本構造

図15にコンパクト温度計の概略図を示す[10]．電子冷却タイプの2色素子を用いることにより，液体窒素が必要なくなり，さらに，集光レンズを介さず光ファイバーを直接2色素子に連結するシンプルな構造の温度計を製作した．

6. お わ り に

光ファイバー型赤外線輻射温度計の開発について述べてきたが，温度計の測定原理や構造については紙面の関係で十分に述べることはできなかった．また，温度計の製作に主眼をおいたため，わずかな実測例しか示すことができなかった．旋削加工，ドリル加工，タップ加工をはじめ，ダイヤモンドバイトによる超精密加工，高速切削加工，スピニングツールを用いた加工，ミストを用いた加工や湿式加工，さらにレーザによる割断加工，レーザフォーミング加工，レーザ矯正加工などにおいても温度計測を行っている．また，レーザによる歯科治療の研究において，歯質の温度測定にも用いている．これらについては文献を参照していただければと思う．

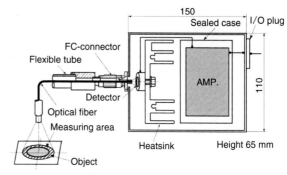

図15 コンパクト2色温度計

加工現場にはアナログ信号の計測に大敵なノイズ源が多数あり，また，切りくず・加工液・油などは光計測にとって致命的ともいえる妨害要因である．そのような厳しい環境で，加工温度を正確に計測することはたいへんむずかしい．可能な限り加工の原型を保ちながら，いかに精度よく加工温度を測定するかがこの研究の醍醐味であり，これからも温度計の開発に取り組んでいきたいと考えている．

参 考 文 献

1) M.A. Davies, T. Ueda, R. M'Saoubi, B. Mullany and A.L. Cooke : On The Measurement of Temperature in Material Removal Processes, Annals of the CIRP, **56**, 2 (2007) 581.
2) 上田隆司，細川晃：光ファイバを用いた赤外線輻射温度計の開発，材料，**36**，403（1987）404.
3) 上田隆司，金田泰幸，佐藤昌彦，杉田忠彰：光ファイバ型赤外線輻射温度計による加工温度の測定（温度計の特性），日本機械学会論文集，C編，**58**，545（1992）302.
4) T. Ueda, A. Hosokawa and A. Yamamoto : Studies on Temperature of Abrasive Grains in Grinding (Application of Infrared Radiation Pyrometer), ASME, Journal of Engineering for Industry, **107**, 5 (1985) 127.
5) T. Ueda, H. Tanaka, A. Torii and T. Sugita : Measurement of Grinding Temperature of Active Grains Using Infrared Radiation Pyrometer with Optical Fiber, Annals of the CIRP, **42**, 1 (1993) 405.
6) T. Ueda, M. Sato, T. sugita and K. Nakayama : Thermal Behaviour of Cutting Grain in Grinding, Annals of the CIRP, **44**, 1 (1995) 325.
7) T. Ueda and M. Sato, K. Nakayams : The Temperature of a Single Crystal Diamond Tool in Turning, Annals of the CIRP, **47**, 1 (1998) 41.
8) T. Furumoto, T. Ueda, M.R. Alkahari and A. Hosokawa : Investigation of Laser Consolidation Process for Metal Powder by Two-color Pyrometer and High-speed Video Camera, Annals of the CIRP, **62**, 1 (2013) 223.
9) A. Yassin, T. Ueda, T. Furumoto, A. Hosokawa, R. Tanaka and S. Abe : Experimental Investigation on Cutting Mechanism of Sintered Material Using Small Ball End Mill, Journal of Materials, Processing Technology, **209**, 10 (2009) 5680.
10) 細川 晃，岡田将人，上田隆司：エンドミル加工における工具温度モニタリング用小型2色温度計，日本設備管理学会誌，**18**，1（2006）42.

はじめての
精密工学

精密工学のための画像処理

Image Processing for Precision Engineering/Kazunori UMEDA

中央大学　**梅田和昇**

1. は じ め に

　近年のカメラの普及，コンピュータの高性能化に伴い，画像処理が安価・手軽になった．精密工学のさまざまな分野で，画像処理を使っている，あるいは使おうとしている方々がますます増えてきていると思う．

　2006年5月（Vol. 72, No. 5）の「はじめての精密工学」で，「画像処理の基礎」を取り上げた．本稿では，これとなるべく重複せず，かつ画像処理を専門としない精密工学の分野の方々にとって有益となる内容を提示したいと思う．2006年の記事では，以下の内容を取り上げた．

・ハードウェア・ソフトウェア：画像入力のためのカメラ，画像処理を行うハードウェア・ソフトウェア
・基礎的な画像処理手法：領域抽出，モルフォロジー処理，エッジ抽出，テンプレートマッチング，差分

ハードウェア・ソフトウェアに関しては，この10年近くでかなり状況が変わっているので，2006年の記事と比較しながら本稿でも簡単に取り上げる．また，画像処理手法としては，計測に画像処理を用いるのに有用な定式化・手法をいくつか解説する．その一つとして，3次元を計測するためのステレオ視に関しても取り上げる．

2. ハードウェア・ソフトウェア

2.1　ハードウェア

　まずは画像を取得するためのカメラであるが，以前主流だったアナログTVの信号（日本だとNTSC信号）を出力するカメラはほとんどなくなり，USBやGigE（Ethernetを利用）などのデジタルインタフェースのカメラがほとんどとなった（ただしIEEE1394を用いるカメラは減少した）．これにより，画質の向上とともに，画素数やフレームレートが多様化し，カメラの選択の幅が広がった．また，用途によっては，産業用のカメラでなく極めて安価なWebカメラも利用できる．撮像素子（イメージセンサ）にはCCDを用いたものとCMOSイメージセンサを用いたものがある．CMOSイメージセンサはグローバルシャッターとローリングシャッターの2種類がある．後者は画像の場所によって撮像するタイミングが異なる（画像の下ほど遅くなる）ので，移動物体を対象とする場合には注意が必要である．

　一方，取得された画像を処理するハードウェアに関して

は，コンピュータの高性能化に伴って大きく様変わりし，以前主流であった専用のハードウェアは減り，パーソナルコンピュータ（PC）や，組み込みマイコンなどを用いることが大半となってきた．また，処理速度が必要（かつ並列処理が可能）な場合は，GPU（Graphics Processing Unit，グラフィックボード）を利用することも増えてきた．

2.2　ソフトウェア

　最近の画像処理では，OpenCV[1)2)]を使用するのが世界的に定番になっている．OpenCVは，Itseez（以前はIntel，Willow Garage）がフリーで公開しているソフトウェアライブラリで，基本的なものから最新の研究に基づく画像処理手法まで多くの手法を含んでいる．C++，C，Pythonなどの言語で使用可能であり，対応OSも多い．もちろん市販のソフトウェアでよいものもあるが，まずはOpenCVを用いてみることをお勧めする．公式のURL[1)]などインターネット上にも情報は多く，また書籍[2)]もいくつか出版されているので参考になる．

3. 画像計測に用いられる定式化・手法

　計測に画像処理を用いるのに有用な定式化・手法をいくつか紹介する．

3.1　カメラのモデル化とキャリブレーション

3.1.1　透視投影モデル

　カメラにより，3次元空間中の点が2次元平面すなわち画像中の点に投影される．一般的なレンズを用いた場合，この投影は透視投影によって記述される（**図1**参照）．直感的にいえば，光学中心（レンズ中心）からの光軸方向の距離に反比例して対象の像が小さくなるという，自然なモデルである．図1において，3次元空間中の点(X, Y, Z)が(x, y)に投影されている．座標系は，光学中心を原点とし，光軸方向をZ軸，右方向をX軸，下方向をY軸としてある．なお，座標軸の取り方はいくつか流儀があるが，右手座標系にしておくことが混乱を生じず望ましいと思う．また，(x, y)は，光軸上の点を原点として，x, y軸をそれぞれX, Y軸に平行にとり，焦点距離を1とした座標（以後正規化画像座標と呼ぶ）とする．このとき，

$$x = \frac{X}{Z} \tag{1}$$

$$y = \frac{Y}{Z} \tag{2}$$

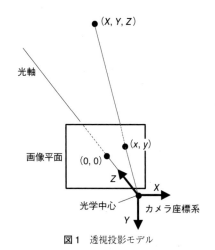

図1 透視投影モデル

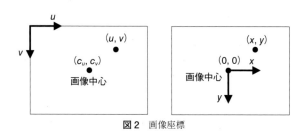

図2 画像座標

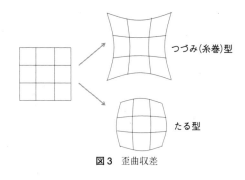

図3 歪曲収差

図4 Zhang のキャリブレーション用のパターン

が成り立つ.

図2に画像座標を示す.一般に画像は,左上を原点とし,右方向を第1軸(ここでは u 軸),下方向を第2軸(ここでは v 軸)とすることが多い.また,(c_u, c_v) は光軸が通る点であり,画像中心と呼ばれる.これらの座標は画素数(pixel)単位で記述される.正規化画像座標 (x, y) と画像座標 (u, v) との間には

$$u = \alpha_u x + c_u, \alpha_u = \frac{f}{\delta_u} \tag{3}$$

$$v = \alpha_v y + c_v, \alpha_v = \frac{f}{\delta_v} \tag{4}$$

の関係が成り立つ.ただし,f はレンズの焦点距離,δ_u, δ_v はそれぞれ撮像素子の画素の横,縦の間隔(一般的には数 μm 程度)である.

3.1.2 カメラの内部パラメータ・外部パラメータ

式(3),(4)の α_u, α_v と c_u, c_v とをカメラの内部パラメータと呼ぶ(これらに画像のスキューを加えることもあるが,ここでは考えない).画像を計測に用いるためには,これらの内部パラメータをキャリブレーションにより同定することが必要不可欠である.なお,δ_u, δ_v と f とを独立に同定することはできず,同定できるのはあくまで α_u, α_v である.これは,撮像素子の大きさが変わるのに応じてレンズの焦点距離を変えれば同じアングルの画像が得られることに対応している.

一方,カメラの位置・姿勢を表すパラメータを外部パラメータと呼ぶ.位置は3次元ベクトル t,姿勢は一般に 3×3 の回転行列 R で表現される.基準となる座標系(ワールド座標系)における対象の3次元座標を X_w,カメラ座標系における3次元座標を X としたときに,

$$X = RX_w + t \tag{5}$$

と表される(X と X_w とを逆に定義することもある).なお,このとき,t, R はそれぞれワールド座標系の位置,姿勢をカメラ座標系で記述したものとなっている.

3.1.3 歪曲収差

現実のカメラではさまざまな収差が発生するが,その中でも特に画像処理において問題となるのが,画像が放射状に歪(ひず)む歪曲収差(distortion)である.図3に示すように,つづみ(糸巻)型とたる型の歪みがある.歪曲収差は,画像中心からの距離の3乗に比例して半径方向に発生する項が主である.このとき,収差がある場合の画像中心からの距離 r' が,収差がない場合の距離 r を用いて

$$r' = r + k_1 r^3 (+ k_2 r^5 + \cdots) \tag{6}$$

と表される.画像処理を行うためには,k_1, k_2 などの歪曲収差のパラメータを同定し,画像を補正して収差を取り除くことが必要である.

3.1.4 Zhang のキャリブレーション

以上で述べたカメラの内部・外部パラメータならびに歪曲収差のパラメータを同定するキャリブレーション手法として,Zhang の手法[3]がよく知られており,OpenCV にも実装され,デファクトスタンダードとなっている.これは,図4に示すようにチェッカーパターンを異なる位置・姿勢に設置してカメラで複数回撮像するだけでよいという,簡便な手法である.なお,図4ではたる型の歪曲収差が見られる.OpenCV では接線方向の歪みも含めた歪曲

収差のパラメータの同定，歪みの除去が可能である．

3.2 カメラの投影の同次座標を用いた表現

式(1)〜(5)より，対象の3次元座標 $\boldsymbol{X}_\mathrm{w}$ と画像座標 (u, v) との関係は

$$u=\alpha_u\frac{r_{11}X_w+r_{12}Y_w+r_{13}Z_w+t_x}{r_{31}X_w+r_{32}Y_w+r_{33}Z_w+t_z}+c_u \tag{7}$$

$$v=\alpha_v\frac{r_{21}X_w+r_{22}Y_w+r_{23}Z_w+t_y}{r_{31}X_w+r_{32}Y_w+r_{33}Z_w+t_z}+c_v \tag{8}$$

と表される．同次座標を用いることで，この関係を分かりやすく表記することができる．同次座標とは，元の座標に要素を一つ加えたものであり，定数倍しても同一の座標とみなされる（詳細な説明は割愛する）．

$\boldsymbol{X}_\mathrm{w}, (u, v)$ に1を加えた同次座標をそれぞれ

$$\tilde{\boldsymbol{X}}_\mathbf{w}=[X_w\ Y_w\ Z_w\ 1]^T \tag{9}$$

$$\tilde{\boldsymbol{m}}=[u\ v\ 1]^T \tag{10}$$

と置く．このとき，

$$\tilde{\boldsymbol{m}}\sim P\tilde{\boldsymbol{X}}_\mathbf{w}, P=A[R|\boldsymbol{t}] \tag{11}$$

と簡潔に表すことができる．ここで，〜は同値である（定数倍しても変わらない）ことを表す．また，

$$A=\begin{bmatrix}\alpha_u & 0 & c_u\\ 0 & \alpha_v & c_v\\ 0 & 0 & 1\end{bmatrix} \tag{12}$$

は内部パラメータを要素とした行列で，内部パラメータ行列と呼ばれる．P は 3×4 の行列であり，透視投影行列と呼ばれる．

なお，未知数 s を導入することで，式(11)を

$$s\tilde{\boldsymbol{m}}=P\tilde{\boldsymbol{X}}_\mathbf{w} \tag{13}$$

と同値関係を用いずに表すこともできる．

3.3 射影変換

式(11)（あるいは(13)）は，任意の3次元座標を画像平面に投影する式である．ここで，対象が平面である場合を考える．このとき，ワールド座標系の XY 平面を対象の平面に設定することにより $Z_w=0$ とすることができ，式(11)は

$$\tilde{\boldsymbol{m}}\sim\begin{bmatrix}p_{11} & p_{12} & p_{13} & p_{14}\\ p_{21} & p_{22} & p_{23} & p_{24}\\ p_{31} & p_{32} & p_{33} & p_{34}\end{bmatrix}\begin{bmatrix}X_w\\ Y_w\\ 0\\ 1\end{bmatrix}=\begin{bmatrix}p_{11} & p_{12} & p_{14}\\ p_{21} & p_{22} & p_{24}\\ p_{31} & p_{32} & p_{34}\end{bmatrix}\begin{bmatrix}X_w\\ Y_w\\ 1\end{bmatrix} \tag{14}$$

と書ける．この式を一般化し，

$$\tilde{\boldsymbol{x}}'\sim H\tilde{\boldsymbol{x}}$$

$$H=\begin{bmatrix}h_{11} & h_{12} & h_{13}\\ h_{21} & h_{22} & h_{23}\\ h_{31} & h_{32} & h_{33}\end{bmatrix}, \tilde{\boldsymbol{x}}'=\begin{bmatrix}x'\\ y'\\ 1\end{bmatrix}, \tilde{\boldsymbol{x}}=\begin{bmatrix}x\\ y\\ 1\end{bmatrix} \tag{15}$$

と表す．このとき，式(15)で表される変換を射影変換（ホモグラフィ），H をホモグラフィ行列と呼ぶ．この変換は，図5に示すように，平面上の四角形を任意の四角形に変換する．そのため，例えばカメラが傾いていたため歪んで撮像された四角形を補正するのに用いることができる．なお，式(15)は H を定数倍しても成り立つことから9個の成分のうち1つが冗長であり，通常は h_{33} を1と置

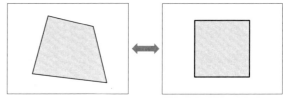

図5 射影変換による形状の変換

く．式(15)より

$$x'=\frac{h_{11}x+h_{12}y+h_{13}}{h_{31}x+h_{32}y+1} \tag{16}$$

$$y'=\frac{h_{21}x+h_{22}y+h_{23}}{h_{31}x+h_{32}y+1} \tag{17}$$

が得られる．これを H の成分に関して整理すると

$$xh_{11}+yh_{12}+h_{13}-x'xh_{31}-x'yh_{32}=x' \tag{18}$$

$$xh_{21}+yh_{22}+h_{23}-y'xh_{31}-y'yh_{32}=y' \tag{19}$$

となる．変換前後の4点（以上）の座標のペアが与えられれば，式(18)，(19)を連立させることで H を求めることができる．

4. ステレオ視

精密工学においても用いられることが多いステレオ視（ステレオ法ともいう）に関して説明する．ステレオ視は，人間が両眼で行っている立体視と同様に2台（以上）のカメラを用いて三角測量の原理で距離を計測する手法である．2台のカメラが平行に設置された平行ステレオと一般のカメラ配置の場合とを説明する．

4.1 平行ステレオ

同じ内部パラメータをもつ同一仕様のカメラを2台平行に横に並べて配置した場合である．この場合，左右の画像での対応点の探索ならびに距離の計算が簡単になるため，現実のステレオカメラではこの配置をとることが多い．

図6に平行ステレオの模式図（上から見た図）を示す．計測対象が十分遠くにあれば，2台のカメラの画像での対象の位置は同一であり，距離の近さに応じて位置にずれが生じる．このずれを視差（disparity）と呼ぶ．左画像を基準とした場合，図6に示すように，右画像での位置は左にずれる．図6より，

$$Z=\frac{b\cdot f}{\Delta} \tag{20}$$

が得られる．ただし，b は2台のカメラの間隔（基線長と呼ぶ），Δ は撮像素子上での視差である．画像中での視差を k [pixel] とすると，

$$\Delta=k\cdot\delta_u \tag{21}$$

と表されるので，式(20)は

$$Z=\frac{\alpha}{k}, \alpha=\frac{b\cdot f}{\delta_u} \tag{22}$$

と表される．式(22)が示すように，平行ステレオでは，（光軸方向の）距離は，視差に反比例する．また，視差から距離を求めるときに，b, f, δ_u それぞれが与えられている

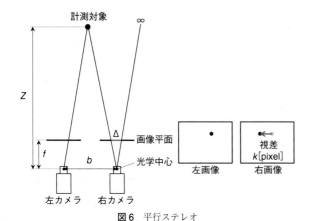

図6 平行ステレオ

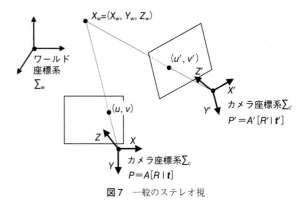

図7 一般のステレオ視

必要はなく，α さえキャリブレーションにより正確に求められていればよいことが分かる．さらに，式(22)に誤差の伝播則を適用すれば，Z の不確かさ σ_Z と k の不確かさ σ_k との関係が

$$\sigma_z = \frac{\alpha}{k^2}\sigma_k = \frac{Z^2}{\alpha}\sigma_k \tag{23}$$

となり，距離の不確かさが距離の2乗に比例することが示される．すなわち，ステレオ視は，距離が近いところでの精度は高い一方，距離が遠くなると精度が低下することが分かる．

また，画像中の位置 (u, v) が与えられれば，式(1)〜(4)と式(22)から，X, Y が

$$X = \frac{u - c_u}{\alpha_u} \cdot \frac{\alpha}{k} \tag{24}$$

$$Y = \frac{v - c_v}{\alpha_v} \cdot \frac{\alpha}{k} \tag{25}$$

で与えられる．

4.2 一般のカメラ配置の場合のステレオ視[4]

外部パラメータ・内部パラメータが既知で透視投影行列が P, P' で与えられる2台のカメラで対象を観測したとき，画像座標が (u, v)，(u', v') であったとする（図7参照）．式(11)より，対象のワールド座標系における3次元座標 $\boldsymbol{X}_w$ に関する式

$$(p_{31}u - p_{11})X_w + (p_{32}u - p_{12})Y_w + (p_{33}u - p_{13})Z_w = p_{14} - p_{34}u \tag{26}$$

$$(p_{31}v - p_{21})X_w + (p_{32}v - p_{22})Y_w + (p_{33}v - p_{23})Z_w = p_{24} - p_{34}v \tag{27}$$

が得られる．式(26)，(27)を (u, v)，(u', v') で連立することで，

$$B\boldsymbol{X}_\mathbf{w} = \boldsymbol{b}$$

$$B = \begin{bmatrix} p_{31}u - p_{11} & p_{32}u - p_{12} & p_{33}u - p_{13} \\ p_{31}v - p_{21} & p_{32}v - p_{22} & p_{33}v - p_{23} \\ p'_{31}u' - p'_{11} & p'_{32}u' - p'_{12} & p'_{33}u' - p'_{13} \\ p'_{31}v' - p'_{21} & p'_{32}v' - p'_{22} & p'_{33}v' - p'_{23} \end{bmatrix}, \tag{28}$$

$$\boldsymbol{b} = \begin{bmatrix} p_{14} - p_{34}u \\ p_{24} - p_{34}v \\ p'_{14} - p'_{34}u' \\ p'_{24} - p'_{34}v' \end{bmatrix}$$

が得られる．式(28)は，3つの未知数に対して4つの拘束式を与えており，最小2乗法で解くことができる．3次元座標 $\boldsymbol{X}_w$ の最小2乗解は

$$\widehat{\boldsymbol{X}}_\mathbf{w} = B^+\boldsymbol{b}, B^+ = (B^T B)^{-1}B^T \tag{29}$$

で与えられる．B^+ は B の擬似逆行列である．なお，以上の手法は，カメラが3台以上であっても全く同様に適用することができる．

以上，本章では，ステレオ視において2台のカメラで得られる画像間での対応が与えられたときに3次元座標を求める方法を示した．なお，ここでは扱わないが，ステレオ視では画像間での対応点を求めること（対応点問題と呼ばれる）が大変であることを付記しておく．

5. お わ り に

本解説では，画像処理のハードウェア・ソフトウェアの現状を簡単に紹介した後，計測に画像処理を用いるのに有用な定式化・手法をいくつか解説した．

本稿で画像処理に興味をもたれた方のために参考書を少々挙げておく．まず読みやすいテキストとして，4)を勧める．また，最新のコンピュータビジョン手法を知るには，逐次刊行されているコンピュータビジョン最先端ガイド[5]がある．さらに，「精密工学会誌」でも2013年以降，11月ないし12月に画像処理に関する論文特集号が組まれているので，ぜひ参考にされたい．画像応用技術専門委員会IAIP（http://www.tc-iaip.org/）が主催するワークショップや研究会も情報の宝庫である．

参 考 文 献

1) OpenCV 公式サイト：http://opencv.org/
2) 例えば小枝正直，上田悦子，中村恭之：OpenCV による画像処理入門，講談社，(2014).
3) Z. Zhang：A Flexible New Technique for Camera Calibration, IEEE Trans. PAMI, **22**, 11 (2000) 1330.
4) ディジタル画像処理［改訂新版］，CG-ARTS 協会，(2015).
5) コンピュータビジョン最先端ガイド1〜6（CVIM チュートリアルシリーズ），アドコム・メディア，(2008〜).

はじめての 精密工学

非接触による三次元表面性状の測定の現状 —三次元規格の意義とものづくりへの活用—

Non-contact Measuring Methods for Areal Surface Texture/Atsushi SATO

キヤノンマーケティングジャパン株式会社　**佐藤　敦**

1. は じ め に

　表面粗さ（表面性状）の測定・評価は，測定対象の性質や状態，特性を把握するための非常に重要な手段のひとつである．近年の工業技術，科学技術の高度化にともなって，その必要性とニーズはさらに増加している[1]．その測定には，触針式表面粗さ測定機が古くから広く活用され，ISO/JIS 規格が整っているために，その数値はものづくりの現場で標準となってきた．

　一方，光学式に代表される非接触式の表面粗さ計（または光学式プロファイラー）は，光学部品や超精密加工の開発分野で 1980 年代後半より積極的に活用され始め，そのデータは業界標準として認知されている．現在は，非接触で計測したいという測定ニーズに対応するために，非常に多くの種類の光学式の表面粗さ計が普及している．面領域 (x, y) を比較的短時間に凹凸情報 (z) としてデータ化できる装置も多く，"表面粗さ"だけでなく，試料表面の微細構造の三次元形状計測を目的に三次元表面性状測定機を活用しているユーザーも多いといえよう．

　本稿では，非接触による三次元表面性状測定機の実際について，最新の ISO/JIS 規格にのっとって解説する．また，測定の生産性という見地から，初心者の測定のガイドとなるような説明も含めたいと思う．

2. 三次元表面性状とは

　ISO/JIS 規格では，表面の凹凸，きず，筋目などこれらを全て含んだ表面の幾何学的な状態を総称して，"表面性状（Surface texture）"と呼んでいる[2]．規格上の表面性状は，触針式表面粗さ計による輪郭曲線（二次元）から演算されるパラメータの定義であり，光学式粗さ計や三次元形状データについての定義は含まれていない．三次元の表面性状規格の制定の動きは 1990 年代に始まったとされているが，ISO 規格の制定までに長い年月がかかっている[3][4][5]．現在の三次元の ISO 規格として発行されている書類の一覧を**表 1**に示す[6][7]．国内では，ISO 25178-6 (2010) Surface texture：Areal-Part 6 の制定を契機に，"三次元表面性状（Areal Surface Texture）"が JIS 規格に加えられている．JIS B 0681-6：2014[3] は測定機の形式や名称を対象としたものではなく，測定方法の分類に関する用語と定義を体系化したものである．すでに工業界では，光学式を中心とした多くの測定原理による測定機が活用されており，測定方法の分類が優先された結果である．触針式と光学式の差別化，二次元から三次元への進化という意味でも，三次元表面性状の規格の意義は大きいと考えられる．**図 1**に，三次元表面性状規格の意義をイメージ化してみたので参考にしていただきたい．

3. 三次元表面性状の測定法の分類

　前述した ISO 25178-6 (2010) ならび JIS B 0681-6 (2014) は，二次元の輪郭曲線および三次元の表面凹凸（形状）を導出する手法として，（1）機械的な接触で検出する方法と，（2）電磁波の相互作用によって検出する方法，の二つを代表格としている．それら以外の方法も含めた表面性状の測定方法の分類が系統的に規定されてい

表 1　三次元表面性状測定の評価法の書類

Document	Title	Publication	和訳名	JIS 化への和訳
Part 1	Indication of surface texture	DIS	表面性状の図示法	
Part 2	Terms, definitions and surface texture parameters	2012	用語，定義及び表面性状 パラメータ	2015 年度予定
Part 3	Specification operators	2012	仕様オペレータ	2015 年度予定
Part 6	Classification of methods for measuring surface texture	2010	表面性状の測定方法の分類	2013 年度完了 JIS B0681-6(2014)
Part 70	Physical measurement standards	2014	標準片の測定と装置校正	
Part 71	Software measurement standards	2013	ソフトウエアの測定規格	

表2　三次元表面性状測定法の分類と対応規格

Document	Title	Publication	和訳名
601	Stylus instruments	2010/6	触針走査法
602	Confocal chromatic probes	2010/6	色収差式共焦点顕微鏡法
603	Phase shifting interferometer	2013/9	位相シフト式干渉顕微鏡法
604	Coherence scanning interferometry	2013/7	垂直走査型低コヒーレンス干渉法
605	Point autofocus profiling	2014/1	点合焦式輪郭曲線法
606	Focus variation microscopy	FDIS	全焦点画像顕微鏡法
607	Confocal microscopy	WD	共焦点顕微鏡法

触針式表面粗さ計：ISO/JIS 規格，工業標準
断面曲線(primary profile)から算出される粗さ，うねり等

「三次元表面性状」として
統一の規格
"Areal surface texture"

光学式プロファイラー：業界認知，粗さ規格なし
光学用途を中心に，1980 年代より三次元データ活用
PV，rms，Ra，等のパラメータは業界標準的に流通

図1　三次元表面性状規格の意義

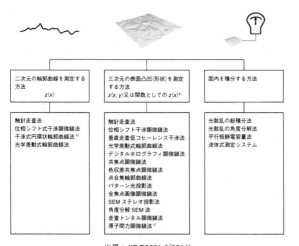

出展：JIS B0681-6 (2014)

図2　表面性状測定法の分類

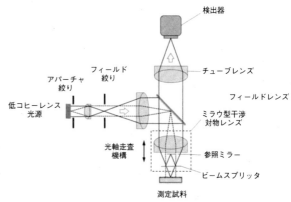

図3　垂直走査低コヒーレンス干渉法

る[3][4]．**図2**にその概要を示す．各測定法に属する測定機器の標準仕様および精度検証に関する取り決めは，この分類規格に従属する形で ISO の規格化が進行している．

ここでは，代表的な3つの光学式の三次元表面性状測定機の簡単な原理紹介を行う．それぞれ，ユニークな特長があり，ユーザーには測定対象に応じて使い分ける柔軟性を期待したい．**表2**に，ISO 25178-6（2010）における測定手法の分類を記載する．

3.1　垂直走査型低コヒーレンス干渉法（ISO 25178-604）

垂直走査型低コヒーレンス干渉法は，白色光などの低コヒーレンス光源を使用することで，干渉じま（縞）の発生幅を限定させ，Z 軸方向走査により干渉強度のピーク高さを求めて表面凹凸を測定する方法である[3]．検出器であるエリアセンサーの各画素 (x, y) が，測定対象面の XY に相当する．ISO 25178-603 の位相シフト式干渉顕微鏡法がコヒーレンスの高い単一波長を光源とした干渉計であるのに対して，走査型白色干渉計，白色光干渉顕微鏡法とも呼ばれている．**図3**に光学系レイアウト[8]を示す．

本方式の特長は，干渉強度の変化を位相情報に変換するため，高さ（z）分解能が対物レンズの倍率（焦点深度）に依存しないところにある．具体的には，低倍率の対物レンズで 10 mm 四方に観測視野を広げても，サブナノレベルの高さ（z）分解能が維持できるものである．最近では，光源に高輝度白色 LED を採用することで，高倍率対物レンズでの測定や粗面の評価も容易になっている[9]．

3.2　点合焦式輪郭曲線法（ISO 25178-605）

点合焦式輪郭曲線法は，一点に集光する光を測定面に照射し，表面からの反射光を位置検出器で受光し，検出器上光点の位置ずれを減らすように自動合焦（オートフォーカス）させることで局所高さを求めて表面凹凸を測定する方法である．表面凹凸は，通常，Y 軸方向に等間隔で順送

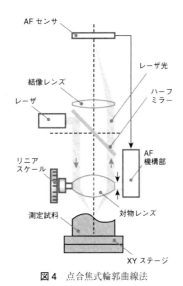

図4 点合焦式輪郭曲線法

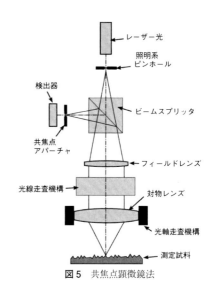

図5 共焦点顕微鏡法

りに実施する X 軸方向走査によって得られる平行な輪郭曲線の一群からもとめる[3]．レーザープローブ式，オートフォーカス式とも呼ばれている．図4に光学系レイアウト[10]を示す．

本方式の特長は，対物レンズの倍率を上げて集光する光を絞っても，XY 軸方向走査により広い測定範囲を確保できることや，傾斜面に対する高い追従性などがあげられる[11]．最近では，さまざまな部品の形状測定への応用が図られている．

3.3 共焦点顕微鏡法（ISO 25178-607）

共焦点顕微鏡法は，光源によって照射されたピンホールからの光をレンズによって測定表面上に結像し，その反射光を再びレンズに通過させた後，空間フィルタとして作用する2番目のピンホールに通過させ，ピンホール後方の検出器で受光して Z 軸方向走査によって局所表面の高さを求めて表面凹凸を測定する方法である．表面凹凸は，通常，Y 軸方向に等間隔で順送りに実施する X 軸方向走査によって得られる平行な輪郭曲線の一群からもとめる[3]．医療・生物用の観察顕微鏡としての歴史も長く，走査型レーザ顕微鏡という名称も広く知られている．図5に光学系レイアウト[12]を示す．

本方式の特長は，高いコントラストで観察できるため，測定場所の特定が容易あることや，光検出のダイナミックレンジが広いため輝度差や急峻な形状に対応しやすいことにある．最近では，青色レーザを搭載することで，高さ方向（z）および水平方向（x,y）分解能の向上も図られている[13]．

4. 三次元表面性状の測定の留意点

ユーザーには，さまざまな測定手法の特性を理解して，適切な測定機を選んでもらいたい．とはいえ，三次元規格にのっとった S パラメータ[5]でも測定結果に違いが出るの

表3 三次元表面性状の仕様オペレータ（一部）

S-フィルタのネスティングインデックス値とサンプリング間隔との関係性(抜粋)

機械的な接触で検出する輪郭面の場合:

S-フィルタのネスティングインデックス値(mm)	最大サンプリング間隔(mm)	球の半径の最小値(mm)
...	...	...
0.0025	0.0005	0.002
0.008	0.0015	0.005
...	...	...

電磁波によって検出する輪郭面の場合:

S-フィルタのネスティングインデックス値(mm)	最大サンプリング間隔(mm)	空間波長検出限界の最大値(mm)
...	...	...
0.0025	0.0008	0.0025
0.008	0.0025	0.008
...	...	...

出展：ISO25178-3(2012)

は現場に混乱を招く要因となるであろう．多くの場合にその原因は，高さ（z）分解の不足（もしくは，測定ノイズ），空間（x,y）分解能の不足，フィルタ演算の違い，試料表面に依存する誤差要因にあると考える．

高さ（z）分解能不足は，超精密加工された X 線用ミラーの表面性状の測定などがあげられる．これらの表面は局所的な凹凸がナノメートル以下に仕上げ加工されており，十分な高さ（z）分解能がないと，どの加工レベルを計測しても同じ数値となる可能性が高い．測定ノイズが，実際の凹凸より大きく，必要なデータが埋もれてしまう場合もある．測定ノイズは，使用環境にも影響されるので，測定の平均化等で改善の余地もある．

空間（x,y）分解能については，仮に測定機が必要十分な分解能を有していれば，フィルタ演算によって合わせこむことが可能である．ただし，必要な分解能がなければ，その限りではない．ISO 25178-3 でも，光学式では，S フィルタを使用して最大サンプリング間隔の3倍のS フィルタを使用することを推奨している．これは，光学式によって検出する輪郭面の空間波長検出限界という理解に基づく考え方である．表3に，S フィルタのネスティングイン

デックス値（断面曲線のカットオフに相当する値）とサンプリング間隔との関係性の抜粋を示す[6]．注目すべきは，触針式と光学式が別々に定義されているところである．このSフィルタは，高周波数成分のノイズ成分の除去にも貢献するものである．フィルタ演算については，三次元の規格である，Sフィルタ，Lフィルタ，F演算という演算条件を極力合致させる必要がある[7]．

　試料表面に依存する誤差については，主に光学式を使用する場合の留意点である．たとえば光学的に透明な膜の評価では，光の反射面が物理的な表面と異なる可能性に注意が必要である．また，光学定数が異なる複数の材質では，光が反射する際に起こる位相差による，計測される凹凸への影響を考慮する必要がある．光特有の振る舞いについての詳しい説明は，誌面の制約で割愛させていただくが，多くの光学式の測定機メーカでは，このような誤差に対する補正手段を含めた測定アルゴリズムを独自に開発して，実用化させている．

5. お わ り に

　本稿では，光学式を中心とした非接触の三次元表面性状測定機の現状について解説した．三次元表面性状の仕様についての規格であるISO 25178-3のAppendix Dには，次のような意味の解説があるので紹介したい[4]．「技術は進歩し，三次元の測定機が広く入手できるようになった．これは輪郭曲線から三次元へのパラダイムシフトとなり，この三次元―輪郭面―テクスチャのチェーンの規格の発展となった」このことからも，三次元は輪郭曲線の延長や補完ではなく，"三次元表面性状"という新しい定量化の手段であると認識すべきと考える．

　グローバル化するものづくりに国際標準規格は重要であり，三次元の規格も国内外の製造メーカで普及され始めている．精密工学に携わる皆さまには，積極的に非接触方式の三次元表面性状の評価を取り入れて，研究開発および生産に活用いただくことをここに願うものである．

参 考 文 献

1) 吉田一朗：表面粗さ―その測定方法と規格に関して―はじめての精密工学，精密工学会誌，**78**, 4 (2012).
2) JIS B 0601：2001 製品の幾何特性仕様（GPS）―表面性状：輪郭曲線方式―用語，定義及び表面性状パラメータ（ISO 4287：1997），財団法人 日本規格協会.
3) JIS B 0681：2014 製品の幾何特性仕様（GPS）―表面性状：三次元―第6部：表面性状の測定方法の分類（ISO 25178-6：2010），財団法人 日本規格協会.
4) 柳和久：表面性状に関する国際標準規格の動向，トライボロジスト，**60** (2015).
5) 吉田一朗：触針式の表面性状測定技術の最新動向，トライボロジスト，**60** (2015).
6) ISO 25178-2, Geometrical Product Specifications (GPS)—Surface Texture : Areal—Part 2 : Terms, Definition and Surface Texture Parameters, (2012).
7) ISO 25178-3, Geometrical Product Specifications (GPS)—Surface Texture : Areal—Part 3 : Specification Operators, (2012).
8) ISO 25178-604, Coherence Scanning Interferometry, (2013).
9) 佐藤敦：白色干渉法を利用した最新の表面形状評価技術，表面技術，**57**, 8 (2006) 554.
10) ISO 25178-606, Point Autofocus Profiling, (2014).
11) 三浦勝弘：三次元表面性状ISO規格を用いた測定と評価―ポイントオートフォーカス法の測定事例を交えて―，ツールエンジニア，11月号，大河出版，(2013).
12) ISO 25178-607, Confocal Microscopy, (2015).
13) 林健彦，藤井章弘：走査型レーザ顕微鏡による非接触表面粗さ計測，実装技術ガイドブック2009，工業調査会，(2009).

はじめての 精密工学

品質工学の基礎とパラメータ設計

Fundamentals of Quality Engineering and Parameter Design/Koya YANO

日本大学　**矢野耕也**

1. 品質工学とは

　品質工学は，アメリカでは特に創始者である田口玄一の名前をとりタグチメソッドと呼ばれる．品質管理分野における実験計画法を基礎として，50年以上をかけて独自の進化をしてきたもので，一つの技術哲学といえるものであるが，そのへんが全体像を把握しづらくしている理由かもしれない．品質工学は，大ざっぱに（1）実験計画法を基礎とした，オフライン品質工学といわれるパラメータ設計，（2）工程管理のためのオンライン品質工学，（3）多変量解析に対応したマハラノビス-タグチ（MT）システムの3種類に分類できる．いずれも一冊のテキストができるほどボリュームが多いが，ここでは（1）のパラメータ設計に絞って話を進めることとする[1~3]．因子を直交表にわりつけて，SN比を求めばらつきが最小になる設計条件（制御因子と呼ぶ）を求める実験を総称して「パラメータ設計」と呼ぶ．その他については機会があれば改めたい．

2. 独 特 な 概 念

　まずパラメータ設計に話を進める前に，次の4つのキーワードを知っておく必要がある．それは（1）機能性（または基本機能），（2）SN比，（3）直交表，（4）誤差因子であり，一部は品質管理や数理統計の分野で使われることはあっても，ほとんどは通常の技術開発では登場する機会が少なく，品質工学に独特で一般にはなじみのない用語であると思われる．

　例えば，ある新しい材料の強度を評価（または向上）する目的で曲げ試験を行うとするとき，強度が問題になるのは当然であるが，品質工学ではまず応力と変形の関係を考え，それを基本機能として取り扱う．そして強度という品質の評価特性ではなく，評価特性のばらつきをSN比という尺度で測る．強度は単なる品質特性で，特性そのものに問題があるということも議論の余地はあるがここでは割愛する．さてSN比は電気通信の分野では日常的に使用される尺度であるが，品質工学では品質を超え，ものの働き（機能）の尺度として用いる．ところで新しい材料を開発したり測定するには，さまざまな条件（因子）が存在する．当然，最適な条件での実施が望ましいため，加工や測定の最適な条件が必要となるが全組み合わせの検討はできない．そこで実験計画法でしばしば用いられている直

交表という組み合わせ表を用いる．

　もの作りにおいては，いつどんなときでも安定的に再現性よく同様の結果が得られることが望ましい．現実的には測定器の差，材料のばらつき，季節差などのさまざまな制御不能な要因に悩まされることになる．通常はそのような制御不能な要因をつぶして精密化をするのが技術の常識であるが，品質工学では意図的に制御不能な要因を取り入れ，その中で最適化を図る．この意図的に取り上げる制御不能な要因を誤差因子と呼ぶが，精密化とは真逆な方針をとることがわかりづらい原因となるかもしれない．このように再現性，安定性，頑健性を設計段階で担保することから，海外ではパラメータ設計をロバスト（＝頑健）設計とも呼んでいる[3]．SN比や直交表のように他分野の方法論を重ねるケースや，機能のばらつきを問題にしたり，意図的なばらつき要因の採用などが品質工学の特徴といえる．

3. 基 本 機 能

　基本機能とは耳馴れぬ概念であるが，目的を達成するための技術の働きに対し，原因系をM（これを信号因子と呼んでいる），結果をy（測定値である）とし，両者の間に単純な比例式$y=\beta M$を定義したものである．科学的な追及をする場面で，現象を単純な一次式だけで表現するなどとはもっての外と思う人がほとんどであるが，複雑な式で現象を解明するのではなく，原因と結果を単純な構図で考え，Mとyの間のばらつきが少ない評価をするという考え方である．特にMをなされた仕事量とみなし，その結果yが生成されるとすると，仕事量（エネルギー）がばらつきなく結果に反映すればよいと考える．品質工学では，いかなる場面でもこの関係が再現すれば，安定的に頑健な結果が得られるとする．単純な比例式だけで済ませることをいぶかる方がいるかもしれないが，目的は再現性よく安定的な結果を得ることであり，精密な現象の考察を放棄しているわけではないことをいい添えておく．

4. 因子の使い分け

　用語の説明になるが，実験計画や品質工学では，各種のパラメータを場面ごとに各種の因子として使い分けている．以下にそれを示す．
水準：因子を形成する中身で，低い，高い，または小さい，大きいなどの2択で選択できる場合，それぞれを水準

234

と呼び，2択であれば2水準であり，低い，中程度，高いなどの3択の場合は3水準である．

制御因子：技術者が意図的に設定可能な要因で，通常は実験条件といわれているものである．

誤差因子：2章で述べたように，安定性や頑健性を確保するために，直交表の外側に意図的に割り付ける負荷条件．さまざまな誤差条件を圧縮して正側，負側の2水準をとることが多いが，3水準以上でも構わない．

信号因子：3章の基本機能で述べたように，$y = \beta M$ の M に相当するものである．

その他にも標示因子などがあるが，ここでは割愛する．

5. パラメータ設計とその手順

5.1 実験と解析の手順

具体的なパラメータ設計の標準的な手順は次の（1）から（7）の通りである．

(1) 最適化したい対象を考え，対象の機能（これを基本機能という）を決める
(2) 加法性に注意し，計測特性を決める
(3) 誤差（ばらつき）を発生させると思われる条件（誤差因子）を意図的に割り付ける
(4) 制御因子（実験条件）を直交表に割り付け，実験を行う
(5) 得られた結果から SN 比 η と感度 S を計算する
(6) SN 比を主に最適条件を推定し，要因効果図を描く
(7) 確認実験を行い再現性をチェック（再現性が悪いときは（1）を再考する）

5.2 基本機能と特性値

（1）の「機能を決める」であるが，すなわち基本機能である入出力関係を考えることである．通常は強度，寸法などの目的があればそれを満たせばよいので，そこからもう一段上位段階として，（2）の特性 y を決める必要がある．その手続きは，入力信号を M とし，得られる結果を y としたときに，比例式 $y = \beta M$ を定義することである．ここでは細かな現象など考えずに，何をすればどういう特性値 y が得られることが重要である．

注意すべき点は，（2）である特性値 y の加法性である．加法性とは足し算の関係が成立するか否かで，$50\,g + 50\,g = 100\,g$ などは加法性があるが，加法性が成立しない特性，例えば温度（$50℃ + 50℃ = 100℃$）とか率データ（$90\% + 80\%$ が 100% 超えなど）を用いている．これらの矛盾が，SN 比の評価で再現性が得られない大きな理由の一つである．ゆえに，例えば加熱時間を M，温度を y とするなどという機能は成立しにくい．

5.3 誤差因子

2章（3）の誤差因子は，誤差を減衰させるためのばらつき条件の意図的な割り付けで，基本的に正側と負側の誤差条件をとるが，内容は技術によりケースバイケースである．田口はこれを顧客の要求条件（＝市場の想定外の使用

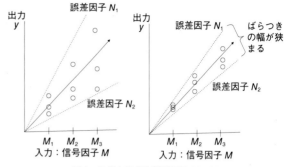

図 1 入出力関係と誤差因子 N_1, N_2

条件）といっているが，製品がどのような使い方をされるかは設計段階ではわからない．寒冷地なのか高湿度下なのか，どこでも安定的に動作することを考えた場合，前者では温度差，後者では湿度差を誤差因子にとる必要がある．目的によりさまざまな因子がとられるが，繰り返し数はほぼ無駄であることが多い．なぜならば市場等の下流の現状が反映されないからである．いわばばらつきの緩衝条件となる因子と捉えるのが妥当である．直感的にわかりにくいが，ばらつきが誤差因子により減少する仕組みを示す（**図1**）．図1左が現状のばらついている状態であるが，それらを挟み込むように正側誤差条件を N_1，負側誤差条件を N_2 として割り付ける．そのままではばらつきが増すように見えるが，多数の実験条件を直交表に割り付けて SN 比を改善する（＝ばらつきが減少する）ことで，図1右のようにばらつきの幅が狭くなって，結果としてばらつきが減少する．

5.4 直交表と制御因子

例えば条件（因子）が3択で4条件ある場合，$3^4 = 81$ 通りの組み合わせが発生し，全組み合わせについて実施することは効率的ではないし，不可能な場合もある．条件が増えれば実験数はねずみ算的に増えてゆき，現実的に対応できるものではない．ところで実験計画法や品質工学では直交表と呼ばれる数表があり，全組み合わせ数より少ない組み合わせ数で，全組み合わせ相当の結果が得られ（この場合は9通り），実験数を減らすことは技術開発の効率化につながる，というのが従来の実験計画法の説明である．直交表は2水準系，3水準系などがあるが，品質工学では混合系（例えば3水準では L_{18}，L_{36}，2水準では L_{12} など）を推奨している．混合系でない直交表は，ある条件同士の特定の組み合わせ効果が異なる条件に出るという欠点があるが，混合系直交表ではそれが非常に少なく，交互作用（特定の組み合わせ効果）が求められない代わりに，全ての列に均等に交互作用を行きわたらせて，組み合わせ効果の偏りが出現することなく，不安定要因である誤差が公平に行きわたる性質をもち，頑健性を担保しやすい．特定の組み合わせ効果の発生は再現性を損ねるため，必然的に混合系直交表の使用が前提となるし，それが結果の頑健性の保証につながるためである．品質工学で推奨している直交

表1 直交表 L₁₈

No.	A	B	C	D	E	F	G	H
1	1	1	1	1	1	1	1	1
2	1	1	2	2	2	2	2	2
3	1	1	3	3	3	3	3	3
4	1	2	1	1	2	2	3	3
5	1	2	2	2	3	3	1	1
6	1	2	3	3	1	1	2	2
7	1	3	1	2	1	3	2	3
8	1	3	2	3	2	1	3	1
9	1	3	3	1	3	2	1	2
10	2	1	1	3	3	2	2	1
11	2	1	2	1	1	3	3	2
12	2	1	3	2	2	1	1	3
13	2	2	1	2	3	1	3	2
14	2	2	2	3	1	2	1	3
15	2	2	3	1	2	3	2	1
16	2	3	1	3	2	3	1	2
17	2	3	2	1	3	1	2	3
18	2	3	3	2	1	2	3	1

表2 直交表 L₁₈ の制御因子

	水準		
	1	2	3
条件 A	A1	A2	—
条件 B	B1	B2	B3
条件 C	C1	C2	C3
条件 D	D1	D2	D3
条件 E	E1	E2	E3
条件 F	F1	F2	F3
条件 G	G1	G2	G3
条件 H	H1	H2	H3

表3 測定データ

	M_1	M_2	M_3
N_1	y_{11}	y_{12}	y_{13}
N_2	y_{21}	y_{22}	y_{23}

表 L_{18} は $2^1 \times 3^7 = 4374$ 通りを18回の実験で終わらせることができるが、実験数減少は結果論であり、下流（別環境）における再現性を検討、そして担保するためのものである（**表1**）。

直交表への割り付けであるが、条件 A の第1水準であれば、直交表 L_{18}（表1）の A1 セルである1列目の第1行から第9行に、B1 であれば、2列目の第1行から第3行、第10行から第12行に割り当てられる（**表2**）。

5.5 SN 比と感度の求め方

計測特性 y を最大化や最小化をするのではなく、y と M の関数関係のばらつきを SN 比の改善で最小化し、希望する y の値が得られるように感度で調整するのが品質工学の解析法である。SN 比は、実験で得られたある行のデータ（表3）を全て2乗すると、有効な部分 S と無効な部分 N に分けることができる性質を利用している。

〈手順1〉全データの2乗和 S_T を計算する。

$$S_T = y_{11}^2 + y_{12}^2 + \cdots + y_{23}^2 \quad (f=6) \tag{1}$$

〈手順2〉有効除数 r（単位の2乗量）を求める

$$r = M_1^2 + M_2^2 + M_3^2 \tag{2}$$

〈手順3〉N_1、N_2 の線形式 L を計算する

$$L_1 = M_1 \times y_{11} + M_2 \times y_{12} + M_3 \times y_{13} \tag{3}$$

$$L_2 = M_1 \times y_{21} + M_2 \times y_{21} + M_3 \times y_{23} \tag{4}$$

〈手順4〉比例項の変動（有効な成分）S_β を計算する

$$S_\beta = \frac{(L_1 + L_2)^2}{2r} \quad (f=1) \tag{5}$$

〈手順5〉比例項の誤差による変動 $S_{N \times \beta}$ を計算する

$$S_{N \times \beta} = \frac{(L_1 - L_2)^2}{2r} \quad (f=1) \tag{6}$$

〈手順6〉全2乗和から有効な分を差し引き、無効部である誤差変動 S_e を求める

$$S_e = S_T - S_\beta - S_{N \times \beta} \quad (f = 6-1-1 = 4) \tag{7}$$

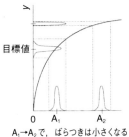
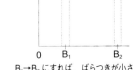

A1→A2 で、ばらつきは小さくなるが、目標値が大きすぎる。

B1→B2 にすれば、ばらつきが小さいまま目標値に合わせられる。

図2 2段階設計の概念

〈手順7〉自由度 f の値で割り、誤差分散 V_e を求める。

$$V_e = \frac{S_e}{4} \tag{8}$$

〈手順8〉誤差を考慮した総合誤差分散 V_N を求める。

$$V_N = \frac{S_e + S_{N \times \beta}}{4 + 1} \tag{9}$$

〈手順9〉SN 比 η（db：デシベル単位）を求める

$$\eta = 10 \times \log \frac{\frac{1}{2r} \times (S_\beta - V_e)}{V_N} \text{（db）} \tag{10}$$

ここが有効な部分と無効な部分の比を求める部分であり、対数をとって10倍してデシベル単位（db）に換算する。なお SN 比の通常の単位表記は dB であるが、品質工学では区別をするために小文字の db を用いている。

〈手順10〉同様に感度 S（db）を求める

$$S = 10 \times \log \times \frac{1}{r} \times (S_\beta - V_e) \text{（db）} \tag{11}$$

5.6 2段階設計

上記では SN 比と感度 S を求めたが、二つの尺度の存在は何を意味しているのだろうか。パラメータ設計では、まずばらつきを最小とする条件を求める。しかしばらつきが最小になったからといって、出力 y が目標を下回ったり上回ったりしては、結果的に目的を満たさないことになる。そこでばらつきを最小にしてから、出力 y を目標の値にするために因子の水準を選択することになる。技術目的により、感度は上げるべきか下げるべきか異なり、出力 y の大小を調整するための尺度になる。この傾きの調整に用いる尺度が感度 S で、SN 比でばらつきを最小化し、信号 M あたりの出力 y を大きくしたければ感度 S を上げ、出力 y を小さくしたければ感度 S を下げることになる。つまり「1段目：ばらつきの最小化、2段目：出力 y の調整」という2段階踏むことから、パラメータ設計におけるばらつきと出力 y のトレードオフを2段階設計という。最初にばらつきを最小化するのは、あとからばらつきを最小化することが困難だからである。

たとえば**図2**（左）では条件 A は非線形な変化をし、水準 A_1 の出力 y_1 は目標値であるがばらつきが大きく、ばらつきの小さい A_2 の出力 y_2 を得たいが目標値から外れている。ここで異なる条件（たとえば B）では線形的な

表4 SN比ηの確認実験（単位：db）

	最適条件	現行条件	利得
推定	$\bar{\eta}_{最適}$	$\bar{\eta}_{現行}$	$\bar{\eta}_{最適} - \bar{\eta}_{現行}$
確認	$\eta_{最適}$	$\eta_{現行}$	$\eta_{最適} - \eta_{現行}$

表5 L_{18}実験のSN比ηと感度Sの結果の例

No.	A	B	C	D	E	F	G	H	M_1		M_2		M_3		SN比 η (db)	感度 S (db)
									N_1	N_2	N_1	N_2	N_1	N_2		
1	1	1	1	1	1	1	1	1	y_{111}	y_{112}	y_{121}	y_{122}	y_{131}	y_{132}	18.10	7.62
2	1	1	2	2	2	2	2	2	y_{211}	y_{212}	y_{221}	y_{222}	y_{231}	y_{232}	18.24	5.97
3	1	1	3	3	3	3	3	3	⋯	⋯	⋯	⋯	⋯	⋯	14.49	7.80
4	1	2	1	1	2	2	3	3	⋯	⋯	⋯	⋯	⋯	⋯	16.45	11.98
5	1	2	2	2	3	3	1	1	⋯	⋯	⋯	⋯	⋯	⋯	29.71	10.85
6	1	2	3	3	1	1	2	2	⋯	⋯	⋯	⋯	⋯	⋯	9.70	7.38
7	1	3	1	2	1	3	2	3	⋯	⋯	⋯	⋯	⋯	⋯	18.80	11.87
8	1	3	2	3	2	1	3	1	⋯	⋯	⋯	⋯	⋯	⋯	16.16	8.38
9	1	3	3	1	3	2	1	2	⋯	⋯	⋯	⋯	⋯	⋯	13.52	7.99
10	2	1	1	3	3	2	2	1	⋯	⋯	⋯	⋯	⋯	⋯	16.94	12.84
11	2	1	2	1	1	3	3	2	⋯	⋯	⋯	⋯	⋯	⋯	18.70	10.37
12	2	1	3	2	2	1	1	3	⋯	⋯	⋯	⋯	⋯	⋯	15.00	5.15
13	2	2	1	2	3	1	3	2	⋯	⋯	⋯	⋯	⋯	⋯	21.21	9.36
14	2	2	2	3	1	2	1	3	⋯	⋯	⋯	⋯	⋯	⋯	22.32	12.58
15	2	2	3	1	2	3	2	1	⋯	⋯	⋯	⋯	⋯	⋯	22.56	13.44
16	2	3	1	3	2	3	1	2	⋯	⋯	⋯	⋯	⋯	⋯	18.53	12.39
17	2	3	2	1	3	1	2	3	⋯	⋯	⋯	⋯	⋯	⋯	17.95	6.33
18	2	3	3	2	1	2	3	1	⋯	⋯	⋯	⋯	⋯	⋯	15.41	9.48

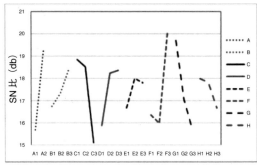

図3 SN比ηの要因効果図

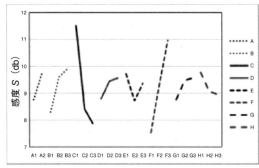

図4 感度Sの要因効果図

変化をするとして，ばらつきが同じなのでB_1ではなくB_2を選び$A_2 - B_2$とすれば，A_1では外れていてもB_2を選択することで目標値が得られることになる（図2（右））．以上のようなばらつき（SN比η）の最小化と，目標値（感度S）への2ステップの調整が，パラメータ設計が2段階設計と呼ばれる由縁で，二つの尺度が存在する理由でもある．

5.7 SN比ηと感度Sの補助表の作成と最適条件の推定

直交表L_{18}では18通りのSN比ηと感度Sが得られるので，**表5**のそれらを用いてη_{A1}，η_{A2}，⋯，η_{H2}，η_{H3}，S_{A1}，S_{A2}，⋯，S_{H2}，S_{H3}を求める．例えば直交表L_{18}の因子Aについてみると，1～9行が第1水準のA_1，10行～18行が第2水準のA_2である（表1，表5）．A_1，A_2の効果をそれぞれ見るには，A_1の場合のSN比ηの要因効果η_{A1}，A_2の場合の要因効果η_{A2}は，A_1では第1行から第9行のSN比ηの和の平均，A_2では第10行から第18行のSN比ηの和の平均である．

$$A_1 \text{の SN 比の効果 } \eta_{A1} = \frac{\eta_1 + \eta_2 + \cdots + \eta_9}{9} \quad (12)$$

$$A_2 \text{の SN 比の効果 } \eta_{A2} = \frac{\eta_{10} + \eta_{11} + \cdots + \eta_{18}}{9} \quad (13)$$

感度Sの場合のA_1の要因効果S_{A1}，A_2の要因効果S_{A2}は，SN比ηと同様にA_1では第1行から第9行の感度Sの和の平均，A_2では第10行から第18行の感度Sの和の平均である．

表6 SN比ηの各水準値の補助表（db）

	A	B	C	D	E	F	G	H
1	15.69	16.74	18.84	15.88	16.67	16.35	19.70	17.98
2	19.29	17.33	18.51	18.23	17.99	15.98	17.03	17.82
3	—	18.40	15.11	18.36	17.80	20.13	15.74	16.67

表7 感度Sの各水準値の補助表（db）

	A	B	C	D	E	F	G	H
1	8.76	8.29	11.51	8.79	9.72	7.54	8.76	9.77
2	9.77	9.60	8.41	9.45	8.72	9.31	9.47	9.08
3	—	9.91	7.87	9.56	9.36	10.95	9.56	8.95

$$A_1 \text{の感度 } S \text{の効果 } S_{A1} = \frac{S_1 + S_2 + \cdots + S_9}{9} \quad (14)$$

$$A_2 \text{の感度 } S \text{の効果 } S_{A2} = \frac{S_{10} + S_{11} + \cdots + S_{18}}{9} \quad (15)$$

B_1，B_2，B_3の要因効果を見るには，η_{B1}を（16），η_{B2}を（17），η_{B3}を（18）で求め，因子C～Hについても同様に求めればよい．

$$B_1 \text{の SN 比の効果 } \eta_{B1} = \frac{\eta_1 + \eta_2 + \eta_3 + \eta_{10} + \eta_{11} + \eta_{12}}{6}$$
$$(16)$$

$$B_2 \text{の SN 比の効果 } \eta_{B2} = \frac{\eta_4 + \eta_5 + \eta_6 + \eta_{13} + \eta_{14} + \eta_{15}}{6}$$
$$(17)$$

$$B_3 \text{ の SN 比の効果 } \eta_{B3} = \frac{\eta_7 + \eta_8 + \eta_9 + \eta_{16} + \eta_{17} + \eta_{18}}{6}$$

$$(18)$$

5.8 確認実験による利得の推定と再現性

直交表 L_{18} では総実験数 4374 通り相当の組み合わせを，1/243 のわずか 18 回で代用してしまうことになる．そこで，得られた実験の結果の信頼性を見極める必要があり，その手続きが確認実験による再現性のチェックである．推定値自体は計算で求めたものにすぎないので，推定した条件で再度実験を行い，推定値と実測（確認）値の差（利得）の一致性の確認を行う．SN 比 η，感度 S について，利得の推定結果と現実の結果で差が少なければよい．因子 A～因子 H それぞれ（どの因子でもよい）の各水準値の平均を $\bar{T}$ とすると，水準ごとに平均 $\bar{T}$ からの差を求めることができ，平均 $\bar{T}$ からの差の合計が，最適条件，現状条件の SN 比の推定値となる．仮に SN 比が最も高い最適な条件を仮に $A_1B_3C_1D_1E_3F_1G_3H_3$ とし，現行条件（初期条件）が全て第 2 水準の $A_2B_2C_2D_2E_2F_2G_2H_2$ である場合，次のように推定値を求める．最適条件の推定値 $\bar{\eta}_{最適}$ は式 (19) で，現行条件の推定値 $\bar{\eta}_{現行}$ は式 (20) で，それらの推定値の差である式 (21) が利得で，その分だけ改善が得られることになる．これは感度 S でも同様で，利得は式 (22) となる．

$$\bar{\eta}_{最適} = (A_1 - \bar{T}) + (B_3 - \bar{T}) + (C_1 - \bar{T}) + (D_1 - \bar{T})$$
$$+ (E_3 - \bar{T}) + (F_1 - \bar{T}) + (G_3 - \bar{T}) + (H_3 - \bar{T})$$

$$(19)$$

$$\bar{\eta}_{現行} = (A_2 - \bar{T}) + (B_2 - \bar{T}) + (C_2 - \bar{T}) + (D_2 - \bar{T})$$
$$+ (E_2 - \bar{T}) + (F_2 - \bar{T}) + (G_2 - \bar{T}) + (H_3 - \bar{T})$$

$$(20)$$

$$SN \text{ 比 } \eta \text{ の利得 } = \bar{\eta}_{最適} - \bar{\eta}_{現行} \qquad (21)$$
$$感度 S \text{ の利得 } = \bar{S}_{最適} - \bar{S}_{現行} \qquad (22)$$

表 4 に示すような推定値と確認実験の利得が大体一致した場合，実験の再現性はあったと判断できる（感度 S でも同様）．確認実験は日時や担当者が変わったり，大規模試作や工場製造と，必ずしも同じ環境・条件ですぐに行えるとは限らない．そこで，最適条件や現行条件の推定値の絶対値は同じにならなくてもよいが，その差である利得は再現することが望ましいので，確認実験による利得の再現性の検証は必須となる．

6. 具体的な数値例による要因効果図と確認実験

ここでは L_{18} 実験の結果として 5.7 のような SN 比や感度 S が得られたときの要因効果図（**図 3**，**図 4**）からの利得の求め方を示す．図 3 より，SN 比の最適条件は $A_2B_3C_1D_3E_2F_3G_1H_1$ で，現行条件は全て第 2 水準とすると，推定した SN 比の利得は，**表 6** の補助表の値を利用して式 (23)，式 (24) で求める．

$$\bar{\eta}_{最適} = A_2 + B_3 + C_1 + D_3 + E_2 + F_3 + G_1 + H_1 - 7 \times \bar{T}$$
$$= 19.29 + 18.40 + 18.84 + 18.36 + 17.99 + 20.13$$
$$+ 19.70 + 17.98 - 7 \times 17.49 = 28.26 (db) \qquad (23)$$

$$\bar{\eta}_{現行} = A_2 + B_2 + C_2 + D_2 + E_2 + F_3 + G_2 + H_2 - 7 \times \bar{T}$$
$$= 19.29 + 17.33 + 18.51 + 18.23 + 17.99 + 15.98$$
$$+ 17.03 + 17.82 - 7 \times 17.49 = 19.76 (db) \qquad (24)$$

その利得は $28.26 - 19.76 = 8.50$（db）であり，別途の確認実験からは $30.20 - 21.85 = 8.35$（db）で大体一致する．なお 8.50（db）の改善は，ばらつきが $\sqrt{10^{\frac{8.50}{10}}} = 2.7$ 倍改善する（1/2.7 に減少する）ことを意味する．

同様に感度 S について，最適条件を SN 比と同一条件にし，現行条件を全て第 2 水準とすると，**表 7** の補助表から推定した感度 S の利得は $14.09 - 8.94 = 5.15$（db）であり，別途の確認実験では $13.50 - 9.22 = 4.28$（db）となり，これもほぼ推定値に一致する．

ここで 2 段階設計の例として，SN 比に影響少なく感度 S を下げるとしたら，因子 C の水準 C_1 を C_2 にすればよい．SN 比は 0.33（db）しか変わらないが，感度 S は 3.10（db）下げることができ，ばらつきに与える影響を少なくしたまま出力 y を変えることができる．

なお図 3，図 4 の要因効果図で因子 E のような，第 2 水準に極値のある山形，谷形になる場合，利得の再現性が悪いことが多い．これは基本機能の考えが悪い，誤差因子が適切でない，制御因子間の交互作用が大きいなどの原因がいくつか考えられるが，実験室以降の下流や市場における，実験結果の再現性が悪いことを実験段階で示していることに等しく，直交表の実験が単に実験回数を減らすものではないことを意味している．

7. お わ り に

品質工学自体，一見複雑で聞き慣れない用語も多いが，手順通りに行えば結果は得られ，解析は四則計算で大体済む．しかし基本機能，特性値，誤差因子の種類の考え方や取り方や考え方で結果が決まってしまうため，それぞれの対象技術においてさまざまな工夫が必要となる．パラメータ設計は，①SN 比や感度 S を用いる，②直交表を用いることが形式上の特徴であるが，①は誤差因子を考慮し，技術の機能を的確に捉えることで，再現性のある SN 比が得られることや，また②の直交表による実験回数の減少は重要ではなく，研究室以降の異なる場面での再現性に重きを置くためのチェックのツールであることが本質的な意義である．それはともかく，実験条件を設計空間として網羅するため，もの作りにおいて非常に効率的な手法であることは間違いではない．なお適用が可能な対象技術は無数にあるが，既発表の各種事例にそのヒントが示されているはずである．

参 考 文 献

1) G. Taguchi : TAGUCHI METHODS Research and Development, ASI Press, (1992).
2) 吉澤正孝編集主査：品質工学講座 1 開発・設計段階の品質工学，日本規格協会，(1988).
3) G. Taguchi, S. Chowdhury and S. Taguchi : ROBUST ENGINEERING, McGraw-Hill, (1999).

はじめての 精密工学

研磨工具は未知の世界

Loose Abrasive Tool Is a Large Treasure Island/Yasuhiro TANI

立命館大学　谷　泰弘

1. はじめに

研磨は非常に伝統のある加工技術の1つである．磨製石器に見られるように人間が歴史を刻み始めると同時に確立された加工技術といってよい．その研磨技術が高精度工業部品の加工に適用されるに及んで，種々の研磨機械，研磨工具，研磨液の開発が進められ，現在に至っている．しかし，その研究開発は実用的観点からのものであり，工学的見地からのアプローチは非常に少ないのが現状である．そのため，研磨の分野は工学的研究者にとって依然として宝の山といえる．本報ではその一端を紹介したい．

2. 粗加工工程（ラッピング工程）

研磨は粗加工工程のラッピングと鏡面を創成できる仕上げ加工工程のポリシングに大別される．ラッピングには研磨液を使用しない乾式ラッピングと研磨液を使用する湿式ラッピングが存在する．乾式ラッピングでは**図1**左図のように砥粒は研磨工具であるラップに埋め込まれ，固定砥粒加工の研削のように切れ刃である砥粒がひっかき作用を行い，仕上げ面は加工マークのある比較的平滑な面となる．一方，湿式ラッピングではラップと砥粒の間に液膜が存在するため，砥粒は図1右図のようにラップと工作物の間で転動し，仕上げ面は方向性のない梨地面となる．工業的には工具や工作物に熱変形の影響がなく，砥粒の分散が容易な湿式ラッピングが多用されている．

しかし，湿式ラッピングでは図1右図のように工作物とともに工具であるラップ自体も摩耗する．研磨では工具面は形状を転写すべき基準面であることから，原理的に考えてその基準面が摩耗するという，決して行ってはいけないことをしている加工法となっている．そういう観点からラップには耐摩耗性の高い黒鉛球状鋳鉄が使用されている．

その工具面は**図2**のように平坦部と10～20μm程度の微細な穴（脆い球状黒鉛が脱落して穴となる）から構成されている．砥粒は工具の平坦部で保持されるため，適度なドレッシングを行い平坦部にある程度の凹凸を形成しないと非常に研磨能率が低くなる．このように研磨特性がドレッシングの影響を受けることは研磨時間の経過とともに工具面が平滑になり研磨能率が低下するという現象を引き起こす．また，後述のように鋳鉄ラップは砥粒の保持性が悪く，SiCやサファイアなどの硬質材料の研磨には適していない．

そこで，著者らは砥粒の保持性を改善するために，研磨パッドのように砥粒を保持する表面構造を付与したラップ工具の開発を行っている．**図3**はそのラップ工具の表面状態を示している．ステンレス鋼の金属短繊維（直径約

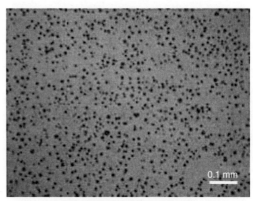

図2 黒鉛球状鋳鉄のラップ面

図3 金属短繊維ラップ工具の表面状態

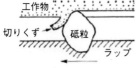
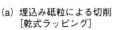

(a) 埋込み砥粒による切削　　(b) 転動砥粒による切削
[乾式ラッピング]　　　　　　[湿式ラッピング]

図1 ラッピングの加工メカニズム[1]

239

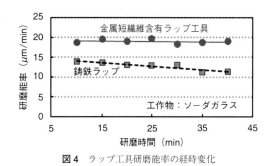

図4　ラップ工具研磨能率の経時変化

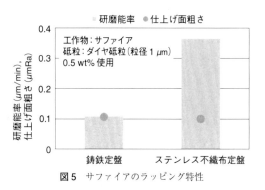

図5　サファイアのラッピング特性

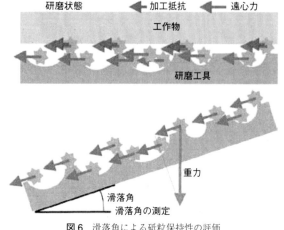

図6　滑落角による砥粒保持性の評価

$50\,\mu$m，長さ1mm）をエポキシ樹脂で固めたもので，金属繊維と樹脂の耐摩耗性の差異により，工具面には安定して$5\,\mu$mRa 程度の粗さが形成され，砥粒の保持性が保たれる．このため，**図4**のように鋳鉄ラップの場合は研磨時間とともに研磨能率が低下するが，金属短繊維含有ラップ工具の場合長時間にわたって高い研磨能率が維持される．これでラップ工具の開発は完了したわけではなく，理想のラップ工具はどういうものなのか，工作物に対応してラップ工具をどう選択すべきか，研磨条件に対応してラップ工具をどう利用すべきかなど課題は山積している．

最近サファイアや SiC などの硬質半導体基板の需要が伸びているが，鋳鉄ラップは砥粒保持特性に劣るためにこれらの粗研磨に使用できないといわれてきた．そのため，こうした硬質の工作物のラッピングでは，鋳鉄ラップよりも数倍以上価格の高い，すずなどの軟質金属定盤か各種金属粉をエポキシ樹脂で固めた複合材料の定盤が使用されてきた．**図5**はサファイアを粒径$1\,\mu$m のダイヤモンド砥粒で研磨したときの加工特性であるが，ステンレス不織布の定盤を使用すれば，鋳鉄定盤の数倍の研磨能率が得られることが分かっている．このように，ラップ工具でも表面構造を工夫することで，現状よりも研磨特性に優れる工具が開発できる可能性が高い．

3. 仕上げ研磨工程（ポリシング工程）

ポリシング工程では化学的作用を併用してダメージのない加工面を得るのが目的で，通常水溶性の研磨液に酸化物砥粒が分散されたものが使用されている．ラップ工具は鋳鉄ラップがほとんどで，軟質金属や複合材料の工具もあるが，その使用割合は非常に少ない．これに対して，ポリシング工程で使用されている研磨工具は非常に種類が多い．多孔質パッド，不織布パッド，スエードパッド，織布パッド，植毛パッド，メッシュパッドなどがある．これらが均等に使用されているわけではなく，さすがに工業的によく使用されている研磨パッドは前者の3つに絞られるが，この3種類，全く構造が異なっている．

研磨工具による砥粒の保持性は滑落角を測定することである程度予測できる[2]．滑落角は**図6**のようにスラリーの液滴を研磨工具の上に滴下し，その研磨工具を傾け液滴が滑り落ちるときの角度を測定することで得られる．砥粒の保持性に優れた研磨工具の場合は滑落角が大きくなる．供給された砥粒のうち加工に関与している砥粒はわずか3〜5% 程度だといわれている．研磨においては定盤が回転し，全ての砥粒に遠心力が作用している．遠心力は重力の滑落方向の成分で模擬できる．加工に関与している砥粒には遠心力のほかに加工抵抗が作用しているが，遠心力のみ作用している周りの砥粒が動きにくければ，加工に関与している砥粒も動きにくくなる．したがって滑落角の大きい研磨工具ほど，砥粒の保持性がよく研磨特性に優れることになる．

研磨能率は加工単位（平均砥粒切込み深さ）に砥粒と工作物の相対速度をかけたものに比例し，仕上げ面粗さは加工単位のみに比例するため，加工圧を高めて加工単位を増加させることは研磨能率の向上にはつながるが，仕上げ面粗さを悪化させる．そこで，高い研磨性能を達成させるためには，砥粒と工作物の相対速度を高めることが効果的である．研磨工具の速度を増加させると砥粒と工作物の相対速度も高めることになるが，一般に工具速度に対して砥粒は追従して移動せず，砥粒の移動速度は研磨条件によっても異なるが，工具速度の2〜3割程度といわれている．このためこの比率を高めることは研磨性能を高めるのに非常に有効である．また砥粒と工具の間に滑りがあると工具摩

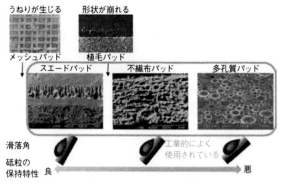

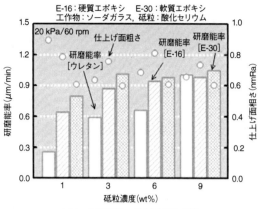

図7　各種研磨パッドの滑落角と砥粒の保持特性

図8　研磨特性の砥粒濃度依存性

耗を促進させるので，工具摩耗の点からもこの比率を高めることは大きな意味をもつ．

図7に各種研磨パッドの砥粒保持性を示す．すなわち，砥粒の保持性が高い方からメッシュ（織布）パッド，スエードパッド，植毛パッド，不織布パッド，多孔質パッドの順序になる．砥粒の保持性は研磨パッドの硬度によっても変化し，各種研磨パッドで硬度を揃えたものを準備することは難しいので，この図は少し主観が入ったものとなっている．メッシュパッドは粗研磨用としては一部使用されているが，メッシュのピッチが転写してうねりが生じるということで仕上げ研磨にはあまり使用されていない（著者らの研究ではこの現象は確認されていない）．また植毛パッドは鏡面のみ得たい用途には使用されているが，軟らかすぎて形状精度が出ないため工業的にはあまり利用されていない．そこで，工業的に多用されている研磨パッドに限定すれば，スエード，不織布，多孔質の順になる．実際砥粒がもっていかれやすい金属研磨ではスエードパッドが使用されており，その砥粒保持性の良さが実証されている．多孔質パッドは光学研磨におけるピッチ代替として開発された研磨工具であるが，工業的に多用されている工具の中では最も砥粒保持性が悪く，特徴の少ない工具である．というのも従来の研磨パッドは表面構造で砥粒の保持性を高めているが，多孔質パッドは鋳鉄ラップ同様平坦部が多く，砥粒の保持性が悪い．

砥粒の保持性を高めるには研磨パッドの表面構造が重要だと従来考えられてきたが，研磨パッドの材質を変更すると，砥粒の保持性の観点で樹脂の化学的親和性が表面構造にも勝る効果を出す可能性があることが分かってきた[2]．図8は多孔質ウレタン樹脂研磨パッドと多孔質エポキシ樹脂研磨パッドを使用してソーダガラスの研磨を行った際の研磨特性の砥粒濃度依存性を示している．ウレタン樹脂研磨パッドを使用した場合砥粒濃度 10 wt% 以下で研磨能率が急激に低下するのが常識だった[3]．ところが，エポキシ樹脂研磨パッドの場合 3 wt% 程度まで研磨能率を高能率の状態で維持する．最近ではエポキシ樹脂の最適化で0.5 wt% 程度まで研磨能率が低下しない驚異的な研磨パッドも開発されている．このようにエポキシパッドでは砥粒

保持性に優れるため，低濃度スラリーでも高濃度スラリーと同等の効果を出す．低濃度で高研磨特性を発現することは，砥粒の使用量削減に貢献し，生産コストの低減につながる．

しかし，図8に示されるように砥粒濃度が高い条件では，エポキシパッドの研磨特性は従来のウレタンパッドのものとほとんど変わらない結果となる．同様に，もともと砥粒の保持性に優れる低加工圧，低工具速度や砥粒濃度の高い高スラリー流量の加工条件下ではエポキシパッドの特徴が現れない．逆に高研磨能率が得られる高加工圧，高工具速度の条件下や砥粒使用量が抑制される低スラリー流量の条件下で，エポキシパッドは大きな効果を発揮する．このようにエポキシパッドは研磨作用を有効に発現させてくれる研磨パッドである．

図9は，ガラス基板や水晶などの薄板の加工に使用されている両面研磨での研磨特性を示している．ウレタンパッドでは砥粒保持特性が悪いために，下定盤の場合と同一の相対速度比（工作物と工具の速度比）では，上定盤での研磨能率は下定盤での研磨能率の半分程度の値となる．ところがエポキシパッドを使用すると，砥粒保持性に優れるため，上定盤での研磨能率は下定盤での研磨能率にわずかに劣る程度となる．またいずれの場合も作用砥粒数が増加するために到達粗さはウレタンパッドに比較して優れたものとなる．定盤（工具）と工作物の同一の相対速度比で高研磨能率を発揮することは，使用できる工具速度の上限を高める．

さらに驚くべきことは，仕上げ面性状である．ウレタンパッドを使用すると，仕上げ面はこれまでの知見のように湿式ラッピングと同様の，図9右上図に示される砥粒の転動を示す梨地面となる．ところがエポキシパッドの場合は，同図右下図に示されるように研削加工（あるいは固定砥粒研磨）のような明瞭な加工マークが現れ，砥粒のひっかき作用により加工が進行していることが分かる．それほど砥粒の保持性が高いのである．また砥粒が研磨パッドに保持され，工具と砥粒の相対速度が小さいことは工具の摩

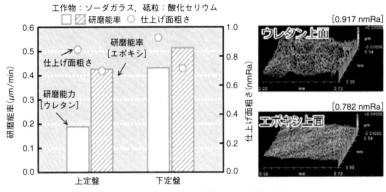

図9　両面研磨での加工特性と仕上げ面の状態

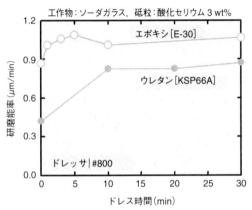

図10　研磨能率のドレス時間依存性

耗を抑制することにつながる．

　図10 は，ウレタンパッドとエポキシパッドの研磨能率のドレス時間依存性を示している．ウレタンパッドの場合ドレッシングにより大幅に研磨能率が向上するが，ドレス時間は 10 分程度必要となる．一方，エポキシパッドの場合ドレスの効果は小さく，1 分程度のドレスで高研磨能率の状態になっている．ドレス時間が短くて済むことは生産性の向上につながる．またこの結果はウレタン樹脂の場合研磨パッドの表面粗さに研磨能率が大きく依存することを表しており，鋳鉄ラップ同様研磨時間が経過するとパッド表面が滑らかになり研磨能率が低下することを意味している．エポキシパッドの場合パッドの親水性が砥粒の保持特性を高めている原因であり，表面構造やパッド表面粗さには影響を受けない．また，ドレッシングは研磨パッドを消耗させる原因であり，ドレッシングなしで使用できるエポキシパッドはこの点でも優れているといえる．またエポキ

シパッドはどの酸化物砥粒に対してもその保持特性を高めるため，エポキシパッドを使用すればセリアやジルコニアが使用されるガラス質工作物のみでなく，シリカ等酸化物砥粒が使用される種々の材料の研磨においても，その研磨特性を改善する．

　このようにパッド材質を変更することで従来砥粒の保存性が最も悪かった多孔質パッドの研磨性能を向上させることができる．しかし，多孔質パッドはもともと砥粒が加工域に侵入しにくい研磨パッドであり，理想の研磨パッドであるといい難い．そういう意味で不織布パッドやスエードパッドの見直しも必要となる．これらの研磨パッドの作用メカニズムもよくわかっていない．理想の研磨パッドとはどういうものなのか，また研磨パッドを工作物や研磨条件でどう使い分けるのか，課題は多い．

4.　お　わ　り　に

　研磨工具の観点から研磨に研究課題が多いことを紹介した．SiC やサファイアなど硬質材料の研磨には数時間以上の研磨時間が必要であり，それを短縮する高速研磨の必要性が叫ばれている．しかし，高速研磨に関してもそれに適した工業的に使用できる研磨機械や研磨工具，研磨液の開発はこれからである．多くの研究者が研磨の世界に足を踏み入れてくださることを切に願っている．最後に著者に素晴らしい研磨の世界に携わるきっかけを与えていただいたNEDO および経済産業省の関係各位に感謝する．

参　考　文　献

1) 中島利勝，鳴瀧則彦：機械加工学，（株）コロナ社，(1983) 210.
2) 村田順二，谷泰弘，広川良一，野村信行，張宇，宇野純基：ガラス研磨用エポキシ樹脂研磨パッドの開発，日本機械学会論文集（C 編），**77**，777 (2011) 2153.
3) 泉谷徹郎：光学ガラス，共立出版(株)，(1984) 123.

初出一覧

No.	表題	年	月号	著者名	分野
1	エッチング技術の基礎	2011	2	下川房男	加工/除去加工
2	材料接合の原理と金属接合技術	2011	3	才田一幸	材料
3	ツーリングの基礎と機械精度の管理	2011	4	蝦草裕志	加工/工作機械
4	精密・超精密位置決め技術の基礎	2011	7	大塚二郎	制御・ロボット
5	初歩から見直す機構学	2011	8	森田寿郎	機械要素
6	FEMにおける構造モデリング ― ソリッド要素と構造要素（はり，シェル）の選択 ―	2011	9	山田貴博	設計・解析
7	非球面研削加工の基礎	2011	10	厨川常元	加工/除去加工
8	走査電子顕微鏡の原理と応用（観察，分析）	2011	11	渡邉俊哉	計測
9	環境対応，高能率なセミドライ（MQL）加工の実際	2011	12	太田昭夫	加工/除去加工
10	光CD計測の計測原理と関連技術	2012	2	白﨑博公	計測
11	ダイヤモンド ― 性質・合成・加工・応用 ―	2012	3	戸倉　和	材料
12	表面粗さ ― その測定方法と規格に関して ―	2012	4	吉田一朗	計測
13	W-Eco（Ecological&Economical）を特長とする高周波熱処理とその話題	2012	5	川嵜一博 三阪佳孝 清澤　裕 生田文昭	材料
14	エッジ抽出の原理と画像計測への応用	2012	7	菅野純一	画像処理
15	ロール・ツー・ロールプリンテッドエレクトロニクスにおける基幹技術	2012	8	橋本　巨 梅津信二郎	加工/成形加工
16	メタマテリアルの基礎	2012	9	加藤純一	材料
17	アコースティックエミッション計測の基礎	2012	10	長谷亜蘭	計測
18	精密加工機の振動解析	2012	11	松原　厚	設計・解析
19	磁気軸受　基礎と応用	2012	12	進士忠彦	機械要素
20	CAD/CAE/CAM/CAT通論（1）	2013	2	加瀬　究	設計・解析
21	CAD/CAE/CAM/CAT通論（2）	2013	3	加瀬　究	設計・解析
22	CAD/CAE/CAM/CAT通論（3）	2013	4	加瀬　究	設計・解析
23	表面粗さ ― その2　ちょっとレアな表面性状パラメータの活用方法 ―	2013	5	吉田一朗	計測
24	CNC工作機械のための軌道生成	2013	7	センジャル・ブラック （日本語要約： 鈴木教和）	加工/工作機械

No.	表題	年	月号	著者名	分野
25	ブロックゲージの基礎と応用	2013	8	小須田哲雄	計測
26	精密工学における第一原理計算 ― 超精密加工プロセスへの応用を中心に ― (1/2)	2013	9	稲垣耕司	加工
27	精密工学における第一原理計算 ― 活用と今後の発展 ― (2/2)	2013	10	稲垣耕司	設計・解析
28	走査電子顕微鏡（SEM）の像シャープネス評価法	2013	11	佐藤　貢	計測
29	精密工学における曲線・曲面 ― CAGDの基礎 ―	2013	12	三浦憲二郎	設計・解析
30	製品設計と製造における「自由度」	2014	2	嶋田憲司	設計・解析
31	エレクトロニクスへの印刷技術の応用と飛躍への課題 ― 主にインクジェット技術を中心に ―	2014	3	山崎智博	機械要素
32	精密工学を応用したバイオデバイス製作	2014	4	初澤　毅 栁田保子	計測
33	振動切削 ― 基礎と応用	2014	5	社本英二	加工/除去加工
34	精密加工におけるインプロセス計測	2014	7	吉岡勇人	加工/工作機械, 計測
35	CAD/CAMシステムを用いた産業用ロボットによる作業の自動化	2014	8	浅川直紀	制御・ロボット
36	意匠曲面生成の基礎 (1) 立体形状からの表現	2014	9	東　正毅 土江庄一	設計・解析
37	意匠曲面生成の基礎 (2) 細分割曲面による表現	2014	10	東　正毅 大家哲朗	設計・解析
38	ジャーク（加加速度，躍度）の測定法	2014	11	辺見信彦	計測
39	表面粗さ ― その3　教科書に書けないワークのセッティングの裏技と最新のJIS規格 ―	2014	12	吉田一朗	計測
40	短パルスレーザーを照明に用いた高速度現象の可視化	2015	2	田辺里枝 伊藤義郎	画像処理
41	ICTを活用したものづくり：設備シミュレーション技術	2015	3	日比野浩典	設計・解析
42	電解加工の基礎理論と実際	2015	4	夏　恒	加工/特殊加工
43	プラスチック射出成形金型内における現象計測のためのセンサ応用技術	2015	5	村田泰彦	計測
44	トライボロジーの基礎	2015	7	長谷亜蘭	機械要素
45	熱輻射線による加工温度計測技術の開発	2015	8	上田隆司	計測
46	精密工学のための画像処理	2015	9	梅田和昇	画像処理
47	非接触による三次元表面性状の測定の現状 ― 三次元規格の意義とものづくりへの活用 ―	2015	10	佐藤　敦	計測
48	品質工学の基礎とパラメータ設計	2015	11	矢野耕也	設計・解析・データサイエンス
49	研磨工具は未知の世界	2015	12	谷　泰弘	加工/除去加工

◎本書スタッフ
編集長：石井 沙知
編集：石井 沙知
組版協力：菊池 周二
表紙デザイン：tplot.inc 中沢 岳志
技術開発・システム支援：インプレスR&D NextPublishingセンター

●本書の内容についてのお問い合わせ先
近代科学社Digital　メール窓口
kdd-info@kindaikagaku.co.jp
件名に「『本書名』問い合わせ係」と明記してお送りください。
電話やFAX、郵便でのご質問にはお答えできません。返信までには、しばらくお時間をいただく場合があります。なお、本書の範囲を超えるご質問にはお答えしかねますので、あらかじめご了承ください。

はじめての精密工学 第1巻

2022年3月11日　初版発行Ver.1.0

編　者　公益社団法人 精密工学会
発行人　大塚 浩昭
発　行　近代科学社Digital
販　売　株式会社 近代科学社
　　　　〒101-0051
　　　　東京都千代田区神田神保町1丁目105番地
　　　　https://www.kindaikagaku.co.jp

印刷・製本　京葉流通倉庫株式会社
Printed in Japan

ISBN978-4-7649-6035-0

近代科学社 Digital は、株式会社近代科学社が推進する21世紀型の理工系出版レーベルです。デジタルパワーを積極活用することで、オンデマンド型のスピーディで持続可能な出版モデルを提案します。

近代科学社Digitalは株式会社インプレスR&Dのデジタルファースト出版プラットフォーム"NextPublishing"との協業で実現しています。